Ishihara

—

Die Vermessbarkeit der Erde

Aeka Ishihara

Die Vermessbarkeit der Erde

Die Wissenschaftsgeschichte der Triangulation

Königshausen & Neumann

Publiziert mit Unterstützung der Alexander von Humboldt-Stiftung.

Gemälde der organischen Natur in ihrer Verbreitung auf der Erde.

Kolorierte Lithographie nach einer Zeichnung von Ferdinand August Ritgen (1787-1867) zur Darstellung der gesamten Organisation von Johann Bernhard von Wilbrand (1779-1846). Im Besitz und mit freundlicher Genehmigung des Goethe-Museums Düsseldorf.

Theodolit, gebaut um ca. 1880 von der deutschen Firma Carl Bamberg in Berlin.

Aus der historischen Sammlung des Science Museum of Map and Survey (Tsukuba, Japan). Mit freundlicher Genehmigung der Geospatial Information Authority of Japan (GSI).

Bibliografische Information der Deutschen Nationalbibliothek

Die Deutsche Nationalbibliothek verzeichnet diese Publikation in der Deutschen Nationalbibliografie; detaillierte bibliografische Daten sind im Internet über http://dnb.d-nb.de abrufbar.

Gedruckt auf säurefreiem, alterungsbeständigem Papier
Umschlag: skh-softics / coverart
Bindung: Verlagsbuchbinderei Keller GmbH, Kleinlüder

Printed in Germany
ISBN 978-3-8260-4380-2
www.koenigshausen-neumann.de
www.buchhandel.de
www.buchkatalog.de

INHALT

DANKSAGUNG

Dieses Buch fasst die Forschungsergebnisse einer einjährigen Projektarbeit von April 2009 bis März 2010 als *Humboldt-Fellow* in Deutschland zusammen. Hiermit bedanke ich mich bei der *Alexander von Humboldt Stiftung* für die großzügige Unterstützung während meines Forschungsaufenthaltes in Jena und zur Drucklegung dieser Arbeit.

Den größten Teil recherchierte ich in der Thüringer Universitäts- und Landesbibliothek Jena und in der Herzogin Anna Amalia Bibliothek in Weimar. Beiden Bibliotheken und ihren Mitarbeitern bin ich zu großem Dank für ihre kompetente Unterstützung verpflichtet. Hilfreich war ebenfalls das freundliche Entgegenkommen der Mitarbeiterinnen und Mitarbeiter des Goethe- und Schiller-Archivs in Weimar, des Universitätsarchivs Jena, des Goethe-Nationalmuseums in Weimar, der Goethe-Museen in Düsseldorf und in Frankfurt a.M., des Nationalarchivs von Japan (National Archives of Japan) in Tokio, und der Keio-Universitätsbibliotheken in Tokio sowie in Yokohama.

An dieser Stelle möchte ich mich herzlich bei allen bedanken, die mir bei dieser Arbeit geholfen haben. Viele Personen stellten mir nützliche Informationen, Ratschläge und Recherchematerialien zur Verfügung. Dazu gehören an erster Stelle die Kollegen an der Friedrich-Schiller-Universität Jena Olaf Breidbach vom Institut für Geschichte der Medizin, Naturwissenschaft und Technik „Ernst-Haeckel-Haus“ und Andreas Christoph vom Sonderforschungsbereich (SFB 482) „Ereignis Weimar Jena. Kultur um 1800“. Besonderer Dank gilt meinem Gastgeber Klaus Manger vom Institut für Germanistische Literaturwissenschaft der Universität Jena.

Die Materialsammlung in der Vorbereitungsphase dieser Arbeit begann allerdings bereits im Frühjahr 2005 während eines einmonatigen Aufenthalts in Deutschland, der mir als Jacob-und-Wilhelm-Grimm-Förderpreisträgerin vom Deutschen Akademischen Austausch Dienst (DAAD) ermöglicht worden ist. Herzlich bedanken möchte ich mich für die liebenswürdige Hilfe noch einmal bei meinem damaligen Gastgeber Volkmar Hansen und der Bibliothekarin Regine Zeller im Goethe-Museum in Düsseldorf.

Sehr verbunden bin ich während meines Forschungsaufenthaltes vom April 2009 bis März 2010 Petra Maisak vom Frankfurter Goethehaus, Margit Hartleb vom Universitätsarchiv Jena, Johanna Triebe von der Thüringer Universitäts- und Landesbibliothek Jena (Abteilung Handschriften und Sondersammlungen), Annett Carius-Kiehne von der Herzogin Anna Amalia Bibliothek (Sondersammlungen) und Ilona Haak-Macht vom Goethe-Nationalmuseum in Weimar (Goethes Bibliothek). Nach meiner Rückkehr nach Japan seit April 2010 standen dann Yoshiko Sugiyama und Yukiko Shibata von der Keio-Universitätsbibliothek mir freundlich und fachkundig zur Verfügung. Ohne ihre fachliche Hilfe und Unterstützung hätte ich dieses Buch nicht schreiben können.

Um die Technik und Methode der Triangulation zwischen dem 18. und dem 20. Jahrhundert besser zu verstehen und meine Kenntnisse hierüber noch zu vertiefen, besuchte ich nebenbei einschlägige Ausstellungen verschiedener Museen im deutschsprachigen Bereich: das Landesmuseum auf Schloss Friedenstein sowie das Naturhistorische Museum in Gotha, das Stadtmuseum in Jena, die Vermessungshistorische Ausstellung im Bayerischen Landesvermessungsamt sowie das Deutsche Museum in München, das Alpenmuseum in

Innsbruck und das Militärhistorische Museum der Bundeswehr in Dresden, The Geospatial Information Authority of Japan (GSI) sowie The Science Museum of Map and Survey in Tsukuba/Japan usw. In diesem Zusammenhang bedanke ich mich sehr bei Tamiko Watabiki von GSI und Fumio Nishida von Japan Association of Surveyors (JAS) für stets freundlich angebotene Literaturhinweise und Informationen.

Herzlich bedanke ich mich hiermit auch bei Wolfgang Klein-Langner im Siebold-Museum in Würzburg für wertvolle Hinweise über die Beziehung zwischen dem russischen Admiral Krusenstern und dem Japanforscher Siebold. Bei der Verfolgung der Spur des japanischen Hauptmanns Tasaka halfen mir neben vielen anderen: Ulrich Herr von der Gesellschaft für Heereskunde, Gerhard Bauer vom Militärhistorischen Museum der Bundeswehr in Dresden, Sven Olaf Oehlsen vom Universitätsarchiv der Technischen Universität Berlin, Winfried Schultze vom Universitätsarchiv der Humboldt-Universität in Berlin, Hauptmann Michael Berger vom Militärgeschichtlichen Forschungsamt (MGFA) in Potsdam, Stephanie Jozwiak vom Bundesarchiv-Militärarchiv in Freiburg i.Br., Sigrun Reinhardt vom Geheimen Staatsarchiv Preußischer Kulturbesitz in Berlin und Franz Gottlicher vom Bundesarchiv in Berlin. Diese gewissermaßen detektivische Arbeit kam zwar sehr bald wegen der Kriegsverluste während des Zweiten Weltkriegs auf einen toten Punkt, aber auf meine Anfragen reagierten die oben genannten Mitarbeiterinnen und Mitarbeiter schnell und kompetent und gaben mir mögliche Informationen und Kontaktadressen, um die Spur Tasakas weiter verfolgen zu können. Besonderer Dank gilt dabei Beate Wonde von der Mori-Ôgai-Gedenkstätte an der Humboldt-Universität Berlin und Martin Kröger im Auswärtigen Archiv Berlin, der nach langem Suchen ein kleines Lebenszeichen Tasakas in Berlin aufspürte.

Anliegen dieses Buches war es, den engeren Gesichtskreis der Goethe-Forscherin und Kulturwissenschaftlerin zu verlassen und über die Aspekte der Wissenschafts- und Kulturgeschichte in Deutschland bzw. Europa hinaus die Geschichte der Triangulation auch aus der Perspektive der ausländischen Germanistin und gleichzeitig muttersprachlichen Japanologin zu untersuchen und besonders den im deutschen Sprachraum fast unbekannten wissenschaftlichen Austausch zwischen Deutschland und Japan seit ca. 200 Jahren bekannt zu machen. Um dieses neue Forschungsprojekt zu realisieren und damit ein völlig unerforschtes Gebiet zu betreten, bekam ich seit der Entwurfsphase stets kräftige Unterstützung von Hans Joachim Kreutzer, Eijirô Iwasaki, Naoji Kimura und Dorothea Kuhn. Ohne deren Befürwortung hätte ich diese Arbeit nicht durchführen können bzw. sie gar nicht erst angefangen.

Seit zwanzig Jahren beschäftige ich mich zwar mit Deutsch, das aber nicht meine Muttersprache, sondern trotz allem eine Fremdsprache für mich ist. Stets musste ich zwischen zwei in völlig unterschiedlicher Logik und Struktur lebenden Sprachen, nämlich Deutsch und Japanisch, pendeln und nach richtigen Worten und Begriffen suchen. Diesmal waren zusätzlich japanische Originalliteraturtexte eigens ins Deutsche zu übersetzen. Für ihre wertvolle Unterstützung bei dieser harten „Sprachen-Jagd“ danke ich Ursula Ehmcke, die mich stets ermutigt hat. Besonders möchte ich mich bei Maria und Thomas Ewers für die mit kritischen Augen vorgenommenen sorgfältigen Korrekturen und für eine Vielzahl darüber hinausgehender hilfreicher Ratschläge sehr herzlich bedanken. Sehr verbunden bin ich auch Aki Takayama für die Überprüfung und Korrektur der französischen Textpassagen sowie Hans Esselborn, der mein vorletztes Manuskript durchgelesen und nützliche Ratschläge gegeben hat.

Ganz herzlich danken möchte ich meinem Mann Kunihiko, der mich während meiner mehrjährigen, einem Marathonlauf vergleichbaren Arbeit an diesem Buch mal mit humorvollen Worten ermutigend oder mal laut anfeuernd, stets jedoch konstruktiv begleitete. Eigentlich hatte ich beabsichtigt, ihm in Dankbarkeit für sein großes Verständnis und in schöner Erinnerung an die Zeit in Jena und Weimar dieses Buch zu widmen. Aber dann traf am 11. März 2011 jene große Erdbeben-Katastrophe die Küste von Honshû. Ich erlebte dieses schwere Beben der Magnitude 9,0 in Yokohama zwar relativ unbeschadet, jedoch wurde die allerletzte Korrekturphase stets von dem sich immer größer abzeichnenden Ausmaß der Katastrophe und den ständigen Nachbeben überschattet. Von meinen deutschen Freunden und Kollegen wurde ich trotz der großen geographischen Entfernung durch viele E-Mails und Briefe kräftig unterstützt und immer wieder ermutigt. Dafür bedanke ich mich bei ihnen noch einmal sehr herzlich und widme dieses Buch nicht nur meinem Mann, sondern auch meinen kostbaren Freunden in Deutschland.

Ende März 2011, Jubiläumsjahr zum 150-jährigen Bestehen diplomatischer Beziehungen zwischen Deutschland und Japan.
In Yokohama, einer internationalen Hafenstadt, wo vor 150 Jahren die preußische Ostasien-Expedition anlangte und vor mehr als 100 Jahren japanische Stipendiaten hoffnungsvoll das Schiff nach Deutschland bestiegen.

Aeka ISHIHARA
石原 あえか

EINLEITUNG

1. Ziel der Untersuchung: Eine Wissenschaftsgeschichte

Dieses Buch behandelt einen Aspekt der Wissenschafts- und Kulturgeschichte in Deutschland, Frankreich und Japan, besonders in der Goethezeit.

Die Wissenschaft ist revolutionäre Kraft und Kulturerbe der Menschheit zugleich. Naturwissenschaftliche Erkenntnisse sind stets ein Spiegelbild der zeitgenössischen Kultur, aus der heraus sie entstanden sind. Die Vermessung bildet darin keine Ausnahme. Nach der Revolution von 1789 entschloss sich die französische Regierung, das bisher autorisierte, historisch gewachsene bzw. auf einem königlichen Erlass beruhende alte Längenmaß aufzugeben und stattdessen ein aus der Natur abzuleitendes Maß als gemeinsames Erbe der Menschheit einzuführen: So entstand das Meter, das ursprünglich als der zehnmillionste Teil der Entfernung zwischen Nordpol und Äquator definiert wurde. Das Meter hat sich inzwischen weltweit durchgesetzt, ohne dass es jedoch ausnahmslos gelten würde. Die Vereinigten Staaten beispielsweise haben dieses metrische System noch immer nicht übernommen, obwohl der Verlust des Mars Climate Orbiters von 1999 darauf zurückzuführen ist: Eine Untersuchung der NASA enthüllte, dass eines der beiden verantwortlichen Teams seinen Berechnungen die traditionellen amerikanischen Maßeinheiten und das andere die metrischen Einheiten zugrunde gelegt hatte. Andererseits ermöglicht die heutige GPS-Technologie, die mehr oder weniger als Fortführung und bisheriger Höhepunkt der damaligen Entdeckungen anzusehen ist, mit Hilfe der Entfernung zu mehreren Satelliten eine präzise Ortsbestimmung. Softwareprodukte wie *Google Earth* und *NASA World Wind* zeigen uns Satelliten- und Luftbilder unterschiedlicher Auflösung auf einem digitalen Höhenmodell der Erde. Parallel zu diesen technischen Spitzenleistungen fällt das Phänomen auf, dass im europäischen Sprachraum in jüngster Zeit nicht wenige literarische Werke über die Erdvermessung zur Goethezeit erschienen sind: Hier sind Denis Guedj: *La Méridienne: le mètre* (1987) und Ken Alder: *The Measure of All Things* (2002) zu nennen. Nicht zuletzt muss Daniel Kehlmanns deutscher Bestseller *Die Vermessung der Welt* (2005) genannt werden, in dem Carl Friedrich Gauß mit Alexander von Humboldt eine der Hauptrollen spielt.

Der amerikanische Wissenschaftshistoriker Michael Dennis definiert das Programm der neueren Wissenschaftsgeschichte wie folgt:

> Die Geschichte der Wissenschaft ist nicht mehr die Geschichte des individuellen Forschers, der mit einer >Natur< konfrontiert ist, die überredet werden muß, ihre Geheimnisse preiszugeben. Die neue Geschichtsschreibung will statt dessen herausfinden, in welcher Weise das Natürliche und seine Grenzen identifiziert worden sind. Was stattgefunden hat, ist nichts weniger als eine Verlegung der Grenzen, die Natürliches und Künstliches trennen.[1]

[1] Zitat (deutsche Übersetzung des Textes von Michael Aaron Dennis) aus Daniel, Ute: *Kompendium Kulturgeschichte. Theorien, Praxis, Schlüsselwörter.* Frankfurt a.M. 2001, S.361.

Die Wissenschaftsgeschichte stellt sich einerseits die Aufgabe, die Denkweisen und Praktiken der Wissenschaftler in den jeweiligen zeitgenössischen Kontext zu stellen und dabei auch diejenigen Aspekte zu würdigen, die vom gegenwärtigen Erkenntnisstand her fremd oder verfehlt erscheinen, sie andererseits aber auch vom ethnologischen Standpunkt aus zu betrachten. Aus dieser Sicht sehen die Gegenstände der Wissenschaftsgeschichte oft ganz anders aus als die der Errungenschaftsgeschichte. Das gilt auch für die Geschichte der Astronomie an der Wende vom 18. zum 19. Jahrhundert, die eine ihrer spannungsvollsten und erfolgreichsten Epochen darstellt. Außerdem ist die Geschichte der Erdvermessung zugleich eine Geschichte der Vermessungsfehler, oder anders gesagt die Geschichte des langen Weges, bis die modernen Wissenschaften die Fehlerhaftigkeit als ihr Schicksal akzeptierten. Darauf wird im ersten Kapitel dieses Buches im Zusammenhang mit der Breitengradmessung im Meridian von Paris (1792-1798) ausführlich eingegangen.

Nicht zu vergessen ist, dass man damals zwischen Astronomie und Mathematik keinen Unterschied machte.[2] Mathematiker beschäftigten sich darüber hinaus mit der Geodäsie. Dies zeigt sich z.B. darin, dass für die Erdvermessung die ursprünglich vor astronomischem Hintergrund entwickelte Methode der kleinsten Quadrate angewendet wurde. Diese ist das mathematische Standardverfahren zur Ausgleichsrechnung, das die Mathematiker Adrien-Marie Legendre und Carl Friedrich Gauß unabhängig voneinander entwickelten.[3] Gauß ermöglichte dadurch dem Gothaer Astronomen Franz Xaver von Zach, den 1801 neu entdeckten, aber bald darauf verlorenen Asteroiden „Ceres" wieder zu finden. Jener Zach ist im Übrigen ein historisches Vorbild für den Freund der Makarie, den Astronomen, in Goethes *Wanderjahren.*

Diese Gestalt der Makarie ist eine erst in der Zweitfassung der *Wanderjahre* (1829; Erstfassung 1821) auftauchende zentrale, aber rätselhafte Romanfigur. In *Makarie und das Weltall* (Köln 1998) versuchte die Verfasserin, diese Figur vor dem Hintergrund der Vorstellungen vom Weltall und von der Astronomie des 18. und 19. Jahrhunderts einem Verständnis näher zu bringen. Dabei wurde versucht, Goethes Interesse an Astronomie resp. Mathematik zu verdeutlichen, das allerdings bisher kaum Beachtung in der Literaturwissenschaft fand[4], da man sich bisher mit punktuellen Bezügen begnügte oder sich auf die Zuverlässigkeit von Vermittlungen anderer Forscher (oft zu Unrecht) verlassen hatte. Die Aktivitäten des Dichters, Naturforschers und Staatsmannes Goethe können besonders gut als Ausgangspunkt für Forschungen über die Wissenschaftsgeschichte

---

[2] Als Literatur z.B.: Wattenberg, Diedrich: *Wilhelm Olbers im Briefwechsel mit Astronomen seiner Zeit.* Stuttgart 1994; Strumpf, Manfred: *Gothas astronomische Epoche.* Horb am Neckar 1998; Dorschner, Johann: *Astronomie in Thüringen. Skizzen aus acht Jahrhunderten.* Jena 1998.

[3] Siehe: Galle, Andreas: *Über die geodätischen Arbeiten von Gauss.* In: Werke. Carl Friedrich Gauß; Hrsg. v. der Königlichen Gesellschaft der Wissenschaften zu Göttingen. Bd.11, 1927-29; Reich, Karin: *Im Umfeld der „Theoria motus". Gauß' Briefwechsel mit Perthes, Laplace, Delambre und Legendere.* Göttingen 2000; Michling, Horst: *Carl Friedrich Gauß. Episoden aus dem Leben des Princeps Mathematicorum.* Göttingen 2005, usw.

[4] Eine Ausnahme über Goethe und die Astronomie sei genannt: Wattenberg, Diedrich: *Goethe und die Sternenwelt.* In: Goethe-Jahrbuch 31 (1969), S.66-111. Die Forschungsgeschichte über die Gestalt der Makarie siehe Ishihara, Aeka: *Makarie und das Weltall. Astronomie in Goethes „Wanderjahren".* Köln/ Weimar/Wien 1998.

dienen, da seine umfassenden Interessen und ausgedehnten Kontakte mit den einschlägigen Wissenschaftlern gut dokumentiert sind. Zugleich erlauben es seine vielseitigen literarischen Werke, die Problematik der Vermessbarkeit der Erde aus kulturellem Blickwinkel zu erläutern.

In diesem Zusammenhang lag der Verfasserin bereits seit zehn Jahren eine Romanfigur als Forschungsthema am Herzen – der Hauptmann in Goethes *Wahlverwandtschaften* (1809), einem Roman, der mehr im Kontext der Chemie bekannt ist.[5] In diesem literarischen Experimentalroman bildet der Widerspruch zwischen Natur und Rationalität den grundlegenden Konflikt. Die Auseinandersetzung zwischen dem rationalen Umgang mit der Natur und der romantischen Naturphilosophie ist zwar auch ein wichtiges Thema, im vorliegenden Kontext ist jedoch die Tatsache von größerem Interesse, dass in den *Wahlverwandtschaften* mit der Triangulation ein damals moderner wissenschaftlicher Trend reflektiert wird, was bisher noch wenig Aufmerksamkeit gefunden hat. Deshalb liegt in diesem Projekt der Schwerpunkt auf dem Hauptmann, um den wissenschaftshistorischen Hintergrund aufzuklären.

Die Hauptmann-Figur ist zwar eine Fiktion, aber ihre dramaturgische Funktion spiegelt den Zeitgeist des 19. Jahrhunderts deutlich wider. Andererseits ist über die Geschichte der Triangulation nur wenig Fachliteratur vorhanden.[6] Die erste Triangulation wurde 1615-1622 von Willebrord Snellius bei der Gradmessung in Holland angewendet. Im Jahre 1700 führte Jacques Cassini (mit seinem Vater Giovanni Domenico Cassini) Gradmessungen in Frankreich durch. Sie führten ihn zu der Hypothese, dass der Polradius der Erde größer als der Äquatorialradius sei, dass die Erde also eiförmig sei. Im Gegensatz dazu vertrat Isaac Newton die Hypothese, dass die Erde an den Polen abgeplattet sei, bedingt durch die Fliehkraft der Erdrotation. Um beide Thesen empirisch zu überprüfen, d.h. um die genaue Erdfigur zu erforschen und so die Grundlage zur Definition des Meters zu gewinnen, entsandte 1735 die Pariser Akademie der Wissenschaften zwei Expeditionen nach Peru und nach Lappland. Die Ergebnisse beider Expeditionen stützten die These der Abplattung an den Polen. Inzwischen bestätigten auch sehr genaue Landvermessungen durch César-François Cassini de Thury die Abplattung an den Polen. Die von ihm und seinem Sohn Dominique herausgegebene *Carte géométrique de la France* war die erstmalige Anwendung der Triangulation als Grundlage einer großflächigen Kartenaufnahme. Die Fortsetzung dieser Cassinischen Karte nach Norden schuf der österreichische Generalleutnant Graf J. v. Ferraris. Nachdem auf diese Weise ganz Frankreich trianguliert war, erfolgte auch eine trigonometrische Verbindung der beiden wichtigsten Sternwarten Europas, Paris und Greenwich, um deren

---

[5] Den speziellen Begriff der Wahlverwandtschaften entnimmt Goethe dem Werk des Begründers der mineralogischen Chemie, Torbern Olof Bergmann (1735-1784) *De attractionibus eletivis* (1755, deutsch 1784). Über den Hauptmann schreibt Lösch, Michael: *Who's who bei Goethe*. München 1998, z.B.: „Goethe stellt ihn ein wenig bloß, als der Hauptmann die chemischen Reaktionen beschreibt, die mit <Wahlverwandtschaften> umschrieben wurden."

[6] Vgl. Wilford, John Noble: *The Mapmakers: The Story of the Great Pioneers in Cartography from Antiquity to the Space Age*. revised. New York 2000, ins Japanische übersetzt als *Chizu wo tukutta Hitobito*. Tokio 2001; Skelton, Raleigh Ashlin: *Explorer's Maps: Chapters in the Cartographic Record of Geographical Discovery*. London 1986, ins Japanische übersetzt als *Zusetsu: Tankenchizu no Rekishi*. Tokio 1991. Die Triangulation ist jeweils nur in einem Kapitel kurz erwähnt.

astronomisch ermittelten Längenunterschied geodätisch zu überprüfen (1784-1787). An diesem Projekt nahmen Astronomen wie die oben genannten Méchain und Legendre teil. Darauf folgte die Breitengradmessung im Meridian von Paris durch Delambre und Méchain – Sujet der Werke von Guedj und Alder. Im 19. Jahrhundert bildete die Astronomie ein dichtes Netzwerk in ganz Europa. Dabei spielte in Deutschland zunächst v. Zach in Gotha eine wichtige Rolle als Organisator. Zwischen 1803 und 1809 übernahm Zach die Oberleitung der astronomischen und geodätischen Vermessungen, wobei er versuchte, in Anlehnung an französische Vorbilder das Thüringische Dreiecksnetz zu einer Längen- und Breitengradmessung zu erweitern. Bei der Messung der Basislinie von der Seeberger Sternwarte in Gotha half Gauß aus Göttingen.

2. Gegenstand und Methode der Untersuchungen

In Anwendung der modernen kulturwissenschaftlichen Methoden beruht diese Arbeit zunächst und in erster Linie auf den Forschungsmethoden der Philologie: dem kritischen Quellenstudium durch Sichten und Auswerten von Primärtexten, Quellen und Forschungsliteratur. Um die Wissenschaftsgeschichte der Zeit Goethes historisch getreu zu rekonstruieren, sind die Forschungsgegenstände der Verfasserin hauptsächlich Fachbücher, Reisebeschreibungen, Zeitschriften, Zeichnungen und Briefwechsel unter Naturwissenschaftlern der Goethezeit. Während eines einjährigen Forschungsaufenthalts in Jena 2009/2010 untersuchte die Verfasserin also den historischen Hintergrund der Landes- und Erdvermessung in der Goethezeit. Selbstverständlich stammen die meisten Materialien aus der Landes- und Universitätsbibliothek, dem Universitätsarchiv zu Jena, der Herzogin Anna Amalia Bibliothek, dem Goethe- und Schiller-Archiv und dem Goethe-Nationalmuseum nebst der Goethe-Bibliothek in Weimar. Zusätzlich wurden Ausstellungsgegenstände und Literatur im Siebold-Museum in Würzburg, Deutschen Museum und Bayerischen Vermessungsamt in München, Gotha-Museum im Schloss Friedenstein, Alpenmuseum in Innsbruck, sowie in den Goethe-Museen in Frankfurt und in Düsseldorf berücksichtigt.

Das ursprüngliche Forschungsprojekt zielte darauf, den historischen Hintergrund der Landes- und Erdvermessung der Goethezeit zu untersuchen und damit aus literaturwissenschaftlicher Sicht einen Beitrag zur Wissenschaftsgeschichte der Astronomie und Mathematik zu leisten. Da sich allerdings historisch interessante Primärliteratur auffinden ließ, blieb das Thema nicht innerhalb des literaturwissenschaftlichen Bereiches, sondern weitete sich auf die Wissenschaftsgeschichte der Triangulation überhaupt aus.

Zum Beispiel hängt im naturwissenschaftlichen Kabinett im Goethe-Museum in Düsseldorf eine große naturgeschichtliche Karte von Wilbrand und Ritgen: *Gemälde der organischen Natur in ihrer Verbreitung auf der Erde,* das der Leser sich auf der Vorderseite des Umschlags im verkleinerten Format ansehen kann. Es handelt sich nach Goethes Worten um einen Versuch, „sinnliche aber dem Auge keineswegs faßliche Gegenstände durch symbolische Darstellung vor den Blick zu bringen, und der Einbildung, dem Gedächtnis, dem Verstand das Übrige anheim zu geben“ (*Zur Morphologie,* MA 12,

S.259f.). Selbstverständlich ist hier „Gemälde" im Sinne von „Tableau" zu verstehen.[7] In Hinsicht auf symbolische Naturdarstellung ist dieses Gemälde als Übergangsform von der Naturphilosophie (Goethe) zur exakten Naturwissenschaft (Humboldt) höchst interessant. Erst durch das Studium des Textes von Wilbrand und Ritgen und die ausführliche vergleichende Betrachtung mit Tafeln wie z.B. Goethes *Höhen der alten und neuen Welt bildlich verglichen* (1807) und Humboldts *Naturgemälde der Anden* (1807) war es möglich zu verstehen, was für ein interessantes naturwissenschaftliches Gemälde das war und warum Goethe sich dafür begeisterte.

Neben dieser Primärliteraturrecherche ist die komparatistische Methode für dieses Buch charakteristisch, nämlich die Herstellung von Beziehungen, Verwandtschaften und Gemeinsamkeiten zwischen der deutschen (bzw. europäischen) und der japanischen Literatur. Bis zu ihrer Monographie *Goethes Buch der Natur* (Würzburg 2005), in der Goethes Beschäftigung mit naturwissenschaftlichen Bereichen, nach heutiger Kategorisierung Geologie, Physik, Chemie, Botanik und Zoologie, untersucht wurde, blieb die Verfasserin stets auf der Plattform der deutschen Germanistik (Inlandgermanistik) und der europäischen Primärliteratur. Aber dieses Projekt zwang sie, sich darüber hinaus auch als Japanologin, und zwar als „muttersprachliche Japanerin" mit diesem Thema auseinanderzusetzen.

Der direkte Ansatzpunkt war eine historische Karte im Besitz der Herzogin Anna Amalia Bibliothek in Weimar. Der Japanforscher Philipp Franz von Siebold aus Würzburg, der wegen des Besitzes geheimer japanischer Karten der Spionage beschuldigt („Siebold-Affäre") und 1830 aus Japan verwiesen wurde, veröffentlichte 1840 eine *Karte vom Japanischen Reiche nach Originalkarten und astronomischen Beobachtungen der Japaner*. Obwohl diese Karte sehr selten ist und kaum eine Bibliothek in Deutschland ein Exemplar besitzt, befinden sich ausgerechnet in der HAAB in Weimar sogar zwei dieser Karten. Bei ihren Recherchen nach Herkunft und Ursache (die jetzt noch fortzusetzen sein werden) stieß die Verfasserin auf weitere interessante Fakten, z.B. die Existenz der privaten Militärbibliothek von „Goethes" Herzog Carl August sowie das große Interesse von dessen Enkel Großherzog Carl Alexander an Japan. Ein Nebeneffekt dieses Buches ist es, auf den in Deutschland – im Unterschied zu Japan – weitgehend unbekannten Siebold und die oben genannte bemerkenswerte Affinität zwischen Japan und dem Großherzogtum Weimar aufmerksam zu machen. Um so mehr, als man Mitte Oktober 2010 das Jubiläumsjahr zum 150-jährigen Bestehen diplomatischer Beziehungen zwischen Deutschland und Japan feierte.

Angesichts heutiger Technik ist es schwer vorstellbar, dass jemand früher Entfernungen tatsächlich abschreiten musste, um eine Grundkarte herzustellen. Trotzdem begann bereits in der Goethezeit ohne moderne Technologie der wissenschaftliche Austausch zwischen Europa und Japan. In diesem Buch wird der Versuch unternommen, vom Standpunkt einer japanischen Germanistin her eine in Vergessenheit geratene wissenschaftliche Brücke zwischen Deutschland und Japan seit 1800 wiederzuentdecken und historisch sichtbar zu rekonstruieren.

[7] Vgl. Graczyk, Annette: *Das literarische Tableau zwischen Kunst und Wissenschaft*. München 2004.

Für Leser mit japanischen Sprachkenntnissen, vor allem für deutsche Japanologen, sind wichtige japanische Personen- und Ortsnamen sowie Literaturwerke auch auf Japanisch angegeben, weil sie in der Übertragung in alphabetische Lautschrift ggf. schwer zu identifizieren und nachzuprüfen sind.

3. Überblick über dieses Buch

Diese interdisziplinäre Studie besteht aus fünf Kapiteln. Das erste Kapitel behandelt als Vorgeschichte die Diskussion über die wirkliche Gestalt der Erde, zwei Forschungsexpeditionen nach Lappland und in die Anden im 18. Jahrhundert sowie das „Ur-Meter" in Frankreich. Dadurch wird dem Leser gleichzeitig ein Überblick über die europäische Geschichte der Triangulation bis zum 19. Jahrhundert gegeben.

Im zweiten Kapitel wird der historische Hintergrund der *Wahlverwandtschaften* Goethes erläutert. Es beginnt mit der Freundschaft zwischen Lalande in Paris und Zach in Gotha, um dann auf den von letzterem organisierten ersten astronomischen Kongress in Gotha (1798), Gauß und seine Methode der kleinsten Quadrate, sowie das Vermessungsprojekt in Thüringen unter der Leitung Zachs anhand der Primärliteratur einzugehen.

Im Mittelpunkt des dritten Kapitels stehen die wissenschaftlichen Zeichnungen jener Zeit, also die künstlerischen Aspekte der Triangulation. Was für eine Rolle spielte die freie Zeichenschule in Weimar in diesem Zusammenhang? Was für ein Beruf war der des akademischen Zeichenlehrers in Jena? Und warum war sein Beitrag so erforderlich für die Vermessungsarbeit? Es handelt sich darüber hinaus um die verschiedenen Versuche, wissenschaftliche Daten zweidimensional, aber optisch effektiv darzustellen, wie z.B. die vom Jenaer Mathematikprofessor Gerstenbergk entwickelte Methode des Bergschraffens. Nach der Beschreibung barometrischer Höhenmessungen und Beobachtungen durch Alexander von Humboldt sowie Astronomen und Meteorologen in Gotha, Jena und Berlin wird schließlich das „Gemälde der Natur" in der Goethezeit vorgestellt.

Im vierten Kapitel werden die bisher fast gar nicht untersuchten naturwissenschaftlichen Wechselbeziehungen zwischen Europa und Japan im 19. Jahrhundert behandelt. Das erste Schlüsselwort dieses Kapitels ist die „Parallelität" der wissenschaftlichen Entwicklung: Parallel zur Verbreitung der trigonometrischen Ketten in Europa übersetzte der japanische Hofastronom und Mathematiker Yoshitoki Takahashi astronomische Standardwerke Lalandes auf dem Umweg über die holländische Sprache ins Japanische, und mit Tadataka Inô stellte einer seiner Schüler die erste auf Beobachtungen von Längen- und Breitengraden beruhende Karte von Japan her. Den Schluss bildet ein fast mit einem Krimi vergleichbarer Wettstreit politischer Spionagetätigkeit zwischen Siebold und japanischen Intellektuellen, die sogenannte Siebold-Affäre.

Im fünften und letzten Kapitel wird die Begründung der japanischen Triangulation unter dem starken Einfluss der preußischen Methode neben der spannenden und mühsamen Arbeit in den japanischen Alpen vorgestellt. Die Geschichte der Triangulation erweist sich damit als ein Beispiel der Wissenschaftsvermittlung.

KAPITEL I

DIE GESTALT DER ERDE UND DIE TRIANGULATION

1. Diskussion über die wirkliche Gestalt der Erde

Geometrie bedeutet „Erdmessung“ und bezeichnet damit eine praktische Tätigkeit. Trotz dieser Wortherkunft wurde in der akademischen Tradition der Mathematik bis zur Neuzeit hauptsächlich nur theoretische und abstrakte Geometrie behandelt. Mathematik und handwerkliche Arbeit gehörten zunächst nicht zusammen. Allerdings wuchs seit dem 15./16. Jahrhundert wegen der Steuerfestlegung nach Grundstücksgröße das Interesse an der exakten Vermessung von Grund und Boden. Wann aber beginnt die trigonometrische Vermessung? Und wann entsteht die Geodäsie im modernen Sinne?

Zunächst ist die europäische Geschichte der Triangulation bis zum 19. Jahrhundert kurz zu skizzieren.[1] Im Jahre 1533 beschreibt Gemma Frisius (eigentlich Jemme Reinersz, 1508-1555) in einem Lehrbuch *Libellus de locorum bescribendorum ratione* zum ersten Mal die Methode der Triangulation als eine Methode der optischen Abstandsmessung mittels trigonometrischer Funktionen.[2] In Deutschland (Bayern) verwendet Philipp Apian (1531-1589)[3] die gleiche Methode für sein Werk *Bairische Landtafeln* im Maßstab 1 : 45 000 (1568). Er führt als Grundlage dafür trigonometrische Messungen auf ca. 30 astronomisch bestimmten Punkten durch.

---

[1] Näheres hierzu im Referat der Vfn. am 7. Dezember 2007 in Wien zur Tagung „Knowledge, Creativity and Transformations of Societies (KCTOS)“ vom INST: *Das Dreiecknetz: Gauß und die japanische Landvermessung in der Meiji-Zeit.* Als Sekundärliteratur (Auswahl): Oda, Takeo: *Chizu no Rekishi. Sekai-Hen.* (織田　武雄：『地図の歴史　世界篇』*Die Geschichte der Karten. Welt-Version.*) Tokio 1974; Skelton, Raleigh Ashlin: *Explorer's Maps: Chapters in the Cartographic Record of Geographical Discovery.* London 1986, ins Japanische übersetzt als *Zusetsu: Tankenchizu no Rekishi.* Tokio 1991; Feuerstein, Petra: *Von Euklid bis Gauss. Begleitheft zur Ausstellung „Maß, Zahl und Gewicht. Mathematik als Schlüssel zu Weltverhältnis und Weltbeherrschung“.* Herzog August Bibliothek Wolfenbüttel 1989; Wilford, John Noble: *The Mapmakers: The Story of the Great Pioneers in Cartography from Antiquity to the Space Age.* revised New York 2000, ins Japanische übersetzt als *Chizu wo tsukutta Hitobito.* Tokio 2001; Unno, Kazutaka: *Chizu no Bunkashi.* (海野　一隆：『地図の文化史　世界と日本』；*A Cultural History of Maps and Charts in the World and Japan*) Tokio 2004; Brachner, Alto: *Von Ellen und Füßen zur Atomuhr. Geschichte der Messtechnik.* München (Deutsches Museum) 2. überarbeitete Aufl., 2005. Die Triangulation ist allerdings jeweils nur kurz erwähnt. Über einzelne Personen ist ein kleines Geodäten-Lexikon von Takashi Danbara: *Chikyū wo hakatta Kagakusha no Gunzou.* (檀原　毅：『地球を測った科学者の群像　測地・地図の発展小史』) Tokio 1998 informativ.

[2] Vgl. Goss, John: *KartenKunst. Die Geschichte der Kartographie.* Mit einer Einführung von Valerie Scott. Braunschweig (Westermann) 1994, hier S.184.

[3] Vgl. Prospekte für eine Ausstellung der Bayerischen Vermessungsverwaltung: *Personen setzen Maßstäbe*; Zaglmann, Klaus / Meyer-Stoll, Cornelia: *Geniales Zusammenspiel großer Persönlichkeiten. Das Fundament der bayerischen Landesvermessung.* In: Ausstellungskatalog zum 250-jährigen Jubiläum der Bayerischen Akademie der Wissenschaften, München 2009, S.246-259, hier S.247.

Deren Grundprinzip auf der (zweidimensionalen) Fläche ist leicht zu erklären: Als Voraussetzung muss man die Länge einer Seite eines Dreiecks wissen. Da aber Seiten mit einer Ausdehnung von 30-50 km zu lang für eine direkte Messung sind, wird oft eine kürzere Strecke von nur einigen Kilometern Länge zwischen zwei Festpunkten (A und B) mit einem Basismessgerät durch Aneinanderlegen von Maßstäben oder mit Messbändern oder -ketten präzis vermessen. Diese direkt vermessene Linie A-B ist die „Basis des trigonometrischen Netzes“. Und aufgrund dieser ermittelten Länge kann man alle restlichen Seiten berechnen: Indem man mittels eines Winkelmessgerätes wie z.B. eines Theodoliten die Winkel von beiden Ecken der Basislinie A und B in Bezug auf einen dritten Punkt C vermisst, lassen sich die Längen der beiden Seiten A-C und B-C anhand trigonometrischer Formeln berechnen. Daraus ergeben sich schließlich die Lagebeziehungen der Dreieckspunkte in einem Koordinatensystem. In der Praxis ist neben der Basismessung auch die astronomische Messung zur Einordnung in das geographische Netz der Erdoberfläche erforderlich. Denn für die Erdvermessung ist die einfache ebene Trigonometrie leider nicht ausreichend, denn die wirkliche Gestalt der Erde ähnelt einer Kugel, genauer einem Ellipsoid.

Die erste Triangulation soll 1615-1622 vom niederländischen Astronomieprofessor Willebrord Snellius (eigentlich Snell van Rojen, 1580/1591-1626), der das Gesetz der Lichtbrechung entdeckte, bei der Gradmessung in Holland angewendet worden sein: Er maß 1615 in Rijnlandsche Roeden einen Meridianbogen und beschrieb das Verfahren in seinem Werk *Eratosthenes batavus, de terrae ambitus vera quantitate* (Leiden 1617).[4] Snellius verwendete die Methode jedoch noch kleinräumig. Will man dagegen eine großräumige Vermessung durchführen, sind sowohl die Höhenunterschiede der Vermessungspunkte als auch die Gestalt der Erde genau zu berücksichtigen.

Über die Gestalt der Erde vermutete man lange Zeit – trotz Unebenheiten der Erdoberfläche wie z. B. durch Berge und Täler – von der Antike bis zur Meridiangradmessung von Jean Picard (1620-1682), dass die Erde im Grunde kugelförmig sei. Diese Vermutung wurde seit der Entdeckung Amerikas durch Kolumbus (1451-1506) und der Weltumsegelung von Magellan (um 1480-1521) noch verstärkt.

Picard war ursprünglich Geistlicher, und zwar Abt der Klöster von Rillé und Anjou. Gleichzeitig entwickelte er als Astronom und Geodät verschiedene Winkelmessgeräte und führte die erste genaue Vermessung in Frankreich durch. Mit der Vorstellung, dass die Erde eine Kugel sei, vermaß er 1669/1670 im Auftrag der Akademie der Wissenschaften den Längengrad zwischen Sourdon (südlich von Amiens) und Malvoisine (südlich von Paris). Picard verfeinerte dabei seine Messtechnik durch den Einsatz eines Winkelquadranten mit Zielfernrohr und bekam damit ein sehr vertrauenswürdiges Resultat. Er bestimmte also die Länge des Pariser Meridiangrads mit 57 060 Toisen (1 Toise = ca. 1,949 m). Daraus errechnete er die Länge des Erdradius mit 6 372 km. Dieses Ergebnis kommt dem heutigen Wert von 6 371 km für den Radius derjenigen Kugel, die dasselbe Volumen wie das Erd-

[4] Ibid., S.185.

ellipsoid (Äquatorradius 6 378,140 km, Polradius 6 356,755 km)[5] hat, erstaunlich nahe.

An dieser ersten Meridiangradmessung Picards nahm Giovanni Domenico Cassini (auf Französisch: Jean Dominique, 1625-1712) teil, den König Ludwig XIV. erst kurz zuvor (1669) aus Bologna an die damals neu gegründete Académie des sciences (Akademie der Wissenschaften; d. Vfn.) in Paris geholt hatte. Cassini wurde zum Direktor der 1672 vollendeten Sternwarte ernannt und führte zahlreiche Vermessungen in Frankreich durch. In diesem Zusammenhang bestimmte er die Länge des Sekundenpendels in Paris und beauftragte seinen Mitarbeiter Jean Richer (1630-1696), in Cayenne (Guyana/Südamerika; d. Vfn.) gleiche Versuche mit dem Pendel durchzuführen.

Die Schwingungsdauer der Pendeluhr ist von der Pendellänge und der Erdanziehung abhängig. In Cayenne findet Richer heraus, dass seine in Paris exakt funktionierende Pendeluhr hier täglich stets zwei Minuten achtundzwanzig Sekunden nachgeht. Darüber hinaus geht die in Cayenne korrigierte Pendeluhr in Paris nun stets genau zwei Minuten achtundzwanzig Sekunden vor. Dieses Phänomen kann man heute durch eine stärkere Erdanziehung in Paris erklären[6], was aufgrund der Newton'schen Gravitationstheorie auf eine geringere Entfernung zum Erdmittelpunkt hinweist.[7] Nach der Theorie von Isaac Newton (1642/43-1727) drückt die Zentrifugalkraft der Erdrotation die Materie am Äquator nach außen, so dass der Durchmesser der Erde am Äquator größer als von Pol zu Pol gemessen sein sollte. Hiermit vertrat Newton die Hypothese, dass die Erde ein an den Polen abgeplattetes Ellipsoid sei.

Was Newton anbelangt, ist es als ein ziemlich „tollkühnes Unternehmen" des Dichters Johann Wolfgang von Goethe (1749-1832) bekannt, Newtons *Optics* zu kritisieren und seine eigene *Farbenlehre* zu begründen. Aber vielleicht übersieht man, dass die Pariser Akademie der Wissenschaften zu diesem Zeitpunkt der Gravitationstheorie Newtons skeptisch begegnete. In Frankreich wurde seine *Philosophiae*

---

[5] Nach Howard-Haller, Mario: *Maupertuis' Messung in Lappland.* In: Hecht, Hartmut (Hrsg.): Pierre Louis Moreau de Maupertuis. Eine Bilanz nach 300 Jahren. Berlin 1999, S.71-87, hier S.73.

[6] Christiaan Huygens (1629-1695), der die erste Pendeluhr gebaut hatte, veröffentlichte 1673 sein Hauptwerk *Horologium oscillatorium* und formulierte die Theorie des physikalischen Pendels, wonach die Ganggenauigkeit von Sekundenpendeln überall auf der Welt gleich sein sollte. Zunächst vermutete man daher, dass das genannte Phänomen durch die Hitze am Äquator verursacht würde. Inzwischen experimentierten andere Wissenschaftler mit der Pendeluhr an anderen Orten: Salley 1677 auf der Insel Sankt Helena; Varin, Haies und Glas 1682 auf den Inseln Goree, Guadelupe und Martinique; Couplet in Lissabon und 1679 in Pará; Feuillée in Portobello und auf Martinique usw. Aufgrund dieser Ergebnisse schlussfolgerte man, dass dieses Phänomen mit der Hitze keinen Zusammenhang hat.

[7] Mit anderen Worten: „Gravimetrische Verfahren benutzen die Schwere als Meßgröße. Die Schwere ist die Beschleunigung, die ein Körper im Schwerefeld der Erde erfährt. Die Erdrotation erzeugt eine ortsabhängige Fliehkraft. Sie beeinflusst die gemessenen Schwerewerte. Die Fliehkraft kann rechnerisch ermittelt werden. Die Theorie zur gravimetrischen Erdfigurbestimmung wurde im 19. Jahrhundert entwickelt. Praktische Messungen waren erst seit etwa 1930 möglich." Aus der Ausstellungserklärung des Deutschen Museum in München (Abteilung der Geodäsie).

naturalis principia mathematica (1687) noch nicht akzeptiert. Dort vertrat man die Wirbeltheorie von René Descartes (1596-1650), eine Art von mechanischer Erklärung der Gravitation. Dieser glaubte an einen unendlichen (endlosen) Raum, in dessen Tiefe sich die Fixsterne hinein erstrecken. Seines Erachtens sei dieser Weltraum voll mit Materie erfüllt. Dort bewege sich jede Materie wirbelförmig, weil sie so dicht beieinander liege, dass keine freie linienförmige Bewegung möglich sei. Dabei entferne sich kleinere Materie immer weiter vom Zentrum und verdichte sich am Rand (eine Art Zentrifugalkraft), während größere Materie im Zentrum einen Wirbel bilde.

Viele französische Intellektuelle sind dieser Cartesianischen Physik verhaftet. Der wichtigste Anhänger war Bernard le Bovier de Fontenelle (1657-1757), der von 1697 bis 1740 das Amt des Secrétaire perpétuel der Akademie bekleidete. In seinem sehr populär gewordenen Sachbuch *Entretiens sur la pluralité des mondes* (*Unterhaltungen über die Vielzahl der Welten*, 1686)[8] vermittelte er aufgrund der Wirbeltheorie das damals neueste astronomische Grundwissen und erzielte damit den größten Verkaufserfolg in der Aufklärungszeit. Fontenelle vertrat noch 1752 in seiner *Théorie des tourbillons cartésiens* die Wirbeltheorie Descartes' aus dem Jahre 1644, obwohl sie bereits durch die Newton'sche Physik überholt und altmodisch geworden war.

Inzwischen führte Cassini mit seinem Sohn Jacques Cassini (auch Cassini II. genannt; 1677-1756)[9] Gradmessungen in Frankreich durch. Von 1683 bis 1718 wurde die Vermessung von Dünkirchen bis Colliure, insgesamt ca. 950 km, von den Cassinis durchgeführt. Vater und Sohn Cassini haben zu verschiedenen Zeiten, an verschiedenen Orten, mittels verschiedener Messgeräte und nach verschiedenen Methoden wiederholt den Längengrad vermessen. Die Ergebnisse im Jahre 1720 lauteten: Länge des Meridiangrads bei 50 Grad: 57 006 Toisen und bei 49 Grad: 56 975 Toisen.[10] Diese führten die Cassinis zu der Hypothese, dass der Polradius der Erde größer als der Äquatorialradius sei. Mit anderen Worten: Die Erde sei an den Polen aufgewölbt.

In diesem Zeitraum kam ein jüngeres Akademie-Mitglied, Pierre-Louis-Moreau de Maupertuis (1698-1759), aus England zurück und versuchte, die Physik Newtons in Frankreich einzuführen. Maupertuis war seit 1725 Vollmitglied der Akademie der Wissenschaften. Im Jahre 1728 studierte er in London die Gravitationstheorie Newtons. Er veröffentlichte 1732 *Discours sur les différentes figures des astres* und versuchte damit in Frankreich öffentlich den Newtonismus zu verteidigen.[11] Dass die Erde keine Kugel, sondern eine Ellipsoid sei, war allgemein anerkannt.

---

[8] Darüber Ishihara, Aeka: *Makarie und das Weltall. Astronomie in Goethes „Wanderjahren".* Köln/Weimar/Wien 1998, S.131ff.

[9] Dieser Sohn Jacques lernte 1696 in England Newton, Halley und andere Wissenschaftler kennen und wurde in die Royal Society aufgenommen.

[10] Nach der Tabelle der Meridiangrade (S.87) von Howard-Haller: *Maupertuis' Messungen in Lappland.* Berlin 1999.

[11] Vgl. Beeson, David: *Maupertuis. An Intellectual Biography.* Oxford 2006, S.99: „The *Figures des astres* made Maupertuis France's first Newtonian, and marked the opening of his campaign against Cartesianism in the Paris Academy."

Ältere Autoritäten wie Fontenelle jedoch vertraten die Cartesianische Wirbeltheorie und hatten großes Vertrauen zu den Messergebnissen der Cassinis; sie waren demnach Verfechter des größeren Polradius. Demgegenüber war der akademische Nachwuchs wie Maupertuis Anhänger der Newton'schen Gravitationstheorie. Sie bezweifelten die Genauigkeit der vorhandenen Messdaten und sahen den Äquatorialradius als größer an. So entstand eine heftige Diskussion um die wahre Gestalt der Erde, die gleichzeitig Ausdruck eines Generationenkonfliktes an der Pariser Akademie war.

Um beide Thesen empirisch zu überprüfen, d.h. um die genaue Gestalt der Erde zu erforschen und so die Grundlage zur Definition des Meters zu gewinnen, beschloss 1733 die Pariser Akademie der Wissenschaften, zwei Expeditionen, eine nach Peru und eine nach Lappland, auszusenden.

2. Maupertuis und seine Lappland-Expedition

Um die Frage „Wie ist die Erde abgeplattet?" zu beantworten, reisten im Mai 1735 Pierre Bouguer (1698-1758), Charles Marie de La Condamine (1701-1774) und Louis Godin (1704-1760) von Paris nach Ecuador/Peru. Warum man Ecuador als Reiseziel wählte, begründet Godin wie folgt: Während die meisten Länder des Äquatorgürtels mit dichten Regenwäldern bedeckt sind, die die Vermessungsarbeit mit Sicherheit außerordentlich behindert hätten, weisen die Anden in der Nähe von Quito gute Voraussetzungen für Vermessungsarbeiten auf, weil sich das Tal von Quito zwischen den Kordilleren der Anden in idealer Weise parallel zum Längengrad in Nord-Süd-Richtung erstreckt.[12]

Gleichzeitig beauftragte die Pariser Akademie Maupertuis mit der Leitung einer Expedition nach Lappland. Das Team bestand aus 8 Männern: Maupertuis, Charles-Etienne-Louis Camus (1699-1768), Alexis-Claude Clairaut (1713-1765) und Pierre-Charles Le Monnier (1715-1799) sind Mitglieder der Akademie. Hinzu kommen der Korrespondent der Akademie Abbé Reginaud Outhier (1694-1774) sowie der Sekretär Sommerreux und ein Zeichner namens Herbelot. Nicht zuletzt ist der schwedische Astronom Anders Celsius (1701-1744) zu nennen. Dieser wurde im Alter von 29 Jahren zum Professor für Astronomie an der Universität zu Uppsala ernannt. Da es aber in Schweden damals noch keine Sternwarte gab (erst 1741 wurde die Sternwarte von Uppsala gegründet), reiste er durch Europa und war zufälligerweise in Paris, als die Expedition begann. Zwar hatte er einst mit Linné (1707-1778) Studienreisen in Lappland durchgeführt, aber diesmal beschäftigte er sich nicht mit der Botanik, sondern mit dem Erdmagnetismus, vor allem während der Nordlichtphasen. Was das „Messen" anbelangt, darf man selbstverständlich seinen Beitrag zur metrischen Temperaturskala nicht vergessen, die den Gefrierpunkt des Wassers als 0 Grad Celsius und seinen Siedepunkt als 100 Grad Celsius definiert.

---

[12] Vgl. Zaun, Jörg: *Wie groß ist ein Grad? Eine Andenexpedition auf der Suche nach der wahren Gestalt der Erde.* In: Vermessen. Kartographie der Tropen. Begleitbuch zur Ausstellung des Ethnologischen Museums, Berlin-Dahlem. 2006, S.82-87, hier S.83.

Zur Vorbereitung fuhren Maupertuis und Clairaut noch nach der Abreise der Anden-Expeditionsgruppe nach Thury und übten sich den Sommer 1735 hindurch bei der Familie Cassini intensiv in der Messkunst.[13] Ihre Expeditionsgruppe reiste am 20. April 1736 von Paris nach Lappland ab, um den Meridiangrad beim Polarkreis zu messen. Im Juli 1736 landete sie in Tornio an der Mündung des Flusses Torniojoki in den Bottnischen Meerbusen. Der Fluss fließt fast ideal in Nord-Süd-Richtung, und seinem Verlauf folgend bildete man von Anfang Juli bis September 1736 zwischen Tornio und Kittis (insgesamt ca. 170 km) eine Dreieckskette und vermaß sie. Offensichtlich besaß Maupertuis außerdem gute organisatorische Fähigkeiten, weil er trotz vieler Schwierigkeiten, wie Mückenplagen im Sommer und eisiger Kälte im Winter, sein Projekt innerhalb von zwei Jahren planmäßig absolvierte. Er teilte zunächst die Mannschaften in zwei Gruppen und ließ sie kooperativ arbeiten: Zum Beispiel wurde jeder Winkelwert als Mittelwert der Messdaten von zwei unabhängigen Gruppen bestimmt. Anschließend vermaßen diese zwei Gruppen vom 21. bis 28. Dezember 1736 bei großer Kälte auf dem vereisten und tief verschneiten Torniojoki die Basislinie mit je vier Stangen aus Fichtenholz unter gegenseitiger Kontrolle. Maupertuis errechnete für den Meridiangrad am Polarkreis zwischen dem 66. und 67. Breitenkreis eine Länge von 57 437 Toisen (ca. 111,95 km). Mit diesem Ergebnis waren zwar die Teilnehmer nicht vollständig zufrieden, und Maupertuis äußerte später, dass er die Messung zu einem späteren Zeitpunkt wiederholen werde.[14] Trotzdem wurden 1738 die Forschungsergebnisse der Lappland-Expedition *La figure de la terre déterminée par les messieurs de l'Académie royale des sciences, qui ont mesuré le degré du méridien au cercle polaire* (Paris/Amsterdam) veröffentlicht. Zwar hat diese Lappland-Expedition schließlich die Richtigkeit der Hypothese von Newton bewiesen, dass die Erde zu den Polen hin abgeplattet ist, aber nach dem Biografen Beeson war die Situation von Maupertuis nach der Rückkehr in Paris zunächst gar nicht so einfach:

> Many of the scientists in the opposite camp had after all staked their reputation on the prolate [sic! gemeint „prorate"?] model of the Earth, or at least used it in work that had been instrumental in making their names. They could hardly be expected to abandon overnight a position so crucial to them and which had the sanction of forty years of observational work, for the sake of a single operation carried out by inexperienced astronomers under very harsh conditions – particularly as the Lapland expedition was the junior of the two sent out by the Academy.[15]

Es handelte sich also eher um eine psychische Komponente. Die Wahl zwischen der über vierzig Jahre währenden mühevollen Arbeit der renommierten Astronomen Cassini I. und II. und einem in knapp zwei Jahren zusammengefassten Bericht

---

13 Vgl. Beeson: *Maupertuis*, S.103: "they travelled down to Thury, for intensive training in astronomical techniques at the hands of Cassini, in his family home."

14 Vgl. Howard-Haller: *Maupertuis' Messungen in Lappland,* hier S.86. Später von 1801 bis 1803 vermaß der Astronom Jöns Svanberg (1771-1851) den Meridiangrad bei 66,5 Grad und errechnete einen vernünftigen Wert von 57 196 Toisen.

15 Zitat aus Beeson: *Maupertuis*, S.119.

eines jungen Naturwissenschaftlers fällt wohl niemandem leicht. Maupertuis stand im Prinzip über zwei Jahre hinweg im Wesentlichen allein. 1740 veröffentlichte er sein Werk *Degré du méridien entre Paris & Amiens, déterminé par la mesure de M. Picard & par les observations de M. de Maupertuis, Clairaut, Camus, Le Monnier* (Paris, 1740)[16], und fast gleichzeitig gab César-François Cassini (Cassini III.; 1714-1784) in einem Bericht an die Akademie zu, dass sein Vater (Cassini II.) und Großvater (Cassini I.) Fehler in der Rechnung gemacht hatten. Die von Cassini III. korrigierte Erdfigur bestätigte die Ergebnisse von Maupertuis vollständig. Zwar verbesserte dies die Position von Maupertuis, aber ohne die Rückkehr der Expeditionsgruppe aus Peru konnte seine Lage sich nicht endgültig festigen. Vielleicht war dies der tiefere Grund, warum Maupertuis im Jahre 1744, in dessen Sommer endlich Bouguer als erster Expeditionsteilnehmer in Paris eintraf, eine Berufung von Friedrich dem Großen an die Berliner Akademie der Wissenschaften (ab 1746 Präsident) annahm: seine lang anhaltende Isolierung als einziger Newton-Anhänger in der Pariser Akademie.[17]

Bemerkenswert sind weitere Verbindungen von Mitgliedern der Vermessungsgruppe von Lappland mit der Newton'schen Theorie. Die erste vollständige und kritische französische Übersetzung der *Principia* von Newton leistete Émilie Le Tonnelier de Breteuil, Marquise du Châtelet (1706-1749), die sich selbst „Emilia Newtonmania" nannte.[18] Sie beschäftigte sich von 1745 bis zu ihrem Tod mit dieser mühsamen Arbeit. Es handelte sich nicht nur darum, aus dem Lateinischen ins Französische zu übersetzen, sondern auch darum, den anhand der klassischen euklidischen Geometrie dargestellten Inhalt in die damals neue Infinitesimalrechnung zu übertragen und sachliche Anmerkungen beizufügen. Ihr erster Mathematiklehrer war kein anderer als Maupertuis. Durch die Vermittlung eines ihrer Liebhaber, nämlich des Philosophen Voltaire (1696-1778), bekam sie von Maupertuis Privatunterricht bis zu dessen Abreise nach Lappland. Während der Abwesenheit von Maupertuis schrieb Voltaire, der während seines Aufenthaltes in England die Trauerfeier Newtons persönlich miterlebt hatte, unter Mitwirkung von Émilie du Châtelet eine Einführung *Eléments de la philosophie de Newton* (veröffentlicht in Holland; 1738) und leistete damit einen Beitrag, die Newton'sche Physik in Frankreich populär zu machen. Um diese Schrift zu unterstützen, schrieb Émilie du Châtelet anonym eine Rezension für das *Journal des sçavants* im Jahre 1738.[19] Dass Maupertuis nach seiner Expedition in einer schweren und isolierten Position in der Pariser Akademie stand, war ihr bekannt.

---

[16] Siehe auch: Maupertuis, Pierre-Louis-Moreau de: *Der Meridian-Grad zwischen Paris und Amiens : woraus man die Figur der Erde herleitet; durch Vergleichung dieses Grads mit dem, so beym Polar-Zirkel gemessen worden.* Zürich (Heidegger) 1742. Im Besitz der ThULB.

[17] Vgl. Beeson: *Maupertuis*, S.134.

[18] Vgl. Ishihara, Aeka: *Lady Newton in Frankreich. Gabrielle Émilie Marquise du Châtelet.* (石原あえか :「フランスの《レディ・ニュートン》　エミリ・デュ・シャトレ侯爵夫人」) In: Parity. Monatsschrift der Physik. Tokio, Vol.20, Nr.6, S.49-52, 25. Mai 2005.

[19] Hagengruber, Ruth: *Emilie du Châtelet an Maupertuis: Eine Metaphysik in Briefen.* In: Hecht, Hartmut (Hrsg.) *Pierre Louis Moreau de Maupertuis. Eine Bilanz nach 300 Jahren.* Berlin 1999, S.187-206, hier S.188.

Darüber hinaus war Clairaut, ein jüngerer Teilnehmer an der Expedition nach Lappland, ebenfalls einer der Privatlehrer Émilie du Châtelets. Er war einer der bekanntesten Mathematiker im 18. Jahrhundert: Als kaum 13jähriger Junge überreichte er der Pariser Akademie der Wissenschaften eine Schrift über von ihm berechnete Kurven und als 16jähriger eine wissenschaftliche Abhandlung. Mit 18 Jahren wurde er in die Akademie aufgenommen. Er war ebenfalls Anhänger von Newton. Da er jedoch anscheinend kein streitlustiger Charakter war, distanzierte er sich nach der Expedition von Maupertuis und ließ ihn in diesem Sinne im Stich. Was den Beitrag für Newton anbelangt, hat Clairaut aber das nachgelassene Manuskript sowie Anmerkungen von Émilie du Châtelet durchgesehen und zehn Jahre nach ihrem Tod ihre vollständige Übersetzung der *Principia* herausgegeben. Dieses 1759 erschienene Werk der Mme du Châtelet gilt übrigens bis heute als einzige französische *Principia*-Übersetzung.

3. Die Anden-Expedition: Rezeption und Wiederentdeckung

Das Team der Expedition nach Peru bestand aus zehn Männern: Die bereits oben genannten Bouguer, La Condamine und Godin sind Mitglieder der Akademie. Obwohl Godin der Jüngste von diesen dreien war, wurde er zum Expeditionsleiter ernannt, weil er der Pariser Akademie am längsten angehörte und den oben genannten Plan der Gradmessung in den Anden vorgeschlagen hatte. Hinzu kommen Joseph de Jussieu (1704-1779) als Botaniker und Arzt, Verguin als Ingenieur, Jean Godin des Odonnais als Ingenieur des Seewesens und der Neffe von Lois Godin, Couplet, als Assistent für Geographie (†1736), Morainville als Zeichner (†1744), Jean Seniergues als Chirurg (†1739) sowie Hugot als Uhrmacher (†1743).

Verglichen mit Maupertuis konnte Godin anscheinend von Anfang an keine ideale Rolle als Expeditionsleiter spielen. Bereits im Schiff nach Peru, noch vor dem Beginn der Vermessung, kommt es zu erheblichem Streit zwischen Godin und den anderen Teilnehmern über die Verwendung der Finanzmittel. Nach der Ankunft in Quito im Juni 1735 stand die Expedition wegen Geldmangels fast vor dem Scheitern. La Condamine musste zunächst nach Lima fahren, um neue Finanzmittel aufzutreiben. In Quito kam die französische Gruppe darüber hinaus mit zwei jungen wissenschaftlich interessierten Offizieren zusammen, Jorge Juan y Santacilia (1713-1773) und Antonio de Ulloa y de la Torre-Guiral (1716-1795), die der spanische König zur Unterstützung und zur Kontrolle dieser Expedition entsandt hatte.

Über die Franzosen in der Expeditionsgruppe nach Peru gibt es ein 1979 erschienenes Werk von Florence Trystram; *Le procès des étoiles. Récit de la prestigieuse expédition de trois savants français en Amérique du Sud et des mésaventures qui s'ensuivirent (1735-1771).*[20] Dies ist kein historischer Roman, denn die Handlung ist anhand der Primärliteratur historisch getreu rekonstruiert, so dass man dieses Buch fast eine Biographie der damaligen französischen Expeditionsgruppe nennen kann bzw. eine

[20] Deutsche Übersetzung: *Der Prozeß gegen die Sterne. Abenteuer einer Südamerika-Expedition, 1735-1771.* (Wiesbaden, 1981); Japanisch: 『地図を測った男たち』 *Chikyû wo hakatta Otokotachi.* (Tokio, 1983).

von einem Außenstehenden gefertigte Reisebeschreibung oder Dokumentation. In diesem Sinne kann dieses Werk auch als Sachbuch bezeichnet werden, d.h. als eine Publikation, die neue Fakten und Erkenntnisse auf wissenschaftlichem, politischem, sozialem, wirtschaftlichem, kulturellem und kulturhistorischem Gebiet in meist populärer und leicht verständlicher Form darbietet.[21] Auf Grund ihres dokumentarischen Charakters wird diese Art der Literatur als Nonfiction bezeichnet. Synonym verwendet man auch den Begriff der Dokumentarliteratur. In Übereinstimmung mit der englischen und japanischen literarischen Gattungsdefinition wird im Folgenden jedoch nur der Begriff Nonfiction verwendet.

Wie Trystram selbst im Vorwort schreibt, beschäftigte sie sich als Historikerin mit der Primärliteratur der Vermessungsexpedition nach Peru, um eine wissenschaftliche Abhandlung zu schreiben. Nach Abschluss dieser Arbeit habe diese Expedition sie aber weiter verfolgt, so dass sie ihre Forschungen wieder aufnahm. Anhand der von ihr gesammelten Materialien beschreibt sie drei Jahre lang sehr präzise nicht nur die Expedition selbst, sondern auch Aufgabe und Schicksal eines jeden Teilnehmers. Wic unten noch ausgeführt wird, hatte sich die Expeditionsgruppe während der langen Expedition gespalten, so dass jeder Teilnehmer später separat seinen eigenen Reisebericht geschrieben hatte. Trystram hatte nach Auswertung aller dieser Materialien versucht, einen authentischen Überblick über diese Expedition zu geben. Sie beschreibt dort aus der Sicht der Historikerin kurz und treffend die Notwendigkeit der Expedition:

> Für die Gelehrten des 18. Jahrhunderts konnte keine Theorie Gültigkeit beanspruchen, die nicht zuvor an den Tatsachen überprüft worden war. Die Aufgabe der Akademie der Wissenschaften bestand ja gerade darin, nur solche Theorien als tatsächlich brauchbar einzustufen und anschließend zu registrieren, die sie zuvor selbst einer Überprüfung im Experiment unterzogen hatte. Die Akademie gab sich nie mit Versuchen zufrieden, die andere durchgeführt hatten, und folgte dem Grundsatz, allem zu mißtrauen, wofür sie nicht selbst eine Bestätigung gefunden hatte. Wenn sie schließlich nach langwieriger experimenteller Kontrolle eine gegebene Theorie als zutreffend anerkannt hatte, so galt dies nicht nur den Anhängern der betreffenden Theorie, sondern der gesamten gelehrten Welt der damaligen Zeit als Bürgschaft und Garantie.
> Auf die Tragweite der Ergebnisse, die die drei Beauftragten der Akademie aus Peru mitzubringen hofften, braucht also gar nicht weiter hingewiesen zu werden. Entsprechend groß war die Verantwortung, die auf ihnen lastete.[22]

---

[21] Nach *Metzler Literatur Lexikon. Begriffe und Definitionen.* Hrsg. v. Günter und Irmgard Schweikle. Zweite, überarbeitete Aufl. Stuttgart 1990, S.403.

[22] Zitat aus Trystram: *Der Prozeß gegen die Sterne*, S.147f.

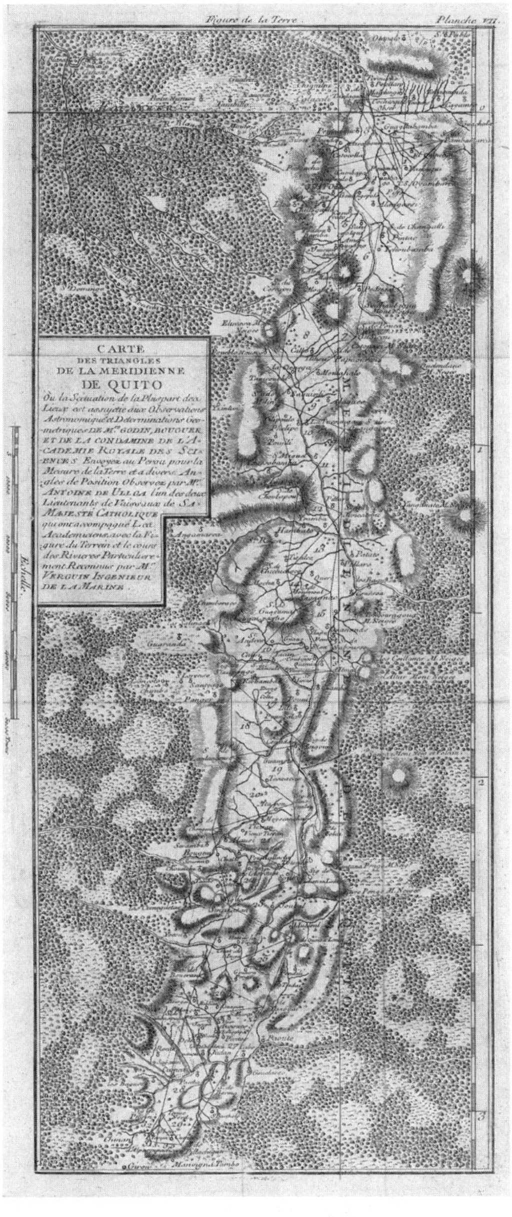

Abb. 1: „Carte der Triangulation in Peru“ aus Bouguers *La figure de la terre* (1749) mit freundlicher Genehmigung der ThULB Jena (Signatur: 4-MS-771)

Die „drei Beauftragten“ sind niemand anderes als Bouguer, La Condamine und Godin, die sich hauptsächlich mit der Triangulation beschäftigten. Da Trystrams

Nonfiction-Band gemäß der zehn Jahre währenden Vermessung langatmig ist, sollen die relevanten Forschungsergebnisse hier kurz zusammengefasst werden: Der Grundbogen soll zwischen Cotchesquii (fast 0 Grad, also auf Höhe des Äquators) und Tarquie (ca. 3 Grad südlich) vermessen werden. Während die Lappland-Expedition hauptsächlich auf ebener Fläche arbeiten konnte, musste die Anden-Expedition ihr Dreiecksnetz in den Bergen aufbauen: Ihre 43 Dreiecke bestehen aus 129 Winkeln und 43 Punkten jeweils unterschiedlicher geographischer Breite, die über eine Strecke von etwa 345 km verteilt sind. Darunter liegen 7 Punkte über 4 000 Meter über dem Meeresspiegel. Bis dorthinauf musste man schwere Instrumente tragen und möglicherweise wochenlang auf klares Wetter warten. Obwohl die Teilnehmer durchschnittlich in den Dreißigern waren, also in den besten Jahren, setzte die körperlich sehr anstrengende Vermessungsarbeit auch ihnen zu. Noch vor Beginn der eigentlichen Vermessungen starb Couplet am Gelbfieber.

Die Vermessungsarbeiten wurden zunächst in zwei (später in drei) Gruppen geteilt durchgeführt. Trotz der schwierigen Bedingungen in den Anden, wo man bis zu 5 000 Meter Höhenunterschied überwinden musste, nahm von Anfang August 1737 bis Ende Juni 1739 die Gruppe von Bouguer, La Condamine und Ulloa auf 35 verschiedenen Bergen Messungen vor, während die Gruppe von Godin und Juan Messungen auf 32 Bergen absolvierte (siehe Abb. 1). Seit 1740 beschäftigten sie sich dann mit astronomischen Messungen. Aber sie arbeiteten nicht kooperativ, sondern in des Wortes ungünstiger Bedeutung völlig unabhängig: Messdaten und Zwischenergebnisse wurden im Verlauf der Zeit immer weniger ausgetauscht. Später gerieten Bouguer und La Condamine sogar in Streit über die Genauigkeit ihrer Messungen. Nach Abschluss der Arbeiten ließ La Condamine an den beiden Endpunkten der Basislinie zwei steinerne Pyramiden errichten, die aber bald danach von der spanischen Verwaltung abgerissen wurden.[23] Darüber hinaus ließ er die Ergebnisse der Anden-Expedition auf lateinisch zusammengefasst in eine Marmorplatte gravieren, die heute noch im alten Observatorium in Quito aufbewahrt wird (siehe Abb. 2). Ins Deutsche übersetzt:

> Der mittlere Stern unter den dreien im Orionsgürtel (E nach Bayern), südliche Abweichung im Juli 1737, 1° 23' 40". Nach einem wirklich ausgemessenen Bogen von mehr als 3° beträgt der erste Grad der Mittagslinie oder der Breite, nach der Fläche des Meeres genommen, 56.650 Toisen. Das Andenken daran haben, zu Gunsten der Naturlehre, der Sternseherkunst, der Erdbeschreibung und Schiffahrt, durch diesen in die Mauer der Kirche des großen Jesuitenkollegiums zu Quito eingesetzten Stein, dem Nutzen dieser und künftiger Zeiten widmen und erhalten wollen, die Beobachter daselbst. Im Jahre Christi 1742.[24]

[23] Darüber: La Condamine: *Histoire des Pyramides de Quito, ou Relation de ce qui s'est passé au sujet des pyramides & des inscriptions posées aux deux extrémités de la base voisine de Quito.* Paris 1751. Im Besitz der ThULB, im gleichen Band von La Condamine: *Journal du voyage fait par ordre du Roi, à l'équateur, servant d'introduction historique à la mesure des trois premiers degrés du méridien.*

[24] Zitat aus Gretenkord (Hrsg.): Charles-Marie de La Condamine: *Reise zur Mitte der Welt. Die Geschichte von der Suche nach der wahren Gestalt der Erde.* Herausgegeben, eingeleitet und kommentiert von Barbara Gretenkord. Ostfildern 2003, hier S.124.

Introduct. histor. vis-à-vis la page 163.

OBSERVATIONIBUS
LUDOVICI GODIN, PETRI BOUGUER, CAROLI-MARIÆ DE LA CONDAMINE,
È REGIÀ PARISIENSI SCIENTIARUM ACADEMIÂ,
INVENTA SUNT QUITI;
LATITUDO HUJUSCE TEMPLI, AUSTRALIS GRAD. 0, MIN. 13, SEC. 18: LONGITUDO OCCIDENTALIS AB OBSERVATORIO REGIO, GRAD. 81, MIN. 22.
DECLINATIO ACUS MAGNETICÆ, À BOREA AD ORIENTEM, EXEUNTE ANNO 1736, GRAD. 8, MIN. 45: ANNO 1742, GR. 8, MIN. 20.
INCLINATIO EJUSDEM INFRÀ HORIZONTEM, PARTE BOREALI, CONCHÆ, ANNO 1739, GRAD. 12: QUITI 1741, GRAD. 15.
ALTITUDINES SUPRÀ LIBELLAM MARIS GEOMETRICÈ COLLECTÆ, IN HEXAPEDIS PARISIENSIBUS,
SPECTABILIORUM NIVE PERENNI HUJUS PROVINCIÆ MONTIUM, QUORUM PLERIQUE FLAMMAS EVOMUERUNT,
COTA-CACHE 2567, CAYAMBUR 3028, ANTI-SANA 3016, COTO-PAXI 2952, TONGURAGUA 2623, SANGAY ETIAMNUNC ARDENTIS 2678, CHIMBORASO 3220, ILINISA 2717:
SOLI QUITENSIS IN FORO MAJORI 1462, CRUCIS IN PROXIMO PICHINCHA MONTIS VERTICE CONSPICUÆ 2042:
ACUTIORIS AC LAPIDEI CACUMINIS NIVE PLERUMQUE OPERTI 2432; UT ET NIVIS INFIMÆ PERMANENTIS IN MONTIBUS NIVOSIS.
MEDIA ELEVATIO MERCURII IN BAROMETRO SUSPENSI, IN ZONÂ TORRIDÂ, EAQUE PARUM VARIABILIS,
IN ORÂ MARITIMÂ POLLICUM 28, LINEARUM 0: QUITI POLL. 20, LIN. 0½: IN PICHINCHA, AD CRUCEM, POLL. 17, LIN. 7; AD NIVEM POLL. 16, LIN. 0.
SPIRITÛS VINI, QUI IN THERMOMETRO REAUMURIANO, À PARTIBUS 1000, INCIPIENTE GELU, AD 1080 PARTES IN AQUÂ FERVENTE INTUMESCIT
DILATATIO; QUITI, À PARTIBUS 1008, AD PARTES 1018: JUXTÀ MARE, À 1017 AD 1029: IN FASTIGIO PICHINCHA, À 995 AD 1012.
SONI VELOCITAS, UNIUS MINUTI SECUNDI INTERVALLO, HEXAPEDARUM 175.
PENDULI SIMPLICIS ÆQUINOCTIALIS, UNIUS MINUTI SECUNDI TEMPORIS MEDII, IN ALTITUDINE SOLI QUITENSIS, ARCHETYPUS
(MENSURÆ NATURALIS EXEMPLAR, UTINAM ET UNIVERSALIS!)
ÆQUALIS [illegible] HEXAPEDÆ, SEU *PEDIBUS* 3, *POLLICIBUS* 0, *LINEIS* 6 81/100: MAJOR IN PROXIMO MARIS LITTORE [illegible] LIN: MINOR IN APICE PICHINCHA [illegible] LIN.
REFRACTIO ASTRONOMICA HORIZONTALIS SUB ÆQUATORE MEDIA, JUXTÀ MARE 27 MIN: AD NIVEM IN CHIMBORASO 19′ 51″: EX QUÂ ET ALIIS OBSERVATIS, QUITI 22′ 50″.
LIMBORUM INFERIORUM SOLIS, IN TROPICIS DEC. 1736 ET JUNII 1737, DISTANTIA INSTRUMENTO DODECAPEDALI MENSURATA GRAD. 47, MIN. 28, SEC. 36:
EX QUÂ, POSITIS DIAMETRIS SOLIS, MIN. 32, SEC. 37 ET 31′ 33″; REFRACTIONE IN 66 GRAD. ALTITUDINIS 0′ 15″; PARALLAXI VERÒ 4″ 40‴,
ERUITUR OBLIQUITAS ECLIPTICÆ, CIRCA EQUINOCTIUM MARTII 1737, GRAD. 23, MIN. 28, SEC. 28.
STELLÆ TRIUM IN BALTHEO ORIONIS MEDIÆ (BAYERO ε) DECLINATIO AUSTRALIS, JULIO 1737, GRAD. 1, MIN. 23, SEC. 40.
EX ARCU GRADUUM PLUSQUÀM TRIUM REIPSÂ DIMENSO, *GRADUS MERIDIANI SEU LATITUDINIS PRIMUS, AD LIBELLAM MARIS REDACTUS, HEXAP.* 56650.
QUORUM MEMORIAM,
AD PHYSICES, ASTRONOMIÆ, GEOGRAPHIÆ, NAUTICÆ INCREMENTA,
HOC MARMORE PARIETI TEMPLI COLLEGII MAXIMI QUITENSIS SOC. JESU AFFIXO, HUJUS ET POSTERI ÆVI UTILITATI V. D. C.
IPSISSIMI OBSERVATORES. ANNO CHRISTI *M. DCCXLII.*

La mesure ci-dessus qui, pour représenter le Quart du Pendule équinoctial, devoit avoir près de 9 pouces 1 ligne ⅔, est trop longue d'environ ½ de ligne de trop.

Abb. 2: „Lateinische Inschrift" aus La Condamines
Relation abrégée d'un voyage fait dans l'intérieur de l'Amérique méridionale (1775)
mit freundlicher Genehmigung der ThULB (Signatur: 4-MS-1351)

Vielleicht waren die Teilnehmer der Anden-Expedition größere Individualisten als die der Lappland-Expedition. Im Verlauf der Zeit führte dies leider zur Aufspaltung der Gruppe, und schließlich zerstreuten sich die Teilnehmer völlig. Ihre Rückwege waren getrennt und unterschiedlich. Als erster ist Bouguer im Herbst 1744 in Paris angekommen.

Während Bouguer bereits im Februar 1745 in Paris seine eigenen Berechnungsergebnisse der Gradmessung, und zwar für den Längengrad am Äquator 56 746 Toisen[25] (110 598 Meter), mitteilte und damit die Tatsache, dass die Erde gemäß der Newton'schen Gravitationstheorie an den Polen abgeplattet ist, bestätigte, schließt La Condamine eine weitere Forschungsreise in das Amazonasgebiet an. Als La Condamine wegen dieses Umwegs erst im Februar 1745 nach Paris zurückkam, waren selbstverständlich die Daten Bouguers als endgültige Ergebnisse bereits bekannt. Er ärgerte sich sehr darüber, dass Bouguer, ohne die Rückkehr seines Kollegen abzuwarten und ohne jede Absprache, seine Berechnungen als endgültiges Ergebnis vorgestellt hatte, während sein eigenes Resultat 56 749 Toisen (110 604 Meter) ergab. Die Daten der beiden unterscheiden sich kaum und sind nach heutigen Maßstäben erstaunlich korrekt. Obwohl beide unterschiedliche Mess- und Berechnungsmethoden verwendeten, gab es bloß drei Toisen Unter-

25 Der Übersetzer Trystrams, Christoph Rodiek, übersetzt aber statt „Toise" ins Deutsche „Klafter".

schied. Darüber hätte man sich sogar freuen können, aber stattdessen veröffentlichten beide im Jahrbuch der Akademie von 1746 separat jeweils ihre eigenen Ergebnisse. Als Bouguer 1749 nach vorheriger Vereinbarung wissenschaftliche Daten als Publikation *La Figure de la terre, déterminée par les observations des messieurs de La Condamine et Bouguer, de l'Académie royale des sçiences, envoyés par ordre du roy au Pérou, pour observer aux environs de l'équateur*[26] (siehe Abb. 3) unter beider Namen veröffentlichte, versuchte La Condamine erfolglos, das zu verhindern. Dieser erbitterte Streit dauerte leider bis Bouguers Tod fort.

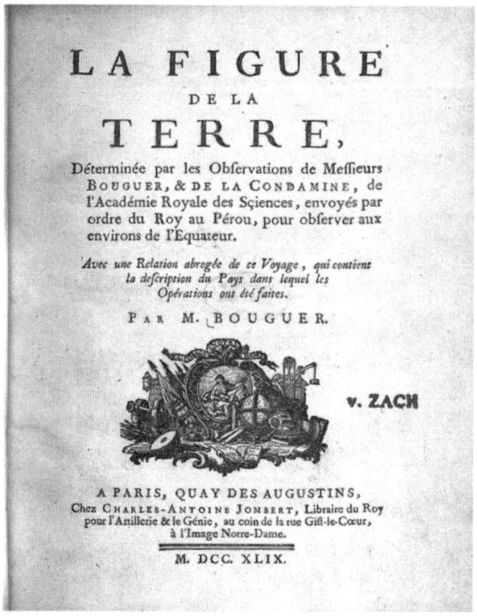

LA FIGURE
DE LA
TERRE,
Déterminée par les Obſervations de Meſſieurs BOUGUER, & DE LA CONDAMINE, de l'Académie Royale des Sçiences, envoyés par ordre du Roy au Pérou, pour obſerver aux environs de l'Equateur.
Avec une Relation abregée de ce Voyage, qui contient la deſcription du Pays dans lequel les Opérations ont été faites.
PAR M. BOUGUER.
v. ZACH
A PARIS, QUAY DES AUGUSTINS,
Chez CHARLES-ANTOINE JOMBERT, Libraire du Roy pour l'Artillerie & le Génie, au coin de la rue Gist-le-Cœur, à l'Image Notre-Dame.
M. DCC. XLIX.

Abb. 3: Bouguers Titelblatt mit Exlibris des Gothaer Astronomen von Zach mit freundlicher Genehmigung der ThULB Jena (Signatur: 4-MS-771)

Der ehemalige Expeditionsleiter Godin verschuldete sich bei einer abenteuerlichen Schatzsuche so hoch, dass er Peru nicht verlassen durfte. Er musste in Lima eine Professur der Astronomie antreten. Daraufhin ordnete der französische König per 13. Oktober 1745 seinen Ausschluss aus der Akademie an. Erst 1751 konnte er nach Europa zurückkehren und wurde auf Empfehlung der ehemaligen spanischen Kollegen Juan und Ulloa Direktor der Kadettenakademie in Cádiz, weil er keinen Reisepass nach Frankreich besaß. Nach der Wiederaufnahme in die Pariser Akademie (1756) teilte er ihr mit, dass er seinen Forschungsbericht über die Expedition abgeschlossen habe. Aber noch vor der Publikation starb er 1760 an einem Schlaganfall – sein Manuskript ist seitdem verschollen.

---

[26] Die ThULB besitzt ein Exemplar mit dem Ex-Libris des Gothaer Astronomen von Zach. Bouguer, M.: *La figure de la terre, déterminée par les observations de Messieurs Bouguer, & de La Condamine, de l'Académie royale des sçiences, envoyés par ordre du roy au Pérou, pour observer aux environs de l'équateur. Avec une relation abrégée de ce voyage, qui contient la description du pays dans lequel les opérations ont été faites.* Paris, Quay des Augustins, chez Charles-Antoine Jombert, Libraire du Roy pour l'Artillerie & le Génie 1749.

La Condamine ging am 28. April 1745 in seinem Vortrag an der Akademie der Wissenschaften nicht näher auf den Vergleich der Daten ein, sondern widmete sich aufgrund seines ausführlichen Tagebuches mehr seiner Reise auf dem Amazonas.

La Condamine war als Naturwissenschaftler, wie er selbst erkannte, nicht so ausgezeichnet wie Bouguer und Godin. Vielleicht spielen Eifersucht und Neid im Hintergrund eine gewisse Rolle, dass er sich mit Bouguer nicht versöhnen konnte. La Condamine war jedoch literarisch begabt: 1730 wurde La Condamine als Assistent der Chemie in die Akademie der Wissenschaften aufgenommen und bereiste auf einem Schiff des Geschwaders für zwei Jahre das Mittelmeer: Algier, Alexandria, Jerusalem usw., und blieb anschließend für fünf Monate in Konstantinopel. Da er durch seine Reiseberichte von dieser Vermessungsfahrt rund um das Mittelmeer auf sich aufmerksam gemacht hatte, durfte er an der Anden-Expedition teilnehmen. Und tatsächlich war er diesmal der Einzige, der ein ordentliches Tagebuch während der Anden-Expedition geführt und herausgegeben hat. Sein Akademiebericht erschien bereits im November 1745 unter dem Titel *Relation abrégée d'un voyage fait dans l'intérieur de l'Amérique méridionale*[27] in Buch-Form (siehe Abb. 4). Dieses Buch wurde ein Bestseller des 18. Jahrhunderts und in wenigen Jahren in verschiedene Sprachen übersetzt: Ins Deutsche wurde sein Bericht „durch eine Gesellschaft gelehrter Männer" übersetzt; herausgegeben wurde er 1758 in Leipzig unter dem Titel: *Kurze Beschreibung einer Reise in das innerste Süd-America, von den Küsten der Südsee bis nach Brasilien und Guiana, den Amazonen-Fluß herunter, welche am 28. April 1745 in öffentlicher Versammlung der Academie der Wissenschaften verlesen worden von dem Herrn de la Condamine, gemeldeter Academie Mitgliede* im 16. Band der Reihe *Allgemeine Historie der Reisen zu Wasser und Lande; oder Sammlung aller Reisebeschreibungen, welche bis itzo in verschiedenen Sprachen von allen Völkern herausgegeben worden, und einen vollständigen Begriff von der neuern Erdbeschreibung und Geschichte machen. Worinnen der wirkliche Zustand aller Nationen vorgestellt, und das Merkwürdigste, Nützlichste und Wahrhaftigste in Europa, Asia, Africa und America in Ansehung ihrer verschiedenen Reiche und Länder; deren Lage, Größe, Gränzen, Eintheilungen, Himmelgegenden, Erdreichs, Früchte, Thiere, Flüsse, Seen, Gebirge, großen und kleinen Städte, Häfen, Gebäude, u.s.w. wie auch der Sitten und Gebräuche der Einwohner, ihrer*

---

[27] La Condamine, Charles-Marie de: *Relation abrégée d'un voyage fait dans l'intérieur de l'Amérique méridionale,* depuis la côte de la Mer du Sud, jusqu'aux côtes du Brésil & de la Guyane, en descendant *La Rivière des Amazones* ; Lûe à l'Assemblée de l'Académie des sciences, le 28 avril 1745. par M. de La Condamine; de la même Académie. Paris, chez la Veuve Pissot. 1778. (Exlibli von Pistor). Übrigens sind in diesem Band auch Beweismaterialien über die Ermordung von Seniergues enthalten. Die Universitätsbibliothek Jena (ThULB) besitzt noch ein anderes Exemplar von 1748 als erneute Ausgabe, die nicht nur Beweismaterialien über den Tod von Seniergues enthält, sondern auch die Briefe von Godin des Odonais über das seltene Schicksal seiner Frau, die auf der Reise nach Quito verschollen war; La Condamine: *Relation abrégée d'un voyage fait dans l'intérieur de l'Amérique méridionale, depuis la côte de la Mer du Sud, jusqu'aux Côtes du Brésil & de la Guyane, en descendant la rivière des Amazones, par M. de La Condamine, de l'Académie des sciences, Avec une Carte du Maragnon, ou de la Rivière des Amazones, levée par le même. Nouvelle édition. Augmentée de la relation de l'émeute populaire de Cuença au Pérou, Et d'une lettre de M. Godin des Odonais; contenant la Relation du Voyage de Madame Godin, son Epouse, etc.* Maestricht (Jean-Edmé Dufour & Philippe Roux, Imprimeurs-libraires associés) 1778.

Religion, Regierungsart, Künste und Wissenschaften, Handlung und Manufacturen, enthalten ist. Mit nöthigen Landkarten nach den neuesten und richtigsten astronomischen Wahrnehmungen, und mancherley Abbildungen der Städte, Küsten, Aussichten, Thiere, Gewächse, Kleidungen, und anderer dergleichen Merkwürdigkeiten, versehen.[28]

Im Jahre 1751 erschien dann noch ein ausführliches Expeditionstagebuch La Condamines, das die wichtigste Grundlage aller Berichte über diese Expedition wurde: *Journal du voyage fait par ordre du Roi, à l'équateur, servant d'introduction historique à la mesure des trois premiers degrés du méridien* (siehe Abb. 5).

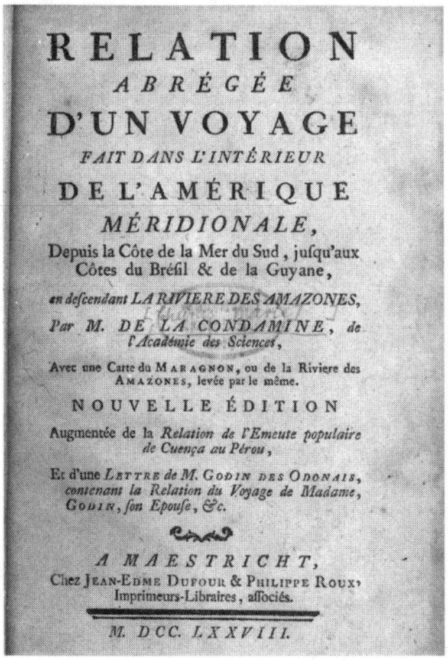

RELATION
ABRÉGÉE
D'UN VOYAGE
FAIT DANS L'INTÉRIEUR
DE L'AMÉRIQUE
MÉRIDIONALE,
Depuis la Côte de la Mer du Sud, jusqu'aux Côtes du Brésil & de la Guyane,
en descendant LA RIVIERE DES AMAZONES,
Par M. DE LA CONDAMINE, de l'Académie des Sciences,
Avec une Carte du MARAGNON, ou de la Riviere des AMAZONES, levée par le même.
NOUVELLE ÉDITION
Augmentée de la Relation de l'Emeute populaire de Cuença au Pérou,
Et d'une LETTRE de M. GODIN DES ODONAIS, contenant la Relation du Voyage de Madame Godin, son Epouse, &c.
A MAESTRICHT,
Chez JEAN-EDME DUFOUR & PHILIPPE ROUX, Imprimeurs-Libraires, associés.
M. DCC. LXXVIII.

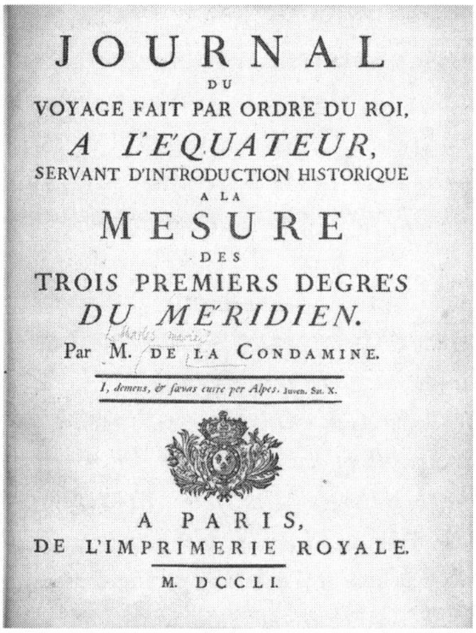

JOURNAL
DU
VOYAGE FAIT PAR ORDRE DU ROI,
A L'EQUATEUR,
SERVANT D'INTRODUCTION HISTORIQUE
A LA
MESURE
DES
TROIS PREMIERS DEGRÉS
DU MÉRIDIEN.
Par M. DE LA CONDAMINE.
I, demens, & saevas curre per Alpes. Juven. Sat. X.
A PARIS,
DE L'IMPRIMERIE ROYALE.
M. DCCLI.

Abb. 4: Titelblatt (1745) Abb. 5: Titelblatt (1755)
mit freundlichen Genehmigung der ThULB (Sig.: 8-MS-10773 und 4-MS-1351)

Aufgrund dieser zwei wissenschaftlichen Tagebücher von La Condamine und unter Einbeziehung des gemeinsamen Reiseberichts der spanischen Offiziere Jorge Juan und Antonio de Ulloa *Relación histórica del viaje a la América meridional hecho de orden de S. Mag. Para medir algunos grados de meridiano terrestre, y venir por ellos en conocimiento de la verdadera figura, y magnitud de la Tierra, con otras varias observaciones astronómicas y phisicas* (1748) fasste im deutschsprachigen Raum ein anonymer, bloß mit seinen Initialen „J. C. S." bezeichneter Autor die Anden-Expedition zusammen und gab im Jahre 1763 in Erfurt die *Geschichte der zehnjährigen Reisen der Mitglieder der Akademie der Wissenschaften zu Paris vornemlich des Herrn de la Condamine nach Peru in America in den Jahren 1735 bis 1745 worinne ausser verschiedenen Nachrichten von der gegenwärtigen Beschaffenheit der spanischen Colonien in America, und einer vollständigen Beschreibung des berühmten Amazonenflusses, auch noch verschiedene und besondere Anmerkungen zur Aufnahme der Sternkunde, Erdbeschreibung und Naturlehre befindlich sind, herausgegeben und*

[28] Über die literarische Quelle vgl. die Einleitung von Gretenkord (Hrsg.): *Reise zur Mitte der Welt.* 2003.

mit einigen Beylagen und Kupfern begleitet von J.C.S. (Erfurt, gedruckt bei Johann Friedrich Hartung 1763) heraus. Darauf basiert die neueste deutsche Übersetzung: *Reise zur Mitte der Welt. Die Geschichte von der Suche nach der wahren Gestalt der Erde* (2003) von La Condamine.

Die Anden-Expedition brachte nicht nur das Resultat der Länge eines Längengrades am Äquator. Wie Trystram in einer Fußnote[29] anmerkt, hat z.B. Bouguers Beitrag über die Schwerkraft ebenfalls eine große Bedeutung: Nach der Rückkehr nach Frankreich beschäftigte er sich mit der Schwerkraft und entdeckte die sogenannte „Bouguer'sche Anomalie", die darauf zurückzuführen ist, dass die Dichte einiger Minerale von der des normalen Erdrindengesteins abweicht. Über dieses Experiment, das Bouguer im November 1738 in der Nähe des Chimborazo durchführte, berichtet auch La Condamine in seinem Expeditionstagebuch:

> Nous prîmes le temps de son absence, M. *Bouguer* & moi, pour exécuter un projet d'observation de nouvelle espèce: il étoit question de reconnaître par expérience, en observant la même étoile en deux différens endroits, si le voisinage d'une très-grosse montagne pouvoit détourner de la ligne verticale le fil-à-plomb d'un quart-de-cercle, conformément à la théorie de la gravitation universelle de M. *Newton*. [...] M. Bouguer, au commencement d'Octobre, avoit été visiter la montagne de Tongouragoa & ses environs, pour tâcher d'y trouver un lieu convenable à son dessein; mais celle de *Chimbo-raço*, par sa hauteur & toutes ses dimensions, y parut plus propre qu'aucune autre.[30]

4. Exkurs: Beitrag im Bereich der Botanik: J. de Jussieu und der Chinarindenbaum

Man darf außerdem nicht vergessen, dass wissenschaftliche Expeditionen im 18. und 19. Jahrhundert stets auch mit der sogenannten „Pflanzenjagd" eng verbunden waren. Bekanntlich wurde Alexander von Humboldt (1769-1859) von dem französische Botaniker Aimé-Jacques-Alexandre Bonpland (eigentlich Goujaud, 1773-1858) begleitet, der während der Forschungsreise über 60 000 Pflanzenarten sammelte, von denen ca. 3 500 angeblich noch immer nicht beschrieben sind. Leopold von Buch (1774-1853), ein Freund von Humboldt und renommierter Geologe im 18. Jahrhundert, untersuchte 1814/15 mit dem norwegischen Botaniker Christian Smith (1785-1816) zusammen die Kanarischen Inseln. Nicht unerwähnt sei der Münchner Botaniker Carl Friedrich Philipp von Martius (1794-1868), der später mit Goethe in engem wissenschaftlichem Kontakt stand. Von 1817 bis 1820 fand eine Forschungsexpedition nach Brasilien statt: Bei der Hochzeit der Maria Leopoldine Josepha Caroline von Österreich (1797-1826), die später Kaiserin von Brasilien wurde, mit dem portugiesischen Kronprinzen Dom Pedro (1798-1834) durften in ihrem Gefolge anerkannte Naturwissenschaftler aus Österreich, Bayern und der Toskana nach Brasilien mitfahren[31]. Die Prinzessin Leopoldine interessierte sich

---

[29] Vgl. Trystram: *Der Prozeß gegen die Sterne*, Fußnote von S.275.

[30] Zitat aus La Condamine: *Journal du voyage fait par ordre du Roi*, S.68.

[31] Über diese Expedition: Riedl-Dorn, Christa: *Johann Natterer und die Österreichische Brasilien-*

seit ihrer Kindheit für die Naturforschung, wie z.B. für Botanik, Zoologie, Astronomie und vor allem Mineralogie. Übrigens lernte sie 1810 in Karlsbad Goethe kennen. Es ist einleuchtend, dass Goethe nicht nur wegen des Auftrags von Herzog Carl August (1757-1828; seit 1815 Großherzog) als „erstes und ordentliches Mitglied" der Royal Horticultural Society (Königliche Gartenbaugesellschaft; d. Vfn.) in England, sondern auch persönlich für diese Expedition ein großes Interesse zeigte.[32] Goethe korrespondierte damals oft mit dem Leiter des Hof-Naturalien-Cabinetts in Wien, Carl Franz Anton Ritter von Schreibers (1775-1852). Dieser war gleichzeitig Lehrer des späteren Kaisers Ferdinand I. und ab 1808 der Prinzessin Leopoldine in den naturwissenschaftlichen Disziplinen.[33] Über ihn bestellte Goethe bereits vor der Reise bestimmte Naturgegenstände aus Brasilien: z.B. eine Heilpflanze namens „Raiz Preta", die auch als „ipecacuanhaein" bezeichnet wird und gegen die Wassersucht oder als Brechreizmittel wirkungsvoll sein sollte.[34] Gerade an dieser Expedition nach Brasilien nahm Martius im Auftrag von König Maximilian I. von Bayern teil und brachte ca. 6 500 Pflanzen und Samen nach München mit. Martius veröffentlichte nicht nur einen präzisen Reisebericht *Reise in Brasilien* (1823-31), sondern legte auch den Grundstein für ein umfangreiches botanisches Werk. Im Jahre 1840 erschien der erste Band dieser *Flora Brasiliensis*, die erst 38 Jahre nach seinem Tod abgeschlossen wurde und in 40 Teilbänden über 23 000 Pflanzenarten darstellte.[35] Sein Schwerpunkt liegt vor allem auf der Gattung der Palmen: Durch sein Prachtwerk *Genera et species palmarum* (1823-50) bekam Martius den Beinamen „Vater der Palmen". Goethe rezensierte es mit Begeisterung. Von Oktober 1823 bis Dezember 1829 stand Goethe mit Martius in Briefwechsel und stellte ihm Fragen zur Pflanzenkunde. Der zweite Besuch Martius' in Weimar (1828) veranlasste Goethe darüber hinaus zu seinen letzten botanischen Studien: *Über die Spiraltendenz der Vegetation*.[36]

Zwischen Goethe und Martius vermittelte Christian Gottfried Nees von Esenbeck (1776-1858). Er war einer der wichtigsten naturwissenschaftlichen Korrespondenten von Goethe. Nees von Esenbeck studierte in Jena bei Justus Christian Loder (1753-1832; Professor der Anatomie und Medizin bis 1803) und Hufeland Medizin. Er wurde zuerst nach Erlangen und dann 1818 nach Bonn als Professor berufen. Im gleichen Jahr wurde er zum Präsidenten der Kaiserlich Leopoldinisch-Carolinischen Akademie der Naturforscher (heute: Deutsche Akademie der Naturforscher Leopoldina) gewählt. Später korrespondierte Nees von Esenbeck auch mit

---

expedition. Petrópolis 2000; *Schätze der Neuen Welt. Bayerische Naturforscher in Südamerika*. In: Wissenswelten. *Die Bayerische Akademie der Wissenschaften und die wissenschaftlichen Sammlungen Bayerns. Ausstellungen zum 250-jährigen Jubiläum der Bayerischen Akademie der Wissenschaften*. Katalog hrsg. unter Mitarbeit von Tobias Schönauer von Dietmar Willoweit. München 2009, S.260-266.

32 Schneider, Sylk: *Goethes Reise nach Brasilien. Gedankenreise eines Genies*. Weimar 2008.

33 Vgl. Riedl-Dorn: *Johann Natterer und die Österreichische Brasilienexpedition*, S.17.

34 Schneider: *Goethes Reise nach Brasilien*, S.131ff.

35 Schneckenburger, Stefan: *In tausend Formen magst du dich verstecken: Goethe und die Pflanzenwelt*. Sonderheft 29. Begleitheft zur Ausstellung anlässlich des Goethe-Jahres 1999 im Palmengarten der Stadt Frankfurt am Main. Hier S.57.

36 Siehe: Ishihara: *Goethes Buch der Natur*, S.171ff.

Philipp Franz Balthasar von Siebold (1796-1866) in Japan sowie mit Franz Wilhelm Junghuhn (1809-1864) auf Java und unterstützte beide Kollegen. Sowohl Siebold als auch Junghuhn führten nicht nur örtliche Vermessungen und astronomische Beobachtungen durch, sondern sammelten vor Ort viele exotische Pflanzen und Tiere. Sie schickten kostbare Exemplare nach Holland als ihrem Auftraggeber und nicht zuletzt auch an Nees von Esenbeck.

Im Zusammenhang mit den „Pflanzenjägern" der Forschungsexpeditionen des 18. Jahrhunderts entdeckte die amerikanische Wissenschaftshistorikerin L. Schiebinger[37] den Botaniker der Anden-Expedition Joseph de Jussieu wieder. J. de Jussieu ist der jüngere Bruder von Antoine de Jussieu (1686-1758) und Bernard de Jussieu (1699-1777). Beide Brüder waren bereits Mitglieder der Akademie der Wissenschaften in Paris und empfahlen ihren sensiblen Bruder Joseph als Arzt für die Anden-Expedition. J. de Jussieu wurde dadurch der erste Botaniker, der die Flora der Anden wissenschaftlich erforschte. Seine erste Arbeit über den Chinarindenbaum, den Lieferanten des Chinins, schickte La Condamine nach Paris, wo die Abhandlung *Sur l'arbre du quinquina* 1738 – nach Gretenkord „irrtümlich"[38], nach Trystram jedoch „freilich unter dem Namen La Condamines"[39] – veröffentlicht wurde. Andererseits notiert La Condamine im Mai 1737 in seinem *Journal du voyage*, dass er darüber selbst einen Beitrag schrieb:

> [...] je m' étois arrêté trois jours à *Loxa* pour reconnoître, dessiner & décrire l'arbre du quinquina [Chinarindenbaum; d. Vfn.], & faire sur ce sujet des recherches, dont j'ai rendu compte, dans le temps, à l'Académie.[40]

Diese La Condamine zugeschriebene Abhandlung übersetzte der Nürnberger Mediziner Georg Leonhart Huth ins Deutsche. Sie erschien 1760 in einer *Sammlung verschiedener die Fieberrinde betreffender Abhandlungen und Nachrichten.* Die Universitätsbibliothek Jena besitzt zwei Exemplare, eines davon ist sogar mit „Ex Bibliotheca C. W. Starkii" gekennzeichnet, entstammt also dem ehemaligen Besitz von Johann

---

37 Schiebinger, Londa: *Plants and Empire. Colonial Bioprospecting in the Atlantic World.* Harvard University Press, Cambridge (Mass.) 2004; Japanische Übersetzung: 『植物と帝国』 *Shokubutsu to Teikoku.* Übersetzt von Mariko Ogawa und Naoko Yuge, Tokio 2007. In diesem Werk behandelt Schiebinger die Wechselwirkungen zwischen kolonialistischer Ideologie und Botanik, und zwar im Hinblick auf „agnotology", eine von ihrem Mann Robert Neel Proctor vorgeschlagene neue Fachterminologie über die kulturelle Erschaffung und Aufrechterhaltung von Unwissen, das seines Erachtens nicht Wissensmangel an sich, sondern das Resultat politischer, kultureller und kommerzieller Kämpfe sei. In diesem Kontext erwähnt Schiebinger die Anden-Expedition und macht z.B. darauf aufmerksam, dass man sich damals aus männlicher sowie politischer Sicht darum bemühte, den Chinarindenbaum in den Kolonien zu kultivieren und zu verbreiten, während die aus weiblichen Sicht – vor allem für die Sklavinnen in der Kolonie – wichtige abtreibende Wirkung der prächtigen Piecock Flower ignoriert (im Sinne der „agnotology") und sie nur ihrer Schönheit wegen in Europa vorgestellt wird.

38 Vgl. Gretenkords Anmerkung über J. de Jussieu, *Reise zur Mitte der Welt*, S.192.

39 Trystram: *Der Prozeß gegen die Sterne*, S.259.

40 Zitat aus La Condamine: *Journal du voyage fait par ordre du roi*, S.31.

Christian Stark I. (auch genannt „der Ältere“, 1753-1811).[41] Stark war ein bedeutender Mediziner der Jenaer Universität in der Goethezeit und Leibarzt von Herzogin Anna Amalia, Carl August, Goethe sowie Schiller. Dies zeigt deutlich, dass die französische Vermessungsexpedition nicht nur für Astronomen und Mathematiker, sondern auch für Mediziner und Botaniker der damaligen Zeit von großer wissenschaftlicher Bedeutung war. Darüber hinaus wird sichtbar, dass die damaligen europäischen Intellektuellen ein weit verzweigtes Netzwerk bildeten.

„Fieberrinde“ ist eine andere Bezeichnung für den Chinarindenbaum. Der oben genannte Sammelband enthält insgesamt fünf Abhandlungen über die Fieberrinde und deren medizinische Wirkungen:

> Sammlung verschiedener die Fieberrinde betreffender Abhandlungen und Nachrichten
>
> I. Herrn Johann Douglas, Wundarztens und Mitgliedes der K. Gesellschafft, *kurze Nachricht vom Brand, und von der wunderbaren Krafft der Fieberrinde in Hemmung etc. desselben.*
>
> II. Des Londnischen Wundarztes, Joh-Shipton, *Abhandlung von dem Gebrauch der Fieberrinde im heissen und kalten Brand.*
>
> III. Schreiben des Herrn Joh. Wall, der Arzeney Doct an Herrn Eduard Wilmot, der Arzeney D. und Mitgl. der K. G. etc. *von dem Nutzen der Fieberrinde in den Kinderblattern.*
>
> IV. Herrn Joh. Gray, Mitgl. der K. G. etc. *Nachricht von der peruvianischen, oder Jesuiterrinde etc.*
>
> V. Des Herrn de la Condamine *Nachricht von dem Fieberrindenbaum.*

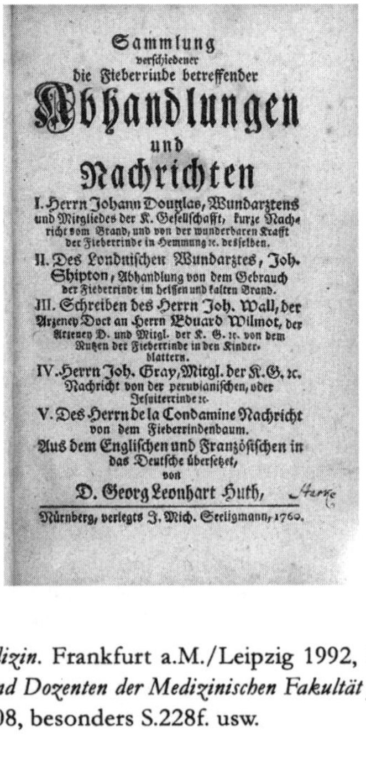
Sammlung
verschiedener
die Fieberrinde betreffender
Abhandlungen
und
Nachrichten
I. Herrn Johann Douglas, Wundarztens und Mitgliedes der K. Gesellschafft, kurze Nachricht vom Brand, und von der wunderbaren Krafft der Fieberrinde in Hemmung rc. desselben.
II. Des Londnischen Wundarztes, Joh. Shipton, Abhandlung von dem Gebrauch der Fieberrinde im heissen und kalten Brand.
III. Schreiben des Herrn Joh. Wall, der Arzeney Doct an Herrn Eduard Wilmot, der Arzeney D. und Mitgl. der K. G. rc. von dem Nutzen der Fieberrinde in den Kinderblattern.
IV. Herrn Joh. Gray, Mitgl. der K. G. rc. Nachricht von der peruvianischen, oder Jesuiterrinde rc.
V. Des Herrn de la Condamine Nachricht von dem Fieberrindenbaum.
Aus dem Englischen und Französischen in das Deutsche übersetzet,
von
D. Georg Leonhart Huth,
Nürnberg, verlegts J. Mich. Seeligmann, 1760.

Abb. 6: Das Inhaltsverzeichnis mit freundlicher Genehmigung der ThULB (Sig.: 8-Med-XXIII-189)

[41] Vgl. Wenzel, Manfred: *Goethe und die Medizin.* Frankfurt a.M./Leipzig 1992, S.113; Zimmermann, Susanne / Neuper, Horst: *Professoren und Dozenten der Medizinischen Fakultät Jena und ihre Lehrveranstaltungen zwischen 1770 und 1820.* Jena 2008, besonders S.228f. usw.

Nach Angabe des Übersetzers liegt der fünften Abhandlung von La Condamine *Nachricht von dem Fieberrindenbaum* in der Tat dessen französischer Artikel *Mémoires de l'Académie royale des sciences 1738* zugrunde. Noch am Anfang notiert aber La Condamine, dass er mit Jussieu im Gespräch über diesen Baum stand:

> Weil man meine Reise von Quito nach Lima, zum Besten der Compagnie, für nöthig hielte, und wie auch wegen der Regenmonate nichts vornehmen konnten, reisete ich den achtzehnten Januarii 1737, von Quito ab, und wählte von den beeden Wegen, so von dieser Stadt nach Lima giengen, der eine nämlich durch Guayaquil, der andere aber durch Cuensa, den letzeren, welcher zwar der längste und beschwerlichste ist; alleine ich bekam dadurch Gelegenheit durch Loxa zu gehen, und daselbst den Fieberrindenbaum in Augenschein zu nehmen, von welchem wir bisher in Europa eine sehr schlechte Kenntnis haben. Herr de Jussieu einer von unserer Reisegesellschaft, Doctor von der medicinischen Facultät zu Paris und Bruder der beiden Academisten, dem ins besondere anbefohlen war, botanische Wahrnehmungen zu machen, gab mir einige historische und physicalische geschriebene Anmerckungen mit, welche diesen Baum betrafen, und erläutert zu werden verdienten; [...][42]

Der Chinarindenbaum hat außer „Fieberrinde" noch verschiedene Bezeichnungen, wie z. B. „Quinquina". Was die Sorten anbelangt, soll die Chinarinde aus Loxa die beste Qualität haben und sehr kostbar sein. Darüber wird ebenfalls in dieser Abhandlung berichtet:

> Der Name Quinquina ist americanisch, die Rinde oder welche diesen Namen in Europa träget, ist weder in Peru noch auch in Loxa selbsten bekannt, ausser unter dem Namen Corteza oder Coscara von Loxa, oder welches noch gemeiner ist, Coscarilla, Rinde von Loxa, oder die zarte Rinde. (petite Ecorce): Der Name Jesuitenpulver ist eben so wenig mehr im Gebrauch als die Namen Fieberholz, Palo de Calenturas; es giebt aber auch noch einen andern, und in verschiedenen Provinzen des mittägigen America sehr bekannten und berühmten Baum, welcher Quina Quina, und in der Provinz Maynas, am Ufer des Maranon, Tatche genennet wird.[43]

Mitte des 17. Jahrhunderts wurde der Chinarindenbaum von den Jesuiten nach Europa mitgebracht und zunächst als fiebersenkendes Mittel gelobt. Aber erst 1738 ist durch diese Abhandlung von La Condamine in Europa bekannt geworden, wie diese Heilpflanze wirklich aussieht und wo man sie findet. Die Beschreibung lautet z.B.:

> Der Fieberrindenbaum wird niemalen in der Ebene gefunden, er treibet gerade in die Höhe, und kan schon in der Ferne von allen Seiten her erkennet werden, weil sich sein Wipfel über die andern, nahe stehenden und ihn umgebenden Bäume erhebet: denn man findet die Fieberrindenbäume nicht haufenweis beysammen ste-

---

[42] Zitat aus: *Sammlung verschiedener die Fieberrinde betreffender Abhandlungen und Nachrichten.* Aus dem Englischen und Französischen in das Deutsche übersetzt von D. Georg Leonhart Huth. Nürnberg, verlegt von J. Mich. Seeligmann, 1760, hier S.131f.

[43] Ibid., S.162f.

hen, sondern sie wachsen zerstreuet und einzeln, zwischen andern Sorten von Bäumen.[44]

Zu diesem Aufsatz gehören zwei botanische Zeichnungen von Jussieu (siehe Abb. 7 und 8). Jussieu blieb nach dem Abschluss der Vermessungen weiter in Südamerika und setzte seine Forschungen fort. Im Jahre 1771, 33 Jahre nach seiner Abreise, kommt er dann endlich in seine Heimat zurück, als kranker Mann, der stark deprimiert, blind und gelähmt ist und kein Gedächtnis mehr hat. Sein Gepäck, das voll von Manuskripten und Sammlungen hätte sein müssen, ist trotz aller Bemühungen bis heute verschollen. Daher sind seine Forschungsergebnisse vollkommen unbekannt.

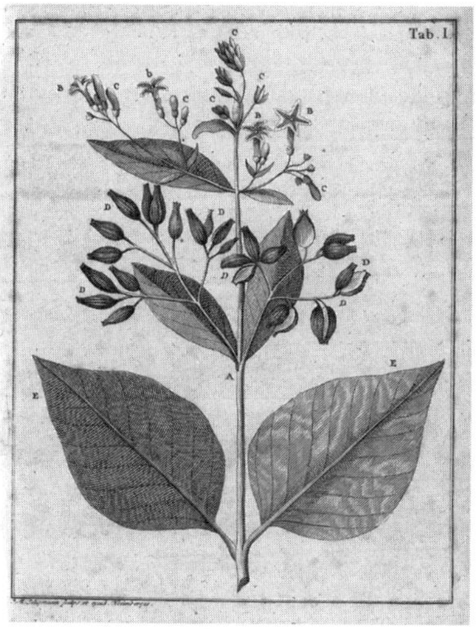

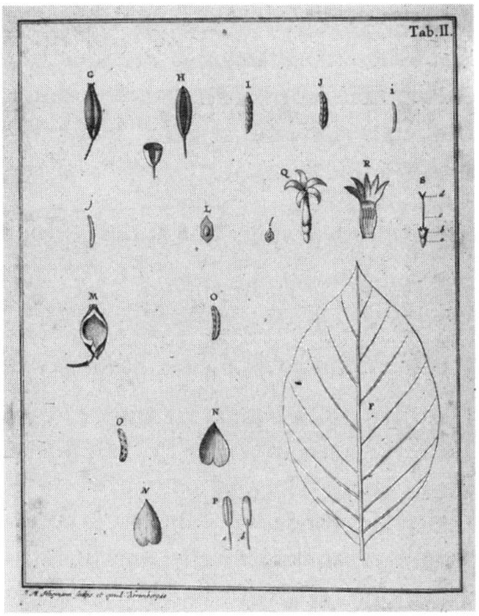

Abb. 7 und 8: Chinarindenbaum
mit freundlicher Genehmigung der ThULB (Sig.: 8-Med-XXIII-189)

Was die Chinarinde anbelangt, ist sie inzwischen als Heilmittel, vor allem gegen Malaria, anerkannt und ein wichtiger Ausfuhrartikel aus Südamerika. Chinarindenbäume als Pflänzlinge außer Landes zu bringen, war zugunsten dieses Alleinhandels streng verboten, aber dem deutschen Botaniker Justus Karl Haßkarl (1811-1894) gelang es 1852, im holländischen Regierungsauftrag einige Exemplare auf illegale Weise aus Peru nach Java zu bringen. Dort richtete er Plantagen ein und versuchte seit 1854 auf Java Chinarindenbäume anzubauen. Als sein Nachfolger übernahm 1856 Junghuhn, dem die Durchführung der ersten Triangulation in Niederländisch-Indien zugeschrieben wird, das Amt des Plantagendirektors und machte weitere Versuche zur Anpflanzung, die allerdings zu seinen Lebzeiten noch erfolglos blieben.

---

44 Ibid., S.139f.

5. Cassini III. und die *Carte géométrique de la France*

Wir kommen hier noch einmal auf das Thema der Triangulation zurück. Wie oben erläutert, verwendeten beide Expeditionen nach Lappland sowie nach Peru die trigonometrische Methode nicht in erster Linie für Kartenaufnahmen, sondern eher dafür, die Entfernung zwischen zwei Punkten auf der Erdoberfläche zu messen. Im strengen Sinne handelt es sich nicht um ein Dreiecksnetz, sondern um eine Dreieckskette: „Indem man auf den beiden Endpunkten der Ketten zusätzlich astronomische Breiten- und Längenbestimmungen ausführte, ließ sich aus diesen Elementen die Länge eines Bogengrades auf dem Meridian bzw. auf dem Breitenkreis ermitteln."[45] Eine solche Längengradmessung in der Breite von Paris führten auch die Cassinis in Frankreich durch. Sie kontrollierten die Daten mehrmals sorgfältig.[46] Dabei erkannten sie außerdem die Notwendigkeit, die von der Temperatur abhängige Ausdehnung der Messstangen aus Metall zu berücksichtigen.

Die Kartenaufnahme mittels der Triangulation hatte man zwar schon früh beabsichtigt, aber zunächst musste sie methodisch noch verfeinert werden. Schließlich erhielt C. F. Cassini (Cassini III.) am 7. Juli 1747 von Ludwig XV., der mit der Qualität der von Cassini hergestellten militärischen Karten in Flandern zufrieden war, den Auftrag, mittels Triangulation eine Karte von ganz Frankreich zu erarbeiten: Cassini III. unternahm seitdem präzise Landvermessungen und gab – später mit seinem Sohn Jean-Dominique (Cassini IV; 1747-1845) – die *Carte géométrique de la France* heraus, die aus 181 Blättern nebst einer Dreiecksübersicht und zwei Tableaux d'assemblage, insgesamt also aus 184 Blättern (Maßstab 1 : 86 400; Blattformat ca. 90 cm × ca. 56 cm) bestand. Die Zahl der inzwischen eingemessenen Dreiecke betrug über 40 000. Das war tatsächlich die „erstmalige Anwendung der Triangulation als Grundlage einer großflächigen Kartenaufnahme."[47]

Nach diesem französischen Vorbild begannen bald auch die Nachbarländer mit trigonometrischen Kartenaufnahmen. Zum Beispiel schuf der österreichische Generalleutnant Graf Joseph Johann von Ferraris (1726-1814) eine Fortsetzung dieser Cassini'schen Karte nach Norden (Projektdauer: 1770-1778). Nachdem Cassini III. ganz Frankreich trianguliert hatte, regte er ein neues Projekt an, und zwar die beiden wichtigsten Sternwarten Europas, Paris und Greenwich, trigonometrisch zu verbinden, um deren astronomisch ermittelten Längenunterschied geodätisch zu überprüfen. An diesem von 1784 bis 1787 dauernden Projekt nahmen der Astronom Pierre-François-André Méchain (1744-1804) und der Mathematiker Adrien-Marie Legendre (1752-1833) teil, über die später ausführlich zu berichten sein wird.

---

[45] Vgl. Schmidt, Rudolf: *Die Kartenaufnahme der Rheinlande durch Tranchot und von Müffling 1801-1828. Bd.1. Geschichte des Kartenwerkes und vermessungstechnische Arbeiten.* Publikationen der Gesellschaft für Rheinische Gesellschaftskunde XII. Köln-Bonn 1973, hier S.9.

[46] Mit den arktischen Messungen von Maupertuis ergab sich die Erdabplattung mit 1 : 179 (moderner Wert 1 : 298,25); sie wurde übrigens durch diese Messungskontrolle Cassinis in Frankreich auf 1 : 304 korrigiert. Vgl. Torge, Wolfgang: *Müffling und die europäischen Gradmessungen und Landesvermessungen im 18. und 19. Jahrhundert.* In: *Müfflings Leben und Werk aus der Sicht der Gegenwart.* Hrsg. v. DVW, Landesverein Thüringen Nr.4, Gotha 2002, S.5-18, hier S.6.

[47] Schmidt: *Die Kartenaufnahme der Rheinlande durch Tranchot und von Müffling,* S.8.

6. Das „Urmeter“: Die Breitengradmessung von Delambre und Méchain

Im 19. Jahrhundert bildete die Astronomie ein dichtes Netzwerk in ganz Europa; die Fachleute standen untereinander in regem Kontakt und tauschten Vermessungsdaten aus. In diesem Zusammenhang war ein einheitliches Maßsystem dringend erforderlich. Auf Vorschlag des französischen Astronomen und Mathematikers Pierre-Simon de Laplace (1749-1827) wurde 1792 der zehnmillionste Teil des Meridianbogens vom Pol zum Äquator als zukünftige Längeneinheit „Meter“ festgelegt. Darauf folgte die Breitengradmessung im Meridian von Paris (durchgeführt von 1792 bis 1798) durch die Astronomen Jean-Baptiste-Joseph Delambre (1749-1822) und Méchain. Das war ein großes naturwissenschaftliches und staatliches Projekt des 18. Jahrhunderts.

Was die Geschichte der Erdvermessung im 19. Jahrhundert anbelangt, ist Daniel Kehlmanns Roman *Die Vermessung der Welt* (2005) wohlbekannt, in dem Carl Friedrich Gauß (1777-1855) mit Alexander von Humboldt eine der Hauptpersonen ist. Wie der Schriftsteller selber gelegentlich kommentiert und Literaturwissenschaftler auch angemerkt haben, ist der Bestseller Kehlmanns keine Nonfiction, sondern ein historischer Roman: Er erhält trotz vieler historischer Übereinstimmungen ebenso viele Fiktionen und Phantasien und wird oft auch als „Satire“ oder als satirischer Roman bezeichnet.[48]

Bemerkenswert ist aber, dass im europäischen Sprachraum neuere Nonfiction-Werke über dieses Thema mit Erfolg erscheinen. Das oben erwähnte Buch von Florence Trystram *Der Prozeß gegen die Sterne* ist also kein Einzelfall. Im Jahre 1995 veröffentlichte Dava Sobel z.B. eine Biografie des genialen Uhrmachers John Harrison (1693-1776) aus England: *Longitude; The True Story of a Lone Genius Who Solved the Greatest Scientific Problem of His Time* (auf Deutsch: *Längengrad*). Seine Erfindung des Chronometers, einer transportablen Uhr mit höchster Ganggenauigkeit, darf man als eine wichtige Voraussetzung für die Längengradmessung ansehen. Darüber hinaus gibt es zwei Werke – eines auf Französisch und ein anderes auf Amerikanisch – über die Breitengradmessung im Meridian von Paris von Delambre und Méchain: Denis Guedjs *La Méridienne: le mètre* (Paris, 1987; ins Deutsche übersetzt als *Die Geburt des Meters. Oder wie die beiden Astronomen Jean-Baptiste Delambre und Pierre Méchain aus dem Geist der Aufklärung in den Wirren der Französischen Revolution das Maß aller Dinge fanden*) und Ken Alders *The Measure of All Things. The Seven-Year Odyssey and hidden Error that Transformed the World* (New York, 2001: ins Deutsche übersetzt als *Das Maß der Welt. Die Suche nach dem Urmeter*). Die beiden historischen Persönlichkeiten stehen in einem deutlichen – aber nicht dramatisch überhöhten – Kontrast zueinander und nehmen die Doppelbiographie-Struktur des Romans von

---

[48] Vgl. z.B. Stenzel, Burkhard: Goethe bei Kehlmann. Faktisches und Fiktives im Roman *Die Vermessung der Welt.* In: *Goethe, Grabbe und die Pflege der Literatur: Festschrift zum 65. Geburtstag von Lothar Ehrlich.* Hrsg. v. Holger Dainat. Bielefeld 2008, S.87-108; Mehrere Interpretationen im Sammelband von Gunther Nickel (Hrsg): *Daniel Kehlmanns „Die Vermessung der Welt“. Materialien, Dokumente, Interpretation.* Hamburg 2008, 2.Aufl., darunter vor allem: Zeyringer, Klaus: *Vermessen, Zur deutschsprachigen Rezeption der „Vermessung der Welt“*, S.78-94; Marx, Friedhelm: *„Die Vermessung der Welt“ als historischer Roman*, S.169-185.

Kehlmann voraus: Delambre, der sachlich, rational und gesellschaftlich gewandt ist und seiner Aufgabe gegenüber stets eine resolute Haltung bewahren kann, ist vom Charakter her fast der absolute Gegensatz zu Méchain, einem sensiblen, peniblen und einsamen Perfektionisten.

Die Darstellungsform des Nonfiction lässt den Leser gut erkennen, dass die Naturwissenschaft nicht nur, wie oft behauptet, eine revolutionäre Kraft ist, sondern auch Teil der Kulturgeschichte. Naturwissenschaftliche Erkenntnisse können weder von der Kultur noch von der Gesellschaft unabhängig sein. Im Gegenteil, sie sind ein Spiegelbild der zeitgenössischen Kultur, aus der heraus sie entstanden sind. In diesem Sinne versuchen beide Schriftsteller jeweils das mit der politischen Revolution eng verbundene Gedankengut im Hintergrund der Entstehung des „Meters" zu erklären. Guedj schildert dies in der *Geburt des Meters* wie folgt:

> Ein Maß ist Quantität – dies ist seine Existenzberechtigung –, doch da man wollte, daß es auch »Qualität« sei, hatte man es sich universell, ewig, unveränderlich gewünscht. Alles, was isoliert und willkürlich ist, was sich auf nichts bezieht, versicherte man, kann nicht auf Dauer gültig sein. Zum Beweis verwies man auf die lange Geschichte der Völker.
>
> Um sich bei der Wahl einer neuen Maßeinheit leiten zu lassen, hatte man beschlossen, nichts zu akzeptieren, was nicht aufs engste mit ursprünglichen Gegenständen verbunden sei, nichts, was von Menschen oder Ereignissen späterer Zeiten abhing. Nur bei einem System, welches keiner Nation ausschließlich angehörte, bestand Hoffnung, dass es von allen angenommen würde. Was, außer der Natur, besaß diese Eigenschaft? Und was in der Natur konnte besser für Unveränderlichkeit, Universalität, Ewigkeit einstehen als die Erdkugel selbst?
>
> Alles war dafür bereit: das Zeitalter, die Menschen, die Institutionen und die technischen Möglichkeiten. Es kam der feierliche Moment der Definition. Man verkündete, das neue Längenmaß solle ein Stück des Globusses sein: »Der vierzigmillionste Teil eines irdischen Meridians!«[49]

Im *Maß der Welt* lässt Alder[50], indem er sich auf das damalige Protokoll *Archives parlementaires* bezieht, Talleyrand sagen:

> Anstatt ein Maß wie die Pariser Standards zu autorisieren, das sich einfach historisch entwickelt hatte oder auf einem königlichen Erlass beruhte, forderte er [Talleyrand; d. Vfn.] von der gesetzgebenden Versammlung, grundlegend neue Werte aus der Natur abzuleiten – aus dem gemeinsamen Erbe der Menschheit. Nur ein natürliches Maß, erklärte er, könne von ewiger Dauer sein, denn nur ein solcher Standard könne rekonstruiert werden, falls seine von Menschenhand geschaffene physische Verkörperung einmal unter dem Zahn der Zeit gelitten haben würde, so

[49] Zitat aus Guedj: *Die Geburt des Meters.* S.13.

[50] Übrigens, Alder nennt den Verlusts des *Mars Climate Orbiters* von 1999 als sein direktes Motiv zum Schreiben: Eine Untersuchung der NASA enthüllte, dass eines der beiden verantwortlichen Teams seinen Berechnungen die traditionellen amerikanischen Maßeinheiten und das andere die metrischen Einheiten zugrunde gelegt hatte. Die Vereinigten Staaten haben allerdings dieses metrische System noch immer – zehn Jahre nach diesem Unfall – nicht übernommen.

wie zum Beispiel die Pariser Ur-*Toise*, die – als sechsfache Länge eines königlichen *Pied* (Fuß) definiert – in Form eines Eisenstabs am Fuß der Gerichtstreppe zum großen Châtelet eingemauert worden war. Wie jedermann wisse, habe sie sich durch das allmähliche Absinken des Gebäudes derart verformt, dass sie bereits im Jahr 1666 ersetzt werden musste. 1758 habe dann bereits auch der Ersatz – der einer halben Torbreite des Louvre entsprach – erste Alterungsprozesse gezeigt. Gewiss, schloss Talleyrand, würde sich eine Regierung, die sich auf die Menschenrechte berief, nicht mit einem derart vergänglichen Standard begnügen wollen; und nur von einem der Natur entlehnten Maß könne man wahrhaft behaupten, dass es über die Interessen einer einzelnen Nation hinausreiche.[51]

Tatsächlich entschloss sich damit die französische Regierung aus Anlass der Revolution von 1789, das bisher autorisierte, historisch gewachsene bzw. auf einem königlichen Erlass beruhende alte Maß aufzugeben und stattdessen ein aus der Natur abzuleitendes Maß als „gemeinsames Erbe der Menschheit" festzulegen. Dafür gab es mehrere Vorschläge, aber die Wahl fiel schließlich auf den zehnmillionsten Teil des Erdmeridian-Quadranten als neue Längeneinheit, das „Meter". Mit diesem neuen „natürlichen" Maß bzw. „unveränderlichen Naturmaß" war der Bezug zur Erdkugel unmittelbar gegeben. Aber mit einem bloß aus der Theorie abgeleiteten provisorischen Maß konnten die damaligen Intellektuellen nicht einverstanden sein. Daher musste jemand in der Praxis die Strecke des durch die Pariser Sternwarte gehenden Meridianbogens zwischen Dünkirchen und Barcelona mit einer Bogenlänge von 9,5° vermessen, auch wenn man sie theoretisch überschlagsmäßig hätte bestimmen können. Diese Messung unternahmen Schüler von Joseph-Jérôme de Lalande (1737-1807), nämlich Méchain und Delambre. Ersterer übernahm den Nordteil des Meridianbogens zwischen Dünkirchen und Rodez, letzterer den Südteil zwischen Rodez und Barcelona in Spanien. Der Südteil sieht zwar auf der Karte ungefähr halb so lang wie der Nordteil aus, aber wegen der Pyrenäen war die Aufgabe wesentlich schwieriger, und dazu war es damals ein unerforschtes Gebiet. Das ganze Projekt dauerte wegen der durch die Revolution hervorgerufenen Turbulenzen lange Zeit und wurde erst im November 1798 abgeschlossen: Die Dreieckskette von Dünkirchen bis Barcelona ist 1 079 km lang und enthält 120 Dreiecke[52] (siehe Abb. 9).

Im Jahre 1799 veröffentlichte Delambre in Paris seine Ergebnisse unter dem Titel: *Méthodes analytiques pour la détermination d'un arc de méridien. Précédés d'un mémoire sur le même sujet, par A. M. Legendre.* Dort berechnete er zunächst unter Einbeziehung der Daten der Anden-Expedition von Bouguer und La Condamine aus dem neuen Meridianbogen von Paris die Abplattung der Erde zu 1 : 334 und die Länge eines Meridianquadranten zu 5 130 743,7 Toisen. Diese Erdfigur wurde „die Ellipsoide der Kommission für Maß und Gewicht" genannt, und das Meter als neue Maßein-

[51] Zitat aus Alder: *Der Maß der Welt*, S.118f.

[52] Darüber Schmidt: *Die Kartenaufnahme der Rheinlande*, S.29ff.

heit fand sich daraus zu 0,51307407 Toisen.[53]

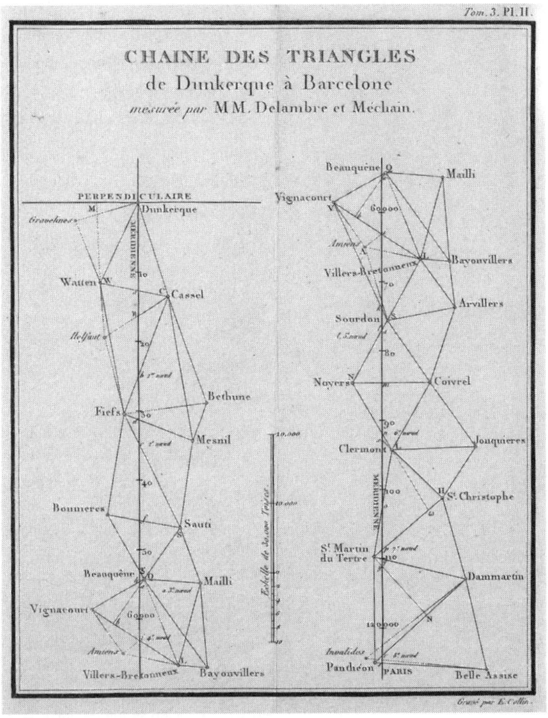

Abb. 9: Teil der Dreieckskette von Méchain und Delambre
mit freundlicher Genehmigung der HAAB
(Sig.: 19B 128(3), Delambres *Base du système métrique* Bd.3, 1810)

Es gab noch ein weiteres Problem: Obwohl die Breitengradmessung im Meridian von Paris von Delambre und Méchain unter der Voraussetzung vorgenommen wurde, dass der von beiden zu vermessende Meridian für alle Meridiane dieser Erde steht und daher zu einem universellen Maß führen sollte, hat der ausgewählte Meridian jedoch notwendigerweise einen ganz spezifischen, durch die konkrete Erdoberfläche bestimmten ganz individuellen Verlauf, der sich irgendwie auf das Messergebnis auswirken könnte. Daher stellte man um 1800 erneut die Definition der Erdfigur in Frage: In seinem ausführlichen Projektbericht *Base du système métrique* (1806-1810) fragt sich z.B. Delambre, ob die Erde ein symmetrischer Rotationskörper ist. Denn der Vergleich der Messungen war seines Erachtens nur geeig-

53 Aber: „Nachdem die Messungsergebnisse sowohl des Meridians von Paris [von Méchain und Delambre] wie auch desjenigen von Peru [von Bouguer, La Condamine und Godin; siehe Abschnitt 3 in diesem Kapitel; d. Vfn.] berichtigt und neu ausgewertet worden waren, berechnete Delambre hierdurch 1817 ein neues Erdellipsoid. Als Abplattung fand er dabei 1 : 308,64; jedoch wies sein Kollege Puissant ihm einen Rechenfehler nach, so dass der richtige Wert 1 : 309,67 gewesen wäre.“ (Zitat aus Schmidt, S.31).

net, „um Zweifel an der Ähnlichkeit und Regelmäßigkeit der Krümmung der Meridiane zu veranlassen.“[54]

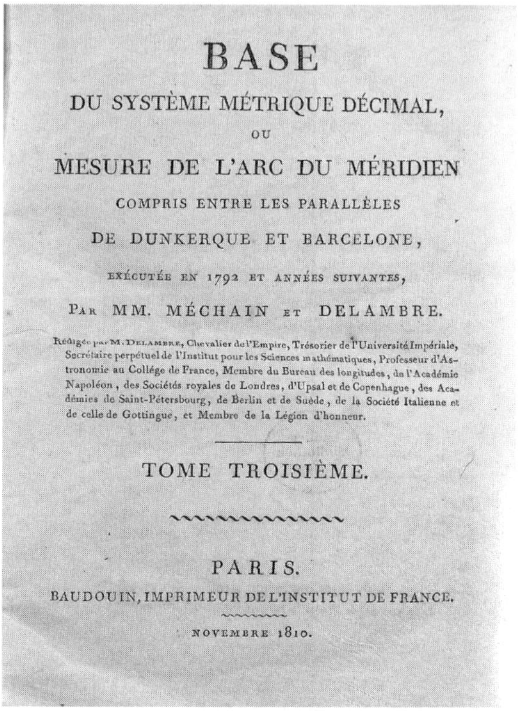

BASE

DU SYSTÈME MÉTRIQUE DÉCIMAL,

OU

MESURE DE L'ARC DU MÉRIDIEN

COMPRIS ENTRE LES PARALLÈLES

DE DUNKERQUE ET BARCELONE,

EXÉCUTÉE EN 1792 ET ANNÉES SUIVANTES,

PAR MM. MÉCHAIN ET DELAMBRE.

Rédigée par M. DELAMBRE, Chevalier de l'Empire, Trésorier de l'Université Impériale, Secrétaire perpétuel de l'Institut pour les Sciences mathématiques, Professeur d'Astronomie au Collége de France, Membre du Bureau des longitudes, de l'Académie Napoléon, des Sociétés royales de Londres, d'Upsal et de Copenhague, des Académies de Saint-Pétersbourg, de Berlin et de Suède, de la Société Italienne et de celle de Gottingue, et Membre de la Légion d'honneur.

TOME TROISIÈME.

PARIS.

BAUDOUIN, IMPRIMEUR DE L'INSTITUT DE FRANCE.

NOVEMBRE 1810.

Abb. 10: Titelblatt des dritten Bandes (Sig.: 19B 128(3)) mit freundlicher Genehmigung der HAAB

Durch diesen Projektbericht *Base du système métrique* (1806-1810) wurde Delambre schließlich zum bedeutendsten Wissenschaftshistoriker in Frankreich. Méchain, auf der Suche nach der perfekten Exaktheit, verstarb 1804 bei seiner zweiten Meridianmission in Spanien an Malaria. Erst als sein jüngerer Sohn Augustin, der ihn als Assistent begleitet hatte, Vermessungsdaten aus dem Nachlass des Vaters an Delambre übergab, fand dieser heraus, woran sein Kollege Méchain stets gelitten hatte: Méchain konnte trotz verzweifelter Bemühungen keine Erklärung für die oben genannten Unstimmigkeiten zwischen dem astronomischen und geodätischen Breitenunterschied auf der Linie Barcelona-Montjouy finden[55]. Mit R. Schmidt lässt sich dieses Datenproblem so beschreiben:

[54] Vgl. Torge: *Müffling und die europäische Gradmessungen und Landesvermessungen im 18. und 19. Jahrhundert.* 2002, hier S.6. Anton von Zach (1748-1829), der Bruder des Gothaer Astronomen F. X. v. Zach, schreibt 1806 ebenfalls, die Erde sei zweifellos ein Ellipsoid, aber „vielmehr besitze sie einen ganz irregulären Körper.“

[55] Gauß hingegen erkennt wohl die Bedeutung der Lotabweichungen, die er auf sichtbare Massenunregelmäßigkeiten und auf Dichteunterschiede unterhalb der Erdoberfläche zurückführte.

> Infolge von Lotablenkungen, bedingt durch die Anziehung der Gebirgsmassen, passten auch die in nur 1,85 km Entfernung 1792/94 von Méchain bestimmten Breiten von Montjouy und Barcelona um 3", das entspricht etwa 90 m, nicht zusammen. Da die Ursache damals noch nicht erforscht war, fand man hierfür nur die Erklärung, dass sich ein Messungsfehler eingeschlichen habe. Die zu Barcelona gemessene Breite wurde daraufhin nicht in die weiteren Berechnungen einbezogen.[56]

In diesem Sinne bedeutet die Geschichte der Erdvermessung zugleich eine Geschichte der Überwindung von Vermessungsfehlern, oder anders gesagt die Geschichte des langen Weges, bis die modernen Wissenschaften die Fehlerhaftigkeit als ihr Schicksal akzeptierten.

Beide Schriftsteller, Guedj sowie Alder, schildern literarisch präzis, wie sehr Méchain, der diese Datenunstimmigkeiten auf seine persönliche technische Unvollkommenheit zurückführte, sich bis aufs Blut quälte. Verglichen mit Guedj, in dessen Werk Schwäche und Leiden des begabten Naturwissenschaftlers Méchain aufgezeigt werden, beschäftigt sich Alder nicht nur mit der Mentalität damaliger Naturwissenschaftler, sondern er versucht auch aus dem Blickwinkel der modernen Statistik eine Rehabilitation für Méchain: Seine Originaldaten, die Méchain zu Gunsten manipulierter Zahlen unterdrückte, reichen erheblich näher an das heute allgemein akzeptierte Breitenmaß für die Pariser Sternwarte heran.[57] 25 Jahre nach Méchains Tod überprüfte übrigens Joseph-Nicolas Nicollet (1786-1843) die hinterlassenen Daten gründlich und bestätigte die unglaublich akkurate Messungstechnik Méchains. Nicollet war Schüler von Laplace und Spezialist auf dem Gebiet der Fehlertheorie. Wie Alder bemerkt, entwickelt sich die moderne Methode der Statistik erst in der Auseinandersetzung mit Unmengen von Messdaten. Dabei handelt es sich um das mathematische Standardverfahren zur Ausgleichsrechnung, das die beiden Mathematiker Legendre und Gauß unabhängig voneinander entwickelt haben, worüber im nächsten Kapitel noch zu sprechen sein wird.

Jedenfalls definierte man 1799 die neue Maßeinheit „das Meter" als den zehnmillionsten Teil des Erdquadranten (0,51307407 Toisen). Das „Urmeter" wurde von dem genialen Instrumentenbauer Etienne Lenoir (1774-1822) aus Platin hergestellt. 1889 ersetzte das Internationale Büro für Maß und Gewicht („BIPM") das alte Urmeter durch einen neuen internationalen Platin-Iridium-Meterprototyp. 1983 wurde das Meter schließlich neu definiert, und zwar als „die Strecke, die das Licht im Vakuum während der Dauer von 1 / 299 792 458 Sekunde durchläuft, wobei die Grundeinheit Zeit inzwischen von einer Atomuhr definiert wurde."[58]

---

56 Zitat aus Schmidt: *Die Kartenaufnahme der Rheinlande*, S.30.

57 Alder: *Der Maß der Welt*, S.379. Vgl. auch S.384ff.

58 Ibid., S.438.

KAPITEL II

DIE VERMESSUNG IN THÜRINGEN UND DER HAUPTMANN MÜFFLING

1. Die Wechselwirkung zwischen Paris und Gotha: Lalande, Zach und Gauß

(1) Zusammenarbeit zwischen Lalande und Zach

Das Ellipsoid ist ein Körper, der durch Drehung einer Ellipse um eine ihrer Achsen entsteht. Die Ellipse ihrerseits ist eine zu den Kegelschnitten gehörende, geschlossene Kurve, die die Form eines gestauchten Kreises hat. Sie verläuft um zwei feste Punkte, die sogenannten Brennpunkte. Die Summe der Abstände eines jeden Punktes auf der Ellipse von den beiden Brennpunkten ist überall gleich. Die Astronomie der Goethezeit, in der die Figur der Erde häufig diskutiert wurde, hatte solche „persönlichen Brennpunkte": Lalande in Paris und Franz Xaver von Zach (1754-1832) in Gotha, der als ein historisches Vorbild des „Astronomen" in Goethes *Wilhelm Meisters Wanderjahre* (1829) gilt[1]. Im Zeitraum von 1786 bis 1803 gab es einen intensiven wissenschaftlichen Kontakt zwischen beiden Astronomen und Sternwarten.[2]

In erster Linie waren Lalande und Zach Praktiker und zugleich Herausgeber der wichtigsten astronomischen Zeitschriften in Europa. In Frankreich wurde gerade 1795 das Bureau des Longitudes gegründet, dessen Gründungsmitglieder Laplace, Lagrange und Delambre waren. Diese Institution gab die astronomische Zeitschrift *Connaissance des temps* heraus, die seit 1798 unter der Leitung von Lalande – und nach dessen Tod unter der von Delambre – stand und sowohl als gewöhnliches Jahrbuch als auch als Fachzeitschrift der Astronomie fungierte.[3] In Deutschland hingegen gab zwar der Astronom der Berliner Akademie Johann Elert Bode (1747-1826)[4] seit 1776 das *Berliner Astronomische Jahrbuch* (abgekürzt: „B.A.J.") jährlich heraus, das jedoch eher den Charakter eines „Archivjournals" trug. Es war zwar eines „der wichtigsten Kommunikationsinstrumente in der Astronomie"[5], diente aber kaum dem Austausch der neuesten Informationen. Nachdem er eine

---

[1] Siehe: Ishihara: *Makarie und das Weltall.* 1998.

[2] Vgl. Brosche, Peter: *Astronomie der Goethezeit. Textsammlung aus Zeitschriften und Briefen Franz Xaver von Zachs.* Thun/Frankfurt a.M. 1995; derselbe: *Die Wechselwirkung der Astronomen von Gotha und Paris.* In: Deutsch-Französische Wissenschaftskontakte in Thüringen. Hrsg. von Werner Köhler und Jürgen Kiefer. Acta Academiae Scientiarum 12, Verlag der Akademie gemeinnütziger Wissenschaften zu Erfurt 2008, S.41-56.

[3] Reich, Karin: *Im Umfeld der „Theoria motus". Gauß' Briefwechsel mit Perthus, Laplace, Delambre und Legendre.* Göttingen 2001, S.68.

[4] Kokott, Wilhelm: *Bodes „Astronomisches Jahrbuch" als internationales Archivjournal.* In: Astronomie von Olbers bis Schwarzschild. Hrsg. v. Wolfgang R. Dick und Jürgen Hamel. Thun und Frankfurt a.M. 2002, S.142-157.

[5] Zitat aus Hamel, Jürgen: *Ephemeriden und Informationen: Inhaltliche Untersuchungen Berliner Kalender bis zu Bodes Astronomischem Jahrbuch.* In: 300 Jahre in Berlin und Potsdam. Hrsg. v. Wolfgang R. Dick und Klaus Fritze. Frankfurt a.M. 2000, S.49-70, hier S.68.

Weile als Sub-Editor dieses Bode'schen Jahrbuches mitgearbeitet hatte, begründete Zach Anfang 1798 – zeitgleich mit Lalande – mit dem Weimarer Verleger Bertuch[6] eine eigene monatliche Zeitschrift, die *Allgemeinen Geographischen Ephemeriden* (abgekürzt: „A.G.E."), in der nicht nur Astronomie, sondern auch Geographie, Geologie, Kartographie usw. abgehandelt wurden. Die A.G.E. betreute Zach bis 1800. Ab 1800 gab Zach – aufgrund von Meinungsverschiedenheiten mit Bertuch, der die A.G.E. als eine populäre Zeitschrift profilieren wollte – aus Gotha eine neue astronomische Fachzeitschrift *Monatliche Correspondenz zur Beförderung der Erd- und Himmelskunde* (abgekürzt: „M.C.") beim Verleger Becker heraus. Beide Zeitschriften von Zach boten für die damaligen Wissenschaftler in Europa einen exklusiven Platz, um neue Berichte oder Entdeckungen zu veröffentlichen.[7]

Darüber hinaus publizierten beide Astronomen eine Übersicht der Entwicklung der Astronomie aus dem jeweils vergangenen Jahr, wie Brosche berichtet, „die größtenteils eine Übersetzung der anderen war, LALANDE in der weiterhin bekannten *Connaissance des tem[p]s*, […] ZACH im *Gothaer Hofkalender*, der zwar fachlich weniger zuständig, aber gut verbreitet war".[8] In diesem *Hofkalender* berichtete Zach z.B. über die Pariser Gradmessung von Méchain und Delambre. Dazu sei an dieser Stelle noch ein kostbares Beweisstück für ihren regen Kontakt genannt, das im Besitz der Jenaer Universitätsbibliothek („ThULB") ist. Dieses Exemplar heißt:

Bibliographie astronomique;
avec l'histoire de l'astronomie depuis 1781 jusqu'à 1802.

Par Jérôme de La Lande,
ancient directeuer de l'observatorie,
Membre de l'Institut national, des Académies de Londres, de Berlin,
de Pétersbourg, de Stockholm, de Bologne, etc.
à Paris, 1803.

[6] Der Briefwechsel zwischen Zach und F. J. Bertuch befindet sich im Goethe- und Schiller-Archiv in Weimar. Vgl. auch Wattenberg, Diedrich / Brosche, Peter: *Archivalische Quellen zum Leben und Werk von Franz Xaver von Zach.* Abhandlungen der Akademie der Wissenschaften in Göttingen. Mathematisch-Physikalische Klasse. Dritte Folge Nr.45, Göttingen 1993.

[7] Schwarz, Oliver: *Gothas Entwicklung zu einem europäischen Zentrum der Astronomie und Geodäsie.* In: Die Gothaer Residenz zur Zeit Herzog Ernsts II. von Sachsen-Gotha-Altenburg (1772-1804). Stiftung Schloss Friedenstein Gotha, Ausstellungskatalog im Schlossmuseum, 6. Juni - 17. Oktober 2004, S.155-168; hier besonders S.158; „Diese Zeitschriften [M.C.; d. Vfn.], die heute als die ersten astronomischen Fachzeitschriften überhaupt gelten, beschleunigten und erweiterten den häufig nur auf briefliche Mitteilungen beschränkten Informationsaustausch zwischen den Anhängern der Erd- und Himmelskunde, indem Zach neben separaten Fachartikeln eben auch Briefe abdruckte und damit einem größeren Publikum zugänglich machte." Nach Schwarz gab Zach die Gesamtauflage der A.G.E. selbst mit 1000 Exemplaren an, während die Auflagenhöhe der M.C. hingegen auf 200 bis 300 Exemplare geschätzt wird. Vgl. auch S.167.

[8] Brosche: *Die Wechselwirkung der Astronomen von Gotha und Paris,* S.46.

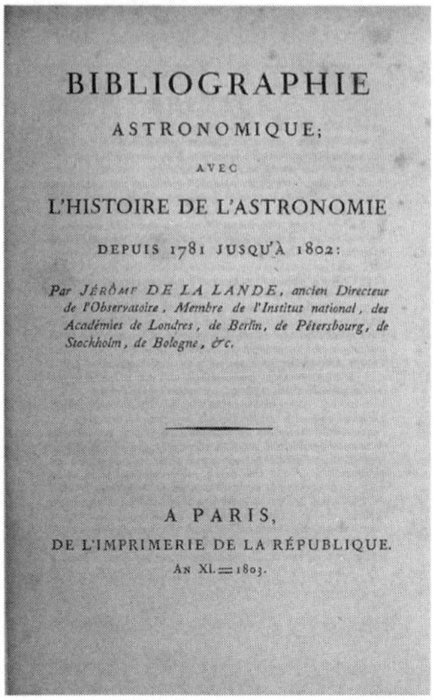
BIBLIOGRAPHIE
ASTRONOMIQUE;
AVEC
L'HISTOIRE DE L'ASTRONOMIE
DEPUIS 1781 JUSQU'À 1802:
Par JÉRÔME DE LA LANDE, *ancien Directeur de l'Observatoire, Membre de l'Institut national, des Académies de Londres, de Berlin, de Pétersbourg, de Stockholm, de Bologne, &c.*

A PARIS,
DE L'IMPRIMERIE DE LA RÉPUBLIQUE.
AN XI. = 1803.

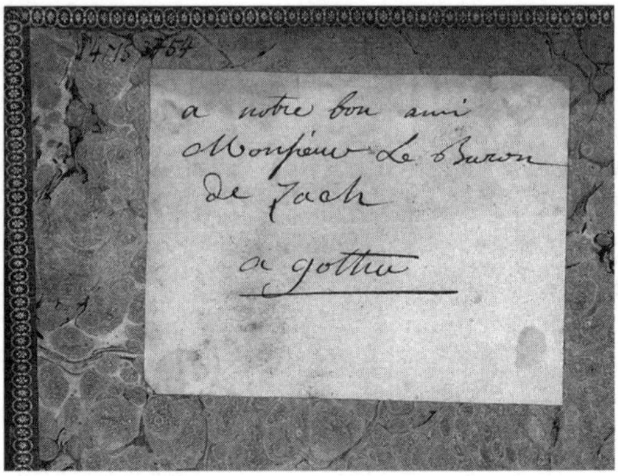

Abb. 1: Titelblatt Abb. 2: Etikett auf der Rückseite
mit freundlicher Genehmigung der ThULB (Signatur: 4-Ms-3754)

Es ist also die von Lalande zusammengestellte Bibliographie der Astronomie nebst deren Geschichte von 1781 bis 1802, und zwar mit einem Exlibris von Zach. Sehr auffallend ist ein auf der Rückseite des Buchdeckels geklebtes Etikett, worauf die handschriftliche Widmung an Zach von Lalande „A notre bon ami Monsieur Le Baron de Zach à Gottae" deutlich zu lesen ist (siehe Abb. 2). Andererseits nennt Zach an anderer Stelle Lalande „meinen innigst geliebtesten Freund, und Gros Papa [sic!] aller Astronomen".[9]

In dieser astronomischen Bibliographie Lalandes taucht der Name von Zach zum ersten Mal als Berichterstatter einer astronomischen Beobachtung der *Philosophical Transactions for the Year 1785, vol. LXXV* auf, und Lalande schreibt dazu einen kurzen Lebenslauf von Zach.[10] Wie Lalande berichtet, wurde F. X. von Zach

[9] Brosche: *Astronomie der Goethezeit*, hier S.92, Zachs Brief an Schedius vom 26. Januar 1799.

[10] Zitat aus La Lande: *Bibliographie astronomique,* S.593f. „François-Xavier de Zach, baron du Saint-Empire, colonel au service de Saxe-Gotha, naquit, le 15 juin 1754, à Pest, ville de la haute Hongrie, et capitale du comitat de même nom, sur la rive orientale du Danube, vis-à-vis de Bude. La comète de 1769, et le passage de Vénus de la même année, lui inspirèrent le goût de l'astronomie: il avait alors quinze ans. Il assista à l'observation que le P. Schaffrath, professeur de mathématiques à Pest, fit du passage de Vénus en 1775. Mon Astronomie fut le premier livre qui le guida. En 1775, il entra au service. En 1782 et 1784, il voyagea en France, en Angeleterre et en Italie; il fit des observations dans les observatories de Paris, de Lyon, de Marseille, de Montpellier, de Londres, d'Oxford, de Milan, de Pise, de Genève, de Manheim, de Gottingen, de Cassel, de Dresde, de Berlin, d'Hières, &c. Il fut reçu docteur à l'université d'Oxford. Par-tout [sic!] il fut accueilli et recherché des savans, et admis dans toutes les Académies. Le 12 janvier 1786, il alla à Gotha, et fut chargé, par M. le duc regnant de Gotha et d'Altenbourg, de faire bâtir un observa-

1754 in Pest/Ungarn als Sohn eines berühmten Militärarztes namens Joseph Zach (1714-1792) geboren. Zunächst nahm er als k.u.k. Ingenieur-Offizier, und zwar als Gehilfe des Jesuitenpaters Joseph Liesganig (1719-1799), an einem österreichischen Vermessungsprojekt in Galizien teil.[11] 1780 ging Zach zunächst nach Paris, wo er Lalande und Laplace persönlich kennenlernte, und fuhr dann im Herbst 1783 nach London, wo er für mehrere Jahre im Hause des kurfürstlich Sächsischen Gesandten und Hobbyastronomen Hans Moritz Graf von Brühl (1736-1806) als Hauslehrer und Gesellschafter lebte und sich mit astronomischen Beobachtungen beschäftigte. Durch die Vermittlung des Grafen von Brühl lernte Zach hier Herzog Ernst II. von Sachsen-Gotha-Altenburg (1745-1804) kennen. Da dieser kein Kronprinz war, studierte er gemäß dem Karriereplan zum höheren Offizier Naturwissenschaften. Als Herzog interessierte sich Ernst II. auch für weitere Wissensgebiete, vor allem für die Astronomie[12], und suchte dabei nach einem kompetenten fachlichen Berater.

Sobald Zach im Juni 1786 in Gotha eingetroffen war, brachen er und der Herzog nach England auf, um astronomische Instrumente einzukaufen. Darunter befand sich ein sehr kostbares achtfüßiges Passageinstrument von Jesse Ramsden (1735-1800), dessen Standort im Gebäude der Sternwarte später als Festpunkt zur Landesvermessung von Thüringen diente, und das heute im Deutschen Museum in München ausgestellt ist. Nach der Rückkehr aus England im September 1786 begleitete Zach wiederum die Herzogsfamilie auf einer mehrmonatigen Reise nach Südfrankreich. Er nahm dabei astronomische Instrumente mit und führte mit ihnen gelegentlich versuchsweise Beobachtungen sowie Ortsbestimmungen durch. Auf der Rückreise (im Frühsommer 1787) versuchte Zach sogar die Höhe des Montblanc barometrisch zu bestimmen. Von 1788 bis 1792 leitete er parallel zu Beobachtungen mit dem Herzog auf der provisorischen Sternwarte im Schloss Friedenstein die Bauarbeiten für ein modernes Observatorium als „astronomischer Musterbau von europäischer Geltung“[13] auf dem damals noch unbewaldeten

---

toire, qui fut commence en juillet 1787, et qui est devenu un des plus importans et des plus célèbres. Aucun des astronomes vivans n'a été plus utile au progrès de la science."

[11] Sein älterer Bruder Anton von Zach (1748-1829) war hochdekorierter k.u.k. Offizier (später Feldmarschall-Leutnant). Als Militär-Geodät lehrte er an Militär-Akademien und beschäftigte sich um 1800 im (österreichischen) Oberitalien ebenfalls mit Vermessungsarbeiten. Siehe Brosche: *Astronomie der Goethezeit*, S.112 und derselbe: *Der Astronom der Herzogin. Leben und Werk von Franz Xaver von Zach (1754-1832)*. Frankfurt a.M. 2009. Zweite, überarbeitete und erweiterte Aufl. S.125ff.

[12] Seit 1765 war Ludwig Christian Lichtenberg (1737-1812), der der ältere Bruder des Göttinger Physikprofessors G. Ch. Lichtenberg ist und ebenfalls naturwissenschaftliche Kenntnisse besitzt, im gothaischen Staatsdienst. L. Ch. Lichtenberg gab Herzog Ernst II. naturwissenschaftliche, vor allem physikalische Vorlesungen. Um beiden den damals neu entdeckten Uranus zu zeigen, schickte sogar G. Ch. Lichtenberg den Mechaniker J. A. Klindworth nach Gotha. Vgl. Schwarz: *Gothas Entwicklung zu einem europäischen Zentrum der Astronomie und Geodäsie*, S.156; Ishihara: *Makarie und das Weltall.*

[13] Zitat aus *Sternstunden in Gotha. Sonderausstellung zum 200. Jahrestag des ersten internationalen Astronomentreffens 1798*. Gotha (Schlossmuseum Gotha) 1998.

Kleinen Seeberg bei Gotha.[14] Obwohl Lalande die Sternwarte Seeberg nicht kannte, notierte er im Vorwort seiner *Astronomie* (dritte überarbeitete Aufl., 1792):

> A GOTHA, le duc régnant, un des plus zélés protecteurs de l'astronomie, a fait construire, en 1788, un observatoire considérable, dont M. Zach, habile astronome, né en Hongrie, est le directeur. Cet observatoire, un des plus beaux qu'il y ait, est placé sur une hauteur à une lieue de la ville et tout en pierres de taille. Il y a une lunette méridienne de Ramsden; il y aura deux muraux de 8 pieds de rayon, un cercle entier de 8 pieds de diametre, un grand secteur pour le zénit, etc. Mais M. Ramsden, qui s'est chargé de les faire, a bien de la peine à suffire à toutes les demandes que sa réputation lui attire.[15]

Wir kommen hier noch einmal auf Lalandes Kommentar über Zach in der oben genannten Bibliographie zurück. Der kurzen Biographie über ihn fügt Lalande noch einige Zeilen in Bezug auf die Herzogin Marie Charlotte Amalie von Sachsen-Gotha-Altenburg (1751-1827) hinzu, die als ein historisches Vorbild der mystisch-astronomischen Frauenfigur „Makarie" in Goethes *Wilhelm Meisters Wanderjahre* bezeichnet wird. Hier steht tatsächlich geschrieben, dass diese intelligente Herzogin Astronomie möge und selbst astronomische Beobachtungen und eigene Berechnungen durchführe.[16] Neuere Forschung weist außerdem darauf hin, dass sie und Zach, der nach dem Tod des Herzogs Ernst II. zu ihrem Oberhofmeister ernannt wurde und mit ihr 1806 Gotha für immer verließ, höchstwahrscheinlich zur linken Hand geheiratet haben.[17]

Darüber hinaus heißt es: „Elle a envoyé un de ses astronomes, M. le docteur Jean-Charles Burckhardt, né à Leipzig le 30 Avril 1773, pour travailler avec nous."[18] Die Herzogin schickte also einen aus Leipzig stammenden jungen Kollegen für die gemeinsame Arbeit zu Lalande nach Paris. Genauso wie Lalande ist aber auch Zach als Talentförderer bekannt. Er entdeckte in einem jungen mathematisch begabten Kaufmannsgehilfen den zukünftigen Astronomen Friedrich Wilhelm Bessel

---

[14] Nach Schwarz erfolgte solche Einrichtung von Sternwarten auf Bergen abseits der Städte „im großen Stil nämlich weltweit erst mit Beginn des 20. Jahrhunderts." Schwarz: *Gothas Entwicklung zu einem europäischen Zentrum der Astronomie und Geodäsie*, S.157.

[15] Zitat aus La Lande, Jérôme de: *Astronomie.* Troisième Édition, Revue et Augmentée Tome premier. Paris, chez la veuve Desaint. (1792) Préface, S. xli-xlii.; Später bezeichnet Zach selbst im *Gothaischen Hofkalender* (1798) die Seeberger Sternwarte als „die schönste und am besten ausgerüstete, die es in Deutschland giebt". Zitat aus Brosche: *Astronomie der Goethezeit*, S.79. Dieser Artikel ist möglicherweise ein gemeinsames Protokoll von Zach und Lalande.

[16] Zitat aus La Lande: *Bibliographie astronomique,* S.786. „Mme. la duchesse de Saxe-Gotha, la princesse la plus savante que l'on connaisse, qui aime l'astronomie, qui observe et qui calcule elle-même d'une manière surprenante, place aujourd'hui la maison de Saxe dans l'histoire de l'astronomie, comme le landgrave Guillaume y plaça, il y a deux cents ans, celle de Hesse-Cassel."

[17] Vgl. Schärfer, Bernd: *Franz Xaver von Zach (1756-1832). Oel/Lw gemalt von Rosa Baccigaluppo (1794-1854), 1820 Genua.* In: Alexander von Humboldt und Gothaer Gelehrte. Ausstellung des URANIA Kultur- und Bildungsvereines Gotha e. V. in Zusammenarbeit mit Gotha Kultur im Museum für Regionalgeschichte und Volkskunde, Schloss Friedenstein, Gotha, 15. April bis 27. Juni 1999, hier S.15.

[18] Zitat aus La Lande: *Bibliographie astronomique,* S.786.

(1784-1846), unterstützte nach Kräften die Arbeit jüngerer Kollegen, z.B. von Wilhelm Olbers (1758-1840) in Bremen, Gauß in Göttingen, A. v. Humboldt, Johann Casper Horner (1774-1834), der Astronom bei der Weltumseglung des russischen Admirals Krusenstern wurde (darüber siehe Kap. IV), und selbstverständlich seinen Nachfolger, Bernhard August von Lindenau (1780-1854), der aber später trotz seiner Position als Direktor der Seeberger Sternwarte wegen seiner glänzenden politisch-diplomatischen Fähigkeiten der Astronomie den Rücken kehrte.

Bevor Johann Karl Burckhardt (1773-1825) nach ca. zweijähriger Ausbildung[19] bei Zach in Gotha zu Lalande ging, übersetzte er den ersten Band der *Mécanique céleste* (5 Bde.) von Laplace ins Deutsche und widmete diese Arbeit der Gothaer Herzogin Marie Charlotte Amalie.[20] Die ersten zwei originalen Bände von Laplaces *Mécanique céleste* wurden 1797 in Paris veröffentlicht; deren deutsche Übersetzung als *Mechanik des Himmels von P. S. v. Laplace, Mitglied des Französischen National-Instituts und der Commission für die Meeres-Länge. Aus dem Französischen übersetzt und mit erläuternden Anmerkungen versehen von J. C. Burckhardt* erschien dann in Berlin 1800 und 1802. Beide Bände besitzt Gauß und teilt in einem Brief an seinen Freund Bolyai vom 28. Juni 1804 mit: „Die beiden ersten Bände sind von Burckhardt sehr gut übersetzt." Was die Karriere Burckhardts in Paris anbelangt, wurde er zunächst Adjunkt, nach dem Tode Lalandes dessen Nachfolger an der Sternwarte der École militaire von Paris und schließlich 1818 Direktor des Bureau de Longitudes.

Außerdem war Zach mit Méchain, einem der bedeutendsten Schüler von Lalande, eng befreundet. Zach war für Méchain bereits während dessen Expedition zur Breitengradvermessung einer der wenigen vertrauten Korrespondenten. Über die Messung des Meridianbogens von Dünkirchen bis Barcelona von Méchain und Delambre wurden die Leser durch Zachs Monatsschrift (*M.C.*) gut informiert. In der Juli-Ausgabe der *M.C.* (1800) verfasste Zach selber auch eine kürzere Biographie *Über Pierre-François-André Méchain,* der zu diesem Zeitpunkt als „Special-Aufsicht [Direktor; d. Vfn.] der National-Sternwarte in Paris" und gleichzeitig als Mitglied des National-Instituts und des Bureau des Longitudes in Paris tätig war.[21]

(2) Der erste astronomische Kongress in Gotha (1798)

Lalande hatte in seiner Jugend 1751 einen längeren Forschungsaufenthalt in Berlin, wo er mit Maupertuis Kontakt aufnahm und 1752 Mitglied der Berliner Akademie

[19] Strumpf, Manfred: *Gothas astronomische Epoche.* Horb am Neckar (Geiger) 1998, hier S.22; Reich: *Im Umfeld der „Theoria motus"*, hier S.70.

[20] Die Widmung lautet: „Der Durchlauchtigen Fürstinn Maria Carolina Amalia, regierenden Herzoginn zu Gotha, widmet dieses unsterblichen Werkes Uebersetzung zum öffentlichen Zeichen seiner unbegränzten und ehrfurchtsvollsten Dankbarkeit J. C. Burckhardt". In: Laplace, Pierre-Simon de: *Mechanik des Himmels von P. S. Laplace, Mitglied des Französischen National-Instituts und der Commission für die Meeres-Länge. Aus dem Französischen übersetzt und mit erläuternden Anmerkungen versehen von J. C. Burckhardt.* Erster Theil. Berlin (F. T. LaGarde) 1800, S.ii.

[21] Zach, Franz Xaver von: *Über Pierre-François-André Méchain. Astronom der National-Sternwarte, Mitglied des National-Instituts und des Bureau des Longitudes in Paris.* Sonderdruck aus dem Julius-Stück der *Monatlichen Correspondenz zur Beförderung der Erd- und Himmelskunde* 1800.

wurde. Nach dem Frieden von Campo Formio äußerte Lalande gegenüber Zach den Wunsch, die neue Sternwarte Seeberg zu Gotha zu besichtigen und deutsche Kollegen kennen zu lernen. Vermutlich stand dahinter die Absicht, das neue metrische Maßsystem sowie den Revolutionskalender (auch Republikanischer Kalender: „Le calendrier républicain"; d. Vfn.) zu propagieren. Diesen Wunsch Lalandes erfüllte Zach in Form einer ersten internationalen Tagung der Astronomie.

In Gotha trafen sich im Sommer 1798 offiziell 15 Astronomen[22] aus verschiedenen deutschen Kleinstaaten, aus Frankreich und der Schweiz: Zach und sein Adjunkt Horner aus Gotha; Lalande und dessen Nichte und Mitarbeiterin, Marie-Jeanne-Amélie Lefrançois (1768-1832) aus Paris; Bode aus Berlin; der Göttinger Professor der Astronomie Karl Felix Seyffer (1762-1821); der Inspektor des Mathematisch-Physikalischen Salons in Dresden Johann Gottfried Köhler (1745-1801) und dessen Mitarbeiter Georg Simon Klügel (1739-1812); der Hallenser Professor für Physik und Mathematik Ludwig Wilhelm Gilbert (1769-1824) und der ebenfalls aus Halle stammende Instrumentenbauer Carl Philipp Heinrich Pistor (1778-1847); der Pfarrer Karl Friedrich Wurm (1760-1833) aus Württemberg; der Astronom Johann Jacob Huber (1733-1798) aus Basel sowie der Bauinspektor und Landvermesser Johannes Feer (1763-1823) und der Gymnasialdirektor Johann Konrad Schaubach (1764-1823) aus Meiningen.

Im Kongress wurden verschiedene Themen diskutiert, wie z. B. Messgeräte, Beobachtungsmethoden und -reduktionen. Aktuelle Sternverzeichnisse wurden vorgelegt sowie die Einführung zweier neuer Sternbilder „Buchdruckpresse" und „Montgolfiers Luftballon" vorgeschlagen. Zur Erreichung des Hauptziels seiner Reise machte Lalande wie geplant Kollegen mit dem metrischen System bekannt, in dem sich der revolutionäre Gedanke kristallisieren sollte.[23] Einige deutsche Fürsten hatten vor diesem Hintergrund ihren Astronomen keine Reiseerlaubnis nach Gotha gegeben. Man könnte deshalb diesen Kongress in Gotha auch als die erste internationale Konferenz über das metrische Maßsystem bezeichnen, obwohl Lalande keine positive Resonanz fand. In Frankreich erfolgte die gesetzliche Annahme des Meters erst am 10. Dezember 1798. Aber hierfür gibt es noch eine andere Interpretationsmöglichkeit: Brosche betrachtet z.B. den Gothaer Kongress als eine Art Vorpostengefecht. Zwar wies die dortige Diskussion über das metrische System bereits wissenschaftlich ein gewisses Niveau auf, aber nach Brosche fällt auf, dass „gleich anschließend, von September 1798 bis Juli 1799", in Paris eine Art Maßkonferenz mit ebenfalls internationaler Beteiligung tagte. Seines Erachtens lag

---

[22] Nach Zachs Brief an Schedius in Pest vom 26. Januar 1779 nahmen – inoffiziell – zusätzlich noch van Marum aus Haarlem/Niederland sowie Buttler aus Cambridge daran teil. Ibid., S.92; Vgl. auch derselbe: *Der Astronom der Herzogin. Leben und Werk von Franz Xaver von Zach (1754-1832).* Frankfurt a.M. überarbeitete 2. Aufl. 2009, S.89f.

[23] Ullrich, Maik: *Der Beitrag zur Vermessung in Thüringen durch Franz Xaver von Zach.* (ursprünglich Diplomarbeit FH Dresden 2001) Redaktionell überarbeitet und teilweise gekürzt durch den Herausgeber. Hrsg. v. Deutschen Verein für Vermessungswesen (DVW), Gesellschaft für Geodäsie, Geoinformation und Landmanagement sowie Landesverein Thüringen e. V. Gotha 2004, hier S.13. Man bezeichnete damals das Meter als „ein Kind der Französischen Revolution".

es hier „im französischen Interesse, den ersten Versuch auf dem Seeberg, weil erfolglos, zu vergessen."[24]

Ein Höhepunkt des Astronomiekongresses in Gotha war vermutlich ein gemeinsamer Ausflug am 14. August 1798 auf den Großen Inselsberg, (die höchste Erhebung des westlichen Thüringer Waldes; 916,5 m ü HN; d. Vfn.), worauf man „Chronometer und Sextanten verglich und seine Beobachtungsfertigkeiten unter Beweis stellte".[25] Anschließend fand ein Fest auf Einladung der Herzogin statt, da Herzog Ernst II. aus politischen Gründen während der Tagung bewusst zurückhaltend blieb und statt seiner die Gäste von seiner Gemahlin betreuen ließ.[26]

(3) Gauß und seine Methode der kleinsten Quadrate

Die Absicht Lalandes, das metrische Maßsystem in Gotha attraktiv einzuführen, war erfolglos. Dagegen hatte Herzog Ernst II. einen anderen Ehrgeiz: Er wollte auf seiner Sternwarte einen neuen unbekannten Planeten zwischen Mars und Jupiter entdecken (bzw. entdecken lassen). Eines der wichtigen Themen dieses Kongresses war nämlich die systematische Suche nach neuen Planeten oder Planetoiden.

Im Jahre 1781 entdeckte Friedrich Wilhelm Herschel (1738-1822), den Zach übrigens einige Jahre später in London persönlich kennen lernte, einen neuen Planeten unseres Sonnensystems, den Uranus,[27] und kurz darauf Uranusmonde. Diese Entdeckung stand in Übereinstimmung mit der sogenannten „Titius-Bode-Reihe" (auch Titius-Bode'sche Reihe oder Beziehung), die einen von Johann Daniel Titius (1729-1796) gefundenen und von Bode bekannt gemachten mathematischen Ausdruck für die Planetenabstände im Sonnensystem darstellt. Darüber hinaus erwähnte Bode die Möglichkeit, dass ein Planet zwischen Mars und Jupiter oder außerhalb der Saturnbahn existiere. Zunächst hatten die meisten Wissenschaftler diese Bode'sche Hypothese nicht ernst genommen. Die Bahn des Uranus zeigte jedoch die Richtigkeit der Titius-Bode-Reihe. Nun glaubte man, dass sich in der Lücke ein Planet befinden könnte, den man bloß noch nicht entdeckt hatte.

Wie oben bereits erwähnt, fängt die Astronomie Anfang des 19. Jahrhundertes an, ein dichtes Netzwerk in ganz Europa zu bilden: Die Fachleute stehen untereinander in regem Kontakt und tauschen Vermessungsdaten aus. Auch in diesem Zusammenhang besucht Zach 1800 die Stadt Lilienthal bei Bremen, wo Johann

---

[24] Zitat aus Brosche: *Astronomie der Goethezeit*, hier S.73. Diesen historischen Zusammenhang der beiden Kongresse in Gotha und Paris erwähnen allerdings weder Guedj noch Alder. Übrigens fand unmittelbar nach der Rückkehr von Méchain und Delambre im November 1798 nach Paris die erste Sitzung der Internationalen Kommission (aus Mitgliedern von mit Frankreich verbündeten oder neutralen Staaten) zur Bestimmung des Meters statt.

[25] Zitat aus *Sternstunden in Gotha. Sonderausstellung zum 200. Jahrestag des ersten internationalen Astronomentreffens 1798*. Gotha 1998.

[26] Lalande empfing er aber bei Hofe. Vgl. Schwarz: *Gothas Entwicklung zu einem europäischen Zentrum der Astronomie und Geodäsie*, S.158.

[27] Vgl. im Zusammenhang mit Goethe: Ishihara: *Makarie und Weltall*, S.89ff.

Hieronymus Schroeter (1745-1816)[28] eine weltbekannte Privatsternwarte aufbaute und mit dem damals größten Spiegelteleskop auf dem europäischen Kontinent Beobachtungen durchführte. Bei dieser Gelegenheit wurde am 20. September 1800 nun die erste astronomische Fachgesellschaft gegründet, die „Vereinigte Astronomische Gesellschaft". Deren erster Präsident wurde Schroeter, und Zach spielte als Sekretär eine wichtige Rolle. Der Gründungsanlass war die vermutete Existenz eines Planeten zwischen Mars und Jupiter, und das Ziel war in erster Linie die internationale Zusammenarbeit, um planmäßig und systematisch nach dem „fehlenden" Planeten zu suchen. Nach Strumpf[29] wollte man „sich den Tierkreis aufteilen, daß jeder beteiligte Astronom nur einen bestimmten Bereich des Tierkreises zu überwachen hatte", so dass die Mitglieder scherzhaft „Himmelspolizei" genannt wurden. Auf der Liste der ersten 24 Mitglieder[30] findet man auch die Namen der mit Zach befreundeten Astronomen in Frankreich, wie z.B. Burckhardt und Méchain.

Anscheinend hatte aber ihr Kollege Delambre sich nicht daran beteiligt. Seine skeptische Haltung warf vermutlich einen Schatten auf die Beziehung zwischen ihm und Gauß, obwohl dieser zu jenem Zeitpunkt ebenfalls noch keinen Anteil an der Suche nach dem „neuen" Planeten bzw. Beobachtung der neuen Planetoiden hatte.[31] Da es in Braunschweig, wo er wohnte, noch keine angemessene Sternwarte gab, war Gauß erst infolge eines Besuches bei seinem Bremer Freund Olbers im Juni/Juli 1803 und bei Zach auf der Seeberger Sternwarte im August 1803 imstande, praktische Erfahrungen in der Astronomie zu sammeln. Daher klingt die folgende kritische Erinnerung Gauß' an Delambre umso härter:

> Um so befremdender ... ist die Kälte, mit welcher Delambre von dem vor sieben Jahren, noch vor Entdeckung der Ceres, in Lilienthal besonders von Herrn von Zach entworfenen Plane, den ganzen Himmel unter eine Anzahl Astronomen zur fortgesetzten Nachforschung zu vertheilen, sich ausdrückt, woran Theil zu nehmen er auch eingeladen war. Er hält eine solche Vergleichung für höchst beschwerlich und langweilig.[32]

Delambre als Gründungsmitglied des Bureau des Longitudes wurde 1798 auch mit seinem Lehrer Lalande zum Kongress in Gotha eingeladen. Aber er sagte ab und blieb bewusst auf Distanz. Seine Sachlichkeit und Nüchternheit, die bei der langen Expedition zur Breitengradvermessung eher von Vorteil waren, missfielen Gauß offensichtlich. Sehr oft kritisierte er die Umständlichkeit Delambres bei trigono-

---

[28] Über ihn vgl. z.B. Oestmann, Günther: *Astronomischer Dilettant oder verkanntes Genie? Zum Bild Johann Hieronymus Schroeters in der Wissenschaftsgeschichte.* In: Astronomie von Olbers bis Schwarzschild. Hrsg. v. Wolfgang R. Dick und Jürgen Hamel. Frankfurt a.M. 2002, S.9-24.

[29] Strumpf: *Gothas astronomische Epoche,* hier S.22.

[30] Ullrich: *Der Beitrag zur Vermessung in Thüringen durch F. X. v. Zach,* S.48: Anlage 4.

[31] Vgl. Reich: *Im Umfeld der „Theoria motus",* hier S.18. Das Projekt zur Entdeckung des vermuteten Planeten rückt Reich hier in den Kontext des Gothaer Astronomiekongresses (1798), richtigerweise aber wurde es zur Gründung der astronomischen Gesellschaft (1800) konzipiert.

[32] Gauß: *Werke* Bd.6, S.494; Reich: *Im Umfeld der „Theoria motus",* S.111.

metrischen Rechnungen. Seiner Meinung nach fehlte Delambre der „Sinn für Eleganz".[33] Da Gauß kein Interesse für Geschichte der Astronomie hatte, verachtete er auch das Werk Delambres als Wissenschaftshistoriker.

Der Wunsch von Herzog Ernst II. und Zach, in Gotha einen neuen Planeten zu entdecken, wurde trotz vieler Bemühungen nur teilweise erfüllt. Am 1. Januar 1801 entdeckte Giuseppe Piazzi (1746-1826) in Palermo zufällig, und zwar unabhängig von der Astronomischen Gesellschaft, einen sehr schwachen Stern, den ersten Himmelskörper zwischen Mars und Jupiter, „Ceres" genannt. Im Februar 1801 wurde jedoch dieser erste Planetoid in den Strahlen der Sonne unsichtbar.

Hier sei daran erinnert, dass es in der sogenannten „Goethezeit" gar keinen deutlichen Unterschied zwischen Astronomie und Mathematik gab. Mathematiker beschäftigten sich darüber hinaus auch mit der Geodäsie. Die enge Beziehung zwischen diesen Fachgebieten zeigt sich vor allem darin, dass für die Erdvermessung die ursprünglich vor astronomischem Hintergrund entwickelte „Methode der kleinsten Quadrate" angewendet wurde. Sie ist das mathematische Standardverfahren zur Ausgleichsrechnung, das die beiden Mathematiker Legendre und Gauß unabhängig voneinander entwickelt hatten. In der Tat gab es vorher noch nie ein solches Zeitalter, in dem man sowohl bei astronomischen Beobachtungen als auch bei der Gradmessung „ein frei von jeglicher Willkür ablaufendes Ausgleichungsverfahren"[34] dringend brauchte. Gauß ermöglichte dadurch Zach, den 1801 neu entdeckten aber bald darauf verlorenen Asteroiden „Ceres" wieder zu finden.

Bereits im Alter von 17 Jahren erkannte Gauß, dass man eine Vielzahl von Beobachtungen ausgleichen könne, indem die Quadratsumme der Abweichungen ein Minimum werde.[35] Um 1798 gelang es ihm dann, der Methode ein wahrscheinlichkeitstheoretisches Fundament zu geben. Im Jahre 1801 erfuhr Gauß weltweite Anerkennung, indem er mit der von ihm erfundenen „neuen, ganz einfachen und sehr bequemen Methode" (laut Gauß' Tagebuch für 1801) anhand weniger Beobachtungen von Piazzi die exakte Ceres-Bahn berechnete. Dank dieser Bahnberechnung konnten Zach am 31. Dezember 1801 in Gotha und Olbers am 1. Januar 1802 in Bremen den Ceres wiederfinden. Die theoretische Hilfe von Gauß ermöglichte Zach also die Wiederentdeckung. Etwas verwirrend ist, dass Zach nicht immer in der Sekundärliteratur als erster Wiederentdecker bezeichnet wird.[36] Denn zwar entdeckte Zach den Ceres früher als Olbers wieder, aber die Pressemitteilung von diesem war schneller als die von Zach. Dieses kleine Prioritätsproblem nimmt

---

33 Reich: *Im Umfeld der „Theoria motus"*, S.112.

34 Kertscher, Dieter: *Carl Friedrich Gauß und die Geodäsie.* In: „Wie der Blitz einschlägt, hat sich das Rätsel gelöst". Carl Friedrich Gauß in Göttingen. Hrsg. v. Elmar Mittler. Katalog zur Ausstellung im Alten Rathaus am Markt Göttingen, 2005, S.150-167, hier aus S.152.

35 Ibid.

36 Darüber Brosche, Peter: *Die Wiederauffindung der Ceres im Jahre 1801.* In: Astronomie von Olbers bis Schwarzschild. Hrsg. v. Wolfgang R. Dick und Jürgen Hamel. Thun und Frankfurt a.M. 2002, S.80-88.

möglicherweise den folgenden Prioritätsstreit[37] zwischen Gauß und Legendre vorweg.

Mit seiner Ausgleichsmethode lieferte Gauß 1802 seinem Kollegen Olbers die genaue Berechnung einer weiteren Planetoiden-Bahn, nämlich die des „Pallas". Durch Vermittlung von Olbers konnte Gauß endlich im Mai 1809 bei dem Verleger Friedrich Perthes (1772-1843) in Hamburg seine lateinische Monographie *Theoria motus corporum coelestium in sectionibus conicis solem ambientium* veröffentlichen, die ausschließlich der Berechnung von Planetenbahnen gewidmet war. Inzwischen erschien allerdings bereits 1805/06 in Paris Legendres *Nouvelles méthodes pour la détermination des orbites des comètes*, wovon Gauß bereits 1805 wusste. Im Anhang dieses Buches über die Berechnung von Kometenbahnen stellte Legendre seine *Méthode des moindres quarrés* vor, die fast identisch mit der Methode der kleinsten Quadrate von Gauß ist. Obwohl Zach damals Gauß darum bat, dieses Werk zu rezensieren, schrieb Gauß darüber nichts. Stattdessen behauptete Gauß in seiner *Theoria motus*, in der er auch Legendres *Méthode des moindres quarrés* zitierte, dass er bereits 1795 seine Ausgleichsmethode entdeckt habe, so dass das Prioritätsrecht ihm gehöre.

Diese Erniedrigung durch Gauß hat Legendre tief verletzt. Denn er machte ebenfalls eine glänzende Karriere als Astronom und Mathematiker. Nachdem er im Auftrag der Pariser Akademie das Englisch-Französische Dreiecksnetzprojekt (1784-1787) zur Verbindung der Sternwarten Greenwich und Paris von Roy und Cassini mit ausführte, wurde Legendre 1789 zusammen mit Laplace, Cassini und Méchain zum Fellow der Royal Society ernannt. Dann nahm er 1791/92 nur kurz an der Meridianbestimmung zwischen Dünkirchen und Barcelona teil, aber seine Stelle wurde bald durch Delambre besetzt. Wie oben erwähnt, publizierte dieser 1799 mit Legendre seine Ergebnisse der Expedition: *Méthodes analytiques pour la détermination d'un arc de méridien.* In den folgenden Jahren musste Legendre um die Priorität der Ausgleichsmethode kämpfen. In diesem Zusammenhang ist eine Anmerkung von Reich bemerkenswert: Trotz seiner nicht leichten Situation – denn Delambre hoffte, dass seine Arbeit von Gauß anerkannt werden würde, aber stets erfolglos – soll Delambre dank seines unkomplizierten sachlichen Charakters 1812 im Rahmen einer Besprechung von Laplaces *Mémoire sur les intégrales définies* „einen sehr fairen Vergleich Laplace mit Legendre und Gauß im Hinblick auf die Methode der kleinsten Quadrate" gemacht haben.[38] Diese faire Haltung versucht der Autor von *Maß der Welt*, Alder, in seiner Nonfiction zu bewahren. Seine Zusammenfassung lautet:

> Legendre *präsentierte* seine Regel der kleinsten Quadrate als eine brauchbare und plausible Methode; Gauß *rechtfertigte* sie, indem er aufzeigte, dass sie immer dann den wahrscheinlichsten Wert ergab, wenn sich die Fehler entlang einer »Glockenkurve« (Gaußsche Fehlerkurve) verteilten. Dieser Wahrscheinlichkeitsansatz regte dann auch Laplace in den Jahren 1810 bis 1811 zu einem Nachweis der Vorteile

---

[37] Darüber vgl. Reich: *Im Umfeld der „Theoria motus"* und Kertscher: *Carl Friedrich Gauß und die Geodäsie.*

[38] Reich: *Im Umfeld der „Theoria motus"*, S.129.

dieser Methode an: Je mehr Observationen vorlägen, desto besser könne der Fehler reduziert werden. Das Verfahren biete nicht nur eine Möglichkeit, zwischen zufälligen (Präzision) und konstanten Fehlern (Akkuratesse) zu unterscheiden, sondern lasse auch eine Schlussfolgerung zu, mit welcher *Wahrscheinlichkeit* die gewählte Kurve die beste war, das war neu. Bei ihrer Suche nach Perfektion – einem illusorischen Unterfangen – hatten die Gelehrten nicht nur gelernt, wie man zwischen verschiedenen Arten von Fehlern unterscheidet, sondern auch, dass Fehler einen Wert haben, der sich hinsichtlich ihrer statistischen Verteilung nutzen lässt. Die Jahre zwischen 1805 und 1811 sollten den Aufstieg einer neuen wissenschaftlichen Theorie erleben – nicht einer Theorie von der Natur, sondern einer Theorie vom Fehler. Und anhand genau dieser Theorie wurde es Nicollet möglich, die zufälligen von den systematischen Fehlern zu unterscheiden und Méchains Ehre wiederherzustellen.[39]

(4) Zachs Beitrag zur Triangulation in Thüringen

Die Triangulation trägt aber selbstverständlich nicht nur zur Entwicklung der Naturwissenschaften bei, sondern sie hat auch Auswirkungen auf die Politik. Auch Wirtschaft und Militär bedürfen topographischer Kartenwerke. In diesem Zusammenhang ist es sehr interessant, dass beide Herzöge in Thüringen, Ernst II. in Gotha und Carl August in Weimar, fast gleichzeitig aus verschiedenen Gründen topographische Landkarten des jeweils eigenen Fürstentums erstellen ließen. Während dieser sie für militärische Zwecke notwendig fand, wollte jener sie wegen seines rein wissenschaftlichen Interesses für die Astronomie haben. Beide Fürsten wandten sich mit ihren Plänen an den preußischen Oberst im Generalstab, Friedrich Wilhelm Carl Graf von Schmettau (1742-1806), einen der damals bedeutendsten Militärtopographen. Schmettau empfahl ihnen einen seiner besten Schüler, den Vermessungsingenieur Carl Friedrich Wiebeking (1762-1842). Beide Herzöge der ernestinischen Linie beauftragten ihn mit der Anfertigung militärischer Karten ihrer Länder. So entstanden die *Uraufnahmen der Herzogtümer Weimar und Gotha und der Herrschaft Schmalkalden in Schmettau'scher Manier* (1785-1787).[40]

In der zweiten Hälfte des 18. Jahrhunderts kannte man die geographischen Längen und Breiten in Europa noch nicht sehr genau, teilweise sogar überhaupt nicht. Für solche Ortsbestimmungen benötigte man einige unentbehrliche Instrumente: einen Sextanten oder ein transportables Passageinstrument und auf jeden Fall ein Chronometer, das für die Längengradbestimmung obligatorisch ist.[41] Ernst II. besaß selbst exzellente Chronometer, darunter zwei englische „Emery-

[39] Zitat aus Alder: *Das Maß der Welt*, S.396f.

[40] Vgl. Meyer, Hans-Heinrich: *Historische topographische Karten in Thüringen. Dokumente der Kulturlandschaftsentwicklung*. Erfurt 2007.

[41] Über die Erfindungs- und Entwicklungsgeschichte eines seegängigen Chronometers vor allem Sobel, Dava: *Longitude; The True Story of a Lone Genius Who Solved the Greatest Scientific Problem of His Time*. New York 1995, ins Deutsche übersetzt als *Längengrad* (illustrierte Ausgabe), Berlin 1999; Goss, John: *KartenKunst*. Braunschweig 1994, S.180-183 usw.

Chronometer" Nr. 1038 und Nr. 1151.[42] Er führte von 1788 bis 1801 fast jeden Tag ein „Chronometerjournal" (od. „Chronometerbuch"), um den Gang (ggf. Zeitfehler) seiner Uhren zu ermitteln. Seine Kenntnisse überschritten bei weitem die Grenzen eines Hobby-Astronomen. Als im Jahre 1789 das Kartenwerk Wiebekings – in einem Maßstab von etwas weniger als 1 : 25 000 – fertiggestellt und an den Herzog übersandt worden war, schrieb Ernst II. am 11. August 1798 einen Dankesbrief an den Oberaufseher dieses Projekts, den Minister Hans von Thümmel (1744-1824). Darin lobte der Herzog zunächst den Fleiß und den Einsatz von Wiebeking, um das Werk dann fachlich sehr kritisch zu begutachten, wobei er auch „mildernde Umstände", nämlich die schlechte Qualität der Vermessungsinstrumente, berücksichtigte:

> Immer bleibt diese Art aufzunehmen an sich schlecht genug und ist nicht geometrisch, noch weniger trigonometrisch richtig. Sollte sie jemals wiederholt und auf mathematisch-astronomische Art eingerichtet werden können, so werden sich[sic!] die Fehler – und zwar große Fehler entdecken.[43]

Herzog Carl August von Weimar war im Prinzip gleicher Meinung, allerdings unter dem Blickwinkel der militärischen Nutzung:[44] Er war seit Dezember 1787 als Chef des preußischen Kürassier-Regiments von Rohr Nr. 6 in Aschersleben tätig und bedurfte einer guten, militärisch brauchbaren Operationskarte für Thüringen. Zwar war dieser militärische Aspekt im Vergleich zum „Musenhof" von geringerer Bedeutung, aber die Weimarer Herzöge pflegten über Generationen hinweg engen Kontakt zum preußischen Militär. Carl August selbst war zunächst Generalmajor, wurde nach der Kampagne in Frankreich 1792 zum Generalleutnant ernannt und

---

[42] Schwarz: *Gothas Entwicklung zu einem europäischen Zentrum der Astronomie und Geodäsie*, hier S.158f.

[43] Zitat aus Schwarz, Oliver: *Wo einst das Fernrohr stand. Der geodätische Nabel Thüringens und ein bedeutender Bezugspunkt zur Bestimmung der Erdgestalt.* In: Gothaisches Museums-Jahrbuch 2000. Hrsg. v. Museum für Regionalgeschichte und Volkskunde. Rudolstadt/Jena 1999, S.63-80, hier aus S.64 zitiert.

[44] In diesem Zusammenhang muss auch die 1801 unter dem Einfluss Napoleons erfolgte Gründung des „Topographischen Bureaus" in Bayern gesehen werden: „Die entscheidende Niederlage in der Schlacht bei Hohenlinden im Dezember 1800 führte auch zu einer Neuorientierung der bayerischen Außenpolitik, weg von Österreich hin zu Frankreich. Zur Planung weiterer militärischer Operationen wurden die Unterlagen aus dem kurfürstlichen Plankonservatorium requiriert. Trotz der Wichtigkeit dieser Pläne stellte der französische Generalstab jedoch fest, dass sie keine umfassende Kenntnis des besetzten Landes vermittelten [...]. Obwohl die Franzosen 1801 aus Bayern abzogen, spielten weiterhin „entliehene" französische Ingenieure mit ihren sehr umfassenden mathematischen und naturwissenschaftlichen Kenntnissen eine herausragende Rolle bei der nun beginnenden Vermessung Bayerns. Im August 1801 begann der Militärgeograph Oberst Bonne [Charles Rigobert Bonne, 1771-1839; d. Vfn.] mit der Messung eine Grundlinie zwischen München und Aufkirchen, die in der Folge als Maßstab für die Dreiecksvermessung Bayerns diente". Zitat aus Prospekten für eine Ausstellung der Bayerischen Vermessungsverwaltung: *Personen setzen Maßstäbe*; Vgl. auch Zaglmann / Meyer-Stoll: *Geniales Zusammenspiel großer Persönlichkeiten. Das Fundament der bayerischen Landesvermessung*. In: Katalog der Bayerischen Akademie der Wissenschaften, München 2009, hier S.249.

verfasste Denkschriften zur Organisation der Kavallerie. Inzwischen lernte er wohl auch die „Regiments- oder Offiziersbibliothek" als Teil der preußischen Militärtradition zur Ausbildung von Offizieren kennen.

Hervorzuheben ist in diesem Zusammenhang die Existenz der Weimarer Militärbibliothek (1630-1930), die jetzt in die Herzogin Anna Amalia Bibliothek integriert ist und „die am vollständigsten erhaltene klassische Militärbibliothek Deutschlands" darstellt.[45] Den Grundstock legte Carl August, als er um 1785 (zeitgleich mit dem oben erwähnten Auftrag an Wiebeking, topografische Karten aufzunehmen) begann, seine Privatsammlung als Militärbibliothek[46] einzurichten. 1786 wurde sie zum ersten Mal katalogisiert, und 1787 besorgte sich der Herzog dazu die umfangreiche Kartensammlung des oben genannten Grafen von Schmettau. Direkt nach der Herstellung der Wiebeking-Schmettau'schen Aufnahme ließ Carl August 1796/97 durch sächsische Offiziere die südlichen thüringischen Gebiete zur Ergänzung der Wiebeking'schen Karte vermessen und 1798-1800 am Geographischen Institut in Weimar „das erste wirklich umfangreiche Kartenwerk Thüringens" erstellen: *Karte über die sämtlichen fürstlich Sächsischen Länder mit Inbegriff der fürstl. Schwarzenburg-Rudolstädter Länder und der Schwarzburg-Sonderhäusischen Herrschaft Arnstadt* in schön kolorierten 33 (36) Sektionen, aufgenommen und gezeichnet, von Michaelis 1798 bis Januar 1800 von Johann Valentin Blaufuß (1769-1850) und J. A. Wilhelm Blaufuß (Lebensdaten unbekannt), genannt „Blaufußkarte".[47]

Dieses militärische Kartenaufnahmeprojekt auf Initiative von Carl August unterstützte der Gothaer Herzog Ernst II. anscheinend nicht so tatkräftig, obwohl er in diesem Zeitraum weiter mit Zach Winkelmessungen in den Triangulationsdreiecken durchführte und die Messmethode verfeinerte.[48] Denn einige Jahre später, undatiert, aber wohl noch vor Ostern 1803, schreibt Carl August an Goethe die folgenden Zeilen:

---

[45] Zitat aus dem Vortragsmanuskript von Bernert, Arno: *Die Weimarer Militärbibliothek 1630-1930. Klassische Ordnungsvorstellungen vom Krieg.* Vortrag im Forschungskolloquium des Lehrstuhls Militärgeschichte am Historischen Institut der Universität Potsdam, gehalten am 29. April 2009. Nach Bernert umfasste diese Weimarer Militärbibliothek um 1850 „ca. 7 500 Karten, 6 000 Bücher, 400 Handschriften, 67 Globen und Globensegmente sowie 11 Festungsmodelle." Davon sind noch heute ca. 6000 Karten, 5200 Bücher, 200 Handschriften, 27 Globen und die 11 Festungsmodelle vorhanden.

[46] Ibid. 1804 ließ Carl August seine Militärbibliothek aus der öffentlichen Herzoglichen Bibliothek, die unter Aufsicht der beiden Minister Goethe und C. G. Voigt stand, herauslösen und als seine geschlossene Privatbibliothek im neu erbauten Residenzschloss unterbringen. Seit 1804 existierten also in Weimar zwei Bibliotheken, nämlich die Herzogliche Bibliothek und die Militärbibliothek des Herzogs. Siehe auch Homepage der HAAB.

[47] Vgl. Meyer, H.-H.: *Historische topographische Karten in Thüringen,* S.29ff. Diese Blaufußkarte hat Carl August dem Vernehmen nach vor der Schlacht zu Jena (1806) persönlich verwendet. J. V. Blaufuß erstellte übrigens 1799 auch die *Karte über den Herzoglichen Park zu Weimar* (heute: Ilmpark). Vgl. Kraus, Georg Melchior: *Aussichten und Parthien des Herzogl. Parks bey Weimar.* Hrsg. v. Ernst-Gerhard Güse und Margarete Oppel. Klassik Stiftung Weimar 2006, hier S.10f.

[48] Vgl. z.B. Ullrich: *Der Beitrag zur Vermessung in Thüringen durch F. X. v. Zach.* 2004, S.16ff.

> Der Herzog von Gotha, der vorher gewaltige Schwierigkeiten machte, ist jetzt so hitzig auf das Vermessungsprojekt, daß Zach es nicht genug beschreiben kann. Auch hat der Landgraf von Cassel, der sich ebenfalls weigerte, die Form der Hessischen Weltkugel bestimmen zu lassen, Geschmack an der Sache gefunden und giebt selbst einen Astronomen dazu her, den er dabei dressiren lassen will. Die Sache geht nun vor sich und wird gewiß ein schönes Stück werden.[49]

Warum Ernst II. „jetzt so hitzig auf das Vermessungsprojekt" wurde, kann man relativ leicht nachvollziehen. Am 18. Oktober 1802 wandte sich der König von Preußen, Friedrich Wilhelm III. (1770-1840), mit der Bitte an Zach, das Eichsfeld und die Gebiete um die Stadt Erfurt geodätisch zu erfassen und eine militärische Karte von ganz Thüringen zu erstellen. Der Brief lautet:

> Ich habe die Absicht, unter der Oberaufsicht Meins General-Quartiermeisters des General. Lieutenants von Geusau das Erfurtische und das Eichsfeldische aufnehmen, auch demnächst eine gute und brauchbare militärische Karte von ganz Thüringen verfertigen zu lassen, und werde dieses Vorhaben um so besser ausführen können, da ich dabey auf die kräftige Mitwirkung Ihres Landesherrn und des Herzogs zu Sachsen-Weimar Liebden rechnen darf; indessen ist es jetzt nicht zulässig, einen Offizier Meines Generalstabes dort zur Leitung dieses Geschäftes anzustellen. Da Sie, Herr Oberst, sich auch in diesem Fache als einen kenntnisreichen Mann rühmlich bekannt gemacht haben, so ersuche Ich Sie, gefälligst, so wohl die nöthigen astronomischen Bestimmung zu vorerwähnten Aufnahmen, als auch die zweckmäßige Direction dieser Aufnahmen selbst zu übernehmen.[50]

Der Empfänger Zach zeigte hier erneut sein großes Talent, „einen fürstlichen Willen durch Darlegung der größeren möglichen Wirkungen bei nahezu gleichem Aufwand wissenschaftlich zu optimieren."[51] Über die Entstehung und den Plan dieses Projekts berichtet Zach selbst in der *M.C.* 9 (1804 Januar, S.3-26) ausführlich:[52] *Über die Königl. Preussische trigonometrische und astronomische Aufnahme von Thüringen und dem Eichsfelde und über die Herzogl. Sachsen-Gothaische Gradmessung zur Bestimmung der wahren Gestalt der Erde.* Anhand dieses Artikels ist der Verlauf kurz zusammenzufassen: Zach erfasste sofort, dass sich ihm hier eine günstige Gelegenheit bot, zusammen mit preußischen Vermessungskräften eine wissenschaftliche Expedition zu unternehmen, die sich über mehrere Längen- und Breitengrade hinweg erstrecken sollte. Dem ursprünglichen Auftrag des Königs genügte schon, die Längen- und Breitgrade jeweils mit zwei Grad zu vermessen. Aber um die Abplattung der Erde genau zu berechnen und die wahre Gestalt der Erde zu erkennen, planten Zach und Ernst II. ein noch größeres Projekt „von drei bis vier Grad in

---

[49] Zitat aus *Briefwechsel des Großherzogs Carl August von Sachsen-Weimar-Eisenach mit Goethe in den Jahren von 1775-1828.* Bd.1, Weimar (Landes-Industrie-Comptoir) 1863, hier S.28, Nr.197. Nach den *Briefen an Goethe. Gesamtausgabe in Regestform* wurde dieser Brief vermutlich in der zweiten Hälfte März oder Anfang April 1803 geschrieben (Bd.4, S.203, Nr.645).

[50] Zitat aus *M.C. 9* (1804 Januar), S.4.

[51] Zitat aus Brosche: *Die Astronomie der Goethezeit*, S.151f.

[52] Wiedergabe des gesamten Artikels ebenfalls in Brosches *Astronomie der Goethezeit.*

der Breite und sechs Grad in der Länge", und selbstverständlich sollte das Zentrum die Sternwarte Seeberg sein. Darüber berichtet Zach in der *M.C.* 9 (1804 Februar), und zwar im Artikel: *Sr. Hochfürstl. Durchlaucht dem regierenden Herzog zu Sachsen-Gotha und Altenburg &c.&c. unterthänigst gehorsamstes Pro Memoria, eine Gradmessung zur Bestimmung der wahren Gestalt der Erde betreffend.* Nachdem er hier die bisherigen Vermessungsexpeditionen, d.h. die Lappland- und die Anden-Expedition sowie die Meridianvermessung von Méchain und Delambre aufgezählt hat, schreibt er:

> Fast alle Europäische Nationen, fast alle cultivirte Staaten haben etwas zur Kenntniss der Gestalt unserer Erde beygetragen; nur *Deutschland* hat bisher nichts dabey gewirkt. Ew. Durchlaucht, als dem Begründer und Stifter des schönsten Uranien-Tempels in Deutschland wäre es ganz würdig, diese schöne und grosse Unternehmung in Schutz zu nehmen, und auch diese Wohlthat zu den unzähligen hinzu zu fügen, welche Sie der erhabensten der Wissenschaften bisher haben angedeihen lassen. Ich wage es daher, Ew. Durchlaucht unterthänigst in Vorschlag zu bringen:
> I^mo^: Eine Messung von drey bis vier Graden der Breite, oder des Mittags-Bogens der Seeberger Sternwarte,
> II^do^: Eine Messung von fünf bis sechs Graden der Länge, oder des auf die Mittags-Linie dieser Sternwarte senkrechten Bogens
> unternehmen zu lassen.[53]

Zach wandte sich zunächst an die im Brief des Königs erwähnten beiden Persönlichkeiten, Herzog Carl August und den Generalleutnant und Generalquartiermeister Freiherr Levin von Geusau (1734-1808), um Unterstützung dieses Plans. Carl August nahm sich dieses Anliegens an.[54] (Das war u.a. der Hintergrund des oben zitierten Briefes von Carl August im Frühjahr 1803 an Goethe.) Darüber hinaus hatte Freiherr von Geusau früher an der westfälischen Gradmessung von Generalmajor Karl Ludwig Edler von Lecoq (1754-1829)[55] als Mitarbeiter teilgenommen und konnte als Chef des Königlichen Generalstabs die Bedeutung des Plans von Zach erkennen. Er setzte sich gegenüber König Friedrich Wilhelm III. für Zachs Projekt ein, diese geplante Kartenaufnahme an die Lecoq'schen Gradmessungen anzuschließen und in das ansbachsche sowie bayreuthsche Gebiet auszudehnen. Damit zeigte sich der König einverstanden. Zur Unterstützung wurden die

---

[53] Zitat aus *M.C. 9* (1804 Februar), S.103.

[54] Vgl. *M.C. 9* (1804 Februar), S.90: Brief von König Friedrich Wilhelm III. an Zach am 22. Februar 1803: „Wohlgeborner, besonders Lieber! Ich habe nicht allein mit Wohlgefallen bemerkt, welcher Massen Sie schon bey den von mir angeordneten Aufnahmen in Preussen und Westphalen mitzuwirken, die Gefälligkeit gehabt, sondern auch jetzt durch Ihr Mir durch des Herzogs zu Sachsen-Weimar Liebden zugesandtes Memoire über die astronomisch-trigonometrische Aufnahme von Thüringen wieder einen Beweis Ihrer Mir schätzbaren Anhänglichkeit erhalten.[...]"

[55] Nach Wattenberg war Lecoq ursprünglich „sächsischer, dann preußischer Offizier, wandte sich nach dem Baseler Sonderfrieden von 1795 zunächst als Oberleutnant, dann als Generalquartiermeister trigonometrischen Aufgaben zu, die sich auf die Vermessung von Westfalen bezogen. Er kam dadurch mit F. X. v. Zach und später auch mit C. F. Gauß sowie W. Olbers in Verbindung, [...]". Wattenberg: *Wilhelm Olbers.* Stuttgart 1994, hier S.33.

beiden Secondeleutnante Kühnemann und Graf von Schmettau sowie der Premierleutnant Friedrich Karl Ferdinand Müffling (Freiherr von Müffling, genannt Weiß, 1775-1851) abkommandiert. Über letzteren wird später noch einmal ausführlich zu berichten sein.

Sobald Zach und Ernst II. die königliche Einwilligung für ihre Vermessungsexpedition erhalten hatten, begannen sie mit den Vorbereitungen: Während Zach für die wissenschaftlich-instrumentale Seite verantwortlich zeichnete, beschäftigte sich Herzog Ernst II. mit der diplomatischen Seite und bat in Briefen an die betroffenen Fürsten um Verständnis und Reiseerlaubnis. In diesem Zusammenhang sei der oft zitierte Brief vom 3. Dezember 1803 an den Herzog von Braunschweig, Carl Wilhelm Ferdinand (1735-1806), den Bruder von Herzogin Anna Amalia und Schutzherrn von Gauß, erwähnt.

> Ich wünsche, durch Meinen Obersten Freyh. von Zach, Vier bis fünf Grade des Meridians Meiner Seeberger Sternwarte wie auch 5 bis 6 LängenGrade nach dem Parallel Creise dieser SternWarte messen zu lassen, um dadurch die Entscheidung der noch immer nicht befriedigend beantworteten Frage über die wahre Gestalt der Erde befördern zu helfen. [...] So erbitte Ich mir von Denenselben ganz ergebenst die Erlaubnis für [...] Obersten von Zach und seine Gehülfen, Dero Lande zu der erwähnten Absicht zu betreten.[56]

Bereits 10 Tage später, am 13. Dezember 1803, willigte der Herzog von Braunschweig in dieses Vorhaben ein. Ähnlicherweise hatte Herzog Ernst II. bald auch die Zustimmungen von allen anderen Fürsten erhalten. Dafür wurde z.B. die Kopie des Reisepasses für Zach vom Sächsischen König in Dresden als Muster an die Herzöge von Kurhessen und Braunschweig geschickt.[57] Seit der Anden-Expedition bedeuteten die Verzögerungen von Reisegenehmigungen für die Astronomen stets ein großes Problem, aber bei der Thüringer Gradmessung wurden die Genehmigungen anscheinend problemlos und schnell erteilt.

Parallel dazu entwickelte Zach eine neue Vermessungsmethode: Er nutzte Pulverblitzsignale zur Übertragung der Ortszeit und setzte sie zur Längengradbestimmung ein. An der Beobachtung der Pulverblitzsignale auf dem Brocken im August 1803 nahm auch Gauß teil. Erst hier lernte Gauß vermutlich endlich Zach persönlich kennen.[58] Anschließend fuhren beide zusammen nach Gotha, und Gauß sammelte bei Zach auf der Sternwarte Seeberg in den folgenden drei Monaten praktische Erfahrungen. Durch astronomische Beobachtungen auf dem Brocken und auf dem Seeberg bei Gotha wurden 1804 die geographischen Breiten bestimmt sowie die Basis des Thüringer Hauptdreiecks präzis vermessen. Dieses Hauptdreieck[59] besteht aus drei Festpunkten, nämlich dem achtfüßigen Passage-

---

[56] Schwarz: *Wo einst das Fernrohr stand,* S.69.

[57] Ibid.

[58] Eigentlich wollte Gauß 1799 bereits Zach in Gotha besuchen, aber wegen regen Besucherverkehrs auf der modernen Sternwarte wurde sein Besuch zunächst abgesagt.

[59] Darüber vor allem: Siegert, Jutta: *Vor 200 Jahren: Beginn der thüringisch-preußischen Gradmessung von der Gothaer Seeberg-Sternwarte.* In: Gothaisches Museums-Jahrbuch 2003. Hrsg. v. Museum

instrument von Ramsden in der Sternwarte auf dem Seeberg, dem Oktogonhäuschen auf dem Inselsberg und einem eingemauerten Kanonenrohr bei Schwabhausen (nahe Gotha). Hiermit wurde die Sternwarte Seeberg tatsächlich der Ausgangspunkt für die erste geodätische Gradmessung in Deutschland, und Zach wird daher später als „Großvater der europäischen Gradmessungen" bezeichnet.

Abb. 3: Denkmal für Ernst II. von Sachsen-Gotha-Altenburg und Meridianstein auf der ehemaligen Seeberg-Sternwarte bei Gotha (jetzt eine Gastronomie namens „Alte Sternwarte")

Aber während dieser Basisvermessung, am 20. April 1804, verstarb Herzog Ernst II. Zach versuchte zunächst, dem Willen des Verstorbenen zu folgen und trotz des drohenden Kriegsbeginns weiter an dem Projekt zu arbeiten. In diesem Zusammenhang findet sich wiederum ein interessanter Brief von Herzog Carl August am 6. Juli 1805 aus Wilhelmsthal bei Eisenach an Goethe:

> Ich habe mir den Spaß gemacht mit Zachs Helfershelfer, dem Hauptmann von Müffling, das hiesige Land militärisch oder, besser gesagt, in Rücksicht auf diese Wissenschaft zu bereisen. Zach hat mir Indianische Feuer geschickt, die wir mit großem Erfolg auf weit entlegenen Bergen angezündet haben.[60]

---

für Regionalgeschichte und Volkskunde. Rudolstadt/Jena 2002, S.119-122. vgl. aber auch Ulrich: *Der Beitrag zur Vermessung in Thüringen durch Franz Xaver von Zach,* 2004.

60 Zitat aus *Briefwechsel des Großherzogs Carl August von Sachsen-Weimar-Eisenach mit Goethe,* hier S.305f., Nr.225.

Müffling[61] wurde 1775 als Sohn eines preußischen Hauptmannes in der Garnison in Halle geboren. Gemäß der Familientradition trat er bereits mit 12 (od. 13) Jahren in die preußische Armee ein.[62] Beim Feldzug in der Champagne 1792-94, in dem Goethe in seiner Eigenschaft als Minister zeitweise seinen Herzog Carl August als Chef des preußischen Kürassier-Regiments begleitete, war der 18-jährige Leutnant Müffling auch anwesend. Er machte zwar militärische Karriere, aber nahm wegen seiner mathematischen Begabung von 1798 bis 1802 unter der Leitung von Generalmajor Karl Ludwig Edler von Lecoq an der Kartenaufnahme und der Festlegung des Dreiecksnetzes in Westfalen teil. Dabei führte er 1797 die Messtischaufnahme des Fürstentums Minden durch und wirkte dann bei trigonometrischen und astronomischen Messungen entlang der Demarkationslinie und in Westfalen mit.[63] Im Winter 1802/1803 wurde er zum Infanterieregiment Graf Wartensleben Nr. 59 nach Erfurt versetzt, um bald darauf, wie oben erwähnt, zu Zach 1803 als Amtsgehilfe von preußischer Seite abgeordnet zu werden. Dieser „preußische Hauptmann" Müffling spielt später nicht nur im persönlichen Kontakt mit der Weimarer Herzogsfamilie und mit Goethe, sondern auch als „einer der leitenden Köpfe des preußischen Vermessungswesens" eine wichtige Rolle.[64]

Bemerkenswert ist hier noch das Wort „Indianische Feuer", womit augenscheinlich die Pulverblitzsignale gemeint sind. Im Projektplan (ebenfalls in *M.C.* gedruckt) erklärte Zach das als ein günstiges Mittel, die Vermessungskosten zu reduzieren.

> Bey dem trigonometrischen Theile wären die Kosten der Signal-Stangen, wo natürliche Zeichen, wie z.B. Kirch- oder Schloss-Thürme mangeln, in Anschlag zu bringen. [...]; allein diese Kosten könnten dadurch ansehnlich verringert werden, wenn man solche Standpuncte, welchen es an natürlichen Absehen fehlt, des Nachts vermittelst Feuer-Signale beobachtete, wie man solches in England und Frankreich bey der letzten Vermessung versucht hat. Die Engländer bedienten sich des Nachts des sogenannten Indianischen *Weiss-Feuers* bei ihren Winkel Messungen; dieses äusserst hell brennende Licht entsteht durch Entzündung eines gewissen gelben

---

[61] Über seine Biographie: Friedrich Karl Ferdinand Freiherr von Müffling: *Aus meinem Leben.* Zwei Theile in einem Bande. Berlin (Druck und Verlag von E.S. Mittler und Sohn) 1851; *Allgemeine Deutsche Biographie.* Hrsg. durch die historische Commision bei der königl. Akademie der Wissenschaften. Leipzig (Duncker & Humblot) 1885, S.451-454; Müffling, Karl Freiherr von: *Offizier – Kartograph – Politiker (1775-1851). Lebenserinnerungen und kleinere Schriften.* Bearbeitet und ergänzt von Hans-Joachim Behr. Köln/Weimar/Wien 2003; Kaiser, Klaus-Dieter: *Erfurt und Freiherr von Müffling 1775-1851. Ein Leben in preußischen und weimarischen Diensten.* Erfurt 2005 usw.

[62] Grobe, Karsten: *Müffling, ein Ingenieur seiner Zeit. Zeugnisse seiner ingenieurtechnischen Tätigkeit in Thüringen.* In: Müfflings Leben und Werk aus der Sicht der Gegenwart. Wissenschaftliches Gedenk-Kolloquium zum 150. Todestag des Philipp Friedrich Karl Ferdinand Freiherr von Müffling am 09. November 2001 im Rathaus zu Erfurt. Hrsg. v. Deutschen Verein für Vermessungswesen (DVW)/ Gesellschaft für Geodäsie, Geoinformation und Landmanagement/ Landesverein Thüringen e. V., S.45-52, hier S.45.

[63] Torge, Wolfgang: *Müffling und die europäischen Gradmessungen und Landesvermessungen im 18. und 19. Jahrhundert.* In: Müfflings Leben und Werk aus der Sicht der Gegenwart, S.5-18, hier S.9.

[64] Zitat aus Brosche: *Astronomie der Goethezeit,* hier S.150.

> Pulvers, welches ohne Explosion mit einer solchen Lebhafkeit [sic!] und Glanz brennt, dass man es durch Regen und Nebel auf eine Entfernung von 20,000 Toisen erblicken kann; allein dieses Licht ist nur von kurzer Dauer, brennt nicht anhaltend fort, und ist ziemlich kostbar.[65]

Nach der Niederlage von Jena und Auerstedt (1806) nahm erst im Jahr 1808 Lindenau, der bis 1817 der zweite Direktor der Sternwarte Seeberg war – Zach hatte inzwischen Gotha für immer verlassen –, die abgebrochenen Vermessungsarbeiten wieder auf, jedoch konnte auch er sie nicht vollenden. Wer dieses Projekt endlich abschließen konnte, war der 1825 auf den Seeberg berufene vierte Direktor, Peter Andreas Hansen (1795-1874), der ein Schüler Schumachers war und sich unter dessen Leitung mit geodätischen Arbeiten in Dänemark und auf Helgoland beschäftigt hatte. Seit ca. 1837 wurden unter der Leitung von Hansen 21 Haupt- und 172 Nebenpunkte[66] bestimmt; 1840 war das Projekt beendet. Später wurde zur Bestimmung der Erdgestalt beschlossen, international organisierte Gradmessungsprojekte durchzuführen, so dass man 1862 die „Permanente Commission der Mitteleuropäischen Gradmessung" gründete. Von 1864 bis 1868 war Hansen deren Präsident.

2. Goethes *Wahlverwandtschaften* und der Hauptmann Müffling

Im vorliegenden Abschnitt wird eine literarische Hauptmann-Figur in Goethes Roman *Die Wahlverwandtschaften* (1809) behandelt, als deren historisches Vorbild der Vermessungsoffizier Müffling anzusehen ist. Dieser Roman ist mehr im Kontext der Chemie bekannt[67], aber nebenbei sei daran erinnert, dass er wegen des Entsagungsmotivs zunächst als Novelleneinlage für die *Wanderjahre* geplant war.

Wie bereits erwähnt, ist der Gothaer Astronom Zach ein historisches Vorbild für den „Hausfreund" der Makarie und den „Astronomen", dessen Name aber in den *Wanderjahren* ungenannt bleibt. In Bezug darauf bemerkt Radbruch: „Wie beim Hauptmann in den *Wahlverwandtschaften*, so ist auch hier [beim Astronomen in den *Wanderjahren*; d. Vfn.] für den Naturwissenschaftler der individuelle Personenname zweitrangig."[68] Und während drei der vier Protagonisten in den *Wahlverwandtschaften* stets mit ihrem Vornamen genannt sind, nämlich Charlotte und Ottilie sowie Eduard, spielt in der Tat der Vorname der vierten Romanfigur, Otto, kaum eine Rolle, umso mehr dafür ihr Posten: zunächst Hauptmann, später Major. Diese militärische Romanfigur beschäftigt sich mit angewandter Mathematik, führt trigonometrische Messungen durch und fertigt eine topographische Karte an. Radbruch findet darin

---

[65] Zitat aus *M.C. 9* (1804 Januar), S.16.

[66] Nach Schwarz: *Wo einst das Fernrohr stand*, S.77. Nach Strumpf: *Gothas astronomische Epoche*, allerdings hier „19 Hauptpunkte", S.53.

[67] Den speziellen Begriff der Wahlverwandtschaften entnimmt Goethe dem Werk des Begründers der mineralogischen Chemie, Torbern Olof Bergmann (1735-1784) *De attractionibus eletivis* (1755, deutsch 1784). Siehe besonders Jeremy Adler: *Eine fast magische Anziehungskraft. Goethes Wahlverwandtschaften und die Chemie seiner Zeit.* München 1987.

[68] Zitat aus Knut Radbruch: *Mathematische Spuren in der Literatur.* Darmstadt 1997, hier S.99.

eine Erklärung für den seltenen Gebrauch des Vornamens, nämlich dass dem Hauptmann objektive Aufgaben zufallen, „die nicht an bestimmte Personen gebunden, sondern im Prinzip austauschbar sind."[69] Es klingt paradox, aber je mehr und exakter Goethe ein naturwissenschaftliches Prinzip in einer Romanfigur ausdrücken möchte, desto stärker benötigt er dazu ein konkretes Vorbild.

Zach ist als historisches Vorbild des Astronomen in den *Wanderjahren* nicht direkt nachweisbar. Im Gegensatz dazu gibt es über die Hauptmannfigur ein Zeugnis von Varnhagen von Ense (1785-1858; Schriftsteller, Offizier und seit 1819 Diplomat in Berlin), dass der preußische Dienstoffizier Müffling eines der historischen Vorbilder des Hauptmanns ist, obwohl das nur vom Hörensagen bekannt war:

> General von Rühle erzählte mir [Varnhagen von Ense; d. Vfn.], Goethe selbst habe ihm einmal gesagt, [...]. In der Charlotte wollte man die Herzogin Luise erkennen, in dem Hauptmann den Freiherrn von Müffling, jetzigen Gouverneur von Berlin, in Luciane einige Züge des Fräulein von Reitzenstein, und so noch andere, – in dem Maler einen jungen Künstler aus Cassel.[70]

Allerdings ist diese Hauptmann-Figur in der Goethe-Forschung bisher kaum berücksichtigt worden. Als Ausnahme ist z.B. der kleine Beitrag von Walter Weber *Zum Hauptmann in Goethes Wahlverwandtschaften* (1959)[71] zu nennen, in dem aber der Verfasser auf die nichtmilitärische Tätigkeit dieser Romanfigur nicht eingeht.

In seinem literarischen Experimentalroman *Wahlverwandtschaften* führt Goethe das Ehepaar Eduard und Charlotte sowie den Hauptmann und Ottilie zusammen. In dieser Konstellation ist der grundlegende Konflikt des Romans angelegt, nämlich der Widerspruch zwischen Natur und Rationalität. Der Roman beginnt mit der Szene, in der Eduard seine Frau Charlotte zu überzeugen versucht, den Hauptmann auf ihr Gut einzuladen. Dieser gerate zurzeit unschuldig in eine traurige Lage und bleibe trotz seiner Talente und Fähigkeiten arbeitslos. Als Charlotte zögert, spricht Eduard:

> „Ich hätte längst eine Ausmessung des Gutes und der Gegend gewünscht; er wird sie besorgen und leiten. Deine Ansicht ist, selbst die Güter künftig zu verwalten, sobald die Jahre der gegenwärtigen Pächter verflossen sind."[72]

---

[69] Ibid., S.98.

[70] Gräf, Hans Gerhard (Hrsg.): *Goethe über seine Dichtungen. Versuch einer Sammlung aller Aeusserungen des Dichters über seine poetischen Werke.* Frankfurt a.M. 1901, Bd.1, S.431f.

[71] Walter Weber: *Zum Hauptmann in Goethes Wahlverwandtschaften.* In: Goethe-Jahrbuch. Neue Folge des Jahrbuchs der Goethe-Gesellschaft Bd.21 (1959), S.290-291.

[72] Zitat aus Johann Wolfgang Goethe: *Sämtliche Werke nach Epochen seines Schaffens. Münchner Ausgabe* [MA]. Hrsg. v. Karl Richter in Zusammenarbeit mit H. G. Göpfert, N. Miller, G. Sauder und E. Zehm. 20 Bde. in 32 Teilbänden und 1 Registerband. München 1982-1998, hier Bd. 9, S.289.

Schließlich gelingt es Eduard, Charlotte zu überreden. Der Hauptmann trifft am Namenstag beider Männer ein – hier erfährt der Leser übrigens, dass er und Eduard beide Otto heißen – und widmet sich unverzüglich der Landvermessung.

Diese Situation des Hauptmanns, der unter den genannten Umständen auf den Militärdienst verzichten und als Gast Landvermessung betreiben musste, assoziiert leicht die Situation von Müffling. Nach der Schlacht bei Jena und Auerstedt von 1806 lud Herzog Carl August Müffling nach der Zerstreuung der preußischen Armee als einen „Unglücksgefährten" ein, nach Weimar zu kommen. Der Einladungsbrief von Carl August an Müffling klingt sehr freundlich:

> Kommen Sie zu mir nach Weimar, ich habe, bis Sie ausgewechselt sind, da uns das Soldaten-Handwerk gelegt ist, Civilgeschäfte für Sie. Eine Familien-Wohnung ist zu ihrer Aufnahme in Bereitschaft gesetzt.[73]

Bis 1813, als der Krieg wieder ausbrach, beschäftigte sich Müffling neben den Vermessungsarbeiten mit wichtigen Verwaltungsaufgaben, wie z.B. als Vizepräsident des Landschaftskollegiums, Mitglied des geheimen Conseils, Leiter des Civil- und Wegebaudepartments.[74] Hier hatte er jedenfalls mit Goethe, der seit 1804 als Wirklicher Geheimer Rat mit dem Prädikat Exzellenz tätig war, direkten Kontakt. Darüber hinaus leitete Müffling das Vermessungsbüro (auch „Mathematisches Büro" genannt) bis 1813.[75] Dieses Vermessungsbüro wurde am 10. März 1809 in Weimar mit dem Ziel gegründet, die praktische Messkunst allgemein zu vervollkommnen und besser anwenden zu können. Dabei waren vier Hauptaufgaben zu unterscheiden:

1) Aufnahme der Fluren und deren Revision
2) Prüfung und Beaufsichtigung der Feldmesser
3) Aufsicht über Maße und Gewichte
4) Aufbewahrung der Karten.[76]

Als Vermessungsbüroleiter führte Müffling zunächst ein einheitliches Längenmaß im Herzogtum Sachsen-Weimar erfolgreich ein: die Weimarer Rute = 8 Ellen = 4,51 m = 8031 Pariser Linien. (Das metrische Maß wurde erst später, am 23. Dezember 1871, im Großherzogtum Sachsen-Weimar-Eisenach eingeführt.[77])

Im Roman schildert Goethe konkret, wie der Hauptmann arbeitet. Zunächst schlägt er vor, die Gegend mit der Magnetnadel aufzunehmen:

---

[73] Zitat aus Kaiser: *Erfurt und Freiherr von Müffling 1775-1851*, hier S.37.

[74] Goethe leitete selbst von 1779 bis 1786 die Wegebaukommission (Inspektion des Straßenbaus).

[75] Vgl. Grobe: *Müffling, ein Ingenieur seiner Zeit*, hier S.46: Es war „der oberen Steuerbehörde, dem Landschaftskollegium unterstellt und bestand aus zwei Abteilungen, dem Zivilbauwesen und dem Vermessungswesen."

[76] Vgl. Zimmányi, Falk: *Von Flurzügen, Feldgeschworenen und vergrabenen Kanonenrohren. Ein Beitrag zur Vermessungsgeschichte des Weimarer Landes.* Erfurt 2003, S.21.

[77] Ibid., S.33.

> Der Hauptmann war in dieser Art des Aufnehmens sehr geübt. Er hatte die nötige Gerätschaft mitgebracht und fing sogleich an. Er unterrichtete Eduarden, einige Jäger und Bauern, die ihm bei dem Geschäft behülflich sein sollten. Die Tage waren günstig; die Abende und die frühsten Morgen brachte er mit Aufzeichnen und Schraffieren zu. Schnell war auch alles laviert und illuminiert, und Eduard sah seine Besitzungen auf das deutlichste, aus dem Papier, wie eine neue Schöpfung, hervorgewachsen. Er glaubte sie jetzt erst kennen zu lernen; sie schienen ihm jetzt erst recht zu gehören. (MA 9, S.304)

Je weiter die Arbeit voranschreitet, desto bewusster wird dem Hauptmann die Unvollkommenheit der von Charlotte geplanten Parkanlagen.[78] Seiner Meinung nach würde der Pfad schöner und bequemer, wenn man bloß eine Felsenecke wegbrechen dürfte. Der Hauptmann spricht im Vertrauen zu Eduard:

> [...]; sie [Charlotte; d. Vfn.] durfte nur die eine Felsenecke, die noch dazu unscheinbar ist, weil sie aus kleinen Teilen besteht, wegbrechen; so erlangte sie eine schön geschwungene Wendung zum Aufstieg und zugleich überflüssige Steine, um die Stellen heraufzumauern, wo der Weg schmal und verkrüppelt geworden wäre. Doch sei dies im engsten Vertrauen unter uns gesagt: sie wird sonst irre und verdrießlich. (MA 9, S.305)

Als Eduard aber das Vertrauen des Hauptmannes enttäuscht und ihr diese Gedanken mitteilt, ist Charlotte verstandesmäßig mit seiner Kritik zwar völlig einverstanden, gefühlsmäßig jedoch zunächst tief verletzt. Inzwischen setzt der Hauptmann seine Aufgabe energisch fort:

> Die topographische Charte, auf welcher das Gut mit seinen Umgebungen, nach einem ziemlich großen Maßstabe, charakteristisch und fasslich durch Federstriche und Farben dargestellt war, und welche der Hauptmann durch einige trigonometrische Messungen sicher zu gründen wußte, war bald fertig: denn weniger Schlaf, als dieser tätige Mann, bedurfte kaum Jemand, so wie sein Tag stets dem augenblicklichen Zwecke gewidmet und deswegen jederzeit am Abende etwas getan war. (MA 9, S.309f.)

Der Hauptmann in Goethes *Wahlverwandtschaften* ist augenscheinlich naturwissenschaftlich geschult und damit eine deutliche Kontrastfigur zu Eduard, der, träumerisch und emotionell, nichts anderes als ein Gefühlsmensch ist. Er lässt ohne Zögern seinen Leidenschaften freien Lauf. Im Gegensatz dazu ist der Charakter des Hauptmannes als bedächtig, rationalistisch und fleißig gezeichnet. Er kann sich mit seiner Vernunft stets beherrschen und sein Gefühl unterdrücken. In der Tat ver-

---

[78] Der erste Entwurf des Handlungsraumes von der Hand Friedrich Wilhelm Riemers (1774-1845; ein Sekretär Goethes) wurde inzwischen im GSA wiedergefunden. Darüber: Blechschmidt, Stefan: *Der Schauplatz von Goethes »die Wahlverwandtschaften«. Kartographischer Zugang und modellhafte Vergegenwärtigung.* In: *»Eine unbeschreibliche, fast magische Anziehungskraft«. Goethes »Wahlverwandtschaften«.* Eine Ausstellung der Klassik Stiftung Weimar in Zusammenarbeit mit dem Sonderforschungsbereich 482 »Ereignis Weimar-Jena. Kultur um 1800« der Friedrich-Schiller-Universität Jena. Goethe-Nationalmuseum 28.08.2008 bis 02.11.2008, S.28-35.

langt sein Beruf – die Vermessung des Landes – einen rationalen Umgang mit der Natur und ist somit Ausdruck einer zielgerichteten und damit vernunftgeleiteten Auffassung von der Welt. Charlotte ist im Grunde von gleicher Geisteshaltung. Das versetzt sie in die Lage, dem Hauptmann bei der Gartengestaltung zu helfen. Im sechsten Kapitel des ersten Teils bringt er ihren Plan zur Gartengestaltung wieder zur Sprache, nachdem er alles gründlich überlegt und vermessen hat (MA 9, S.331). Bei Charlotte setzt sich nun ebenfalls die Vernunft durch, sie überwindet ihr Gefühl und bringt dem Hauptmann großes Vertrauen entgegen: „davon war ein sicherer Beweis, daß sie ihn einen schönen Ruheplatz, den sie bei ihren ersten Anlagen besonders ausgesucht und verziert hatte, der aber seinem Plane entgegenstand, ganz gelassen zerstören ließ, ohne auch nur die mindeste unangenehme Empfindung dabei zu haben.“ (MA 9, S.332)

Diese kleine Episode der Gartenumgestaltung spiegelt möglicherweise noch eine historische Tatsache wider, die Goethe miterlebte, obwohl man in bisherigen Goethe-Ausgaben (MA, HA und FA) dazu keinen Kommentar findet. Es handelt sich um den von Müffling geplanten und geleiteten Bau der „Kunststraße“ oberhalb von Bad Berka in der Nähe von Weimar.[79] Indem er den vermessungstechnisch trassierten Bauplan präsentierte, überzeugte Müffling trotz heftigen Widerstandes der herzoglichen Wegebaukommission Herzog Carl August davon, den bis dato engen und lästigen „Saumpfad“ durch Sprengungen in eine breite bequem befahrbare Poststraße zu verwandeln. Dabei setzte Müffling 240 Arbeitslose ein und vollendete dieses Bauprojekt, ohne den Etat zu überschreiten. Infolgedessen wurde die Länge des direkten Weges von Bad Berka nach Weimar um ca. 2 km reduziert, so dass man die Postverbindung beschleunigen sowie die Holztransporte nach Weimar wesentlich erleichtern konnte. Diese „Kunststraße“ wurde 1807 vom Herzog persönlich eingeweiht.

In den *Wahlverwandtschaften* überwinden der Hauptmann und Charlotte mit klarer Vernunft und strenger Selbstbeherrschung ihre Krise, während Ottilie und Eduard zu Grunde gehen müssen, weil sie ihre Gefühle nicht kontrollieren können. Ottilie ist Charlottes Kontrastfigur und ähnlich wie Eduard ein Sinnbild der romantischen Naturphilosophie. Die Auseinandersetzung mit der Naturphilosophie ist zwar auch ein wichtiges Thema, aber in diesem Kontext ist die Tatsache von größerem Interesse, dass in diesem Roman mit der Triangulation ein damals moderner wissenschaftlicher Trend reflektiert wird, der bisher noch wenig Aufmerksamkeit gefunden hat. Denn in der Figur des Feldmessers steckt das Spiegelbild einer Kultur- und Wissenschaftsgeschichte der Zeit um 1800.

3. Der Hauptmann Theudobach in *Dr. Katzenbergers Badereise* von Jean Paul

Ein anderer Hauptmann taucht in dem im selben Jahr 1809 erschienenen Roman von Jean Paul *Dr. Katzenbergers Badereise* auf. Er heißt Theudobach und ist ebenfalls Mathematiker und Landvermesser von Beruf. Da beide Schriftsteller, Goethe und

[79] Vgl. Grobe: *Müffling, ein Ingenieur seiner Zeit*, S.47; Kaiser: *Erfurt und Freiherr von Müffling 1775-1851*, S.44.

Jean Paul (1763-1825; eigentlich Jean Paul Friedrich Richter), nie sonderlich eng befreundet waren, ist diese Übereinstimmung zunächst sehr auffällig.

Andererseits spiegelt die Hauptmann-Figur, obwohl sie eine Fiktion ist, in ihrer dramaturgischen Funktion den Zeitgeist des 19. Jahrhunderts deutlich wider. Von dieser Seite her ist die Übereinstimmung in der Gestaltung der Romanfiguren also kein Zufall. In der Tat weist Brosche[80] – ohne den Roman *Dr. Katzenbergers Badereise* ausdrücklich zu erwähnen – darauf hin, dass Jean Paul die beiden Fachzeitschriften von Zach, sowohl *A.G.E.* als auch *M.C.*, kannte und daraus fundierte wissenschaftliche Kenntnisse sammelte. Nach Brosche entwickelte Jean Paul darüber hinaus zwar „erst als vom neuen Herzog August [eigentlich Herzog Emil Leopold August 1747-1822; regierte seit 1804 nach dem Tod seines Vaters Ernst II.; d. Vfn.] geschätzter Autor stärkere Beziehungen zu Gotha, doch könnte er auch schon vorher über solche verfügt haben."[81]

Relativ früh tauchen zwar Messinstrumente wie z.B. Messstab, Messtisch und -schnüre in dem kleinen Werk Jean Pauls *Des Rektors Florian Fäbels und seiner Primaner Reise nach dem Fichtelberg* (1791) auf.[82] Es geht allerdings um eine Studienreise mit Schülern des Gymnasiums:

> Jeder Primaner führte statt einer elenden Badinen-Gerte oder statt der Narrenkolbe eines Geniepfahls einen nützlichen Meßstab – denn Meßtisch und -schnüre lagen samt einigen Autoren schon im Kabriolett –, weil ja der Fichtelberg und die Straße dahin von den herrlichsten Gegenständen zum Messen wimmeln. [83]

Der Protagonist Florian Fäbel bleibt indes Wissenschaftsamateur und ist keinesfalls Spezialist auf dem Gebiet der Vermessung. Durch falsche und ungeschickte Verwendung der Messgeräte muss er sogar Pechsträhnen durchleben und verliert allmählich seinen „Eifer für die Wissenschaften". (JP I-4, S.254)

Während es sich bei Goethes *Wahlverwandtschaften* um einen Ehebruch und dessen tragischen Ausgang handelt, endet Jean Pauls *Badereise* mit einem glücklichen Brautpaar. Der Anatomieprofessor Dr. Katzenberger plant mit seiner einzigen Tochter Theoda eine Badereise nach Maulbronn. In Wirklichkeit unternimmt er die Reise allerdings nicht um zu baden, sondern einerseits um seinen Rezensenten, den Brunnenarzt Strykius, „beträchtlich auszuprügeln" und andererseits um einer Patenschaft auszuweichen. Wider alles Erwarten meldet sich auf seine Anzeige eines

---

[80] Brosche, Peter: *Jean Paul unter dem Himmel der Astronomen.* In: Jahrbuch der Jean-Paul-Gesellschaft. Im Auftrag der Jean-Paul-Gesellschaft, Sitz Bayreuth. Hrsg. v. Helmut Pfotenhauer. 39. Jahrgang, Weimar 2004, S.215-225, hier S.223.

[81] Ibid. Zach wusste auch, dass Jean Pauls Werke Herzog August gut gefielen. Übrigens war Jean Paul auch der Lieblingsschriftsteller von Gauß. Dies beweist ausgerechnet ein Gauß-Brief in *Goethes Autographensammlung. Katalog.* Bearbeitet v. Hans-Joachim Schreckenbach. Weimar 1961 (Nr.540). Vgl. Kurt-R. Biermann: *Die Gauß-Briefe in Goethes Besitz.* In: NTM-Schriftenreihe Gesch., Naturwiss., Technik, Med., Leipzig 11 (1974), 1, S.2-10.

[82] Im Zusammenhang mit dem Tourismus der Neuzeit vgl. Košenina, Alexander: *Der gelehrte Narr. Gelehrtensatire seit der Aufklärung.* Göttingen 2003, S.205ff.

[83] Zitat aus: *Jean Paul. Sämtliche Werke.* [JP]. Hrsg. v. Norbert Miller. München/Wien 1987. (Vierte, korrigierte Aufl.), hier Abteilung I., Band 4, S.230.

zu bezahlenden Mitreiseplatzes ein elegant gekleideter und feingesitteter Herr namens von Nieß. Er heißt tatsächlich so, seinen zusätzlich geführten Künstlernamen „Theudobach“ als berühmter und von Theoda umschwärmter Bühnendichter verschweigt er jedoch. Auf der Reise versucht er nun, seinen „Freund“ Theudobach – in Wahrheit sich selbst – lobend einzuführen. In Maulbronn liest der Dichter Nieß-Theudobach seine eigenen literarischen Werke vor und will sich den bewundernden Zuschauern zu erkennen geben, ist er doch selbst kein anderer als eben dieser Dichter Theudobach. Gerade in diesem Augenblick tritt ein junger Offizier ein, der ebenfalls Theudobach heißt:

> Der eintretende Mann schrieb sich Herr von Theudobach, Hauptmann in preußischen Diensten. Nach altdeutschem Lebens-Stil war er noch ein Jüngling, das heißt 30 Jahr alt – und nach seinem blühenden Gesicht und Leben war ers noch mehr. Seine dunkeln Augen glühten wie einer wolkigen Aurora nach, weil er sie bisher noch auf keine andere Figuren geworfen als auf mathematische in Euler und Bernoulli, und weil er bisher nichts Schöneres zu erobern gesucht, als was Koehorn, Rimpler und Vauban gegen ihn befestigt hatten. Unter diesem mathematischen Schnee schlief und wuchs sein Frühling-Herz ihm selber unbemerkt. Vielleicht gibt es keinen pikantern Gegenschein der Gestalt und des Geschäfts, als der eines Jünglings ist, welcher mit seinen Rosenwangen und Augenblitzen und versteckten Donnermonaten der brausenden Brust sich hinsetzt und eine Feder nimmt und dann keine andere *Auflösung* sucht und sieht als eine – algebraische. Gott! Sagen dann die Weiber mit besonderem Feuer, er hat ja noch das ganze Herz, und jede will seinem gern so viel geben, als sie übrig hat von ihrem. (JP I-6, S.203f.)

Der Hauptmann in preußischen Diensten, der „kriegsmathematische“ Werke verfasst, erinnert wiederum an Müffling, der schriftstellerisch auf dem Gebiete der Kriegsgeschichte tätig war.[84] Offensichtlich war Jean Paul über die Kartenaufnahme in Thüringen unter der Leitung von Zach gut informiert, sowohl durch seine vielfältigen Beziehungen zu Gotha und Weimar als auch durch die Lektüre der *M.C.* von Zach.

In der Lesung des Dichters Nieß-Theudobach stellt sich dieser Hauptmann und Mathematiker als Theudobach vor und heimst fälschlich das Lob des gelüfteten Inkognitos und die Liebe Theodas ein. Jean Paul verwendet derartige Zwillings- oder Doppelgänger-Motive gern. Dabei sind oft beide Figuren einander ähnlich und so faszinierend geschildert, dass es der Verliebten schwer fällt, sich zwischen beiden Männern zu entscheiden. Beide Theudobach sind hier Schriftsteller: Einer ist ein berühmter Dramatiker, der andere Verfasser „kriegsmathematischer“ bzw. mathematisch-geometrischer Werke. Aber diesmal hat von Anfang an der Mathematiker gegenüber dem Dichter den Vorrang: „Theudobach stand fast gebietend mit seinem Macht-Gesicht, Krieger-Auge, hohen Wuchs neben dem zu kurzen Dichter, von welchem nun jedes Weiber-Auge abfiel.“ (JP I-6, S.207) Das Missver-

[84] Direkt nach der Niederlage von 1806 schrieb er z.B. *Operationsplan der preußisch-sächsischen Armee im Jahre 1806. Schlacht bei Auerstädt und Rückzug bis Lübeck* (Weimar 1807). Vgl. auch Müfflings Literaturliste in *Allgemeine Deutsche Biographie,* S.453f.

ständnis wegen der Namensgleichheit wird bald aufgeklärt, aber der Plan von Nieß-Theudobach scheitert. Theoda verliebt sich in den Mathematiker Theudobach. Seiner Heirat mit Theoda stimmt Dr. Katzenberger schließlich zu. Dass die Ablösung des Poetischen durch das Mathematische vorprogrammiert ist, fällt hierbei besonders auf. Die Frage „Warum gerade Mathematik die vom Poetischen nicht mehr zu leistende Funktion übernimmt?“ beantwortet Horst Fritz mit Recht: „Der von Jean Paul gewiß nicht zufällig eingeführte »Mathematiker von Theudobach« verkörpert einen neuen Modus, in den das auf Ganzheit reflektierende Prinzip des Poetischen angesichts der veränderten objektiven Bedingungen sich wandeln mußte.“[85] Wie die Figur von Nieß-Theudobach zeigt, verliert die Poesie die Kontrolle über die wirkliche Welt. Fritz bemerkt: „Das Prinzip organischer Totalität, in seiner Unangemessenheit dargestellt im Poeten Nieß, kann den historisch erreichten Grad an Autonomie der Einzelmomente nicht mehr verarbeiten, es vermag Realität nicht mehr in sich aufzunehmen.“[86] Außerdem muss Nieß es sich gefallen lassen, in seiner eigenen Lesung verspottet zu werden und für seine Dichtung keinen Beifall zu finden, weil er das Gefühl und die Phantasie seiner leidenschaftlichen Leserin Theoda missbraucht hat. Hingegen verkörpert der Mathematiker Theudobach die technisch-instrumentelle Rationalität und wird der neue Romanheld. Nun ist der Naturwissenschaftler das Genie, und die Zeit, in der der Dichter das Genie war, ist vorbei.

Die beiden Hauptmann-Figuren von Goethe und Jean Paul zeigen, dass Poesie und Naturwissenschaft im Jahre 1809 sich zwar noch die Waage halten, aber dass die rationale Naturwissenschaft gerade im Begriff ist, das Zepter von der Poesie zu übernehmen. Man könnte in diesem Kontext sagen, dass Goethe in den *Wahlverwandtschaften* den Untergang der Poesie im Tod der Ottilie außergewöhnlich eindrucksvoll schildert. Überleben konnte das rational-naturwissenschaftliche Paar, der Hauptmann und Charlotte. In *Dr. Katzenbergers Badereise* wird hingegen der Dichter als verdächtige Person dargestellt. Und der Schluss, an dem Theoda nicht den Dichter, sondern den Mathematiker Theudobach heiratet, lässt die Überlegenheit der Naturwissenschaft ahnen. Nicht zu übersehen ist noch die Schilderung des Finales: Unerwartet und plötzlich verwandeln sich hier die Gesichtszüge Dr. Katzenbergers ins Teuflische, und der Freudensaal wird zur Bühne der Walpurgisnacht:

> Ob er nicht eine wahre Verstellung in die scheinbare verbarg und eigentlich gerade dem Reichtum über der Erde unter seinem Vorwand eines tiefern nachschauen wollte, konnte außer der hellen Bona wohl niemand bejahen; sondern eine triumphierende Kirche frommer Liebe, ein Brockengipfel tanzender Zauberfreude wurde das Zimmerchen; und selber Katzenberger stellte in dieser Walpurgisnacht voll Zauberinnen schöner als sein Urbild (der Teufel) den umtanzten Brocken-Helden dar“. (JP I-6, S.308)

---

[85] Zitat aus Horst Fritz: *Instrumentelle Vernunft als Gegenstand von Literatur. Studien zu Jean Pauls „Dr. Katzenberger“, E.T.A. Hoffmanns „Klein Zaches“, Goethes „Novelle“ und Thomas Manns „Zauberberg“.* München 1982, S.50.

[86] Ibid., S.51.

In diesem Zusammenhang ist die Behauptung des Jean Paul-Übersetzers Tsuneyoshi interessant, dass der Naturwissenschaftler in der christlichen Kultur oft die Rolle des Teufels spielt.[87] Vom „Teufel" Dr. Katzenberger begleitet nimmt nun der Hauptmann Theudobach an dieser Walpurgisnacht-Szene teil. Erinnert sei in diesem Zusammenhang an den fünften und letzten Akt von *Faust II*, wo Faust im höchsten Alter mit Mephisto mittels Kanalbau an der Landgewinnung arbeitet. Und auch in der Wirklichkeit plante man aufgrund mathematisch-geodätischer Kenntnisse gigantische Kanalbauten: Am 21. Februar 1827 äußerte Goethe Eckermann gegenüber, dass er den Kanal von Panama und von Suez sowie den Donau-Rhein-Kanal noch erleben möchte (MA 19, S.539). Zwei Jahre später, am 10. Februar 1829, findet Eckermann Goethe „umringt von Karten und Plänen in Bezug auf den *Bremer Hafenbau*, für welches großartige Unternehmen er besonderes Interesse zeigte." (MA 19, S.281)

Trotz großen Interesses für die Kanalprojekte lässt Goethe den Plan Fausts scheitern. Der rastlos tätige Faust erblindet unter dem Anhauch der „Sorge" und fühlt sich der Erfüllung seines Lebens nahe, das Geräusch der Spaten hörend, die unter Mephistos Anleitung sein Grab schaufeln. Vielleicht kann man hier ein neues Thema der Literatur im 19. Jahrhundert, nämlich den problematischen Umgang mit der Naturwissenschaft, erkennen. Goethes *Faust* übt tatsächlich einen direkten Einfluss auf den *Schimmelreiter* (1888) von Theodor Storm (1817-1888)[88] aus, der ein Bewunderer Goethes war. Der Protagonist Hauke Haien hat mehrere historische Vorbilder, darunter ist beispielsweise Hans Momsen (1735-1811) zu finden, der als Rechner, Astronom und Navigationslehrer bekannt war. Aber Hauke Haien hat auch viel Ähnlichkeit mit Goethes Faust. Wie Faust führt er ein ruheloses Leben, kämpft energisch mit den gewaltigen Naturelementen und findet seinen Tod, als er beinahe auf dem Gipfel des Triumphs angelangt ist. Übrigens sagte man einst in diesem Roman über seinen Schimmel: „das [Pferd] muß der Teufel reiten".[89] Der mathematisch begabte, theoriegeleitete Deichbauingenieur Hauke Haien geht gegen die Widerstände seiner praxisorientierten Vorgänger und den Aberglauben der Bewohner seinen eigenen Weg. Trotz seines Ehrgeizes und seiner mathematischen Begabung muss er aber scheitern, weil in der Gesellschaft sein naturwissenschaftliches Talent keinen passenden Platz finden kann.[90] Hier wird nicht mehr die

---

[87] Vgl. Tsuneyoshi, Norimi (恒吉 法海): Kommentar seiner Übersetzung *Dr. Katzenbergers Badereise*. Kyûshû-University-Press 2006, hier S.530 (auf Japanisch). In diesem Kontext zitiert Tsuneyoshi Jean Pauls Ausführungen über den Teufel aus der *Vorschule der Ästhetik*: „Die Alten waren zu lebenslustig zur humoristischen Lebens-Verachtung. Dieser unterlegte Ernst gibt sich in den altdeutschen Possenspielen dadurch kund, daß gewöhnlich der Teufel der Hanswurst ist; [...]" (JP 5, S.129f.)

[88] Vgl. Winfried Freund: *Theodor Storm. Der Schimmelreiter. Glanz und Elend des Bürgers*. Paderborn/München/Wien/Zürich 1984, besonders S.30-32; *Literarische Anklänge. Goethes Faust und Storms Deichgraf*.

[89] Zitat aus Theodor Storm: *Sämtliche Werke in vier Bänden*. Hrsg. v. Karl Ernst Laage und Dieter Lohmeier. Frankfurt a.M. 1998, hier Bd.3, S.696.

[90] Vgl. auch Radbruch: *Mathematische Spuren in der Literatur*, S.124.

Überlegenheit der Naturwissenschaft, sondern vielmehr die Entfremdung eines genialen Naturwissenschaftlers behandelt.

4. Die Kartenaufnahme der Rheinlande durch Tranchot und Müffling

Nun kommen wir noch einmal zum historischen Vorbild Müffling zurück. Nach dem Aufruf des Königs „An Mein Volk" vom 10. März 1813 meldete sich Müffling zum Wiedereintritt in die preußische Armee und wurde als Generalstabsoffizier einer schlesischen Armee eingestellt. Nachdem er an den Befreiungskriegen (1813/14) teilgenommen hatte, erweiterte Müffling als Chef des Generalstabs der am Niederrhein stehenden Armee ab 1814 im Auftrag von König Friedrich Wilhelm III. die Lecoq'sche Karte nach Süden hin: „In den Gegenden am Rhein muß bei dem großen Mangel an Karten sehr viel geschehen. Das meiste muß ganz neu aufgenommen und selbst die Lecoqsche Karte sehr genau revidiert werden."[91]

Das Vertrauen des Königs zu Müffling war so groß, dass dieser am 19. April 1815 zum preußischen Verbindungsoffizier im Stabe des Herzogs von Wellington (Sir Arthur Wellesley; 1769-1852) und nach der Schlacht bei Waterloo dann für viereinhalb Monate zum Gouverneur von Paris ernannt wurde. Diesen Pariser Aufenthalt verstand Müffling für sein Vermessungsprojekt auszunutzen.[92] Er nahm dort zu den führenden Geodäten und Astronomen in Frankreich, vor allem zu Delambre und Laplace, Kontakte auf.[93] Darüber hinaus wendete sich Müffling an das Dépôt général de la guerre, um die Übernahme der Unterlagen des französischen Oberst Jean-Joseph Tranchot (1752-1815) zu erwirken.[94] Dieses Kriegsdepot hatte damals die Oberaufsicht über die französische Kartenaufnahme, und dessen Projekte wurden von Fachleuten mit dem Titel „Ingénieur géographe" durchgeführt.

Tranchot führte 1774 mit 22 Jahren als „trigonomètre du Roi" mit anderen Kollegen zusammen zunächst die Triangulation der Insel Korsika durch. Anschließend wurde er von der Regierung beauftragt, die trigonometrischen und astronomischen Arbeiten zur Verbindung Korsikas mit Nord-Sardinien sowie mit den Inseln und der Küste des Herzogtums Toskana durchzuführen. Von 1790 an beschäf-

---

[91] Schmidt, Rudolf: *Die Kartenaufnahme der Rheinlande durch Tranchot und von Müffling 1801-1828,* hier S.75.

[92] Vgl. Spata, Manfred: *Müfflings Kartenaufnahme der Rheinlande 1814-1828.* In: *Müfflings Leben und Werk aus der Sicht der Gegenwart.* Wissenschaftliches Gedenk-Kolloquium zum 150. Todestag des Philipp Friedrich Karl Ferdinand Freiherr von Müffling am 09. November 2001 im Rathaus zu Erfurt. S.19-31, hier S.25; Vgl. auch Kaiser: *Erfurt und Freiherr von Müffling,* S.63ff. usw.

[93] Im Zusammenhang mit Gotha spielte Müffling hier auch eine wichtige Vermittler-Rolle: Der Kartograph Heinrich Berghaus (1797-1884) besuchte 1815 Müffling in Paris, und dieser machte Berghaus mit Alexander von Humboldt bekannt. Vgl. *Alexander von Humboldt und Gothaer Gelehrte.* Ausstellung des URANIA Kultur- und Bildungsvereines Gotha e. V. in Zusammenarbeit mit Gotha im Museum für Regionalgeschichte und Volkskunde, Schloss Friedenstein, Gotha, 15. April bis 27. Juni 1999, hier S.17.

[94] Über Tranchot vgl. vor allem Schmidt: *Die Kartenaufnahme der Rheinlande durch Tranchot und von Müffling 1801-1828,* S.20f. Vgl. aber auch die beiden Romane von Guedj und Alder.

tigte er sich eine Weile im Dépôt de la marine zu Paris mit der Seekartenaufnahme des Mittelmeeres. Bemerkenswert ist, dass er dann im Juni 1792 als Assistent von Méchain für den südlichen Teil der Pariser Expedition zur Vermessung des Meridianbogens (vgl. Kapitel I-3) zugeteilt wurde. Selbst Méchain schenkte ihm ausnahmsweise großes Vertrauen, so dass Tranchot an einigen Punkten die Winkelmessung unabhängig durchführen durfte. Aber beim Ausbruch des Krieges zwischen Spanien und Frankreich wurde er 1793 während der Vermessungsarbeiten festgenommen und musste die Arbeit unterbrechen und nach Paris zurückkehren. In Paris war er seit April 1794 als „Ingénieur hydrographe" im wissenschaftlichen Stab des Dépôt de la guerre tätig. 1798 arbeitete er unter der Leitung Delambres an den Basismessungen in Melun und Perpignan mit. Im Sommer 1801 wurde Tranchot als Oberst im „Corps des ingénieurs géographes" zum Chef des von Napoleon eingerichteten „Bureau topographique des quatre départements, réunis de la rive gauche du Rhin" ernannt und beauftragt, die linksrheinischen Gebiete zu vermessen und eine entsprechende militärische Karte anzufertigen. Anfang 1814 übernahm er die Leitung der Brigade du Centre (Mittelfrankreich) und leitete die Vermessungen auf dem linken Rheinufer. Am 30. April 1815 verstarb er jedoch während der Einrichtung der trigonometrischen Signale an den Folgen eines Schlaganfalls.

Gerade in diesem Zeitraum[95] kam Müffling als Generalgouverneur nach Paris und versuchte, eine Übereinkunft mit dem Dépôt de la guerre bezüglich der Vollendung der Tranchot-Karte zu erreichen. Nachdem er den Franzosen noch die Möglichkeit zur Anfertigung von Kopien eingeräumt hatte, bekam Müffling vom Dépôt de la guerre gemäß den Pariser Friedensschlüssen vom 30. Mai 1814 und 20. November 1815 die Tranchot-Karte. Damit führt von der Breitengradmessung im Meridian von Paris sowie von den deutschen Erdvermessungen ein direkter Weg zu einem historisch bedeutenden Werk aus der Zeit um die Wende vom 18. zum 19. Jahrhundert, nämlich der *Kartenaufnahme der Rheinlande* (durchgeführt von 1801 bis 1828)[96] durch Tranchot und Müffling.

Anhand dieser Karte und fachlicher Informationen von Delambre plante Müffling, den französischen Ort Dünkirchen mit der Sternwarte Seeberg bei Gotha[97] durch eine auf etwa 51° nördlicher Breite liegende Dreieckskette zu einer Längengradmessung zu verbinden. Dabei hatte er sogar als treuer Schüler von Zach zur Zeitübertragung „eine wahrhafte gigantische Signalkette von 15 Pulver-

[95] Parallel dazu operierte der Weimarer Herzog Carl August in den Niederlanden und Belgien und marschierte 1815 ebenfalls ein. Auf diesen Feldzug soll er eine Reihe von Büchern und Karten aus seiner oben erwähnten privaten Militärbibliothek in Weimar mitgenommen und sie exakt verzeichnet haben. Barnert, Arno: *Die Weimarer Militärbibliothek 1630 bis 1930*. 2009, Manuskript S.4.

[96]Hiermit bedanke ich mich bei Herrn Prof. Hansen und Frau Regine Zeller im Goethe-Museum Düsseldorf für die freundlichen Hinweise zu diesem Werk.

[97] Seit 1808 nahm die nach dem Weggang von Zach vernachlässigte Seeberger Sternwarte unter dem neuen Direktor Lindenau wieder ihren Betrieb auf.

blitzstationen"[98] vorgesehen. Dieser Plan wurde allerdings nicht realisiert, erst später gelang ein Versuch mit einem Gauß'schen Heliotropen.

Von 1816 bis 1820 legte Müffling jedenfalls eine Dreieckskette vom Rhein nach Thüringen, ergänzte die Tranchot'sche Karte linksrheinisch und dehnte sie auf die rechtsrheinischen preußischen, nassauischen und thüringischen Gebiete aus. 1817 wurde er Leiter des „Vermessungs- und Zeichenbüros" in Koblenz, am 20. September 1820 wurde er mit der obersten Leitung aller militärischen Vermessungen betraut. Seine Vermessungsarbeiten brachten ihn in enge Verbindung mit berühmten Geodäten und Astronomen, vor allem mit Gauß in Göttingen.

Was Gauß als Geodät anbelangt[99], interessiert er sich seit seiner Jugend für die Bestimmung der Gestalt der Erde. 1799 schickt er an Zach in Gotha eine Notiz, als er von der Breitengradmessung im Meridian von Paris erfuhr.[100] Im Jahre 1816 wird Gauß selbst vom König von Dänemark beauftragt, mit einem seiner Schüler, Heinrich Christian Schumacher (1780-1850), die dänische Gradmessung und deren Fortsetzung nach Süden durch Hannover durchzuführen. Nach dieser Arbeit leitet Gauß anschließend die Messungen zur Bestimmung des rund zwei Breitengrade umfassenden Gradbogens von Göttingen nach Altona. Nicht zu vergessen ist eine seiner praktischen Erfindungen, nämlich das Heliotrop (1820). Dies ist ein Instrument, mit dem man mithilfe eines Spiegelsystems das Sonnenlicht an einen beliebigen sehr entfernten Punkt schicken kann.[101] Damit gelingt Gauß seine größte Dreiecksmessung zwischen Hohen Hagen, Inselsberg und Brocken. Die praktischen Vermessungsarbeiten von Gauß dauerten bis 1825, und in dieser Zeit hat er nicht bloß gemessen, sondern auch wohl mehr als eine Million Messdaten von 40 Dreieckspunkten nebst ca. 2 600 Ersatzpunkten allein ausgewertet, selbstverständlich ohne Computer.[102] Dabei berücksichtigte er auch stets den Einfluss von Vermessungsfehlern. Es bestätigt sich also: Gauß war ein hervorragender Mathematiker und gleichermaßen ein ausgezeichneter Geodät und praktischer Feldvermesser. Sein Dreiecksnetz der Gradmessung gilt als eine seiner bahnbrechenden Arbeiten. Durch eine einfache Kombination von Theodoliten, Postament und Heliotrop erreicht Gauß mit relativ niedrigen Kosten unglaublich exakte Messungen.[103] Mittels der „Methode der kleinsten Quadrate" gleicht er die noch vorhandenen inneren Widersprüche in den Messdaten aus. Seine darüber hinaus entwickelte konforme

---

98 Schwarz: *Wo einst das Fernrohr stand*, S.74.

99 Als wichtige Sekundärliteratur: Andreas Galles sehr ausführlicher Bericht: *Über die geodätischen Arbeiten von Gauß* (1924). In: *Gauß: Werke* in 12 Bdn., Nachdr. der Ausg. Göttingen 1863-1933, Bd.11, S.1-165; Horst Michling: *Carl Friedrich Gauß. Episoden aus dem Leben des Princeps Mathematicorum.* Göttingen 2005. (Vierte, verbesserte Aufl.), besonders S.72ff.; Kertscher, Dieter: *Gauß und die Geodäsie.* In: Mittler, Elmar (Hrsg): *„Wie der Blitz einschlägt, hat sich das Rätsel gelöst." Carl Friedrich Gauß in Göttingen.* Katalog zur Ausstellung im Alten Rathaus am Markt Göttingen vom 23.2. - 15.5.2005, S.150-163.

100 Vgl. Galle: *Über die geodätischen Arbeiten von Gauß*, S.9.

101 Zu erinnern sei an das auf dem Zehn-DM-Schein gedruckte Instrument „Vizeheliotrop".

102 Nach Michling: *Carl Friedrich Gauß*, S.79.

103 Darauf wies Kertscher in *Gauß und die Geodäsie*, S.162 hin.

Abbildung der ellipsoidförmigen Erdoberfläche auf die Ebene wird noch heute als „Gauß-Krüger-Projektion“[104] weltweit am häufigsten verwendet. All dies führte letztlich dazu, dass die führende Position in der Geodäsie von Frankreich an Deutschland überging.

5. Müffling und die preußische Landesvermessung

Im Jahr 1816 wurde das Kartenwesen – genauso wie im Dépôt de la guerre in Frankreich – im Großen Generalstab des preußischen Kriegsministeriums zentralisiert und ihm untergeordnet, indem die Landesaufnahme vom 1805 gegründeten Königlich Preußischen Statistischen Bureau an den Generalstab überging und mit dem dort bestehenden Büro für Landesvermessung vereinigt wurde.[105]

Sobald Müffling am 21. September 1820 mit der obersten Leitung aller militärischen Vermessungen betraut worden war, begann er Richtlinien für Vermessungsarbeiten zu entwerfen. Als er ca. vier Monate später, am 11. Januar 1821, zum Chef des Generalstabes der Armee ernannt wurde, unterzeichnete er bereits am 15. Januar 1821 die methodische Grundlage *Instruction für die topographischen Arbeiten des Königlichen Preußischen Generalstabes. Berlin 1821,* die Friedrich Wilhelm III. am 5. Februar 1821 genehmigte:

> Ich finde die mit Ihrem Berichte vom 15. vorigen Monaths vorgelegte Instruktion für die militärisch topographischen Arbeiten des Generalstabs sehr angemessen und genehmige gern, daß sie künftig als Grundlage zu den militärisch topographischen Arbeiten diene und auch als Leitfaden für den Unterricht in den Divisionsschulen, in der Kriegsschule und bei dem Kadettenkorps benutzt werde.[106]

Mit dieser Richtlinie für Vermessungsarbeiten legte Müffling die technische Methode grundlegend fest und normierte sie für zukünftige preußische Karten. In der Tat war diese 1821 entworfene Instruktion nebst *Musterblättern für die topographischen Arbeiten des Königlich Preußischen Generalstabes* (1818) bis zum Ende des 19. Jahrhunderts gültig. Vor allem wurde die sogenannte „Müffling-Schraffe“[107] zur kartographischen Geländedarstellung auf Generalstabs- und anderen Karten häufig verwendet. Hinsichtlich der Vermessungstechnik schrieb er die Verwendung des Messtischs obligatorisch vor, damit man die Geländeaufnahme exakt und schnell

---

104 Wer die Projektion erstmals für ein preußisches Kartenwerk einführte, war allerdings niemand anderes als Müffling. Die „Preußische Polyederprojektion“, die man vor der „Gauß-Krüger-Projektion“ verwendete, nennt man deshalb auch Benzenberg-Müffling-Projektion.

105 Mitteilungen des Reichsamts für Landesaufnahme, Berlin 1937, 13. Jahrgang, Nr.4, S.247. Vgl. auch Krüger, Gert / Schnadt, Jörg: *Die Entwicklung der geodätischen Grundlagen für die Kartographie und die Kartenwerke 1810 - 1945.* In: Vermessung Brandenburg. Heft 2/01 (2001). Zeitschrift in Zusammenarbeit der Vermessungs- und Katasterverwaltung im Innenministerium des Landes Brandenburg und der Landesvermessung und Geobasisinformation Brandenburg. S.26-49, hier S.27. (http://www.geobasis-bb.de/GeoPortal1/produkte/verm_bb/pdf/201-schnadt.pdf)

106 Zitat aus Kaiser: *Erfurt und Freiherr von Müffling*, S.79.

107 Siehe Kapitel III.

durcharbeiten könne, und verlangte darüber hinaus auf jedem Aufnahmeblatt mindestens drei trigonometrische Punkte. Von Müfflings hohem Anspruch zeugt auch das Büchlein *Kurze Anleitung zum zweckmäßigen Verfahren beim Aufnehmen mit dem Messtische für die zu den topographisch-militärischen Vermessungen kommandierten Offiziere* (1822), welches der preußische Major Karl Ferdinand von Rau (†1833) auf seine Veranlassung hin verfasste. Genauso wie in seiner Weimarer Dienstzeit bemühte sich Müffling diesmal auch um die Einführung der preußischen Rute (3,77 m) als einheitliches Längenmaß. Darüber hinaus bestimmte er aufgrund seiner eigenen Berechnungen die Erdabplattung mit 1 : 310. Dieses sogenannte „Müffling-Ellipsoid" (1821) wurde in der preußischen Landesvermessung bis 1867 beibehalten und dann durch das Bessel-Ellipsoid (1841) ersetzt. So wie man seinen Lehrer Zach den „Großvater der europäischen Gradmessungen" nennt, kann man Müffling sicher als „Vater der preußischen Triangulation" bezeichnen.

Die zwischen 1818 und 1823 gefertigte *Topographische Aufnahme von Thüringen*, die inoffiziell „Müffling'sche Eilaufnahme" genannt wird (Maßstab 1 : 28 800), entstand im Wesentlichen auf der Grundlage der Instruktion Müfflings und seiner Musterblätter. Sie besteht aus 86 quadratischen Blättern, jeweils 44 mal 44 cm groß. Allerdings wurden diese Blätter nie in einer Druckversion veröffentlicht, denn sie waren ursprünglich bloß „als schnelle Übersichtaufnahme vorgesehen, um aus den im Maßstab 1 : 28 800 kartierten Blättern durch Maßstabsreduzierung eine Übersichtskarte des preußischen Staatsgebietes (1 : 100 000) abzuleiten."[108] Die von Hand gezeichnete und schön kolorierte originale Karte befindet sich in der Staatsbibliothek zu Berlin – Stiftung Preußischer Kulturbesitz. Obwohl dieses Kartenwerk niemals veröffentlicht wurde, hatte es als standardisiertes originalgetreues Abbild der Landschaft der ersten Hälfte des 19. Jahrhunderts in Deutschland eine große Bedeutung, insbesondere für den Eisenbahn- und Straßenbau im beginnenden Zeitalter der Industrialisierung.

[108] Zitat aus Meyer: *Historische topographische Karten in Thüringen*, hier S.75.

KAPITEL III

DIE WISSENSCHAFTLICHEN ZEICHNUNGEN UND DAS GEMÄLDE DER NATUR

1. Die freie Zeichenschule zu Weimar

Der Hauptmann Otto in Goethes *Wahlverwandtschaften* beschäftigt sich tagsüber anhand seiner „Gerätschaften" mit trigonometrischer Vermessung und abends zu Hause mit „Aufzeichnen und Schraffieren". Er beherrscht darüber hinaus die Zeichenkunst, schnell zu „lavieren", d.h. mit Wasserfarben zu kolorieren, und zu „illuminieren", also auszumalen. (Vgl. MA 9, S.304) Wo erlernte der Hauptmann diese Kunst? Die Antwort darauf findet sich in der Verbindung von Kunst und Naturwissenschaft in der Goethezeit.

Man muss sich vergegenwärtigen, dass die wissenschaftliche Illustration im 18. Jahrhundert, vor allem im naturwissenschaftlichen Bereich, eine besondere Rolle spielte. Wenn man sie erlernen wollte, gab es damals zwei künstlerische Bildungsmöglichkeiten: entweder in der „Zeichenschule" oder im Unterricht bei einem „akademischen Zeichenlehrer an der Universität". In diesem Kapitel werden diese beiden alternativen Institutionen im Zusammenhang mit der Kartenerstellung behandelt.

Zunächst die Zeichenschule: Neben einigen fürstlichen Kunstakademien wie z.B. in Dresden und Berlin wurden im 18. Jahrhundert im deutschsprachigen Raum nach und nach private oder städtische Zeichenschulen gegründet: 1718 richtete man in Nürnberg eine städtische Zeichenschule ein, dann jeweils ein Privatinstitut 1749 in Frankfurt am Main, 1753 in Augsburg und 1763 in Düsseldorf.[1] Weitere wurden nach einem Bericht von Heinstein und Wegner[2] z.B. in Mitteldeutschland 1764 in Leipzig, 1765 in Jena, nach 1772 in Erfurt, 1775 in Weimar, 1784 in Eisenach, 1786 in Halle und vor 1787 in Gotha gegründet. Während es bei Kunstakademien nach dem Vorbild der 1648 von Ludwig XIV. (1638-1715) gegründeten „Académie royale de peinture et sculpture" um die Professionalisierung der Künste ging, standen solche Zeichenschulen unter dem starken Einfluss des damaligen Zeitgeistes, des „Dilettantismus", also der Liebhaberei.[3]

Im August 1774 legt Friedrich Justin Bertuch (1747-1822) seinen *Entwurf einer mit wenigen Kosten hier zu errichtenden freyen Zeichenschule* der damals noch regierenden Herzogin Anna Amalia von Sachsen-Weimar-Eisenach (1739-1807) vor.[4] Damit zielt Bertuch so-

---

[1] Heinstein, Patrik: *Komplementäre Entwürfe im Widerstreit. Der Plan zur Errichtung einer Jenaer Kunstakademie in den Jahren 1812-19.* In: Kerrin Klinger (Hrsg.): *Kunst und Handwerk in Weimar.* Köln/Weimar/Wien 2009, S.95-106, hier S.97.

[2] Heinstein, Patrik / Wegner, Reinhardt: *Mimesis qua Institution. Die akademischen Zeichenlehrer der Universität Jena 1765-1851.* In: *‚Gelehrte' Wissenschaft. Das Vorlesungsprogramm der Universität Jena um 1800.* Hrsg. v. Thomas Bach, Jonas Maatsch und Ulrich Rasche. Stuttgart 2008, S.283-301, hier S.283f.

[3] Darüber vgl. Blechschmidt, Stefan / Heinz, Andrea (Hrsg.): *Dilettantismus um 1800.* Heidelberg 2007.

[4] Baumgart, Wolfgang: *Bertuch und die Freie Zeichenschule in Weimar. Ein Aufklärer als Förderer der Künste.* In: *Friedrich Justin Bertuch (1747-1822). Verleger, Schriftsteller und Unternehmer im klassischen Weimar.* Hrsg. v. Gerhard R. Kaiser und Siegfried Seifert. Tübingen 2000, S.279-289; Klinger, Kerrin: *Zwischen Gesellschaft und Industrieförderung. Die Zeichenschule als Modellinstitution.* In: derselbe (Hrsg.): *Kunst und Handwerk in Weimar,*

wohl auf die allgemeine Geschmacksbildung als auch auf eine industrielle Förderung. Seines Erachtens sind die Ausbildung von Handwerkern sowie die Förderung zukünftiger Künstler (bereits im Kindesalter) wichtige Aufgaben dieser Zeichenschule. Bertuch war damals in Weimar als Schriftsteller tätig. Er war Mitherausgeber von Wielands Zeitschrift *Teutscher Merkur*, erarbeitete wegen seines Interesses für spanische Literatur eine Übersetzung des *Don Quichote* von Cervantes und schrieb Theaterstücke für den Weimarer Hof. Bertuch war gleichzeitig Mitglied des Liebhabertheaters und bekam dadurch Zugang zu Herzogin Anna Amalia. Im Jahre 1775 ernannte der junge Herzog Carl August Bertuch zum Geheimsekretär und Schatullenverwalter, eine Stelle, welche er bis 1796 bekleidete. Außerdem erhielt er von Carl August die Genehmigung zur Einrichtung einer Zeichenschule, so dass 1776 in Weimar die „Fürstliche Freye Zeichenschule" unter Leitung von Georg Melchior Kraus (1737-1806) gegründet wurde.

Das Zeichnen erachtete man im 18. Jahrhundert als einen guten und modischen Zeitvertreib, mit dem man gleichzeitig etwas für die Gesellschaft leisten konnte. Herzogin Anna Amalia hatte jedoch angeblich in ihrer Kindheit keinen systematischen Zeichenunterricht erhalten, so dass sie erst in Weimar, und zwar ca. ab 1775, mit dem Zeichnen begann.[5] Zunächst nahm sie beim Weimarer Hofmaler Johann Ehrenfried Schumann (1733-1783) und beim Hof- und Kabinettmaler Johann Ernst Heinsius (1731-1794) privaten Zeichenunterricht, aber anscheinend war sie damit nicht zufrieden. Deshalb nahm sie dann externe Künstler, den Direktor der Leipziger Zeichenschule und sächsischen Hofmaler Adam Friedrich Oeser (1717-1799) [6] und selbstverständlich nach der Gründung der Weimarer Zeichenschule auch Kraus als Gesellschafter am Weimarer Hof auf. Jener Oeser hielt sich zwischen 1772 und 1785 regelmäßig in Weimar auf, stand der Herzogin vor allem nach ihrer Rheinreise mit praktischer Hilfeleistung beim Zeichnen zur Verfügung[7] und nahm außerdem an der Gestaltung der Weimarer Parkanlagen teil. Kraus seinerseits stammte aus Frankfurt a.M., wo er bereits 1767 versucht hatte, eine Zeichenakademie zu gründen. Da sein Plan jedoch scheiterte, führte er in seinem Atelier in Frankfurt eine private Zeichenschule. Bertuch lernte ihn über Wieland kennen und wurde bald auf ihn als Illustrator aufmerksam. Während er dann auch Bertuchs Übersetzung von *Don Quichote* illustriert, entwerfen beide, Bertuch und Kraus, gemeinsam das Konzept einer Zeichenschule.

S.107-120.

[5] Klinger, Kerrin: *Zwischen Gesellschaft und Industrieförderung. Die Zeichenschule als Modellinstitution.* In: derselbe (Hrsg.): *Kunst und Handwerk in Weimar*, S.107-120.

[6] Die „Zeichnungs-, Mahlerey- und Architecturakademi" in Leipzig wurde am 6. Februar 1764 gegründet. Anfangs fand der Zeichenunterricht für 23 Schüler in Oesers Privatwohnung in der Peterstraße statt, danach im kurfürstlichen Amthaus in der Klostergasse (Ecke Thomaskirchhof). Er wollte den akademischen Barockstil überwinden und stattdessen zu einer einfachen Darstellung zurückkommen. Goethe nahm von 1766 bis 1768 hier Zeichenunterricht. Oesers Einfluss auf ihn als Studenten beschreibt Goethe im achten Buch von *Dichtung und Wahrheit.* Vgl. auch die Prospekte der Jubiläumsausstellung „*Erleuchtung der Welt. Sachsen und der Beginn der modernen Wissenschaften* im Alten Rathaus zu Leipzig vom 9. Juli bis 6. Dezember 2009.

[7] *Ereignis Weimar. Anna Amalia, Carl August und das Entstehen der Klassik 1757-1807.* Katalog zur Ausstellung im Schlossmuseum Weimar. Hrsg. v. der Klassik Stiftung Weimar und dem Sonderforschungsbereich 482 „Ereignis Weimar-Jena. Kultur um 1800" der Friedrich- Schiller-Universität Jena, hier S.109.

Unter Leitung von Kraus erlernt Herzogin Anna Amalia verschiedene Mal-, Zeichen- und Grafiktechniken, z.B. Tuschen, Lavieren, Radieren und Silhouetten. Um ihre Zeichentechnik zu verbessern, insbesondere um Komposition und Proportion der menschlichen Gestalt zu verstehen, studiert sie auch die Werke des holländischen Anatomen Petrus Camper (1722-1792), den Goethe hoch schätzte und häufig zitierte, obwohl Camper Goethes mit Loder gemeinsam gemachte Entdeckung des Zwischenkieferknochens beim Menschen abgelehnt hatte. Daneben war damals das Kopieren von Kunstgegenständen eine sehr empfohlene Ausbildungsmethode zur Verbesserung der Zeichentechnik. Als technisches Hilfsmittel verwendete die Herzogin eine Camera obscura[8], mit der man alle Gegenstände in richtigen Proportionen auf Papier übertragen konnte, und ließ sich um 1790 einen Mal- und Zeichentisch anfertigen.[9] Da das Zeichnen, wie oben erwähnt, eine gesellschaftliche Tätigkeit war, nahm sie nicht allein, sondern auch mit ihren Hofdamen und Familienmitgliedern, wie z.B. Prinz Constantin (1758-1793) und Schwiegertochter Herzogin Luise von Sachsen-Weimar-Eisenach (1757-1830) gemeinsam Zeichenunterricht.

Die Weimarer herzogliche Familie leistete sich zwar private Zeichenstunden, aber aus finanziellen Gründen war es leider unmöglich, externen Künstlern, wie Oeser und Kraus, eine Stelle als Hofkünstler anzubieten. Andererseits erkannte auch das Bürgertum inzwischen den pädagogischen Wert des Malens und Zeichnens. Als wichtige Institution für solche „Kultur- und Bildungspolitik" fungierte hier in besonderer Weise die Zeichenschule.[10] Die Weimarer Zeichenschule befand sich zuerst im Fürstenhaus, 1781-1807 im Roten Schloss, dann wiederum 1808-1816 im Fürstenhaus. Klinger bemerkte dazu: „Als sich um 1780 der höfische Zeichnerkreis mit dem Bezug neu hergerichteter Unterrichtsräume im Roten Schloss für das städtische Publikum öffnete, wurde das Zeicheninstitut zu einem gemeinsamen Anlaufpunkt für Hofmitglieder und Stadtbevölkerung gleichermaßen."[11]

Interessant ist darüber hinaus, dass man mit diesem Umzug der Zeichenschule 1781 ein Mehrklassensystem eingeführt hat: Die ersten drei Klassen waren für jedermann über 12 Jahren kostenlos zugänglich. In der ersten Klasse unterrichtete der Direktor Kraus männliche Fortgeschrittene, Pagen und Adlige. Ein Unterlehrer gab in der zweiten Klasse männlichen Anfängern und Handwerksgesellen Unterricht und unterrichtete auch die dritte Klasse, die aus Mädchen und Frauen bestand. Ca. 35 % davon sollen adlige Frauen gewesen sein. An diesem Unterricht nahmen nicht nur Charlotte von Stein, sondern auch die Schauspielerinnen Corona Schröter (1751-1802) und später Caroline Jagemann (1777-1848), die spätere Frau von Heygendorf und Mätresse Carl Augusts, teil.

In Bezug auf das Vermessungswesen und die Kartenerstellung hatte aber vor allem die vierte geschlossene Klasse eine besondere Bedeutung: Diese Klasse wurde extra für die Handwerker und das Militär eingerichtet, besonders für den Unterricht in mathematischen Wissenschaften und technischem Zeichnen. Was das Lehrmaterial in dieser Klasse

---

8 Über die Camera obscura als Zeicheninstrument: Klinger, Kerrin / Müller, Matthias: *Goethe und die Camera obscura.* In: Goethe-Jb. 2008, S.219-238, besonders S.223ff.

9 *Ereignis Weimar.* Katalog zur Ausstellung im Schlossmuseum Weimar. 2007.

10 Klinger: *Zwischen Gesellschaft und Industrieförderung,* S.111.

11 Ibid., S.110.

anbelangt, ist eine Studie von Anna-Sophie Heinemann[12] hilfreich. Heinemann nennt dort das Beispiel des Zeichenlehrers Carl Friedrich Christian Steiner[t] (1774-1840), der ab Dezember 1796 an der Weimarer Zeichenschule für das geometrische Fach eingestellt war: Vor seinem Eintritt hörte er vom Sommersemester 1795 bis zum Sommersemester 1797 in Jena verschiedene Vorlesungen der Mathematik, z.B. bei Johann Heinrich Voigt (1751-1823) und Johann Lorenz Julius von Gerstenbergk (1749-1813). Ab Oktober 1797 lehrte Steiner in Festanstellung seinerseits die praktische und darstellende Seite der Landesvermessung. Es ging ihm hauptsächlich um die perspektivische Konstruktionszeichnung, deren Ziel man aus seinem Lehrbuch zum „Selbst- und Lehrunterricht" *Reißkunst und Perspektive (géométrie descriptive) für Künstler und Gewerke, für das Haus und für das Leben: Vollständiger theoretisch-praktischer und populärer Unterricht zur Entwicklung aller geometrischen und perspektivischen Darstellungen durch Linien* (Weimar 1828-35, 3 Bde.) ableiten kann. Der im Titel stehende Begriff „géométrie descriptive" kommt aus der Schrift von Gaspard Monge (1746-1818), die auf seinen Vorlesungen in den Jahren 1798-99 an der École polytechnique in Paris basierte.

Zu erinnern ist in diesem Zusammenhang an das spätere Wirken des Vermessungsoffiziers Freiherr von Müffling (vgl. Kapitel II), der in der preußischen Landesvermessung eine neue Epoche eröffnete. Seiner *Instruktion für die topographischen Arbeiten des Königlich Preußischen Generalstabes* liegt eine von Major von Decker entworfene und gezeichnete Vorschrift für die Reinzeichnung von Karten zugrunde: *Erläuterungen zu den Musterblättern für die topographischen Arbeiten des Königlich Preußischen Generalstabes. Nebst drei Musterblättern und einem Schriftmesser* (Berlin 1818). Diese Anweisung legte zunächst für alle topographischen Inhalte die Verwendung bestimmter Farben und Zeichen verbindlich fest.[13] Die Vermessungsmilitärs mussten also die Zeichenfarben und ihre Herstellung genau lernen, denn weil „es noch keine synthetischen Farbstoffe gab, durften für die Reinzeichnungen nur natürliche Farbtöne mit ausreichender Deckkraft und Beständigkeit verwendet werden."[14] Für solche Offiziere bot die Weimarer Zeichenschule einen Ausbildungskurs an.

Es ist deshalb nicht verwunderlich, dass die Preußische Akademie relativ früh auf dieses Zeichenschulprojekt in Weimar aufmerksam wurde. 1788 ernannte die Akademie der Künste und mechanischen Wissenschaften zu Berlin Bertuch zum Ehrenmitglied und anschließend 1789 zum ordentlichen Mitglied und konnte somit von seinen Ratschlägen und Erfahrungen für eine eigene Zeichenschule profitieren. In der Tat präsentierte Bertuch bereits 1789 in der von Karl Philipp Moritz herausgegebenen Akademieschrift *Monatsschrift der Akademie der Künste und mechanischen Wissenschaften zu Berlin* (Bd.3) einen Beitrag über das von ihm begründete und wirksame Zeichenschulmodell: *Beschreibung der herzogl. Freyen Zeichenschule in Weimar.*

---

[12] Heinemann, Anna-Sophie: *Angewandte Mathematik oder Géométrie descriptive unter Carl Friedrich Christian Steiner.* In: K. Klinger (Hrsg.): *Kunst und Handwerk in Weimar*, S.67-81. Im Unterricht der anderen Klassen der Zeichenschule wurde ein von Kraus herausgegebenes Lehrbuch *ABC des Zeichners,* das in fünf Auflagen erschien, verwendet. Siehe *Natur und Kunst. Georg Melchior Kraus und Weimars Landschaftsgärten um 1800.* Ausstellungskatalog der Klassik Stiftung Weimar 2006, S.29.

[13] Vgl. Meyer, Hans-Heinrich: *Historische topographische Karten in Thüringen.* Erfurt 2007, hier S.51.

[14] Ibid.

Andererseits wusste Bertuch um die preußische Reform der Gelehrten- und Lateinschule zur Realschule, an der Gewerbetreibende und Kaufleute ausgebildet werden sollten. Klinger weist darauf hin, dass Bertuch von Anfang an mit der Zeichenschule die Konzeptionen der „Kunst- und Werkhäuser" (identisch mit „Manufakturhäusern" oder englisch: „workhouses") übernimmt.[15] Parallel dazu bittet Bertuch am 26. März 1791 Herzog Carl August um ein Privileg für sein „Comptoir" (ab 1802 „Landes-Industrie-Comptoir"). Im Jahre 1800 richtet Bertuch dort eine eigene selbstständige Druckerei ein. Kaiser[16] berichtet, dass die Kupferstiche der in diesem Zeitraum herausgegebenen Zeitschriften wie *Journal des Luxus und der Moden* und Journal *London und Paris* teilweise tatsächlich von Weimarer Zeichenschülern koloriert wurden. Aus einem speziellen Bereich in seinem Landes-Industrie-Comptoir entsteht 1804 sogar das „Geographische Institut", an dem man sich mit Geographie und Kartographie beschäftigt.

Nicht zu vergessen ist die Anteilnahme Goethes: Er hält gleich zu Beginn im Winter 1781/82 Vorträge über Anatomie für Künstler, während er selbst dort Unterricht nimmt. Ab 1797 ist er als Oberaufseher über die Zeichenschule tätig und bemüht sich mit Johann Heinrich Meyer (ab 1806 Direktor der Weimarer Zeichenschule) um die Umgestaltung des Schulbetriebs: Die Zeichenschule wird vom Ort der gemeinsamen Freizeitbeschäftigung über eine Einrichtung mit fester Kombination von Geschmacksbildung und Industrialisierung zu einem „Spezialinstitut", an dem wirkliche Talente gefördert werden. Auf der Liste der damaligen Schüler und Kunstausstellungsteilnehmer findet man u.a. die Namen von Caspar David Friedrich (1774-1840), Franz Horny (1798-1824) und Friedrich Preller (1804-1871).

2. Akademische Zeichenlehrer an der Universität zu Jena

(1) Der Beruf des akademischen Zeichenlehrers

Im 18. Jahrhundert hatten wissenschaftliche Illustrationen eine wichtige Bedeutung. Sie wurden im Zuge der Aufklärung zur erforderlichen Ausstattung der Forschung. Wie Schulze[17] bemerkt, wurden „beobachtendes Sehen" und „wiedergebendes Zeichnen" zu dienstbaren Beiträgen im Erkenntnisprozess der Naturwissenschaften. Die Wissenschaften bedurften der Bilder, und hierfür wurde das Amt des Universitätszeichenlehrers (auch akademischer Zeichenlehrer oder -meister) eingerichtet. In diesem Sinne ist tatsächlich „eine Universität ohne akademischen Zeichner nicht allein benachteiligt, sondern gar in der Forschung behindert."[18]

Bemerkenswert ist, dass Jena 1765 als erste Universität in Deutschland über einen akademischen Zeichenlehrer verfügte. In der Tradition höfischer Kavalierserziehung stehend, wurde akademisches Zeichnen neben den sogenannten „artes liberales" (freien Künsten) Tanz-, Reit-, Musikunterricht und Fechten im Vorlesungsverzeichnis angeboten. Gegen Bezahlung konnte jeder Student wöchentlich Unterricht bekommen. Man ver-

---

15 Klinger: *Entwurf von Bertuch*, S.17.

16 Kaiser, Gerhard R.: *Friedrich Justin Bertuch. Versuch eines Porträts.* Tübingen 2000, hier S.32.

17 Vgl. Schulze, Elke: *Nulla dies sine linea. Universitärer Zeichenunterricht. Eine Problemgeschichtliche Studie.* Stuttgart 2004, hier S.106.

18 Ibid., S.111.

langte aber vom akademischen Zeichenlehrer stets eine doppelte Funktion, nämlich die naturwissenschaftliche, in der es auf die Anfertigung genauer wissenschaftlicher Illustrationen ankam, und die künstlerische, die den naturwissenschaftlichen Studenten vor allem die Kunst des bewussten Sehens, mit anderen Worten die „geschulte Beobachtungsweise", beibrachte. Diese spezielle Beobachtungsweise oder die zeichnerische Wiedergabe verlangte insbesondere anatomische Kenntnisse. Für seine theoretischen Studien bei Loder besorgte sich Goethe anatomische Lehrbücher, wie z.B. *Deutsche Anweisung und gründliche Vorstellung von der Anatomie der Mahler* (Nürnberg, 1706) von Johann Daniel Pressler, deren Kupfertafeln er zur Einübung seiner Kenntnisse zur Knochenlehre kopierte:[19] „Heute Abend habe ich Anatomie gezeichnet und bin fleisig in Ermanglung etwas bessern." (WA IV-5, S.205: Goethes Brief vom 19. Oktober 1781 an Charlotte von Stein) Diese neue Erfahrung bewegte Goethe so stark, dass er sein anatomisches Wissen im November 1781/Januar 1782 als Lehrer der Anatomie für Künstler an der Zeichenschule in Weimar gleich verwendete.[20]

Parallel dazu gab Loder in Jena 1788 sein *Anatomisches Handbuch*, Band 1: *Osteologie, Syndesmologie und Myologie* heraus, in dem er als erster Goethes Entdeckung des Zwischenkieferknochens erwähnt. Im Jahre 1803 erscheint nach 9-jährigen Vorarbeiten im Verlag von Bertuchs Landes-Industrie-Comptoir in Weimar Loders zweibändiges Monumental- und Prachtwerk im Großformat (Folio) *Tabulae anatomicae quas ad illustrandam humani corporis fabricum collegit et curavit.*[21] Es behandelt seine Forschungsergebnisse in Jena und ist gleichzeitig Abschiedsgeschenk anlässlich seines Wegzuges nach Halle. Loder beschäftigt für diese Ausgabe 3 Zeichner und 14 Kupferstecher, darunter z.B. den erstklassigen akademischen Zeichenlehrer in Jena Jakob Wilhelm Christian Roux (1771-1831), über den im folgenden Abschnitt ausführlich berichtet wird. Dieses Beispiel demonstriert anschaulich das damalige Streben nach optischer und künstlerischer Anschaulichkeit und Vollkommenheit. Der berühmte englische Anatom und Chirurg William Hunter (1718-1783), bei dem Loder während seiner Studienreise 1782/1783 lernte, legte ebenfalls auf anatomische Illustrationen besonderen Wert.

---

[19] Über Goethe und die Anatomie: Ishihara, Aeka: *Der Kadaver und der Moulage. Ein kleiner Beitrag zur plastischen Anatomie der Goethezeit.* In: Goethe-Jahrbuch XLVII der Goethe-Gesellschaft in Japan, München 2005, S.25-39. Vgl. auch Maisak, Petra (Hrsg.): *Johann Wolfgang Goethe. Zeichnungen.* Stuttgart 1996, hier S.112f.

[20] Durch die anatomischen Studien gewann Goethe sowohl naturwissenschaftliche Kenntnisse als auch das ästhetische Verständnis organischer Zusammenhänge. Auf der Italienreise setzte Goethe seine anatomischen Studien fort: In Rom 1787/88 beschäftigte er sich intensiv mit Figuren. In diesem Zeitraum entstanden anatomische Zeichnungen der Rumpf- und Oberschenkelmuskulatur mit den lateinischen Bezeichnungen, der Knie- und Unterschenkelmuskulatur, der Skelette von Fuß und Hand usw. Darüber hinaus modellierte er im März 1788 einen menschlichen Fuß: „Ich habe einen Skelettfuß, eine schöne auf die Natur gegossene Anatomie, ein halb Dutzend der schönsten antiken Füße[...]." (MA 15, S.622ff., 14. März 1788)

[21] Vgl. Reitz, Gerd: *Ärzte zur Goethezeit.* Weimar 2000, S.34ff; Fröber, Rosemarie: *Museum anatomicum Jenense. Die anatomische Sammlung in Jena und die Rolle Goethes bei ihrer Entstehung.* Golmsdorf 2003, 3. verbesserte Aufl., hier S.28.

Loder beklagte bereits in seiner Jenaer Zeit das Desiderat an künstlerisch-wissenschaftlich geschulten Medizinstudenten. Denn er hielt die Fähigkeit zur korrekten Darstellung anatomischer Präparate für notwendig, um durch das Nachzeichnen anatomischer Strukturen die organischen Zusammenhänge besser verstehen zu können.[22] Später klagten andere Mediziner des 19. Jahrhunderts, wie Rudolf Ludwig Karl Virchow (1821-1902) und Christian Albert Theodor Billroth (1829-1894), über dasselbe Problem, dass die Studenten weder beobachten noch sehen könnten. Ihres Erachtens lernt man „bewusstes Sehen" nur dadurch, das Geschaute auch selbst darzustellen.[23]

Während seine Kollegen von ihm die perfekte Technik der Visualisierung erwarten, befindet sich ein akademischer Zeichenmeister oft in einem Dilemma. Um seine berufliche Rolle richtig zu erfüllen, muss er auf die Zufälligkeit oder die Einmaligkeit des Gegenstandes und die Originalität des Zeichners verzichten. Er darf nicht als freier Künstler in den Vordergrund treten, sondern steht meist in der zweiten Reihe, in der er seine Autorität nicht voll zur Geltung bringen kann. Später, nach der Einführung der Fotografie, übernimmt der Universitätszeichenlehrer oft nebenbei die Rolle des Fotografen.

(2) Akademische Zeichenlehrer in Jena: Schenk, Oehme und Roux

Der erste Universitätszeichenlehrer in Jena ist Johann Gottlob Schen[c]k (†1785). Er wurde in Leipzig als Sohn eines Oberpostkontrolleurs geboren und heiratete am 30. August 1761 in Jena Johanna Friederike Bähr aus Hainsburg. Zunächst „Kunstmaler" in Taubach, verdiente er sich seinen Lebensunterhalt durch Zeichenunterricht für die Studenten in Jena. Am 29. Dezember 1764 überreichte er Herzogin Anna Amalia eine Bittschrift um die Ernennung zum „academischen Zeichenmeister" und um ein Jahresgehalt. Dafür argumentierte Schenk, dass die Jenaer Studenten „keine Gelegenheit hätten, sich in der Zeichenkunst zu üben, was aber wegen der mathematischen Wissenschaften nötig sei".[24] Denn die Studenten der Mathematik sollten die Technik des Zeichnens im Baugewerbe oder bei Vermessungsarbeiten beherrschen. Der Dekan und die Professoren der Universität zu Jena befürworteten Schenks Gesuch, so dass Herzogin Anna Amalia ihm die Stelle eines akademischen Zeichenmeisters bewilligte. Zum Sommersemester 1765 kündigte er Zeichenunterricht in Naturlehre und in Mathematik an.[25] Von diesem Zeitpunkt an bis zu seinem Tod 1785 gab er 20 Jahre lang Unterricht in Naturlehre, Mathematik und Physik. Nach den Studien von Heinstein und Wagner bestand der Unterricht Schenks aus Geometrie, Mechanik, Militär- und Zivilbaukunst und evtl. auch Botanik und Mineralogie.[26]

---

[22] Vgl. Heinstein: *Komplementäre Entwürfe im Widerstreit,* S.101f.

[23] Vgl. Schulze: *Nulla dies sine linea,* S.121.

[24] Hellmann, Brigitt: *Die Kunst- und Porzellanmaler Johann Gottlob Schenck (gest. 1785) und Ernst Friedrich Ulrich Schenck (1769-1818).* In: *„Wie zwey Enden einer großen Stadt…". Die „Doppelstadt Jena-Weimar" im Spiegel regionaler Künstler 1770-1830.* Katalog der Städtischen Museen Jena und des Stadtmuseums Weimar. 1999, hier S.21.

[25] Über seine Lehrveranstaltungen in Jena, siehe: Heinstein / Wegner: *Mimesis qua Institution,* S.286f.

[26] Ibid., S. 287.

Parallel dazu hatte Schenk um 1770 vor, eine private Zeichenschule in Jena zu gründen. Aus Mangel an Materialien weiß man von seiner Zeichenschule nichts Genaues, aber im Jahre 1785 berichtet z.B. Johann Ernst Basilius Wiedeburg (1733-1789)[27], dass es eine öffentliche Zeichenschule während der Regierung von Herzogin Anna Amalia durch Schenk gegeben hat.[28]

Nach Schenks Tod im Jahre 1785 wurde Christian Gotthilf Immanuel Oehme (1759-1832) auf Empfehlung des Direktors der Weimarer Zeichenschule, Kraus, als Nachfolger gewählt und übernahm für 47 Jahre das Amt des Universitätszeichenlehrers. Oehme war in Naumburg als Sohn eines Steuereinnehmers geboren worden, kam aber bereits mit vier Jahren als Waisenkind zu Verwandten in Weimar in Pflege. Dort wurde er künstlerisch ausgebildet und war von 1781 bis 1785 als Unterlehrer an der Freien Zeichenschule in Weimar tätig. Als Universitätszeichenlehrer in Jena bot Oehme Studenten Unterricht für Bildende Künste an, während er die von Schenk gegründete Privatzeichenschule leitete, deren Echo allerdings im Verlauf der Zeit immer schwächer wurde. Außerdem hatte er nur geringe Neigung zum naturwissenschaftlichen Zeichenunterricht, so dass dieses Gebiet unter seiner Leitung viel an Bedeutung verlor. Diesen Mangel glich in seiner Amtzeit zunächst sein ehemaliger Rivale Johann Lorenz Julius von Gerstenbergk aus, der sich nach dem Tod Schenks genauso wie Oehme um die Stelle des akademischen Zeichenlehrers beworben hatte. 1786 wurde Gerstenbergk Privatdozent, 1801 außerordentlicher Professor in Jena und hielt Vorlesungen in Kameralistik (od. Kameralwissenschaft; die kamerale Buchführung im engeren Sinne; d. Vfn.). Gleichzeitig war er Fachmann für Vermessung und Kartographie. Gerstenbergks Beitrag im Bereich der Vermessungskunst wird im nächsten Abschnitt ausführlich zu würdigen sein.

Bald zeichnete sich Jacob Wilhelm Christian Roux, einer der Schüler Oehmes, durch seine Begabung und Vielseitigkeit aus und trat zu Oehme in Konkurrenz. Roux wurde in Jena geboren. Seine Vorfahren waren Anfang des 18. Jahrhunderts aus der Gegend von Lyon eingewanderte Sprachforscher: Sein Großvater und sein Vater lehrten beide an der Universität Jena als Sprachmeister Französisch und schrieben fachwissenschaftliche Publikationen. 1791 begann Roux in Jena mit dem Studium der Mathematik und hörte neben seinem Hauptfach auch Vorlesungen über Physik sowie Anatomie bei Professor Loder. Dabei lernte Roux einen Medizinstudenten aus Würzburg, Johann Bartholomäus von Siebold (genannt Barthel; 1774-1814)[29], kennen. Dieser stammte aus einer berühmten Ärztedynastie in Würzburg und war der Onkel von Ph. F. v. Siebold, dem sogenannten „Japan-Siebold". Roux fertigte bereits als Student „vier sehr richtig und schön nach der Natur"[30] gezeichnete anatomische Bilder für die Dissertation *Historia systematis salivalis*

---

[27] Im Katalog des Stadtmuseums Jena wird er als Stadtchronist bezeichnet (Katalog, S.21; er hatte 1785 eine Stadtgeschichte veröffentlicht), aber er war eigentlich ordentlicher Professor der Mathematik. Als Mathematikprofessor interessierte er sich für die Privatzeichenschule in Jena. Er führte darüber hinaus im Frühjahr 1786 Goethe persönlich in die Mathematik ein.

[28] Katalog des Stadtmuseum Jena, Hellmanns Abhandlung, S.21.

[29] Vgl. Körner, Hans: *Die Würzburger Siebolds. Eine Gelehrtenfamilie des 18. und 19. Jahrhunderts.* Mit 87 Bildnissen und 55 Abbildungen. Hrsg. v. der Deutschen Akademie der Naturforscher Leopoldina, Leipzig 1967, S.161-202.

[30] Zitat aus Heinstein / Wegner: *Mimesis qua Institution,* S.290. (Ursprüngliches Zitat aus Würzburger Anzeigen von gelehrten Sachen, Nr.37, 1797, Sp.273). Ein Exemplar der Dissertation von J. B. v. Siebold

physiologice et pathologice (Jena, 1797) seines Kommilitonen Barthel von Siebold an. Diese Illustrationen erregten bereits Aufmerksamkeit in der Fachwelt. Auch für den Professor der Botanik August Johann Georg Carl Batsch (1761-1802) zeichnete er spätestens seit Ende August 1795 und fertigte die botanischen Darstellungen in *Der geöffnete Blumengarten* (Weimar, 1795-98) an. Seinen unumstrittenen Ruf als Zeichner begründeten aber seine zwischen 1796 und 1803 entstandenen anatomischen Zeichnungen für Loders *Tabulae anatomicae*. Dabei soll Roux neue Vorzeichnungen für wenigstens 50 Tafeln direkt am präparierten Leichnam oder nach neuen Präparaten angefertigt haben.[31] Durch seine Verdienste um Kunst und Wissenschaften bekam Roux zwar im Jahre 1806 den Titel Dr. phil., konnte aber nach Loders Weggang von Jena (1803) fast keinen seinem Talent angemessenen anspruchsvollen Auftrag an einem naturwissenschaftlichen Projekt mehr erhalten.

Roux beschäftigte sich daher im Weiteren hauptsächlich mit der künstlerischen Ausbildung der Medizinstudenten, damit sie anatomische Gegenstände künstlerisch rekonstruierend besser begreifen könnten. Es ging ihm um die Schule des Sehens. Andererseits stand Roux mit der Weimarer Zeichenschule in gutem Kontakt. Seine Privatschüler in Jena nahmen an den jährlichen Ausstellungen der Weimarer Freien Zeichenschule teil. Angesichts der miserablen Ausbildungssituation und der Nachwuchsprobleme schlug er 1812 die Gründung der Jenaer Kunstakademie für wissenschaftliche Zeichnungen vor, damit Studenten der Medizin bzw. der Naturwissenschaften schnell und richtig die notwendige Zeichentechnik ausüben könnten. Dieses Projekt regte Roux seitdem bei Goethe wiederholt an. Herzog Carl August und Goethe beurteilten dieses Projekt gleich positiv, aber die Universität Jena unterstand damals nicht nur Sachsen-Weimar, sondern noch drei weiteren Herzogtümern, nämlich Sachsen-Gotha, Sachsen-Meiningen und Sachsen-Coburg als Nutritoren. Bei dem Gothaer Regenten stieß der Plan der Kunstakademie aus „unbekannten Gründen" auf heftigen Widerstand[32] und scheiterte. Im Jahre 1813 trat Roux eine neu eingerichtete Stelle für die Ausbildung der Studenten im Kupferstich bzw. in der Malerei an. Wenige Monate nach seinem Antritt begab er sich mit seiner Familie zu einer einjährigen Bildungsreise über Nürnberg und München in die Schweiz. Nach seiner Rückkehr im Frühjahr 1814 nahm er seine Lehrveranstaltung dann zum Sommersemester 1814 wieder auf, unterbrach sie aber im April 1816 wieder, um auf Empfehlung Goethes für ein Jahr nach Heidelberg zu gehen. Nach seiner erneuten Rückkehr hatte er im Juni und Juli 1817 eine fast tägliche intensive wissenschaftliche Zusammenarbeit mit Goethe, vor allem über das Phänomen der entoptischen Farben. Goethe schlug Roux als Zeichenlehrer für die Prinzessinnen Marie und Augusta von Sachsen-Weimar-Eisenach vor, denen er im Sommer 1818 privaten Unterricht gab. Inzwischen bemühte sich Goethe weiter um die Einrichtung der Jenaer Kunstakademie, aber Roux konnte die unsichere Lage nicht mehr abwarten und nahm 1819 eine Festanstellung als Professor für anatomische Zeichenkunst an der Universität Heidelberg an. In Zusammenarbeit mit dem Heidelberger Kollegen Friedrich Tiedemann (1781-1861), der dort als Anatom und Physiologe tätig war,

besitzt das Universitätsarchiv Jena; dazu sind aber zwei präzise anatomische Tabellen, nämlich „Explicatio tavulae primae" und „secundae", gehörig. Im Titelblatt steht auch „annexae sunt II tabulae aeneae".

31 Katalog des Jenaer Stadtmuseums, S.65.

32 Heinstein: *Komplementäre Entwürfe im Widerstreit*, hier S.105.

konnte Roux seine Kunst weiter entfalten. Nach seiner Übersiedlung stand er übrigens mit Goethe weiter in brieflichem Kontakt.

(3) Mathematikprofessor Gerstenbergk und sein Bergzeichnungssystem

Gerstenbergk wurde als Sohn des Advokaten und Gerichtsdirektors in Buttstädt bei Weimar geboren. Nach Abschluss der Ratsschule in seiner Heimatstadt wurde er im November 1766 an der Universität Jena immatrikuliert und studierte Jura, Mathematik und Philosophie. 1770 unterbrach er jedoch sein Studium und diente für neun Jahre im Weimarischen Artilleriekorps. In dieser Dienstzeit übte er sich in Berechnungen für die Artillerie, in Mechanik und Architektur und lernte auch, Zeichnungen, Radierungen sowie Kupferstiche anzufertigen. Im Jahre 1779 kehrte er an die Universität Jena zurück und wurde 1785 Magister der Philosophie. Wie oben geschrieben, bewarb er sich 1785 um die durch den Tod Schenks vakante Stelle des akademischen Zeichenlehrers, aber erfolglos. Im Jahr darauf wurde er Privatdozent und 1801 außerordentlicher Professor in Jena.

Zwar liest Gerstenbergk als Nachfolger des Professors der Physik und Mathematik Lorenz Johann Daniel Suckow (1722-1801)[33] Kameralistik, aber seine Stärke ist die Vermessung und Kartographie. Bereits als Privatdozent bot Gerstenbergk mehrere Veranstaltungen in diesem Bereich an: „Übungen im perspektivischen Zeichnen“ (1795), „Praktische Geometrie samt Übungen auf dem Felde“ (1796), „Exkursionen zum Zweck der Schulung topographischer Darstellungsmöglichkeiten“ (1795 und 1796) usw., jeweils im Sommersemester.[34] Auch publizierte er Lehrbücher zur Vermessungstechnik mittels verschiedener Messinstrumente.

Besonders erwähnenswert ist in diesem Zusammenhang die von ihm entwickelte Methode zur Bestimmung und Darstellung von Bergeshöhen, sein sogenanntes „Bergzeichnungssystem“. Zunächst soll kurz darauf eingegangen werden, wie man bisher auf einer Karte die Bergeshöhe darstellte.[35] Geländeformen, d.h. die Gestalt der festen Erdoberfläche, wurden als Relief gezeichnet. Alte Wiedergaben des Geländes in Form von Seitenansichten oder umgeklappten Bergprofilen waren schematische Skizzen ohne geometrische Grundlage. Erst im 16. Jahrhundert führte man vor allem zu militärischen Zwecken für Geländedarstellungen durch „Schrägansichten“ unter Annahme eines erhöhten Standpunktes die „Kavaliers- oder Militärperspektive“ ein. Diese Geländedarstellung verbesserte man später durch die Schraffentechnik (Schraffieren). Schraffen sind „in Richtung des stärksten Gefälles verlaufende Striche, deren Länge und Breite in Abhän-

---

[33] Im Jahre 1756 kam Suckow auf den Lehrstuhl für Physik und Mathematik. Die Geschichte des Lehrstuhls in Jena ist aber teilweise nicht übersichtlich. Denn nach Schielicke wurde 1789 Johann Heinrich Voigt (1751-1823) auf den Lehrstuhl der Mathematik berufen; nach dem Tod Suckows 1802 wurde ihm auch Physik übertragen. Schielicke, Reinhard E.: *Von Sonnenuhren, Sternwarten und Exoplaneten.* Jena / Quedlinburg 2008, S.66.

[34] Heinemann, Anna-Sophie: *Angewandte Mathematik oder Géométrie descriptive unter Carl Friedrich Christian Steiner.* In: K. Klinger (Hrsg.): *Kunst und Handwerk in Weimar*, S.67-81, hier S.74, Anm.50.

[35] Vgl. Kohlstock, Peter: *Kartographie. Eine Einführung.* Paderborn 2004, S.92ff.

gigkeit von der Geländeneigung (Böschungsschraffen) oder der Schattierung durch eine von Nordwesten angenommene Beleuchtungsrichtung (Schattenschraffen) variierte."[36]

Bemerkenswert ist die Zeitspanne zwischen der Einführung der Tiefen- und Höhenlinien. Nach Kohlstock[37] wurden bereits im 17. Jahrhundert für die Schifffahrt Tiefenlinien (Isobathen) als Linien gleichen lotrechten Abstandes von der Wasseroberfläche durch Interpolation aus Tiefenlotungen konstruiert. Im Gegensatz dazu findet man erste umfangreichere Höhenliniendarstellungen auf der Ende des 18. Jahrhunderts erschienenen *Carte de la France*. Die Verbreitung der Höhenlinien verzögerte sich allerdings noch bis zur zweiten Hälfte des 19. Jahrhunderts. Erst mit der Entwicklung der geodätischen Messinstrumente und auf der Grundlage der daraus resultierenden systematischen und genauen Messung von Höhenpunkten wurden die Höhenlinien richtig eingeführt. Zu Goethes Zeit wurden Höhenlinien noch nicht verwendet, und selbst die Schraffenmethode war gerade erst erfunden.

Das „Bergzeichnungssystem" Gerstenbergks ist also identisch mit dieser Methode des Schraffens. Er veröffentlicht es im Jahre 1808 mit dem Titel *Anleitung zur mathematisch-topographischen Zeichnungslehre zum handleitenden und Selbstunterricht nach einem eigenen System* in Jena (siehe Abb. 1). Auf dem Titelblatt ist sein langer Berufstitel zu lesen: „der Weltweisheit Doktor und Professor zu Jena, der gesammten Herzogl. Sächs. Weimarischen Lande verpflichteten Geometer, Feld- und Güther Taxator, Strom- und Mühlbaumeister, wie auch der Herzogl. lateinischen und der Herzogl. mineralogischen Societät zu Jena Mitglied." Mit Bezug auf seinen letzten Titel schreibt er in der Vorrede, dass er bereits 1806 in den Schriften der mineralogischen Societät in Jena das gleiche Thema behandelt habe, aber gern erneut sein neuestes Zeichensystem vorstellen möchte, weil besagte Abhandlung für normale Leser schwer zu bekommen sei.

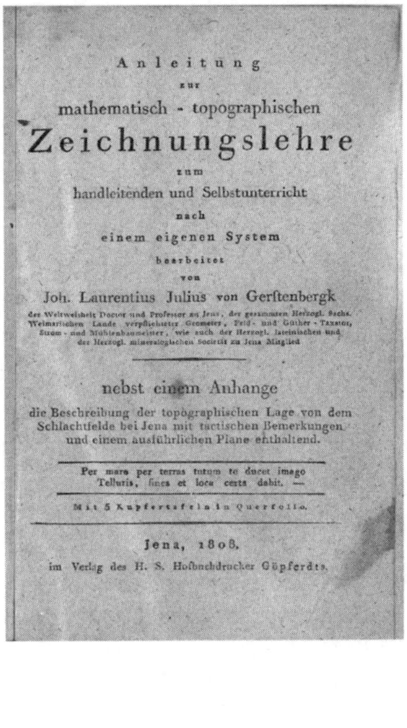

Anleitung
zur
mathematisch - topographischen
Zeichnungslehre
zum
handleitenden und Selbstunterricht
nach
einem eigenen System
bearbeitet
von
Joh. Laurentius Julius von Gerstenbergk
der Weltweisheit Doctor und Professor zu Jena, der gesammten Herzogl. Sächs. Weimarischen Lande verpflichteter Geometer, Feld- und Güther - Taxator, Strom - und Mühlenbaumeister, wie auch der Herzogl. lateinischen und der Herzogl. mineralogischen Societät zu Jena Mitglied

nebst einem Anhange
die Beschreibung der topographischen Lage von dem Schlachtfelde bei Jena mit tactischen Bemerkungen und einem ausführlichen Plane enthaltend.

Per mare per terras tutum te ducet imago
Telluris, fines et loca certa dabit. —

Mit 5 Kupfertafeln in Querfolio.

Jena, 1808.
im Verlag des H. S. Hofbuchdrucker Göpferdts.

Abb. 1: Titelblatt Gerstenbergks (1808) mit freundlicher Genehmigung der ThULB (Sig.: 8-Math-III-40)

[36] Ibid.

[37] Ibid., S.94f.

Erinnert sei hier an die Arbeitsweise des Hauptmanns in Goethes *Wahlverwandtschaften* (1809): Der gut geschulte Hauptmann führt tagsüber im Freien die Vermessungsarbeiten mit der „nötigen Gerätschaft“ durch. Den Abend und frühen Morgen bringt er „mit Aufzeichnen und Schraffieren“ zu. (MA 9, S.304) Goethe schildert hier deutlich, dass der Hauptmann die damals aktuelle Schraffenmethode verwendet. Woher konnte Goethe aber diese Information haben?

Aus den *Schriften der Herzoglichen Societät für die gesammte Mineralogie zu Jena, 1. Bd.* (Jena, 1806) erfährt man, dass Gerstenbergk sein Bergzeichnungssystem nicht in diesen Schriften veröffentlicht, sondern bereits am 30. Januar 1804 in der Mineralogischen Societät eine Vorlesung darüber gehalten hat. Nach dem Protokoll des „Sekretärs der deutschen Nation“ (sic! eigentlich „Sektion“ gemeint) der Herzoglichen Societät für die Mineralogie zu Jena, Dr. Hägermann[38], fand am 30. Januar 1804, aus Anlass des Geburtstags der Herzogin Luise zu Sachsen-Weimar-Eisenach, die 24. öffentliche Sitzung statt, auf der Gerstenbergk eine Vorlesung hielt. Der Titel dieser Vorlesung, deren Sonderdruck nur Societätsmitgliedern zugänglich war, lautete: *Ueber die zuverlässigste Ausfertigung der Bergcharten und der Ausführbarkeit, der gradmäsigen Bezeichnung der Aussenfläche eines Gebirges.*[39] Gerstenbergk führte hier aus:

> Bereits seit vielen Jahren bearbeitete ich eine auf geognostischen und mathematischen Gründen beruhende Bergzeichnungsmethode, welche die Aussenfläche der Gebirgslagen nach der Horizontalperspektive, – das ist, nach einem ausgebildeten Grundriss ihrer Körperlage – der natürlichen Bildung getreu, dabey aber ihr Steigen, Fallen, und Lagerung mit mathematischer Bestimmtheit darstellt, – und schon längst schwebten mir verschieden[e] Ideen vor, dieses mein Bezeichnungssystem der Gebirgslagen auf die Anfertigung der Bergcharten in der Verbindung des Aeusserlichen mit den Innern – zur Beförderung des Bergbaues instruktiv in aller Hinsicht anzuwenden.[40]

Unter Mitwirkung Goethes wurde diese Societät der Mineralogie[41] (diese ist identisch mit der sogenannten „Mineralogische[n] Gesellschaft“) durch den Direktor Prof. Johann Georg Lenz am 8. Dezember 1797 in Jena gegründet, und am 7. Januar 1798 fand die erste Sitzung statt. Stifter sind insgesamt 16 Personen: Der erste Präsident ist Dominik Teleki de Szek, der aber leider noch im Gründungsjahr verstorben ist. Als neuer Präsident wurde Fürst Dimitri von Gallitzin gewählt. Es gab drei Arten von Mitgliedern. Ein ordentliches Mitglied musste in Jena seinen Hauptwohnsitz und Kenntnisse der Mineralogie, Physik und/oder Chemie haben. Daneben gab es Ehrenmitglieder und Korrespondenzmitglieder. Da Goethe z.B. keinen Hauptwohnsitz in Jena hatte, befindet sich sein Name auf der Liste der „Auswärtigen Ehrenmitglieder“ zusammen mit Geheimrat Hufeland in Berlin, Oberbergrat Freiherr Alexander von Humboldt in Berlin sowie Professor der Anatomie und Chirurgie J. B. Siebold in Würzburg. Gemäß § 7 werden die gewöhnlichen Versammlungen der ordentlichen Mitglieder alle acht Tage abgehalten, größere aber alle zwei Mo-

---

[38] *Schriften der Herzoglichen Societät für die gesammte Mineralogie zu Jena,* Bd.1., Jena 1806, S.327.

[39] Ibid., S.177-204.

[40] Zitat aus *Schriften der Herzoglichen Societät,* S.181f.

[41] Vgl. Schwabe, Johann Friedrich Heinrich: *Historische Nachricht von der Societät der gesammte Mineralogie zu Jena.* Jena 1801.

nate, und die hiesigen Ehrenmitglieder werden besonders zu letzteren eingeladen. Ein Saal des Jenaer Herzoglichen Schlosses steht dafür zur Verfügung. Gemäß § 8 stellt in den gewöhnlichen Versammlungen hauptsächlich der Direktor die neuesten Entdeckungen im Mineralienbereich vor. Kleinere Aufsätze sowie Berichte der Mitglieder werden ggf. vorgelesen. Die wichtigsten Aufsätze und Nachrichten sind den größeren Versammlungen vorbehalten.

Zur Feier am 30. Januar 1804 fehlte Goethe zwar[42], aber sein guter Kontakt mit der Mineralogischen Gesellschaft lässt vermuten dass er bald über die neue Methode Gerstenbergks informiert wurde. In der Tat verlässt sich Goethe im gleichen Jahr 1804 bei der Umgestaltung des Fürstengartens in Jena auf Gerstenbergk und lässt diesen das Gelände vermessen:[43] Seine Zeichnung *Grund-Riß ueber den untern Theil von den Hochfürstl. Gaerten in Jena und dessen Vertheilung* (Juni 1804) ist in der Kartensammlung Goethes vorhanden.

Was das Bergzeichnungssystem anbelangt, stellt Gerstenbergk in den *Schriften der Herzoglichen Societät für die gesammte Mineralogie zu Jena* dessen kurze Vorgeschichte vor:

> Wenn wir in die Vorzeit zurüksehen [sic!], so weit sich topographische Darstellungen auffinden lassen welche eine planimetrische Ansicht einer Erdstrecke bezeichnen sollen, so war in der damaligen Zeit die Bezeichnungsart der Gebirge in einen Plane mehr eine perspektivische Darstellung der hintereinanderliegenden Erhöhungen gemeiniglich von derjenigen Seite, nach welcher man den Plan aus einem auf einer Höhe nach Absichten gewählten Standpunkte zu überschauen annahm. [...] Erst von 1700 an finden sich solche Plane, in welchen die Berge nach ihrem planimetrischen Umriss bezeichnet und die Bergwände durch die Schrafur dargestellt sind.[44]

Die Figur 1 (siehe Abb. 2 nächste Seite, links auf der Tafel) zeigt die theoretischen Grundlagen zur Herleitung der Zeichnung eines Bergkegels. Gerstenbergk erklärt dazu, man soll sich hier vorstellen, dass „über der Mitte des Berges in (a) – mit einem Sonnenzeichen – ein Licht stehe, welches den Berg nach den Lichtstrahlen ac, ad, ae, af, ag von allen Seiten erleuchtet; so wird die Erleuchtung der Bergteile nach ihrer Winkellage gegen den Horizont erfolgen“ (ibid., S.191).
Anhand dieser Figur 1 versucht er die Methode zu erläutern, wie man zwei Perspektiven zusammen auf einem Papier darstellen kann:

> Es führet demnach die Gebirgszeichnungslehre auf zwey wesentliche Betrachtungen, wodurch sie sich in zwey Hauptstücke theilet. Das Erste bestehet in einer stetigen – *Gradbezeichnungsart*, mittelst welcher man die Winkellage der Bergflächen gegen dem Horizont sogleich in den Planriss ermessen könne, so wie das Zweyte in der Ausmittelung solcher der Naturentsprechenden Bezeichnungen, welche den *Naturausdruck* aller Theile der Gebirgslagen in ihrer Verknüpfung darstellen, und wodurch man also den Bau der Aussenflächen und ihren Zusammenhang auf das genauste ersehen, folglich in der Verbindung mit der Gradbezeichnung jedes verlängte Profil dem Urbilde nach Maass- und Lagenähn-

[42] Goethe blieb an diesem Tag in Weimar. Vgl. Steiger, Robert: *Goethes Leben von Tag zu Tag: eine dokumentarische Chronik*. Zürich 1986, Bd.4, auch Goethes Tagebuch.

[43] Katalog des Jenaer Stadtmuseums, S.41 und 46.

[44] Zitat aus Gerstenbergks Abhandlung: *Ueber die zuverlässigste Ausfertigung der Bergcharten und der Ausführbarkeit, der gradmäsigen Bezeichnung der Aussenfläche eines Gebirges*, hier S.184f.

lichkeit gemäss ein jeder aus der CHarte herausschneiden könne, ohne je das Terrain gesehen zu haben, – und worinne eigentlich die allgemeinnützige Eigenheit dieser Bezeichnungsart bestehet. –

Aus der oben über die Fig. 1. aufgestelleten Betrachtung wird sich ohnschwer abfolgern lassen, dass eine gradmässige Bergbezeichnung nur durch zwekmäßig geordnete Strichlagen, deren Stärke und Schwäche in einen stetigen Gradverhältniss stehet, darstellig gemacht werden könne, welches sich durch folgende ganz aus den obigen Gründen abgeleitete Konstrukzion einer gradmäsigen Stufenleiter der Strichlagen wird bewirken lassen.[45]

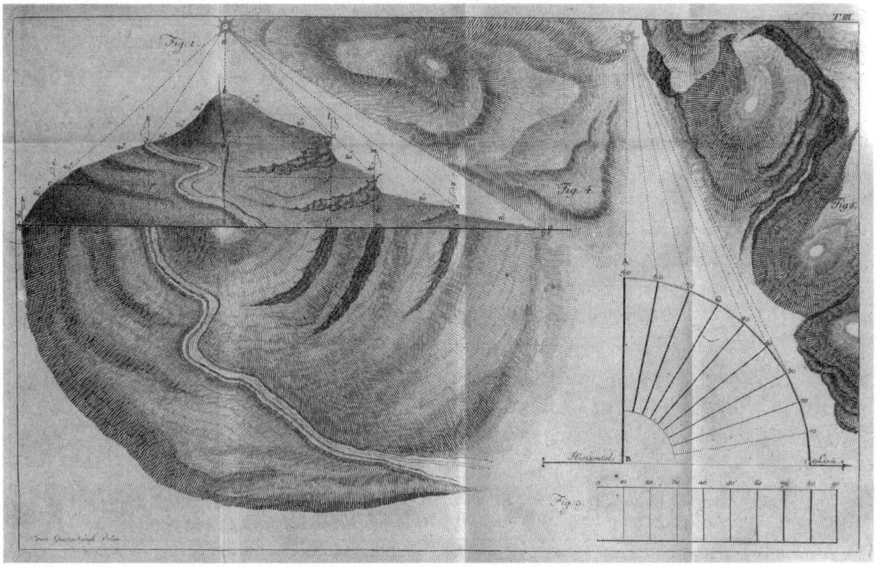

Abb. 2: Gerstenbergks Bergzeichnungssystem
mit freundlicher Genehmigung der ThULB
(hier aus Sig.: 8-Math-III-40, aber identisch mit 8-Min-I-4b)

Wie er diese Methode erarbeitet hat, erklärt Gerstenbergk selber in der Vorrede seines Werkes: Der Ausgangspunkt soll fast über 30 Jahre zuvor, vermutlich in seiner militärischen Dienstzeit in Weimar liegen. Als er mit einigen Ingenieuren in praktischen Geschäften zu tun gehabt hatte, sollte er mit seinem in Erfurt verstorbenen Freund Scheyer die beste Art entwickeln, „die Berge aus der Profillage im Planriss nach den Abdachungswinkel überzutragen."[46] Johann Georg Scheyer[47] war als „Hochfürstl. Hohenlohischer Ingenieur-Hauptmann und Baudirektor" tätig und gleichzeitig Mitglied der Russisch-

[45] Ibid., S.192f.

[46] Vgl. Gerstenbergk, *Anleitung zur mathematisch-topographischen Zeichnungslehre zum handleitenden und Selbstunterricht nach einem eigenen System.* 1808, Vorrede, S.XIIIf.

[47] Nicht nur mit Gerstenbergk, sondern auch mit Suckow pflegte Scheyer wissenschaftliche Kontakte. Zu Scheyers Hauptwerk *Praktisch-ökonomische Wasserbaukunst, zum Unterricht für Beamte, Förster, Landwirthe, Müller und jeden Landmann, besonders für die welche an Flüssen und Strömen wohnen.* Mit achtzehn Kupfertafeln. (Leipzig, in Commission bey Johann Benjamin Georg Fleischer, 1795) schreibt Suckow z.B. eine Vorrede.

Kaiserlichen Freien Ökonomischen Gesellschaft zu St. Petersburg, der Königlichen Preußischen Naturforschenden Gesellschaft in Halle, der Kurfürstlichen Sächsischen Ökonomischen Gesellschaft in Leipzig sowie der Naturforschenden Gesellschaft in Zürich.

Es ist noch nicht nachweisbar, ob Gerstenbergk mit den französischen Geographen des „Topographischen Bureaus", die Napoleon 1806 nach Jena folgten und alle Gebiete kartographisch aufnehmen sollten[48], persönlichen Kontakt hatte. Allerdings war ihm bekannt, dass unabhängig von ihm einige Vermessungsoffiziere in Deutschland eine ähnliche Methode entwickelt hatten. In der Vorrede des oben genannten Werks nennt er aber zwei Personen und deren Publikationen:

1) Hauptmann Backenberg: *Lehrbuch der Kriegswissenschaften für die Bedürfnisse der Königl. Sächs. Ritterakademie.* Dresden 1797.
2) Leutnant Lehmann: *Darstellung einer neuen Theorie der Bezeichnung der schiefen Flächen im Grundriss oder der Situationszeichnung der Berge.* Leipzig 1799.

Beide Personen nahmen an der Triangulation in Sachsen teil.[49] Dort fand von 1780 bis 1825 eine große topographische Aufnahme statt. Dafür verwendete man bereits den Messtisch. Da als Maßeinheit die sogenannte kleine sächsische Meile (entspricht 12 000 Dresdner Ellen = eine Vermessungsmeile) benutzt wurde, nennt man diese Karten *Meilenblätter.* Die Darstellungsweise der Geländeformen darin ist bemerkenswert: Zum Ausdruck der Höhenunterschiede ist hier ein Schraffensystem eingeführt, das „Hauptmann Backenberg" – der sächsische Militärwissenschaftler und Kartograph Franz Heinrich Backenberg (1732-1804) – entwickelt hatte. „Je steiler das Gelände, um so dunkler erfolgte die Schraffendarstellung".[50] Für dieses System entwickelte dann „Leutnant Lehmann" – der Dresdner Militärtopograph Johann Georg Lehmann (1765-1811) – eine mathematische Grundlage.

Lehmann ist auch im Kontext mit dem preußischen Hauptmann von Müffling von Bedeutung. Bei der preußischen Landesvermessung ab 1816 (die *„Müffling'sche Eilaufnahme"* genannte Kartenaufnahme, 1818-23, vgl. auch Kapitel II-6) bedarf Müffling systematischer Bergschraffen. Während er dem System grundsätzlich die neue Schraffenmethode von Lehmann zugrunde legt, kombiniert er sie mit drei weiteren Schraffenmethoden, nämlich denen von Schienert, Schneider und von Humbert: Müffling übernimmt z.B. für Neigungswinkel bis 15 Grad die Linienführung aus der Schienert-Skala, zwischen 15 und 25 Grad die aalförmig variierten Linien aus der Schneider-Skala, über 25 Grad original aus der Lehmann-Skala.[51] Der preußische Generalstab bleibt danach – ab ca. 1820 – für mehrere Dezennien dieser sogenannten „Müffling'sche[n] Manier" treu.

---

[48] Vgl. Katalog des Jenaer Stadtmuseums, S.42.

[49] Über sie beide und die sächsische Triangulation: Opitz, Siegfried / Schütze, Stefan: *Mit Messtisch und Messkette. Das sächsische Kataster von den Anfängen bis heute.* Dresden 2007, besonders S.20ff.

[50] Ibid., S.21.

[51] Die *Müffling'sche Eilaufnahme* ist in diesem Sinne historisch interessant: „86 Blätter zumeist in Bergschraffen nach Müffling'scher Manier, darunter 17 ältere Blätter mit altertümlichen Bergstrichen." Siehe: Meyer, H.-H.: *Historische topographische Karten in Thüringen*, S.107.

3. Die barometrische Höhenvermessung der Berge

(1) Die „Seh-Sucht" um 1800 und die Höhenmessung mittels Barometer

Das Bergschraffensystem von Gerstenbergk war zwar fortschrittlich, blieb aber im Grunde eine bloße Horizontalaufnahme, weil zunächst die exakte Höhenlage aller Geländepunkte noch unbekannt war, und nur einige wenige unsichere barometrische Höhenmessungen für Hauptpunkte zur Verfügung standen.

Zur Gebirgsdarstellung ist damals nicht nur die Bergschraffenmethode, sondern auch die „Panorama"-Darstellung[52] angewendet worden. Das Kunstwort „Panorama" stammt aus der griechischen Wörterkombination „παν" (alles) und „όραμα" (das Geschaute, die Erscheinung usw.) und bezeichnet eine besondere Form von landschaftlichem Gemälde, die eine 360-Grad-Ansicht wiedergeben kann. Diese Form ist ca. zwischen 1780 bis 1790 von verschiedenen, unabhängig voneinander arbeitenden Malern entwickelt worden. Interessant ist hier der Zusammenhang mit den Symptomen der „Seh-Sucht" um 1800. Oettermann nennt in seiner Einführung über die Geschichte des Panoramas z.B. Goethes berühmte Beschreibung über die Turmbesteigung des Münsters in Straßburg. Was Goethe in Straßburg zuerst getan hat, war tatsächlich nichts anderes als die Turmbesteigung mit dem Zweck, seine „Seh-Sucht" zu stillen: Nach Oettermann waren die Kirchtürme in jener Zeit nicht mehr „Wegweiser des gläubigen Blicks", sondern ermöglichten es, gottähnlich werden zu können, indem man nicht mehr an ihnen „hinauf", sondern von ihnen „hinab" blickt. Die im letzten Drittel des 19. Jahrhunderts gebauten zahllosen Bismarcktürme, das Hermannsdenkmal und selbst der Eiffelturm können als Glieder einer Kette solcher Bauten angesehen werden, von denen aus sich der Blick auf den Horizont weiten konnte.

Bald war man allerdings mit dem Ausblick von Türmen nicht mehr zufrieden: Man begann Berge zu ersteigen. Der Alpinismus in Europa[53] beginnt gegen Ende des 18. Jahrhunderts und entwickelt sich während der ersten beiden Drittel des 19. Jahrhunderts mit planmäßiger bergsteigerischer und wissenschaftlicher Tätigkeit in der Bergwelt. Die Anfänge des Alpinismus fallen genau in die Zeit der Entdeckung des Horizonts.[54] Fast gleichzeitig gelingt der Ballonflug. Dadurch gewann man ebenfalls einen „Panorama-Blick" aus der Vogelperspektive.

Einer der Berge auf der Welt, die man „ersteigen" musste, war damals für die Europäer vor allem der Montblanc. Dessen Gipfel erreichten als erste am 7. August 1786 Jacques Balmat und der Mediziner Michel-Gabriel Paccard. 1787 stieg Balmat mit einer

---

[52] Über die ausführliche Entstehungsgeschichte siehe Oettermann, Stefan: *Das Panorama: die Geschichte eines Massenmediums.* Frankfurt a.M. 1980, hier S.7ff.

[53] Darüber z.B. Scharfe, Martin: *Berg-Sucht. Eine Kulturgeschichte des früheren Alpinismus 1750-1850.* Wien/Köln/Weimar 2007. Die europäische Bewegung des Alpinismus hat außerdem stets einen politischen Bezug. So hatten sich bei der Eroberung der Alpen „Vertreter des viktorianischen England, das damals die Welt beherrschte, den Löwenanteil gesichert." Vgl. *Berge, eine unverständliche Leidenschaft. Buch zur Ausstellung des Alpenverein-Museums in der Hofburg Innsbruck.* Hrsg. v. Philipp Felsch, Beat Gugger und Gabriele Rath. Wien/Bozen 2009, 2. Auflage, S.13. Und in Frankreich sollte der Alpinismus die Revanche gegenüber Deutschland vorbereiten. Die 1874 begründete Doktrin des französischen Club alpin lautet „Für das Vaterland auf dem Weg über die Berge". (Ibid., S.27)

[54] Oettermann: *Das Panorama,* S.11. Über Panorama vgl. auch Graczyk, Annette: *Das literarische Tableau zwischen Kunst und Wissenschaft.* München 2004. S.284ff.

anderen Gruppe zum zweiten Mal auf den Montblanc, und am 3. August desselben Jahres führte er im Zuge der dritten Besteigung Horace-Bénédict de Saussure (1740-1799) auf den Gipfel. Dieser hatte vor, dort physikalische Beobachtungen vorzunehmen und eine Karte des Gebirgsmassivs zu erstellen. Die Expedition erregte in ganz Europa Aufsehen, und Kant erblickte darin ein Beispiel des „Sittlich-Erhabenen". Goethe lernte Saussure bereits 1779 in Genf persönlich kennen.

Eine wichtige Rolle spielte hier das Panorama als Hilfsmittel der damaligen „Geognosie", die aus einer Mischung von Kartographie, Biologie, Geologie und Geographie besteht. Saussure ist vermutlich der erste, der ein wissenschaftliches Horizontalpanorama fertigte:[55] Dem ersten Band seiner geographischen Studien *Voyage dans les Alpes* (1776) fügte Saussure eine selbst gestochene Panoramakarte *Vue circulaire des montagnes* hinzu: Der Beobachter im Mittelpunkt des Panoramas scheint auf der Spitze des Berges stehend von einem Kreis von Bergen eingeschlossen zu sein. Seine horizontale Projektion ist zwar für heutige Leser fremd und schwer zu verstehen, ist aber vor dem Hintergrund des Bergschraffensystems (siehe den vorigen Abschnitt über Gerstenbergk) zu sehen, das gleichfalls eine bloße Horizontalaufnahme war. Das Horizontalpanorama von Saussure spiegelt also deutlich die topographischen Vorstellungen und Sehgewohnheiten seiner Zeit wider.

Was das für uns heute gewöhnliche Vertikalpanorama anbelangt, soll Hans Conrat Escher von der Linth (1767-1823) der erste gewesen sein, der unabhängig von anderen Gestaltern von Panoramen wie Robert Barker in England und Johann Adam Breysig in Deutschland die Alpenwelt als „Vollrund-Vertikalpanorama" dargestellt hat.[56] Escher ist Journalist, Staatsmann und Politiker, aber gleichzeitig Ingenieur und Naturforscher von Beruf. 1792 soll er auf der Spitze des Dieudo am Gotthard eine vollständige Zirkularansicht gezeichnet haben. Wer allerdings zum ersten Mal überhaupt die Darstellung von einem wissenschaftlichen „Halbrund-Vertikalpanorama" versuchte, ist laut Oettermann der Physiker und Mathematiker Jacques-Barthélemy Micheli Du Crest (1699-1766) mit seinem Werk *Prospect géométrique des montagnes neigées, dites Gletscher, telles qu'on les découvre en temps favorable depuis le château d'Aarbourg, dans les territoires des Grisons, du canton d'Ury et de l'Oberland du canton de Berne* (1755). Zwar waren die eingesetzten wissenschaftlichen Instrumente noch primitiv und die Messergebnisse fehlerhaft, aber die Abbildung der Landschaft war genial: Das Panorama unterstützte die topographische Darstellung und verknüpfte sich mit einer neuen Denkform zur Idee eines „Welt- oder Naturgemäldes". Zum Beispiel entwarf Alexander von Humboldt bereits 1802 ein Naturgemälde, in dem er alle Erscheinungen auf der Oberfläche der Erde und im Luftkreis darbietet. Dabei plante Humboldt einen Vergleich zwischen den höchsten Erhebungen der Alten und der Neuen Welt. Während der Montblanc als die höchste Erhebung der Alpen genannt wird, ist seines Erachtens der Chimborazo als der höchste Berg der Andenkette in der Neuen Welt anzusehen.[57]

---

55 Vgl. Oettermann: *Das Panorama,* S.28.

56 Ibid., S.27f.

57 In der Tat erwähnt Humboldt in seiner 1837 veröffentlichen Abhandlung *Ueber zwei Versuche den Chimborazo zu besteigen* den Montblanc und versucht den Vergleich: „Die Höhe des Montblanc ist im Verhältnis der Gestaltung der Cordilleren so unbeträchtlich, dass in diesen vielbetretene Wege (Pässe) höher liegen, ja selbst der obere Theil der grossen Stadt Potosi dem Gipfel des Montblanc nur um 323 Toisen

Früher hatte man sich vorgestellt, dass die Berge wie „hässliche Beulen“ oder „Geschwülste“ der Erde wären. Erst in der zweiten Hälfte des 18. Jahrhunderts entdeckte man dann die Schönheit der Alpen. Diese neu entdeckte schöne Landschaft[58] ist oft Gegenstand von Forschungen zur Geschichte des Tourismus. In Bezug auf die Eroberung der Alpen weist Scharfe jedoch mit Recht in seiner Studie *Berg-Sucht. Eine Kulturgeschichte des frühen Alpinismus 1750-1850* (2007) darauf hin, dass die Rolle des Militärs in diesem Kontext noch zu wenig erforscht und kaum anerkannt ist: Seines Erachtens kann noch „überhaupt nicht abgeschätzt werden, was die Triangulation, Landesaufnahmen, Kartenprojekte für unsere heutige Kenntnis der Alpen geleistet haben.“[59]

(2) Alexander von Humboldts *Versuch, den Gipfel des Chimborazo zu ersteigen*

Um 1800 herrschte in Europa also eine gewisse „Seh-Sucht“.[60] Es ist daher einleuchtend, dass der Besteigungsversuch des Andenvulkans Chimborazo durch A. v. Humboldt seinerzeit weltweit große Aufmerksamkeit erregte. Er unternahm diesen kühnen Versuch am 23. Juni 1802 zusammen mit Aimé Bonpland und Carlos Montúfar. Nach dem Abstieg vom Chimborazo skizzierte Humboldt gleich an dessen Fuß das „Naturgemälde“: Er malt mit Aquarellfarben das Profil der äquatorialen Breiten in der Nähe des Chimborazo „mit allen von ihm in Relation zur Höhe beobachteten Naturerscheinungen“.[61] Zwar gibt er erst im Jahre 1837 – auf der Tagung der Gesellschaft Deutscher Naturforscher und Ärzte – einen Bericht über die Chimborazo-Besteigung: *Ueber zwei Versuche den Chimborazo zu besteigen,* dann ebenfalls im Jahrbuch für 1837. Er hat diese Abhandlung später noch einmal leicht überarbeitet, und in einem Buch mit dem Titel „Kleine Schriften“ erscheint schließlich 1853 *Ueber einen Versuch den Gipfel des Chimborazo zu ersteigen.* Seine Zeitgenossen aber konnten bereits während der Forschungsexpedition (1799-1804) aktuelle Nachrichten erhalten, wie z.B. durch Bertuchs Zeitschrift *Allgemeine Geographische Ephemeriden* (abgekürzt *A.G.E.*) oder Zachs *Monatliche Correspondenz zur Beförderung der Erd- und Himmelskunde* (abgekürzt *M.C.*).[62]

---

nachsteht.“ Zitat aus Humboldt, Alexander von: *Über einen Versuch den Gipfel des Chimborazo zu ersteigen. Mit dem vollständigen Text des Tagebuches „Reise zum Chimborazo“.* Hrsg. und mit einem Essay versehen von Oliver Lubrich und Ottmar Ette. Frankfurt a.M. 2006, S.131.

[58] Darüber z.B. Nicolson, Hope Marjorie: *Mountain Gloom and Mountain Glory. The Development of the Aesthetics of the Infinite.* Seattle and London 1997 (Reprint von 1959); vgl. auch Camporesi, Piero: *Le belle contrade: nascita del paesaggio italiano.* Mirano 1992, ins Japanische übersetzt als 『風景の誕生』*Fûkei no Tanjyô* von Etsuko Nakayama. Tokio 1997 usw.

[59] Zitat aus Scharfe: *Berg-Sucht,* hier S.45. Scharfe nennt hier bloß einen Namen des österreichischen Offiziers von Welden, der über den Monte Rosa die Dreiecksnetze der französischen und italienischen Vermessungsingenieure verknüpfen wollte.

[60] Vgl. Oettermann: *Das Panorama,* S.9ff. Hier zitiert Oettermann als ein Beispiel zum Ausdruck der Seh-Sucht eine Strophe aus Goethes Gedicht *An Schwager Kronos* (1774): „Weit, hoch, herrlich der Blick/ Rings ins Leben hinein,/ Vom Gebirg zum Gebirg/ Schwebet der ewige Geist/ Ewigen Lebens ahndevoll.“ (Zitat aus MA 3.2, S.30)

[61] Humboldt, Alexander von: *Mein vielbewegtes Leben. Der Forscher über sich und seine Werke.* Ausgewählt und mit biographischen Zwischenstücken versehen von Frank Holl. Frankfurt a.M. 2009, hier S.183.

[62] Casper, S. Jost: *Die „geheimnißvolle Ziehkraft hoher Berge“ oder „Als Humboldt den Chimborasso bestieg, war die Luft so dünn, dass er nicht mehr ohne Brille lesen konnte.“ Zum 200. Jahrestag der Besteigung des Andenvulkans durch*

Während seine Zeitgenossen sich enthusiastisch für seine Besteigung interessierten, war Humboldt der Ehrgeiz des modernen sportlichen Bergsteigers völlig fremd. Ihn beherrschte allein der wissenschaftliche Erkenntnisdrang, um anhand seiner hochleistungsfähigen verschiedenen Messinstrumente möglichst viele und exakte Daten für sein physikalisches Naturgemälde zu sammeln. Diese Grundhaltung, nicht der Bergbesteigung an sich, sondern der Vermessung beim Bergsteigen die Hauptbedeutung beizumessen (inklusive des Themas der „Entmystifizierung" der Berge), wird übrigens in vergleichbarer Weise bei dem japanischen Vermessungsingenieur Shibasaki und dessen trigonometrischer Arbeit für den Berg Tsurugi im fünften Kapitel zu beobachten sein.

Die exakte Höhe des Chimborazo zu berechnen, ist für Humboldt außerordentlich wichtig. In der Goethe gewidmeten deutschen Ausgabe *Ideen zu einer Geographie der Pflanzen nebst einem Naturgemälde der Tropenländer. Auf Beobachtungen und Messungen gegründet, welche vom 10ten Grade nördlicher bis zum 10ten Grade südlicher Breite, in den Jahren 1799, 1800, 1801, 1802 und 1803 angestellt worden sind*[63] (1807) erwähnt Humboldt in der Vorrede die Höhenmessung mittels Barometer:

> Herr Delambre hat mein Tableau der Berghöhen mit mehreren, nie bekannt gemachten eigenen Messungen vermehrt. Ein Theil der meinigen ist nach der neuen Laplace'schen Barometerformel durch Herrn Prony berechnet worden. Eben derselbe hat mit der gefälligsten Bereitwilligkeit die Berechnung von mehr als vier hundert Messungen übernommen. (S.VIII-IX)

Es geht hier um die Höhe des Chimborazo. Zunächst verglich Humboldt seine Daten mit denen von der Expedition der Französischen Akademie in Peru, vor allem von Pierre Bouguer und La Condamine, deren Tätigkeit in Peru im zweiten Kapitel ausführlich beschrieben ist:

> Ich habe das Profil der Andeskette ihren höchsten Gipfel, den Chimborazo, durchschneiden lassen, welcher unter 1° 27' südlicher Breite und 0° 19' westlich vom Meridian von Quito liegt. Die Höhe dieses Kolosses ist dreymal im Jahr 1741 durch die französischen und spanischen Astronomen, und im Jahr 1802 durch mich selbst gemessen worden.[64]

Humboldt erklärt: „La Condamine bestimmt ihn auf sechs tausend zwey hundert vier und siebzig Meter (3 220 Toisen); Don Jorge Juan, der tiefsinnige spanische Geometer, auf sechs tausend fünf hundert sechs und achtzig Meter (3 380 Toisen)."[65] Don Jorge Juan und Antonio de Ulloa sind spanische Offiziere (vgl. Kapitel I-3), die Bouguer und La Condamine zur Unterstützung und zur Kontrolle der Expedition nach Südamerika be-

---

Alexander von Humboldt, Aimé Bonpland und Carlos Montúfar am 23. Juni 1802. In: Haussknechtia. Mitteilungen der Thüringischen Botanischen Gesellschaft. Heft 9 (2003), S.207-222, hier S.215.

63 *Al. von Humboldt und Aimé Bonpland's Reise. Erste Abtheilung: Allgemeine Physik, und historischer Theil der Reise. Bd.1. Einleitung, oder Ideen zu einer Geographie der Pflanzen, nebst einem Naturgemälde der Tropenländer.* Mit einer Kupfertafel. Tübingen, bei F. G. Cotta. Paris, bey F. Schoell (1807). Hier ist das Exemplar des Goethe-Museums in Düsseldorf verwendet.

64 Ibid., S.47.

65 Ibid., S.48.

gleiteten. Um diese Daten genau miteinander zu vergleichen, berichtet Humboldt, dass er ebenfalls eine trigonometrische Messung versuchte:

> Während meines Aufenthaltes in der neuen Stadt Riobamba habe ich durch eine trigonometrische Messung, die ich in der Bimssteinebene von Tapia angestellt, den höchsten Gipfel des Chimborazo, bey der Annahme von einem Vierzehntel Strahlenberechnung, um drey tausend sechs hundert und vierzig Meter (1867 Toisen) über der Ebene erhaben gefunden.[66]

Infolgedessen gibt Humboldt die Höhe des Chimborazo mit 6 543 m an (=3 357 Toisen; 1 Toise entspricht 1,949 m). Es bestehen somit kleine, aber deutliche Unterschiede in den Ergebnissen: Die Höhe des Chimborazo (heute mit 6 310 m festgestellt) beträgt nach Condamine ca. 6 276 m, nach dessen spanischem Kollegen Don Jorge Juan ca. 6 588 m, und nach Humboldt 6 543 m. Humboldt vergleicht selber die verschiedenen Höhenmessungen miteinander:

> In den neusten Messungen von Mechain [sic!] und Delambre finden sich indess noch stärkere Differenzen mit älteren Messungen: Puy-Marie, nach Cassini 956 Toisen; nach Delambre, 851 Toisen: Mont-d'or, nach Cassini, 1048 Toisen; nach Delambre, 968 Toisen. Pic du Midi, nach Mechain, 1470 Toisen; nach Vidal, 1506 Toisen: Montblanc, nach Deluc, 2391 Toisen; nach Pictet, 2426 Toisen; nach Saussure, 2450 Toisen.[67]

Das Quecksilber-Barometer wurde 1643 in Italien von Evangelista Torricelli (1608-1674) erfunden. Bald danach fand Blaise Pascal (1623-1662) durch Experimente in unterschiedlichen Höhen heraus, dass die Ausdehnung der Quecksilbersäule sich mit der Höhe über dem Meeresspiegel verändert. Seitdem verwendete man als Höhenmesser Barometer, die auf den Luftdruck unter Normalbedingungen geeicht sind: Mittels der barometrischen Höhenformel mit den Parametern Meereshöhe und Luftdruck lässt sich die gesuchte Höhe berechnen.[68] Da aber diese Messmethode stets durch örtliche Einflüsse beeinträchtigt wird, bemühte sich Humboldt darum, durch Triangulation wissenschaftlich genauere Daten zu bekommen. Humboldt schrieb z.B. am 25. November 1802 an seinen Bruder Wilhelm: „La Condamine fand den Chimborazo an die 3217 Toisen hoch. Die trigonometrische Messung die ich zweimal verschiedentlich durchführe, ergab bei mir einen Wert von 3267, und ich habe einigen Grund, meiner Operation zu trauen".[69] Auch

---

66 Ibid., S.49f.

67 Humboldts Anmerkungen zu *Ideen zu einer Geographie der Pflanzen*, S. 49.

68 In der Tat erwähnt Humboldt in seinem Text auch den Luftdruck. „Saussure hat das Barometer auf dem Gipfel des Mont-Blanc bis 0,43515 Meter (16 Zoll 0,9 Linie) herabsinken sehen. La Condamine und Bouguer fanden auf dem Corazon (südlich von der Stadt Quito) 0,42670 Meter (15 Zoll 9,2 Linien). Ich bin auf dem Chimborazo zu einer Höhe gelangt, in welcher das Barometer nur 0,37717 Meter (13 Zoll 11,2 Linien) zeigte. Aber Herr Gay-Lussac hat in seiner aerostatischen Reise eine Luftdünne ertragen, welche durch einen Barometerstand von 0,3288 Meter (12 Zoll 1,8 Linie) ausgedrückt wurde." ibid., S.100f. Vgl. auch Ausstellungskatalog: *Montagna. Arte, scienza, mito. da Duerer a Warhol.* Milano 2003, S.223-231: *La vista dal Chimborazo. Alexander von Humboldt e lo studio globale delle montagne.*

69 Zitat aus Humboldt, Alexander von: *Brief an Wilhelm von Humboldt aus Lima vom November 1802.* In: *Über einen Versuch den Gipfel des Chimborazo zu ersteigen.* Frankfurt a.M. 2006, hier S.109.

am Anfang seines Berichtes *Ueber zwei Versuche den Chimborazo zu besteigen* (1837) betont er die Exaktheit der Triangulation:

> Das Erreichen grosser Höhen ist von geringem wissenschaftlichen Interesse, wenn dieselben weit über der Schneegrenze liegen, und nur auf wenige Stunden besucht werden können. Unmittelbare Höhenbestimmungen durch das Barometer gewähren zwar den Vorteil schnell zu erhaltender Resultate, doch sind die Gipfel meist nahe mit Hochebenen umgeben, die zu seiner trigonometrischen Operation geeignet sind, und in denen alle Elemente der Messung wiederholt geprüft werden können, während eine einmalige Bestimmung mittels des Barometers, wegen auf und absteigender Luftströme am Abhange des Gebirgstockes und wegen dadurch erzeugter Variation in der Temperaturabnahme, beträchtliche Fehler in den Resultaten erzeugt.[70]

Die französischen Astronomen Delambre und Méchain, auf deren Namen sich Humboldt beruft, führten bekanntlich von 1792 bis 1798 als Projektleiter die Breitengradmessung am Meridian durch. Ihre Ergebnisse galten damals als die exaktesten der Welt. Bis zu diesem Zeitpunkt (um 1800) hatte man die Methode zur Bestimmung der Längen- und Breitengrade stetig vervollkommnet, und durch die trigonometrische Vermessung waren unzählige Punkte auf der Erdoberfläche festgelegt. Im Gegensatz dazu gab es wesentlich weniger Daten für die Höhenbestimmungen. Andererseits interessierte man sich gerade durch die Ergebnisse der französischen Breitengradmessung um so mehr für die wahre Gestalt, genauer gesagt für die Krümmung der Erde. Von nun an erweckte die Höhenmessung als eines der wichtigsten wissenschaftlichen Themen allgemeine Aufmerksamkeit.

(3) Wilhelm Adolph Miltenbergs *Die Höhen der Erde* (1815)

In diesem Zusammenhang gibt es ein interessantes Werk, das Wilhelm Adolph Miltenberg (Lebensdaten unbekannt) 1815 veröffentlichte: *Die Höhen der Erde, oder systematisches Verzeichnis der gemessenen Berghöhen und Beschreibung der bekanntesten Berge der Erde, nebst einem Anhange, enthaltend die Höhen von vielen Städten, Thälern, Seen etc. Ein Beitrag zur physischen Erdkunde* (Frankfurt a.M., 1815). Der Verfasser ist Professor am Gymnasium zu Frankfurt am Main und versucht hier, die zunächst für seinen Unterricht gesammelten „Höhen-Angaben zusammenzustellen und zu einem Ganzen zu ordnen", und weil man „in den neueren Zeiten" der natürlichen Erdbeschreibung mehr Aufmerksamkeit schenkt, „so wurden in dieser Hinsicht besonders auch die Gebirge und Höhen der Erde genauer untersucht."[71] Als Materialien arbeitet Mittenberg Auszüge aus Fachschriften ein, sowohl aus den *A.G.E.* als auch aus der *M.C.* Ihm steht darüber hinaus einer der Begründer der wissenschaftlichen Geographie, Carl Ritter (1779-1859), als Berater zur Seite, der damals noch in Göttingen an seinem Hauptwerk *Die Erdkunde im Verhältnis zur Natur und Ge-*

[70] Humboldt, A. v.: *Über einen Versuch den Gipfel des Chimborazo zu ersteigen,* hier S.131.

[71] Zitat aus Miltenberg, Wilhelm Adolph: *Die Höhen der Erde, oder systematisches Verzeichnis der gemessenen Berghöhen und Beschreibung der bekanntesten Berge der Erde, nebst einem Anhange, enthaltend die Höhen von vielen Städten, Thälern, Seen etc. Ein Beitrag zur physischen Erdkunde.* Frankfurt a.M. 1815, Vorrede.

schichte des Menschen, oder allgemeine vergleichende Geographie als sichere Grundlage des Studiums und Unterrichts in physikalischen und historischen Wissenschaften arbeitete.

In der ersten Abteilung des Werkes stellt Miltenberg eine Liste der *Höhenangaben von Bergen, Thälern und andern hohen Punkten* mit „französischem Fuss" als einheitlichem Maßstab zusammen. Dabei zählt er wichtige Beobachter auf und fügt jeweils die von ihnen ermittelten Daten ein, bezogen auf Meereshöhe. Beispielsweise findet man den Namen „Vesuv" bei Neapel auf Seite 2 der Liste mit zwei Höhenangaben: nach „Saussure 3 659" (ca. 1 171 m; ein französischer Fuß entspricht ca. 32 cm), und nach „Humboldt 3 504" (ca. 1 121 m). Auf Seite 13 steht die Höhenangabe des Montblanc in Savoyen, der „der höchste Berg der alten Welt" – heute der höchste Berg der Alpen mit 4 810,9 m Höhe – sein sollte. Sie beträgt nach Saussure 14 676 (ca. 4 696 m) und nach De Luc 14 346 (ca. 4 591 m). Hier sind als weitere Beispiele einige Angaben zusammenfassend tabellarisch angefügt:

Beispiel 1: (S. 70) Der Inselsberg (auf der damaligen gothaischen und hessischen Grenze; heute „Großer Inselsberg" 916,5 m = ca. 2 864 fr. Fuß)

3 127	Voigt
2 832	von Zach
2 791	von Hoff
2 449	Lindenau

Beispiel 2: (S. 96) Der Mont d'Or (in Vallorbe, heute 1 463 m = ca. 4 572 fr. Fuß)

6 288	Cassini
5 820	Méchain
5 814	Delambre
5 751	Berger
5 655	von Buch

Die angegebenen Vermesser in den beiden Beispielen sind führende Astronomen oder Geologen, die bereits im ersten Kapitel dieses Buches erwähnt wurden. Es ist trotzdem auffallend, dass die Ergebnisse nicht einheitlich, sondern eher unterschiedlich sind wie auch beim Chimborazo (heute 6 267 m = ca. 19 584 fr. Fuß):

S.116	Der Chimborazo in Quito	20 280	Don Jorge Juan u. Ulloa
		20 148	Humboldt
		19 320	Bouguer, La Condamine

Dieses Werk Miltenbergs enthält zwar keine illustrierte Gebirgsdarstellung, also weder Horizontal- noch Vertikalpanoramen, stattdessen besteht die zweite Abteilung aber aus Profilen der bedeutendsten Berge in der Welt, woraus man vielleicht eine gewisse Tendenz der Seh-Sucht in jener Zeit erkennen kann. Der ganze Text über den Chimborazo lautet:

> Der Chimborazo ist, so viel bis jetzt bekannt ist, der höchste Berg unseres Erdbodens, der von den Küsten der Südsee aus, wann die Luft nach den langen Winterregen plötzlich sehr durchsichtig geworden ist, wie eine Wolke am Himmel erscheint, und sich majestätisch

über die ganze Anden-Kette erhebt. Es war ehedem ein Vulkan und wird es vielleicht späterhin wieder seyn, und von Humboldt fand auf demselben, selbst noch in einer Höhe von 18,186', Bimssteine und verbrannte Felsen. Bouguer behauptet, dass es an seinem Fusse, wo er nichts als Schnee erblickte, gar nicht mehr regne, und dass der in Schnee gehüllte Theil dieses Berges höher als 4800' sey. Am 13.[sic!] Jun. 1802 versuchten von Humboldt, Bonpland und Montufar diesen Bergcoloss auf einer schmalen Gräte, die sich auf der Südseite aus dem Schnee erhob, zu ersteigen, und gelangten, trotz dem dicken Nebel und der dünnen Luft, bis zu der obenangegebenen Höhe von 18,186'. Aber hier fühlten die Reisenden Uebelkeit, Schwäche, Neigung zum Erbrechen und das Blut drang ihnen aus den Lippen. Auch wurden sie durch eine fürchterliche Aushöhlung gehindert, den abgerundeten Gipfel des Chimborazo selbst, zu dem sie noch etwa 1400' hatten, völlig zu ersteigen. Doch wurde von ihnen der Berg auf der dürren und mit Bimssteinen bedeckten Ebene von Tapia, welche die Höhe des Canigou hat, gemessen, und sie fanden die Masse des Berges so enorm, dass ein Theil desselben, welchen das Auge nahe bey der Gränze des ewigen Schnee's auf einmal umfasst, eine Breite von 7000 Meter hat. Auch wurde bey dem Besteigen dieses Berges die Abnahme der Wärme zu 101 Toise für jeden Grad des 100theiligen Thermometers gefunden, und aus den mittleren Temperaturen ergaben sich zwischen dem Meeresspiegel und 16,938' Höhe ebenfalls 600' für jeden Thermometergrad. Wer also unter den Tropen 7686' abwärts steigt, gelangt vom Clima von Berlin in das von Rom.[72]

Bemerkenswert ist, dass es sich trotz des emotionellen Höhepunkts der Bergbesteigung bei Humboldt hauptsächlich um die physikalische Beschreibung anhand verschiedener Messgeräte handelt. Damals herrschte offensichtlich nicht nur „Seh-Sucht", sondern auch eine gewisse „Mess-Sucht".

Übrigens, ähnliche Höhenangaben zu den Bergen der Welt sind trotz der damaligen Abschottung Japans gegen europäische Länder – worüber im nächsten Kapitel ausführlich zu berichten sein wird – erstaunlicherweise in einer japanischen Geographiestudie ebenfalls bereits in der ersten Hälfte des 19. Jahrhunderts zu finden. Der japanische Geograph der Edo-Zeit, Schôgo Mitsukuri (箕作 省吾 1821-1847), gab im Jahre 1842 den neuen Weltatlas *Shinsei-Yochi-Zenzu* (『新製万国輿地全図』) heraus. Zum besseren Verständnis verfasste er die erwähnte Geographiestudie, nämlich *Konyo-Zushiki* (『坤輿図識』, 1845, 3 Bde.) mit Ergänzungen *Konyo-Zushiki-ho* (『坤輿図識補』, 1846, 4 Bde.).[73] Darin fasste er neue geographische Kenntnisse aus ca. 20 europäischen Fachbüchern und Fachzeitschriften zusammen und stellte den japanischen Lesern u.a. auch den Vulkan Chimborazo vor. Dessen Höhe sei hier „21 464 Shaku" nach damaliger japanischer Maßeinheit (ein japanischer Shaku ist ca. 30,3 cm), also 6 503,59 m.

(4) Der meteorologische Hintergrund der Interessen von Carl August und Goethe

Das Jahr 1815, in dem Miltenbergs Werk erschien, brachte einen entscheidenden Anstoß für Goethes meteorologische Interessen: Großherzog Carl August ließ eine Wetterstation „Schöndorf" auf dem Ettersberg, dem höchsten Punkt am nördlichen Rand der Stadt

---

72 Ibid., S.194f.

73 Beide originalen Werke von Shôgo Mitsukuri besitzt die Keio-Universitätsbibliothek (Mita-Media-Center) in Tokio. Hier *Konyo-Zushiki-ho,* Bd.1, Blatt 22.

Weimar (477,8 m Höhe), errichten. Durch seine Vermittlung lernte Goethe die Wolkenlehre des englischen Apothekers Luke Howard (1772-1864) kennen. Howard gelang dabei die Benennung der drei grundsätzlichen Wolkentypen: Cirrus, Cumulus und Stratus. Diese Lehre zog Goethe sogleich an, weil sie seinen morphologischen Studien entgegenkam und ihn auch am Himmel gesetzmäßig Gestaltetes erkennen ließ.

In den bisherigen Studien wird aber kaum thematisiert, warum Großherzog Carl August und Goethe sich in diesem Zeitraum so für die Meteorologie interessierten. Andererseits deutet Hamblyn[74] darauf hin, dass eine plötzliche klimatische Veränderung im Jahre 1783 wohl auf Howard schon als Schüler einen entscheidenden Einfluss ausgeübt hat. Nach Hamblyn herrschte damals in Nordeuropa eine gewisse Panikstimmung durch diese „universelle Störung der Natur" (ibid., S. 62). Es handelte sich um heftige vulkanische Aktivitäten: Zunächst erfolgte im März 1783[75] ein zwölftägiger großer Ausbruch des Vulkans Iwaki (岩木山) auf der Hauptinsel Honshû mit einem gewaltigen Ascheregen. Im April brach ein weiterer Vulkan, der Aoga-shima (青ヶ島: dt. übersetzt „blaue Insel", eine ca. 350 km südlich von Tokio entfernte Insel vulkanischen Ursprungs; d. Vfn.), heftig aus. Über fast ganz Japan soll sich ein sichtbarer Dunst in der Troposphäre gebildet haben. Dann brach im Mai und noch einmal im August dieses Jahres der große Vulkanschlot Asama (浅間山) auf der Insel Honshû aus. Über 1 000 Dorfbewohner in der Umgebung starben dabei. Das Tageslicht wurde über Nordjapan für einige Monate abgeschirmt, Missernten und eine Hungersnot, bekannt als „Tenmei-Hunger" (天明大飢饉), waren die Folge; bis 1787 waren über 300 000 Menschen verhungert. Man analysiert heutzutage, dass die Temperatur damals durchschnittlich um zwei Grad Celsius sank. Auch an anderen Stellen der Nordhalbkugel gab es vulkanische Aktivitäten. Anfang Mai 1783 brach vor Islands Küste, auf dem Reykjanes-Rücken, ein Vulkan aus, dann folgte im Juni der größere Spaltenvulkan von Laki, dessen Tätigkeit über ein halbes Jahr andauerte. Genauso wie Japan litt Island unter einer Hungernot; die Rede ist von einem Bevölkerungsrückgang um ein Viertel. Der Winter 1783/84 war daher nicht nur in Asien, sondern auch in Europa sowie im Osten der USA deutlich zu kalt. Benjamin Franklin vermutete damals schon, dass die extreme Kälte die direkte Auswirkung eines Staubnebels in der Atmosphäre sein könnte. Unmittelbar nach diesem extrem kalten Winter folgten in Mitteleuropa noch schwere Überschwemmungen im Februar und März 1784.

Am 8. Dezember 1815 schreibt Goethe im Tagebuch: „Wolckenerscheinungen durch Howard." (WA III-5, S.195) Es geht um die erste Bekanntschaft mit Howards Wolkenlehre. Goethe liest am darauf folgenden Tag Howards Abhandlung *Versuch einer Naturgeschichte und Physik der Wolken* in den *Annalen der Physik* 51 (1815), eine Übersetzung aus dem 1811 in Nicholsons *Journal* erschienenen Artikel *The Natural Story of Clouds* (dritte Fassung vom Original 1803) durch Ludwig Wilhelm Gilbert, Professor der Physik an der Universität Halle.

In diesem Jahr, und zwar im April 1815, brach der Vulkan „Tanbora" auf der östlich von Java gelegenen Insel Sumbawa in Indonesien mit einer Intensität von sieben auf dem

---

[74] Hamblyn, Richard: *Die Erfindung der Wolken*. Frankfurt a.M./Leipzig 2003, S.58.

[75] Bei Hamblyn steht Anfang Dezember 1782 (siehe S.66f.), wohl dem alten japanischen Mondkalender entsprechend. Die Angaben über die vulkanischen Ereignisse in Japan bei Hamblyn korrigierte die Verfasserin hier im Text durch Vergleich mit japanischen Materialien.

Vulkanexplosivitätsindex aus. Es soll die größte Eruption seit 200 Jahren gewesen sein. Durch diesen Ausbruch starben mindestens 71 000 Menschen auf Sumbawa und Lombok, hiervon 11 000 – 12 000 Menschen direkt durch die Eruption. Der Staubnebel blieb vermutlich bis 1819 in der Atmosphäre und verursachte wiederum eine globale Abkühlung: das sogenannte „Jahr ohne Sommer 1816“[76]. Berichtet wurde auch von weiteren Vulkan-Ausbrüchen auf der Welt. So brach 1815 der Vulkan Asama in Japan erneut aus. Im Goethe- und Schiller-Archiv (GSA) in Weimar befindet sich ein Bericht über eine außergewöhnliche Witterung, den wahrscheinlich Knebel für Goethe abgeschrieben hat: *Einige meteorologische Beobachtungen vom Jahre 1815* des belgischen Pharmazeuten und Chemikers Jean-Baptiste-Ferdinand-Antoine-Joseph van Mons (1765-1842) in Brüssel 1816 (LA II-2, M 9.2, S. 141-143). In diesem kleinen Artikel berichtet van Mons von der außerordentlichen Kälte im Winter 1815 und zählt die Ausbrüche mehrerer Vulkane als einen der Gründe der Klimaänderung auf. Angesichts von Missernten und Hungersnöten ist es plausibel, dass Carl August und Goethe gerade 1815 ein großes Interesse für die Meteorologie zeigten.

Auf der Sternwarte zu Jena[77] standen zwei Hauptaufgaben im Mittelpunkt, astronomische und meteorologische Beobachtungen. Was letztere anbelangt, wurden sie in Weimar schon eine Weile durch den Bibliothekar Theodor Kräuter (1790-1856) und in Jena durch den Bibliotheksschreiber Johann David Gottlob Compter (1795-1838) durchgeführt. An der Sternwarte zu Jena nimmt offiziell von 1819 an Johann Friedrich Posselt (1794-1823) regelmäßige Wetterbeobachtungen vor: Die Barometer- und Thermometerstände wurden täglich drei Mal (8 Uhr, 14 Uhr und 18 Uhr) registriert. Bereits im Dezember 1820 lieferte der Assistent Heinrich Ludwig Friedrich Schrön (1799-1875) die ersten meteorologischen Tabellen. Und von den 1820er-Jahren an wurde deutlich verstärktes Gewicht auf die Meteorologie gelegt, so wurde z.B. Schrön als dritter Leiter der Sternwarte zu Jena eingesetzt. Dieser war von Beruf weder Mathematiker noch Astronom wie seine Vorgänger Karl Heinrich Münchow (1778-1836) und Posselt, der vor allem einer der begabtesten Schüler von Gauß gewesen ist, sondern war als Landvermesser ausgebildet.

Posselt starb Ende März 1823 im Alter von 28 Jahren an Schwindsucht. In diesem Jahr fasste Schrön die meteorologischen Beobachtungen von 1818 bis 1820 zusammen und veröffentlichte *Meteorologische Beobachtungen des Jahres 1822 aufgezeichnet in den Anstalten für Witterungskunde im Großherzogthum Sachsen-Weimar-Eisenach.*[78] Mit diesem Thema wurde er in Jena promoviert. Um die Veränderungen der Witterung in einem möglichst großen

---

[76] Vgl. Stommel, Henry und Elizabeth: *Volcano Weather. The Story of 1816, the Year Without a Summer.* Newport 1983; Ishihara, Aeka: *Das Eismeer. Eine literarische Studie über die kleine Eiszeit und die Nordpolexpeditionen im 19. Jahrhundert.* (japanisch) In: Hiyoshi-Studien zur Germanistik. Heft 45, März 2009, Yokohama, Japan. S.1-18, hier S.5f.

[77] Vgl. Ishihara: *Makarie und das Weltall*, S.69ff.

[78] Schrön, Friedrich: *Meteorologische Beobachtungen des Jahres 1822, aufgezeichnet in den Anstalten für Witterungskunde im Großherzogthum Sachsen-Weimar-Eisenach, mitgetheilt von Großherzoglicher Sternwarte zu Jena.* Erster Jahrgang. Weimar (Verlag des Dr. S. priv. Landes-Industrie Comptoirs) 1823.

Raume untersuchen zu können, wurden nun insgesamt acht Wetterstationen im Herzogtum eingerichtet:[79]

1. Wartburg, auf dem Kamm des Thüringer Waldes
2. Eisenach
3. Ilmenau
4. Weimar
5. Schöndorf, auf dem Ettersberge bei Weimar
6. Belvedere, auf einem kleinen Berge, eine Stunde von Weimar
7. Weida, in einer waldigen Gegend an der südöstlichen Grenze des Großherzogtums
8. Sternwarte in Jena

(5) Goethe, Schrön und das meteorologische Beobachtungsnetzwerk

Nach Schmidt weist erst die am 31. Januar 1823 von der Oberaufsicht bestätigte Instruktion für Schrön auf eine systematische meteorologische Tätigkeit hin. Der Instruktion zufolge hatte Schrön folgende Aufgaben:

> Führung des meteorologischen Tagebuchs; „Vergleichung der an den einzelnen Beobachtungs-Orten aufgezeichneten Erfahrungen und Berechnung der jeden Monat entsprechenden mittleren Resultate"; „Zeichnung der graphischen Tabellen, wodurch sowohl der ganze Gang der Barometer- und Thermometer-Stände als auch eine Übersicht der Witterung [...] deutlich vor Augen gelegt wird [...]"; „Zusammenstellung und nöthige Reduktion derjenigen Beobachtungen, welche monatlich in den literarischen Notizen des Herrn von Froriep abgedruckt werden.[80]

Im Zusammenhang mit dem Thema der Vermessbarkeit der Erde ist es höchst interessant, dass Schrön bald danach eine *Einladung zur Teilnahme an barometrischen Höhenmessungen*[81] aus Berlin (datiert vom 21. März 1823) erhielt. Diese Einladung ist ein siebenseitiger Sonderdruck aus den *Annalen der Physik* und beginnt mit folgenden Zeilen:

> In einem Zeitalter, wo sich die Liebe für alles Dasjenige so sehr gesteigert hat, was zur nähern Kunde unsers planetarischen Wohnortes dient, wo ferne Reisen zum eisigen Norden und zur versengenden Sahara unternommen werden, muß es gewiß jedem unbefangenen Beobachter auffallend seyn, daß uns vom heimischen Boden oft diejenigen Kenntnisse fehlen, die wir, mit großer Sorgfalt gesammelt, von unsern Antipoden, in reicher Fülle besitzen. Wir kennen die Höhen der Kordilleren, des Kaukasus und des Himalaya's und wissen häufig nicht einmal, wie tief unter unserer eigenen Behausung das Meer seine schäumenden Wogen bricht.

---

[79] Ibid., Spalte 3.

[80] Zitat aus Schmid, Irmtraut: *Die naturwissenschaftlichen Institute bei der Universität Jena unter Goethes Oberaufsicht. Ein Beitrag zur Geschichte der Oberaufsicht über die unmittelbaren Anstalten für Wissenschaft und Kunst in Sachsen-Weimar-Eisenach.* Berlin, Univ. Dissertation 1979, hier S.170.

[81] Universitätsarchiv Jena. *Acta observatorii No.X, Akten der Großherzoglichen Sternwarte zu Jena*, Bestand S (Bd.4 MNT+MED) Abt.XLIII, Nr.11, Blatt 6-9. Sonderdruck aus *Annalen der Physik* 73, St.4 (1823), S.441-444. Derselbe wird auch im Bestand S Abt. XLIII, Nr.16, Blatt 35-39 eingeheftet.

Die Methoden zur Bestimmung der geographischen Länge und Breite haben sich in neuern Zeiten wunderbar vervollkommnet, und durch sie sind eine große Masse der Punkte unsrer Erdoberfläche ein für allemal festgesetzt; während hingegen die Anzahl der zuverläßigen Höhenbestimmungen noch immer so gering ist, daß die Idee die Erhebungen unserer Erdkruste über das sie umgürtende Wassersphäroid in dem Detail graphisch dargestellt zu sehn, wie wir dasselbe von ihren horizontalen Begränzungen zum großen Theil besitzen, jetzt kaum anders als leise Ahnung auftreten darf.[82]

Der Verfasser ist Johann Christian Poggendorff (1796-1877)[83], der gerade 1823 – genauso wie Schrön – zum meteorologischen Beobachter der Akademie der Wissenschaften in Berlin ernannt worden ist. Bemerkenswerterweise findet man auf der letzten Seite des nach Jena geschickten Sonderdrucks neben der Unterschrift Poggendorffs noch eine eigenhändige Unterschrift von Major Carl Ludwig von Oesfeld (1741-1804; geadelt 1786) als Leiter der trigonometrischen Abteilung des Königlichen Preußischen Generalstabes.

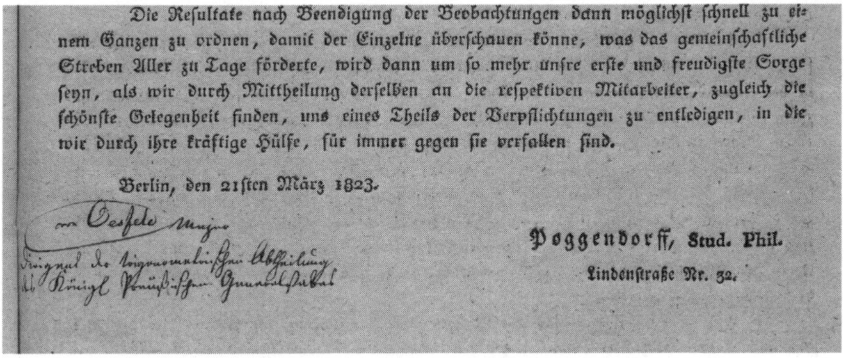
Die Resultate nach Beendigung der Beobachtungen dann möglichst schnell zu einem Ganzen zu ordnen, damit der Einzelne überschauen könne, was das gemeinschaftliche Streben Aller zu Tage förderte, wird dann um so mehr unsre erste und freudigste Sorge seyn, als wir durch Mittheilung derselben an die respektiven Mitarbeiter, zugleich die schönste Gelegenheit finden, uns eines Theils der Verpflichtungen zu entledigen, in die wir durch ihre kräftige Hülfe, für immer gegen sie verfallen sind.

Berlin, den 21sten März 1823.

von Oesfeld Major
Dirigent der trigonometrischen Abtheilung
des Königl. Preußischen Generalstabes

Poggendorff, Stud. Phil.
Lindenstraße Nr. 32.

Abb. 3: Abschnitt aus *Einladung zur Teilnahme […]* mit der Unterschrift von Oesfeld mit freundlicher Genehmigung des Universitätsarchivs Jena (UAJ) (Sig.: Bestand S Abt.XLIII. Nr. 16, Bl.38)

Oesfeld übte den Beruf eines Landkartenzeichners, Topographen, Militärschriftstellers und Zeichners im Ingenieurcorps aus. Seit 1788 war er auch als Königlich Preußischer Geheimer Rat tätig. Und sein damaliger Chef (Generalstabschef vom 1821 bis 1829) war niemand anderes als Freiherr von Müffling, den Großherzog Carl August und Goethe persönlich gut kannten (vgl. Kapitel II-2). In der Einladung erklärt Poggendorff das Hauptziel der gemeinsamen meteorologischen Beobachtung:

Norddeutschland, vom Harze, Fichtel- Erz- und Riesengebirge abwärts, bietet mit wenig Ausnahmen eine Ebene dar, die nur von unbedeutenden Höhenzügen und Hügelreihen durchschnitten wird. Dieses eignet sich also mehr wie irgend ein anderer Landstrich zu korrespondirenden Barometerbeobachtungen, zumal da es im Norden von einem Meere begränzt wird, das unmittelbar mit dem Oceane in offner Verbindung steht, und Punkte an

82 Zitat aus Sonderdruck: *Einladung zur Theilnahme an barometrischen Höhenmessungen,* hier S.1.

83 Er gibt ab 1829 als Nachfolger des oben genannten Gilbert die wissenschaftliche Zeitschrift *Annalen der Physik und Chemie* heraus.

> der Küste vorhanden sind, wo das Interesse des Handels den durch Ebbe und Fluth so sehr versteckten mittlern Wasserstand genau ausgemittelt hat. Wenn also, während hier mit tauglichen Instrumenten, sorgfältige Beobachtungen angestellt werden, sich gleichzeitig eine Anzahl genauer Beobachter an verschiedenen Punkten des Binnenlandes dahin vereinigten, den Stand ihres Barometers zu denselben Stunden zu bemerken, so liegt am Tage, daß wenn die Beobachtungen hinreichend vervielfältigt werden, die Höhe dieser Orte sich mit einer großen Genauigkeit bestimmen lassen würde. Eine Genauigkeit die mit der, welche die Berechnung mehrjähriger mittlerer Barometerstände liefert, dreist wetteifern darf.[84]

Wie Schrön schriftlich berichtet, ist eine der vorzüglichsten Anwendungen der Barometerbeobachtungen „die Berechnung des Höhenunterschieds, dessen genaueste Bestimmung man aus den arithmetischen mittleren vieler gleichzeitigen Beobachtungen des Barometers erhält".[85] Poggendorff plante daher, im Auftrag der Akademie der Wissenschaften in Berlin an verschiedenen Orten gleichzeitig Beobachtungen durchzuführen. Sein Projektplan lautet:

> In Auftrag der hiesigen Königlichen Akademie der Wissenschaften, wohlwollend unterstützt durch die lebhafte Theilnahme des Herrn Professors Erman, werde ich zu Ende des kommenden Maymonates eine Reise nach Kuxhaven unternehmen, und dort behufs einer genaueren Bestimmung der Meereshöhe von Berlin das Barometer so wie dessen Hülfsinstrumente 14 Tage[86] lang, täglich 8 mal, von 8 Uhr Morgens an, jede zweyte Stunde bis inclusive 10 Uhr Abends beobachten. Herr Major v. Oesfeld, dessen thätigem Antheil das Unternehmen einen großen Theil seiner jetzigen Ausdehnung verdankt, hat es übernommen, gemeinschaftlich mit Herrn Lieutn. Berghaus die Beobachtungen in Berlin zu führen. Auch hat sich uns noch Herr Dr. v. Chamisso angeschlossen, um nach Greifswalde zu reisen und dort am Ostseeufer den Gang des Barometers für die obige Dauer zu verfolgen, wodurch nicht nur die Höhe von Berlin in Bezug auf zwei große Wasserspiegel festgesetzt wird, sondern auch der Werth entschieden werden kann, welcher barometrischen Messungen, in so großen Entfernungen angestellt, beyzulegen ist.[87]

Somit waren an diesem Projekt namhafte Mitglieder der Preußischen Akademie der Wissenschaften beteiligt: Poggendorffs Begleiter nach Cuxhaven Paul Erman (1764-1851) hatte seit Gründung der Berliner Universität (1809) eine ordentliche Professur für Physik

---

84 Zitat aus Sonderdruck: *Einladung zur Theilnahme an barometrischen Höhenmessungen,* hier S.2.

85 Zitat aus LA II-2, S.209: 10.6, *Noch eine Anwendung der de La Placeschen Formel für die Messung der Höhen vermittels des Barometers.* Bericht von Ludwig Schrön zur barometrischen Höhenbestimmung, März 1825. In diesem Bericht erklärt Schrön dann noch eine wichtige Bedeutung der Barometerbeobachtung: „Umgekehrt läßt sich aber auch der mittlere Barometerstand eines Orts berechnen, wenn sein Höhenunterschied mit einem anderen Orte durch trigonometrische Messung oder unmittelbares Nivellement, die mittlere Temperatur beider Orte und die geographische Breite bekannt ist. Diese Berechnung könnte zum Beispiel dann Anwendung finden, wenn man bei vorliegenden Beobachtungen am Barometer und Thermometer eines Orts von der Vollkommenheit des hierzu gebrauchten Barometers nicht unterrichtet und deshalb den mittleren Barometerstand auf einem anderen Wege zu suchen genötiget wäre, während die Richtigkeit des noch vorhandenen Thermometers die Sicherheit der daraus folgenden mittleren Temperatur bestätiget, man außerdem aber auch für einen anderen Ort den mittleren Barometer und Thermometerstand nebst seinem Höhenunterschied kennt." (LA II-2, S.209f.)

86 Diese Stelle wurde gestrichen und „4 Wochen" korrigiert.

87 Zitat aus Sonderdruck: *Einladung zur Theilnahme an barometrischen Höhenmessungen,* hier S.3.

inne und bekleidete damals auch das Amt des Sekretärs der Mathematisch-Naturwissenschaftlichen Klasse der Preußischen Akademie. Wichtig ist jedoch „Lieutn. Berghaus", der auch in Gotha und Weimar tätige Kartograph Heinrich Berghaus (1793-1884). Berghaus besuchte zunächst die Schule in Münster und trat dort von 1811 bis 1813 als Ingenieurgeograph in französische Dienste. Er zeichnete sich durch eine makellose Kopie der Lecoq'schen Westfalenkarte aus, die durch trigonometrische Aufnahmen in Zusammenarbeit mit Zach in Gotha und Gauß in Göttingen entstanden war (vgl. Kapitel II). Während dieser französischen Dienstzeit entwarf er im französischen Auftrag eine handgezeichnete Karte des Lippe-Departements im Maßstab 1 : 200 000 und war gleichzeitig als Zeichner bei Bertuch im Geographischen Institut in Weimar tätig. Nach dem Studium in Marburg zog er im Frühjahr 1815 mit der preußischen Armee gegen Frankreich und besuchte dabei in Paris den damaligen preußischen Stadtkommandanten von Müffling. Dieser machte Berghaus mit Alexander von Humboldt bekannt, mit dem Berghaus von da an über 30 Jahre in ständigem wissenschaftlichen Kontakt blieb. Für Humboldts *Central Asien* (1844) zeichnete er später z.B. eine Karte *Gebirgsketten und Vulkane in Central-Asien* im Maßstab 1 : 10 000 000. Neben dem Studium in Berlin war Berghaus 1816 als Ingenieurgeograph im Kriegsministerium in Berlin angestellt und nahm bis 1821 an der trigonometrischen Landesvermessung teil. 1821 wurde er auf den Lehrstuhl für praktische Geometrie und Situationszeichnen an der Königlichen Bauakademie in Berlin berufen. Später übernahm er als Professor an der Allgemeinen Bauschule die Vermittlung der Höheren Geodäsie (ab 1830). Außerdem taucht hier noch der Dichtername Adelbert von Chamisso (1781-1838) auf, der als Naturforscher in den Jahren 1815 bis 1818 an einer wissenschaftlichen Expedition unter dem aus Weimar stammenden Kapitän Otto von Kotzebue (1788-1846) teilnahm und dabei große Teile der Küste von Alaska kartographierte.[88] Es wird deutlich, wie eng das oben genannte Projekt der barometrischen Höhenmessung mit der kartographischen Vermessungsarbeit verbunden war.

Mit der organisatorischen Beschreibung des Projektes lud Poggendorff andere Einrichtungen ein, während seines Aufenthaltes in Cuxhaven an der See (für vier Wochen) ihrerseits täglich vier- oder fünfmal meteorologische Beobachtungen durchzuführen.

Anfang Mai 1823 wurde dieses Vorhaben unter den Beteiligten in Jena/Weimar bekannt gemacht. Am 2. Mai 1823 wendet sich Poggendorff diesbezüglich persönlich an Schrön in der Sternwarte zu Jena.[89] Anscheinend nimmt die Sternwarte zu Jena die Einladung relativ schnell an. Selbstverständlich weiß Goethe als Oberaufseher über dieses Projekt gut Bescheid. Er schreibt in der zweiten Hälfte Mai 1823 an Christoph Ludwig Friedrich Schultz (1781-1834), der von Beruf Jurist und preußischer Staatsrat in Berlin ist:

---

[88] Vgl. Kotzebue, Otto von: *Entdeckungs-Reise in die Süd-See und nach der Berings-Straße zur Erforschung einer nordöstlichen Durchfahrt. Unternommen in den Jahren 1815, 1816, 1817 und 1818, auf Kosten Sr. Erlaucht des Herrn Reichs-Kanzlers Grafen Rumanzoff auf dem Schiffe Rurick unter dem Befehle des Lieutenants der Russisch-Kaiserlichen Marine Otto von Kotzebue.* 3 Bde. Weimar 1821; Chamisso, Adelbert von: *Bemerkungen und Ansichten auf einer Entdeckungs-Reise unternommen in den Jahren 1815-1818. Auf Kosten Sr. Erlaucht des Herrn Reichs-Kanzlers Grafen Romanzoff, auf dem Schiffe Rurick, unter dem Befehle des Lieutenants der Russisch-Kaiserlichen Marine Otto von Kotzebue von dem Naturforscher der Expedition.* Weimar 1821.

[89] UAJ Bestand S. Abt. XLIII., Nr.11, Acta observatorii No. X, Blatt 5.

Man hat uns von Berlin zur Teilnahme an Barometrischen Höhemessungen eingeladen, und wir werden gern das Mögliche thun; man will, wie die Druckschrift sagt, in Cuxhafen und Greifswalde unmittelbar an der Meeresfläche Beobachtungen anstellen und verlangt gleichzeitige zuverlässige Beobachtungen von mehreren Orten. (WA IV-37, S.322)

Am 1. Juni 1823 schreibt Poggendorff wiederum in einem Brief aus Berlin die präzise Beobachtungsmethode vor. Er bittet darum, die tabellarisch zusammengestellten Daten an die Königliche Akademie der Wissenschaften in Berlin zu adressieren. Der Termin ist auch festgelegt. Am 12. Juni leitet Schrön den Brief an Goethe weiter: Man sollte Beobachtungen vom „21. Juni und dann 4 Wochen lang bis zum 19. Juli" vornehmen.[90] Seit Juni steht Schrön nicht nur mit Goethe, sondern auch mit einem Weimarer Projekt-Teilnehmer namens Hecker (Vorname und Lebensdaten unbekannt) in regem Kontakt.

Goethe selbst interessiert sich sehr für dieses Projekt, weil er gerade mit seiner neuen Idee beschäftigt ist, das Steigen und Fallen des Luftdrucks durch ein Pulsieren der irdischen Schwerkraft zu begründen. Das kann man auch dem Bericht von Soret am 2. Juni 1823 entnehmen. Nach Soret geht es bei dem Gespräch mit Goethe um die Meteorologie. Goethe äußerte dabei seine Absicht, Barometerbeobachtungen zu veröffentlichen und dabei die These zu stützen, „nach der die Bewegungen des Barometers durch terrestrische Einflüsse bedingt sind, das heißt durch die wechselnde Anziehungskraft des Erdglobus auf die Atmosphäre."[91] Allerdings fügt er eine zynische Bemerkung über sich selbst hinzu. Er sage vorher, dass die Gelehrten, vor allem die Mathematiker, seine These „durchaus lächerlich finden" oder sie „vornehm ignorieren" würden, weil er kein Mann vom Fach sei. Goethe war zwar neugierig und gespannt, aber gleichzeitig wollte er Fachleuten gegenüber vorsichtig einen gewissen Abstand halten. Von dieser Grundhaltung zeugt auch sein Brief an Schultz vom 11. Juni 1823:

Die preußischen Abgeordneten, welche gegenwärtig Beobachtungen an der Ost- und Nordsee machen, haben uns auch eingeladen, und wir glauben das Nötige beitragen zu können; ich bin verlangend über die mannichfaltigen Erfahrungen: denn sie haben ihr Netz weitausgespannt. Sodann wäre neugierig, ob sie auf den Gedanken kommen, auch auf dem Meere in gewisser Entfernung correspondierende Beobachtungen anzustellen; mir würde das sehr bedeutend seyn, doch wollt ich mich unmittelbar nicht einmischen, es ergibt sich vielleicht auf andere Weise. (WA IV-37, S.69)

Goethe bleibt bei diesem Projekt absichtlich Außenseiter. Das Thema der barometrischen Beobachtungen ist aber weiter in fast allen seinen Briefen meteorologischen Inhalts der Jahre 1824 und 1825 zentraler Gegenstand. Und Goethes Originalidee über Meteorologie kristallisiert sich in seinem *Versuch einer Witterungslehre* (1825), der jedoch erst im Nachlass veröffentlicht wurde. Hier schreibt Goethe z.B.: „Bei allen meteorologischen Beobachtungen wird der Barometerstand als Hauptphänomen, als Grund aller Wetterbetrachtungen angesehen. Auch ich bin der Überzeugung daß man darin ganz richtig verfahre." (FA I-25, S. 276) Die Ergebnisse dieses Projekts selbst sind in Schröns *Meteorologische Beobachtungen des Jahres 1823, aufgezeichnet in den Anstalten für Witterungskunde im Großherzogthum*

---

[90] ThULB, Universitätsarchiv Jena Bestand S. Abt. XLIII, Nr.16, Acta observatorii No.XV, Blatt 33.

[91] Soret: *Erinnerungen. Zehn Jahre bei Goethe*, S.58.

Sachsen-Weimar-Eisenach (Weimar 1824) dargestellt. Hier findet man nicht nur die Höhenbestimmung an verschiedenen Orten durch die Barometerbeobachtungen, sondern auch eine kolorierte *Vergleichende graphische Darstellung*.

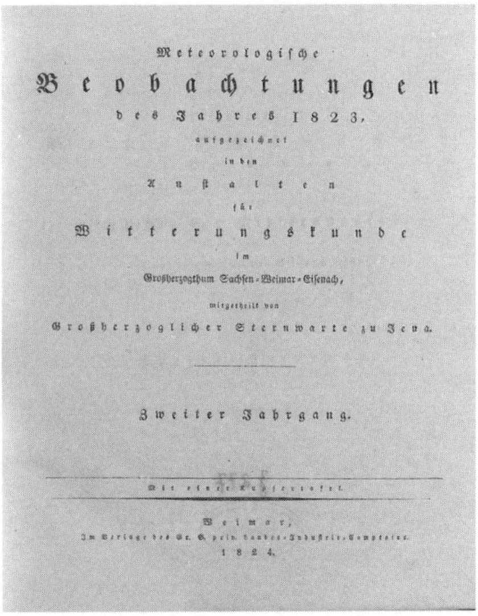
Meteorologische
Beobachtungen
des Jahres 1823,
aufgezeichnet
in den
Anstalten
für
Witterungskunde
im
Großherzogthum Sachsen-Weimar-Eisenach,
mitgetheilt von
Großherzoglicher Sternwarte zu Jena.

Zweiter Jahrgang.

Weimar,
1824.

Abb. 4: Titelblatt

Abb. 5: *Vergleichende graphische Darstellung*
jeweils mit freundlicher Genehmigung der HAAB in Weimar (Sig.: Z 277(1823))

(6) Die Höhenmessung mittels Reisebarometer durch von Hoff

Parallel zu systematisch organisierten barometrischen Höhenmessungen zwischen Jena und Berlin fand in Gotha ein anderes Projekt der Höhenmessung mittels Reisebarometer statt. Der Exaktheit der trigonometrischen Vermessung wurde hier also die leichte Transportfähigkeit des Barometers entgegengesetzt. Dieses Projekt führte Karl Ernst Adolf von Hoff (1771-1837)[92] durch, der als Begründer der modernen dynamischen Geologie gilt.

Im Jahre 1801 gibt Hoff ein neues Journal: *Magazin für die gesamte Mineralogie. Geognosie und mineralogische Erdbeschreibung* heraus. Er pflegt wissenschaftliche und freundschaftliche Kontakte z.B. mit Alexander von Humboldt, Leopold von Buch in Berlin, Bernhard von Lindenau in Gotha und nicht zuletzt mit Goethe. 1807 und 1812 veröffentlicht Hoff zusammen mit seinem Freund Wilhelm Jacobs die erste ausführliche geographische Beschreibung des Thüringer Waldes von Eisenach bis Sonneberg (in zwei Bänden, jeweils zwei Hefte mit einer von ihm selbst entworfenen Karte). Ab 1810 nutzt Hoff seine Reisen und Wanderungen durch den Thüringer Wald zu systematischen Höhenmessungen. Er publiziert zwar die Ergebnisse in der *Monatlichen Correspondenz* Bd. 25 (1812), ist aber offensichtlich – wegen der Unvollkommenheit seines Reisebarometers und wegen dessen wiederholter Schäden während der Reisen – mit seinen Daten noch sehr unzufrieden. Er hatte daher die ganze Zeit vor, „von der Höhe der ausgezeichnetesten Puncte der Gegend“, und zwar „des Thüringerwald-Gebirgs und seiner nächsten Umgebung, möglichst richtige Bestimmungen zu erhalten“.[93] Mangels entsprechender Geräte zur barometrischen Höhenmessung musste er jedoch lange warten, um dieses Vorhaben zu realisieren. Erst im Sommer 1827 bekommt Hoff zwei für seine Experimente geeignete Barometer, „deren Einrichtung einen bequemen und nützlichen Gebrauch zu Beobachtungen auf Reisen, und zugleich eine grosse Genauigkeit und Schärfe versprach“. Nicht nur diese beiden tragbaren Barometer, sondern auch vier weitere gleichartige Instrumente fertigte der Gothaer Mechaniker und Optiker Ernst Kleinsteuber. Eines dieser feinen Barometer (Barometer Nr. IV) nahm Hoff stets auf Reisen mit sich. Zwischen Herbst 1827 und Frühjahr 1828 reiste er insgesamt sechs Mal:

1) 2.-7. September 1827	Reiseroute: Ohrdurf→Suhl→Wiesenfeld
2) 17.-18. Oktober 1827	Rodach→Schmalkalden→Tambach
3) 24.-25. Oktober 1827	Tambach→Schmalkalden→Hildburghausen
4) 28.-29. November 1827	Themar→Nesselhof→Tambach
5) 11.-15. Januar 1828	Neustadt→Schwarzburg→Ilmenau→Arnstadt
6) 4.-5. Februar 1828	Tambach→Schmalkalden→Hildburghausen

Zeitgleich führten Kollegen an verschiedenen Orten barometrische Messungen durch:

---

[92] Vgl. *Gothaer Geowissenschaftler in 220 Jahren.* Hrsg. v. URANIA Kultur- und Bildungsverein Gotha e.V., Gotha 2005, S.9-14; Martens, Thomas: *Karl Ernst Adolf von Hoff (1771-1837). Begründer des Aktualismus in der Geologie.* In: Gothaer Museums Heft. Abhandlungen und Berichte des Museums der Natur Gotha 1987, S.3-18.

[93] Hoff, Karl Ernst Adolf von: *Höhen-Messung einiger Orte und Berge zwischen Gotha und Coburg durch Barometerbeobachtung versucht und den in der siebenten Jahresversammlung zu Berlin vereinigten Naturforschern dargestellt.* Mit einer illuminierten Steindrucktafel. Gotha 1828, hier S.3.

1) Professor KRIES in seiner Wohnung in Gotha
2) Direktor HANSEN auf der Sternwarte Seeberg mit einem der neuen Kleinsteuberschen Barometer, und bei der sechsten Reise Dr. SCHRÖN aus Jena, der sich ebenfalls auf dem Seeberg aufhielt,
3) STETEFELD in Coburg mit dem Kleinsteuberschen Barometer Nr. III., teils in der Wohnung der Familie von Hoff (Stetefeld war Lehrer der Kinder der Familie),
4) Kammersecretär GOEBEL in Coburg auf dem Zeughause mit demselben Barometer.

Auffallend ist, dass an diesem Forschungsprojekt auch Schrön, der zukünftige Direktor der Sternwarte zu Jena, teilnimmt. Denn für Schrön, der 1824 in Jena promoviert wurde, sich aber noch auf mathematischem Gebiet vervollkommnen wollte, war ein Forschungsaufenthalt an einer auswärtigen Sternwarte vorgesehen. Großherzog Carl August erwog als Studienort Schröns zunächst Göttingen, einige Zeit später Gotha und dann eine Assistenz bei dem Astronomen Bessel in Königsberg. Schließlich reiste Schrön Ende Februar 1828 auf ein Jahr zu Hansen nach Gotha.[94]

Über die Ergebnisse der Experimente berichtet Hoff 1828 in der Hauptversammlung der Gesellschaft der Deutschen Naturforscher und Ärzte in Berlin und veröffentlicht sie unter dem Titel: *Höhen-Messung einiger Orte und Berge zwischen Gotha und Coburg durch Barometerbeobachtung versucht und den in der siebenten Jahresversammlung zu Berlin vereinigten Naturforschern dargestellt* (Gotha, 1828). Diesem Werk fügt er eine kolorierte Steindrucktafel zur physischen Geographie des Thüringer Waldes bei. Es handelt sich bei dieser Tafel nicht bloß um ein Vertikalpanorama, sondern um eine geographische Beschreibung in der Art eines Panoramas, und zwar nach Goethes Farbentwürfen.

1815 – noch vor diesem Hoff'schen Versuch – veröffentlichte der britische Ingenieur und Feldmesser William Smith (1769-1839)[95], der heute der Gründervater der modernen Geologie genannt wird, in England die erste geologische Karte der Welt: *Eine Beschreibung der Schichten von England und Wales mit Teilen Schottlands; gezeigt werden die Kohlegruben und Bergwerke, die Moorgebiete und ursprünglich vom Meer überfluteten Niederungen sowie die Bodentypen gemäß den Veränderungen in den unteren Schichten; erläutert mit den anschaulichsten Begriffen.*[96] Wie der Titel zeigt, wird in dieser Karte nicht die Oberfläche des Landes, sondern seine geologische Struktur dargestellt. Darauf ist die Verbreitung der geologischen Formationen durch farbig angelegte Flächen nicht nur wissenschaftlich korrekt, sondern auch optisch attraktiv abgebildet.

Bald danach versuchte in Deutschland der Jurist und Amateurgeologe Christian Keferstein (1784-1866) in Halle, die Verbreitung der geologischen Formationen Mitteleuropas in ähnlicher Weise in einem Kartenwerk darzustellen. Dabei holte er sich bekanntlich bei Goethe Rat über die Auswahl der Farben, so dass die erste geologische Karte Deutschlands (Weimar, 1821ff.) nach Goethes Anweisungen koloriert ist.[97] Anfang 1821

---

[94] Im März 1829 kehrte er nach Jena zurück und wurde auf Hansens Empfehlung zum Inspektor und Beobachter der Sternwarte ernannt. Siehe Schmid: *Die naturwissenschaftlichen Institute bei der Universität Jena unter Goethes Oberaufsicht*, S.159.

[95] Vgl. Winchester, Simon: *Eine Karte verändert die Welt. William Smith und die Geburt der modernen Geologie.* München 2003.

[96] Vgl. auch Ishihara: *Goethes Buch der Natur*, S.23.

[97] Ibid., S.23f.

veröffentlichte Keferstein in der von ihm herausgegebenen Zeitschrift sein Werk *Teutschland, geognostisch-geologisch dargestellt, mit Charten und Durchschnittszeichnungen, welche einen geognostischen Atlas bilden.*

Bis zu diesem Zeitpunkt gab es allerdings in Deutschland schon einige andere kartographische Darstellungen zur Geologie.[98] So veröffentlichte bereits 1761 der Leibarzt und Historiograph in Rudolstadt Georg Christian Füchsel (1722-1773) eine schwarzweiß gedruckte geologische Karte der Gegend zwischen Weimar und Saalfeld. 1778 erschien eine geologische Karte Sachsens von Johann Wilhelm von Charpentier (1738-1805) und 1789 die erste geologische Karte des Harzes von Georg Sigismund Otto Lasius (1752 -1833). Aber Kefersteins geologische Karte Mitteleuropas hat eine besondere Editionsgeschichte, und zwar im Zusammenhang mit Goethe. Wie oben gesehen, war die von Goethe entworfene Farbtabelle für Kefersteins *General Charte* im März 1821 in Weimar entstanden. Sie fand anschließend im Bertuch'schen Geographischen Institut auch bei der ersten geologischen Karte Mitteleuropas Verwendung.[99] Auch Hoff pflegte mit Goethe wissenschaftliche Kontakte. Man erkennt unschwer, dass seine Steindrucktafel zur physischen Geographie des Thüringer Waldes (1828) gemäß der Farbenskala von Goethe kolo-

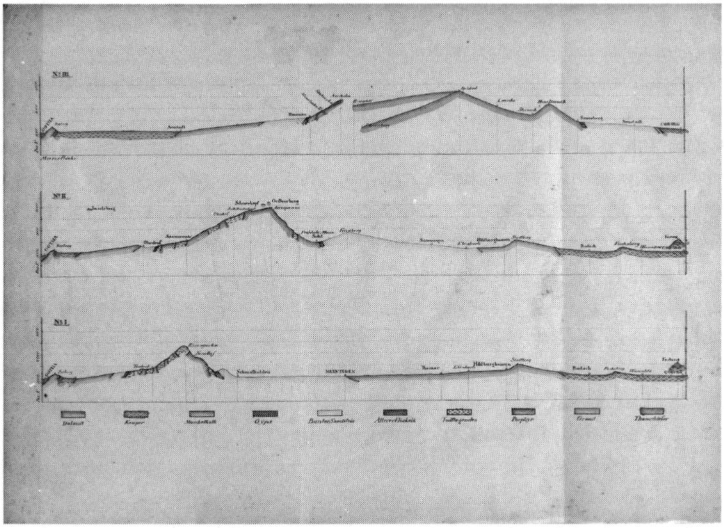

Abb. 6: Die kolorierte Steindrucktafel zur *Höhen-Messung [...]* von Hoff (1828) mit freundlicher Genehmigung der ThULB (Sig.: 2-Phys-V-6)

riert ist. Und die von Goethe gewählten Formationsfarben werden tatsächlich heute noch in geologischen Karten ohne große Veränderung weiter eingesetzt.[100]

---

[98] Ibid., vgl. Steiner, Walter: *Die erste geologische Karte Mitteleuropas wurde im Jahre 1821 im Bertuch'schen Verlag des Geographischen Instituts in Weimar gedruckt.* Sonderdruck vom Stadtmuseum Weimar im Bertuchhaus 1997.

[99] Diese Karte wurde bald danach, im Jahre 1826, durch die *Geognostische Karte von Deutschland und angrenzenden Ländern* von Leopold von Buch ersetzt.

[100] Vgl. Steiner: *Die erste geologische Karte Mitteleuropas[...].* Weimar 1997: Diese Farbenentwürfe von

4. Das Naturgemälde der Goethezeit

(1) Goethes *Vergleichung der Höhen der Alten und Neuen Welt* und Humboldts Korrektur

Alexander von Humboldts Versuch, den Gipfel des Chimborazo zu ersteigen, soll jetzt noch einmal unter einem anderen Blickwinkel betrachtet werden. Ging es oben vor allem um die barometrische Höhenmessung, so steht nun das „Naturgemälde", oder besser gesagt die Beschreibung geophysikalischer Phänomene in Form eines Gemäldes im Fokus: Auf einem Naturgemälde versucht Humboldt, alle seine Beobachtungen und Messungen in der Region des Äquators in Beziehung zur Höhe darzustellen.

Wie oben erwähnt, unternahm A. v. Humboldt in den Jahren von 1799 bis 1804 mit dem Botaniker Bonpland eine Forschungsreise in die tropischen Regionen Südamerikas. Nach der Rückkehr nach Europa begann Humboldt in Paris mit der Vorbereitung seiner Publikationen sowohl auf Deutsch als auch auf Französisch. Diese umfangreiche Publikationstätigkeit dauerte schließlich über mehrere Jahrzehnte und ergab ca. 30 Bände mit über 1 400 Kupfertafeln. Bereits am 5. Juni 1805 teilte sein älterer Bruder Wilhelm von Humboldt (1767-1835) in einem Brief aus Rom Goethe die Vorbereitung einer pflanzengeographischen Darstellung durch Alexander mit:

> „Mein Bruder läßt in Paris einen Versuch einer Pflanzengeographie drucken, und arbeitet sie hier deutsch aus. Im Gebiete der Erfahrung hat man schwerlich je eine größere Arbeit unternommen. Das Buch ist eigentlich Commentar zu einer Karte der Tropenländer, auf der die Beschreibung dieser von Grad zu Grad nach allen verschiedenen Rücksichten, welche Physik und Naturgeschichte an die Hand geben, verzeichnet ist. Der Anblick schon wird Ihnen einen großen Genuß geben."[101]

Im Februar des nächsten Jahres informiert dann A. v. Humboldt Goethe persönlich über diese Veröffentlichung. Voller Erwartung schreibt Goethe am 14. März 1806 an Knebel: „Daß dir die Humboldtische Arbeit [Ideen zu einer Physiognomik (sic!) der Gewächse; d. Vfn.] viel Vergnügen machen würde, sah ich voraus [...]. Dießmal theile ich dir auch seinen Brief mit, nur mit der ausdrücklichen und inständigen Bitte, Niemanden nichts davon sehen, noch wissen zu lassen. Wie sehr wir Ursache haben, auf seine Naturgemälde der Tropenwelt zu verlangen, brauche ich nicht zu sagen." (WA IV-19, S.115)[102] Aber er musste noch gut ein Jahr warten. Mitte März 1807 erschien endlich das Werk von Humboldt. Der vollständige Titel lautet: *Ideen zu einer Geographie der Pflanzen nebst einem Naturgemälde der Tropenländer. Auf Beobachtungen und Messungen gegründet, welche vom 10ten Grade nördlicher bis zum 10ten Grade südlicher Breite, in den Jahren 1799, 1800, 1801, 1802 und 1803*

Goethe wurden zusammen mit Vorschlägen des Geologen der Bergakademie in Freiberg, Abraham Gottlob Werner (1749-1817), bei dem A. v. Humboldt und L. v. Buch studierten, „durch internationale Geologenkongresse zu keinem geringen Teil in die heutigen internationalen Farbskalen aller geologischen Karten der Welt aufgenommen".

[101] Bratranek, Franz Thomas (Hrsg.): *Goethe's Naturwissenschaftliche Correspondenz (1812-1832).* Im Auftrage der von Goethe'schen Familie herausgegeben von F. Th. Bratranek. Leipzig (Brockhaus) 3 Teile, 1874-1876. *Neue Mitteilungen aus Johann Wolfgang von Goethe's handschriftlichem Nachlasse. Dritter Theil. Goethe's Briefwechsel mit den Gebrüdern von Humboldt (1795-1832)*, hier S.229.

[102] Vgl. auch Bratranek: *Goethe's Naturwissenschaftliche Correspondenz* 3.Teil, S.349.

angestellt worden sind, von Al. von Humboldt und A. Bonpland; bearbeitet und herausgegeben von dem erstern. Mit einer Kupfertafel. Tübingen, bei F. G. Cotta / Paris, bey F. Schoell.

A. v. Humboldt begründete mit den *Ideen zu einer Geographie der Pflanzen* eine neue wissenschaftliche Disziplin, nämlich die Pflanzengeographie. Das Werk besteht aus drei Hauptteilen: Im ersten Teil setzt sich Humboldt mit Fragen der räumlichen und zeitlichen Verbreitung der Pflanzen unter einheitlichen Aspekten auseinander. Der zweite Teil behandelt wichtige Forschungsergebnisse seiner zwischen 1799 und 1804 unternommenen Amerikareise und stellt Pflanzen- und Tierwelt unter einem geographischen Gesichtspunkt ausführlich und exakt dar: *Naturgemälde der Tropenländer. Nach Beobachtungen und Messungen, welche zwischen dem zehnten Grade nördlicher und dem zehnten Grade südlicher Breite, in den Jahren 1799 bis 1803 angestellt worden sind.* Am Anfang dieses Teiles schreibt Humboldt: „Wenn man von der Meeresfläche zum Gipfel hoher Gebirge emporsteigt, so verändert sich nach und nach die Ansicht des Bodens und die Reihe physikalischer Erscheinungen, welche der Luftkreis darbietet.“ (S.33) Abschließend in diesem Teil unternimmt er das Wagnis, „ein physikalisches Gemälde der Äquinoctialländer zu entwerfen“. Bereits in der *Vorrede* versucht Humboldt sein Naturgemälde zu definieren. Er stellt „in diesem Naturgemälde alle Erscheinungen zusammen, welche die Oberfläche unsers Planeten und der Luftkreis darbietet, der jenen einhüllt.“ (Vorrede, S. II) Zugleich sollte es „nur allgemeine Ansichten, sichere und durch Zahlen auszudrückende Thatsachen aufstellen.“ Konkret nennt er:

> Vegetation;
> Thiere;
> Geognostische Verhältnisse;
> Ackerbau;
> Luftwärme;
> Grenzen des ewigen Schnees;
> Elektrische Tension der Atmosphäre;
> Abnahme der Gravitation;
> Dichtigkeit der Luft;
> Intensität der Himmelsbläue;
> Schwächung des Lichts beym Durchgange durch die Luftschichten;
> Strahlenbrechung am Horizonte und Siedhitze des Wassers in verschiedenen Höhen über der Meeresfläche. (S.38f.)

Darüber hinaus sind noch andere Sachverhalte interessant, wie z. B. „Berghöhen in verschiedenen Weltgegenden, nebst den Entfernungen, in welchen sie ohne irdische Strahlenbrechung sichtbar seyn würden“ (S.39), und er vergleicht die Erscheinungen der Tropenländer mit denen anderer Zonen. Selbstverständlich werden die Standorte der Pflanzenarten jeweils auch barometrisch vermessen. Im dritten Teil sind kurz und übersichtlich die mittels barometrischer bzw. trigonometrischer Messung bestimmten Höhenpunkte der Welt tabellarisch zusammengestellt: *Höhe der vornehmsten Berge auf der Erde* (S.175f.), da nach Humboldts Meinung „alle physikalischen Erscheinungen, welche in dem Naturgemälde der Tropen angedeutet worden sind, sich an die Idee von Messung und Höhe anknüpfen“.

Am 16. März 1807 bekam Goethe endlich ein Exemplar der *Ideen zu einer Geographie der Pflanzen* über den Verlag Cotta. Bekanntlich ist das Werk Goethe gewidmet, dem Autor der *Metamorphose der Pflanzen*. Das gedruckte Widmungsblatt „An Göthe“[103] ist mit einer allegorischen Vignette versehen, die von dem mit Humboldt befreundeten dänischen Bildhauer Bertel Thorwaldsen in Rom gezeichnet und von Raphael-Urbain Massard in Paris gestochen wurde. Der griechische Gott der Dichtkunst und des Gesangs Apoll mit der Lyra verkörpert Goethe. Dieser Goethe-Apoll entschleiert durch seine *Metamorphose der Pflanzen* die Geheimnisse der Natur, die von der Statue seiner Zwillingsschwester „Diana [od. Artemis] polymastos“ od. „Magna Mater“ in Form einer Tempelstatue verkörpert wird.[104] Goethe fühlte sich zwar durch dieses Geschenk sehr geehrt („Hochgeehrt fand ich mich auch in der ersten Hälfte des Jahres durch ein von Herrn Alexander von Humboldt in bildlicher Darstellung mir auf so bedeutende Weise gewidmetes gehaltvolles Werk“[105]) und war von der spannenden Lektüre angetan, aber er war zugleich sehr enttäuscht, weil diesem Werk die auf dem Titelblatt angekündigte große Kupfertafel fehlte, auf die er besonders gewartet hatte. Diese von Goethe so vermisste Tafel wurde nicht zusammen mit dem Textband, sondern separat geliefert; Goethe erhielt sie erst am 5. Mai 1807.

Goethe war inzwischen aber so ungeduldig, dass er die Lieferung der Tafel nicht mehr abwarten konnte, und so entwarf er selber der Humboldt'schen Darstellung folgend eine aquarellierte Bleistift- und Tuschezeichnung zu A. v. Humboldts *Ideen zu einer Geographie der Pflanzen* als Goethes *Höhen der alten und neuen Welt,* die jedoch vermutlich nicht Goethe, sondern J. H. Meyer, der Leiter der Weimarer Freien Zeichenschule, zeichnete.[106] In seinen *Annalen* 1807 erzählt Goethe, wie er vorgegangen war:

> [...] allein die Profilkarte dazu sollte, wie gemeldet ward, erst nachkommen. Ungeduldig, meine völlige Erkenntniß eines solchen Werks aufgehalten zu sehen, unternahm ich gleich, nach seinen Angaben, einen gewissen Raum mit Höhenmaßen an der Seite in ein landschaftliches Bild zu verwandeln. Nachdem ich, der Vorschrift gemäß, die tropische rechte Seite mir ausgebildet, und sie als die Licht- und Sonnenseite dargestellt hatte, so setzte ich zur Linken an die Stelle der Schattenseite die europäischen Höhen, und so entstand eine symbolische Landschaft, nicht unangenehm dem Anblick.[107]

---

103 Darüber Casper, S. Jost: *Alexander von Humboldts Ideen zu einer Geographie der Pflanzen aus dem Jahre 1807 in der Bibliothek des Herbarium Haussknecht der Friedrich-Schiller-Universität Jena. Ein Exemplar eines Standardwerkes der Botanik mit einer bemerkenswerten Geschichte.* In: Haussknechtia. Mitteilungen der Thüringischen Botanischen Gesellschaft. Heft 9 (2003), S.223-249, hier S.228f. und Graczyk: *Das literarische Tableau zwischen Kunst und Wissenschaft*, hier S.294ff.

104 Über diese Embleme der Natur siehe: Schiebinger, Londa: *Am Busen der Natur. Erkenntnis und Geschlecht in den Anfängen der Wissenschaft.* Aus dem Englischen von Margit Bergner und Monika Noll. Stuttgart 1995, S.85ff.

105 Bratranek: *Goethe's Naturwissenschaftliche Correspondenz* 3.Teil, S.349 (Goethes Annalen, 1807, Nr.127)

106 Nickel, Gisela: *„Höhen der alten und neuen Weit bildlich verglichen“. Eine Publikation Goethes in Bertuchs Verlag.* In: Friedrich Justin Bertuch (1747-1822). Verleger, Schriftsteller und Unternehmer im klassischen Weimar. Hrsg. v. Gerhard R. Kaiser und Siegfried Seifert. Redaktionelle Mitarbeit: Christian Deuling. Tübingen 2000, S. 673-689, hier S.675.

107 Bratranek: *Correspondenz*, 3.Teil, S.349f. (Goethes Annalen, 1807, Nr.127)

Mit dieser Zeichnung (siehe Abb. 7) präsentiert Goethe Humboldts *Ideen* schon am 1. April 1807 in der sogenannten Mittwochsgesellschaft. Diese fein aquarellierte Zeichnung (Inventar-Nummer GGz/2242; farbig, 24 × 30,6 cm) befindet sich im Besitz der Klassik Stiftung Weimar, und zwar im Goethe-Nationalmuseum. Dann schickte er nach seiner Tagebucheintragung vom 13. April 1807 einen am 3. April datierten Dankesbrief an A. v. Humboldt:

> Seit einigen Tagen zaudre ich, an Sie, verehrter Freund, zu schreiben. [...] Ich habe den Band schon mehrmals mit großer Aufmerksamkeit durchgelesen und sogleich, in Ermanglung des versprochenen großen Durchschnittes, selbst eine Landschaft phantasirt, wo nach einer an der Seite aufgetragenen Scala von 4000 Toisen die Höhen der europäischen und americanischen Berge gegen einander gestellt sind, so wie auch die Schneelinien und Vegetationshöhen bezeichnet sind. Ich sende eine Copie dieses halb im Scherz, halb im Ernst versuchten Entwurfs und bitte Sie, mit der Feder und mit Deckfarben nach Belieben hinein zu corrigiren, auch an der Seite etwa Bemerkungen zu machen und mir das Blatt bald möglichst zurückzusenden. (WA IV-19, S.296f.)

Abb. 7: Goethes Zeichnung: *Höhen der alten und neuen Welt*
im Besitz des Goethes Nationalmuseums in Weimar (Inventar-Nr. GGz/2242)
mit freundlicher Genehmigung der HAAB

Diese Kopie befindet sich im Besitz des Goethe-Museums (Freies Deutsches Hochstift) in Frankfurt am Main.[108] A. v. Humboldt kennzeichnete sie als von Goethes eigener Hand gefertigt, aber Nickel vermutet eher, sie stammte von Meyer oder einem seiner

[108] Corpus VIb, Nr. N16, S.104f. oder Maisak: *Johann Wolfgang Goethe. Zeichnungen*, S.215, Nr.159.

Schüler. Wie Humboldt auf diese Sendung Goethe gegenüber direkt reagierte, weiß man nicht. Aber aus seinem fast 50 Jahre später geschriebenen Brief – datiert vom 24. Juni 1854 – an Georg von Cotta kann man ersehen, dass er wohl damit unzufrieden war. Humboldt hält hier Goethes Versuch zwar für kühn, aber kritisiert sogleich, dass Goethe „eine pittoreske Darstellung componirte, wenig glüklich, weil Perspective und verticaler Durchschnitt vereint" gewesen seien.[109]

Am 5. Mai 1807 erhielt Goethe endlich die Originaltafel Humboldts, die gegenüber seinem eigenen Bild unvergleichbar nüchterner und streng wissenschaftlich gezeichnet ist: *Geographie der Pflanzen in den Tropenländern; Ein Naturgemälde der Anden, gegründet auf Beobachtungen und Messungen, welche vom 10ten Grade nördlicher bis zum 10ten Grade südlicher Breite angestellt worden sind, in den Jahren 1799 bis 1803* (1807).[110] Auf dieser Kupfertafel findet man einen schematisierten Schnitt durch die Andenkette in Ost-West-Richtung. In der Mitte befindet sich der Chimborazo, dessen Gestalt seiner 1803 nach seinem Besteigungsversuch noch in Guayaquil verfertigten Skizze *Geographie der Pflanzen in der Nähe des Äquators* zugrunde liegt. Darauf sind Profile zahlloser Pflanzenarten eingetragen. Auf den rechten und linken Seiten (ca. 50% dieser Kupfertafel) findet man vergleichende Tabellen meteorologischer und physikalischer Angaben, wie z.B. „horizontale Strahlenbrechung", „Höhenmessungen in verschiedenen Welttheilen", „elektrische Erscheinungen nach Höhe der Luftschichten", „Abnahme der Schwere durch die Schwingungen des Pendels im leeren Raume ausgedrückt", „Druck der Luft in Barometerhöhen", „Luftwärme nach Höhe der Schichten, durch den höchsten und niedrigsten Stand des Thermometers ausgedrückt", „Höhe der untern Grenze des ewigen Schnees, nach Verschiedenheit der Geographischen Breite" (Schneelinie; d. Vfn.) usw. mit beiden Maßeinheiten, also in Meter und Toisen. Es ist bemerkenswert, dass bei Humboldt nicht der bildliche, sondern der schriftliche Teil deutlich überwiegt, während bei Goethe das Bildliche im Vordergrund steht. Obwohl beide, Goethe und Humboldt, nach einheitlicher und dynamischer Natur suchten und diese als ein Gemälde darstellten, war ihre Art und Weise der Darstellung unterschiedlich: wissenschaftlich-präzis (bei Humboldt) vs. sinnlich-veranschaulichend (bei Goethe).

In die Zeit der „Seh-Sucht" passt die Zeichnung Goethes selbstverständlich besser als die Humboldts. Bertuch, der Verleger in Weimar, erkennt jedenfalls die Bedeutung dieses Gemäldes von Goethe und schlägt ihm einige Jahre später vor, seine Zeichnung nun als Druckvorlage zu veröffentlichen. Im Januar 1813 beginnt man mit der Druckvorberei-

---

[109] Zitat aus Nickel: *„Höhen der alten und neuen Welt bildlich verglichen"*, S.676 (Anm.16)

[110] Diese Tafel (jedoch sehr verkleinert) findet man z.B. in LA II-2, Tafel I, sowie bei Humboldt, Alexander von: *Mein vielbewegtes Leben. Der Forscher über sich und seine Werke.* Ausgewählt und mit biographischen Zwischenstücken versehen von Frank Holl. Frankfurt a.M. 2009, S.186f. (jeweils farbig); ein schwarz-weißes Reprint, findet sich bei Botting, Douglas: *Humboldt and the Cosmos.* München/Berlin/London/New York 1994 (Reprint von 2004, ursprünglich London 1973). In der Bibliothek des Herbarium Haussknecht der Universität Jena befindet sich zwar die deutsche Ausgabe von Humboldts *Ideen zur Geographie der Pflanzen* (deren erster Besitzer war Gottlob Heinrich von Lindenau, königlicher sächsischer Kammerherr und Kreisoberforstmeister, Comthur des k. sächsischen Verdienstordens zu Neustädtel bei Schneeberg), aber bedauerlicherweise fehlt ihr nicht nur die Widmungsvignette an Goethe, sondern auch besagter Kupferstich, der aber ursprünglich in Jena vorhanden gewesen ist. Darüber siehe S. Jost Casper: *Alexander von Humboldts Ideen zu einer Geographie der Pflanzen aus dem Jahre 1807 in der Bibliothek des Herbarium Haussknecht der Friedrich-Schiller-Universität Jena.* 2003.

tung: Die ersten Drucke entsprechen zwar dem originalen Entwurf Goethes, aber sie verlangten noch etliche Korrekturen und Ergänzungen. Darüber hinaus kommt links von der Mitte am unteren Rand eine Widmung an „Herrn Alexander von Humboldt" als Inschrift auf der Steinplatte dazu. Es ist Goethes öffentlicher Gegengruß für die schöne Widmungsvignette von Humboldt. Auf literarisch-schmeichelhafte Weise bedankte er sich außerdem bei Humboldt bereits 1809 in den *Wahlverwandtschaften*: Die Protagonistin Ottilie trägt sehnsuchtvoll in ihrem Tagebuch ein: „Wie gern möchte ich nur einmal Humboldten erzählen hören." (MA 9, S. 457) Jedenfalls wurde die zweite Platte angefertigt, und die endgültige Version im Aquatintadruck erschien unter dem Titel *Vergleichung der Höhen der alten und neuen Welt* im Mai 1813 in der von Bertuch herausgegebenen Zeitschrift *Allgemeine Geographische Ephemeriden* Bd. 41. (Siehe LA II-2, Tafel 3) Der Begleittext besteht aus einem Vorwort Bertuchs sowie einem Brief Goethes an ihn (datiert vom 8. April 1813). Hier betont Goethe, der selbst diesem noch ergänzungsbedürftigen Werk gegenüber kritischen Abstand halten wollte, ausdrücklich, dass „solche symbolische Darstellungen, welche eigentlich nur eine *sinnliche Anschauung* der tabellarischen Behandlung hinzufügen, billig mit Nachsicht aufgenommen werden." (MA 9, S. 917) Seines Erachtens verdienen sie weder künstlerische noch wissenschaftliche Anerkennung, sondern „dem Kenntnisreichen dienen sie zur heitern Widerholung dessen, was er schon weiß; dem Anfänger zur Ermunterung, dasjenige künftig genauer kennen zu lernen, was er hier zum ersten Male und im allgemeinen erfahren hat". (MA 9, S. 917) Seine symbolische Zeichnung zielt also zeitgemäß darauf, die „Seh-Sucht" zu stillen. In diesem Sinne war wohl für Goethe die fachliche Kritik von Lindenau, des Leiters der Sternwarte Seeberg zu Gotha, nicht überraschend: Dieser deutete direkt nach der Publikation auf einige fehlerhafte Höhenangaben sowie auf einen Mangel in der Darstellung des Himalaja-Gebirges in Asien hin.

Die Resonanz auf Goethes *Vergleichung der Höhen der alten und neuen Welt* war trotz dessen Skepsis sowie der Kritik von Lindenau im Grunde groß und positiv. Bereits im Juli 1813 kündigte Bertuch den Sonderdruck an, der noch im selben Jahr erschien. Darüber hinaus meldete sich die französische Buchhandelsbehörde, Direction générale de la librairie in Paris, im November 1813 bei Goethe. Sie bat ihn wegen der großen Nachfrage um Erlaubnis, seine *Vergleichung der Höhen der alten und neuen Welt* nachzudrucken und gleichzeitig an einigen Stellen zu korrigieren und zu verbessern sowie für französische Leser passend umzugestalten. Bemerkenswert ist, dass niemand anderes als der Verfasser der *Ideen zu einer Geographie der Pflanzen,* A. v. Humboldt, an dieser Umgestaltung intensiv mitwirkte.

Humboldt vernachlässigte – wohl mit Absicht – bis zu diesem Punkt die Korrektur an Goethes Entwurf, dessen Kopie ihm dieser im April 1807 geschickt hatte. Es war für Humboldt bestimmt eine gewisse Ironie: Nicht sein wissenschaftlich exaktes und tadelloses Naturgemälde, sondern Goethes fehlerhaftes symbolisches Bild versetzte das Publikum in Begeisterung, überdies musste ausgerechnet Humboldt selber zwar auf indirekte Weise, aber genau nach dem damaligen Wunsch Goethes, dessen französische Version gründlich korrigieren. In dieser Arbeitsphase wurde das rechts unten dargestellte überdimensionierte Krokodil entfernt. Aber trotzdem enthält Goethes Zeichnung immer noch viele unterhaltsame Elemente, wie z. B. Graczyk[111] bereits ausführlich darstellt: Auf der rechten Seite der „neuen Welt", und zwar beinahe auf dem Gipfel des Chimborazo (5 810 m; zum Gipfel fehlen nur noch 500 m) steht A. v. Humboldt und schaut auf Saussure auf der linken Seite hinab, der angeblich auf dem „höchsten Gipfel" der „alten Welt", dem Montblanc, steht. Über Humboldt fliegt ein Kondor, während etwas links von der Mitte Louis-Joseph Gay-Lussac (1778-1850) im Ballon schwebt, der am 16. September 1804 Paris mit ca. 3 600 Toisen (nach Humboldts *Ideen*: „mit Luftschiff 7 016 m"; nach MA 3 579 Toisen; d. Vfn.) erreicht. So entstand 1813 unter dem Titel *Esquisse des principales hauteurs des deux continents* die französische, nun sachlich gründlich korrigierte Version von Goethes *Vergleichung der Höhen der alten und neuen Welt.*

(2) Roux's Wolkenformenzeichnung im Auftrag Goethes

Die Rezeptionsgeschichte der Zeichnung *Vergleichung der Höhen der alten und neuen Welt* von Goethe endet mit der von Humboldt korrigierten *Esquisse des principales hauteurs des deux continents.* Aber diese Zeichnung spielt weiter eine bedeutende Rolle bei der Naturforschung Goethes, und zwar im Zusammenhang mit der Meteorologie. Nachdem er im Jahre 1815 Howards Essay kennen gelernt hatte, beschäftigte er sich intensiv mit der Wolkenlehre. Im Auftrag von Carl August erarbeitete Goethe 1817 eine meteorologische Instruktion für die neu gegründete Wetterstation Schöndorf in Weimar.

Interessanterweise entsprechen den Hoff'schen Versuchen, geologische Studien mit Barometerbeobachtungen zu kombinieren (siehe den obigen Abschnitt „Die Höhenmessung mittels Reisebarometer durch von Hoff"), die Ideen Goethes, geographische und meteorologische Aspekte in einer Zeichnung anschaulich darzustellen. Bei dieser Gelegenheit scheut er sich nicht, seine früheren Werke unter einem neuen Gesichtspunkt zu betrachten und evtl. in anderem Zusammenhang wieder aufzunehmen: Goethe bestellt bei Ludwig Friedrich von Froriep (1779-1847) zwei unkolorierte („blanke") und ein koloriertes („illuminiertes") Exemplar seiner *Vergleichung der Höhen der alten und neuen Welt.* Froriep war als Professor der Chirurgie und Geburtshilfe in Jena, Halle und Tübingen tätig gewesen, bevor er 1815 zum Leibarzt des Königs von Württemberg ernannt wurde. Schon 1816 aber erhielt er, vermittelt durch seinen Schwiegervater Bertuch, eine Berufung als Obermedizinalrat nach Weimar und leitete seit 1818 zusätzlich noch Bertuchs Landes-Industrie-Comptoir sowie dessen Verlag, das Geographische Institut.

Froriep lieferte die gewünschten Exemplare, aber zunächst nur ein unkoloriertes und ein farbiges. Nach Nickel verwendete Goethe das unkolorierte Exemplar (identisch mit Tafel III in LA II-2) als Vorstudie und trug selber informative Zahlenangaben ein, wie z.B. bei ca. 2 230 Toisen „Cirrus", bei ca. 1 650 Toisen „Cumulus" usw. Aus Papier schnitt er verschiedene Formen aus und klebte sie auf das farbige Exemplar. Kleine Wolken und Regen malte er direkt darauf. In den folgenden Wochen experimentierte Goethe weiter anhand anderer Exemplare. Wegen der unpassenden Größe (Graphik 23,5×30,5 cm; Papier 33,5×48 cm) verfertigte er einen kompakten Entwurf (20×16,3 cm), der allein die rechte Hälfte der ursprünglichen Darstellung – nämlich die Berge der „Neuen Welt" –

---

111 Graczyk: *Das literarische Tableau zwischen Kunst und Wissenschaft,* hier S.327. Vgl aber auch: Maisak: *Johann Wolfgang Goethe. Zeichnungen.*

enthält. Diese kleine Skizze leitete er an den akademischen Zeichenlehrer Roux in Jena weiter. In Goethes Tagebuch vom 13. Dezember 1817 ist die folgende Eintragung zu finden: „Die Howardische Lehre wieder durchdictirt. Doctor Roux [...] die Skizzen zu Howard mitgegeben. [...] Die symbolischen Höhenzeichnungen studirt". (WA III-6, S.147) Für den begabten Zeichner Roux war diese Arbeit wohl nicht schwer, er fertigte sie innerhalb von 5 Tagen an. In Goethes Tagebuch vom 18. Dezember 1817 steht: „Roux mit dem symbolischen Wolkenbilde." Und am nächsten Tag, dem 19. Dezember, notierte er: „Howards Lehre völlig abgeschrieben." (WA III-6, S.149)

Abb. 8: Roux's Originalbild mit freundlicher Genehmigung des UAJ

Dieses Originalbild von Roux war jedoch lange verschollen. Man hatte nur durch eine alte Schwarzweiß-Fotografie der Klassik Stiftung Weimar (*Corpus* Vb, Nr.254a, S.112f.) Kenntnis davon. Im Jahre 1996 wurde dann im Universitätsarchiv Jena eine bisher unbekannte Originalzeichnung mit einer kleinen Veränderung gegenüber dem Corpus-Foto entdeckt. Sie befindet sich im Bestand S, Abt. XLIII, Nr. 16, der Universitätssternwarte zu Jena, und zwar in der Korrespondenz über die meteorologische Beobachtungsstation Schöndorf vom 28. Dezember 1817. Dieses Bild[112] misst ca. 10×15 cm und ist auf weißem Papier von ca. 13×19 cm als Aquarell gezeichnet (siehe Abb. 8). Mit diesem Bild

[112] Farbig als Tafel VI *Zeichnung, Tusche und Wasserfarben von Johann Wilhelm Roux* in LA II-2.

wurde die von Goethe ausgearbeitete offizielle Instruktion für die Beobachtungen des meteorologischen Observatoriums zu Schöndorf am 1. Januar 1818 von Schrön an Großherzog Carl August überreicht.

Wie oben erklärt, entfaltet sich dann ab 1820 die meteorologische Beobachtung im gesamten Großherzogtum Weimar. Nicht nur die Sternwarte zu Jena und das Observatorium in Schöndorf bei Weimar, sondern auch mehrere weitere Stationen bilden gemeinsam ein wissenschaftliches Netzwerk mit systematischen und regelmäßigen Wetterbeobachtungen.

Vom 1. bis zum 16. September 1821 führte als erstes die Sternwarte zu Jena zunächst probeweise Beobachtungen nach einer neuen aus 30 Kapiteln bestehenden ausführlichen Anweisung durch, der *Instruction für die Beobachter bey den Großherzogl. meteorologischen Anstalten.* (LA II-2, S.72ff.) Als Anhang folgten vier Beilagen. In der Beilage 2 handelt es sich um *Howard's Wolkenformen.* Sie lautet:

> Wenn man die Lehre Howard's, welcher die mannigfaltigen Formen der Wolken durch Benennung sonderte, beim Beobachten wohl nutzen will, so muß man die von ihm bezeichneten Unterschiede fest im Auge behalten, und sich nicht irre machen lassen wenn gewisse schwankende Erscheinungen vorkommen; man übe sich vielmehr dieselben auf die Hauptrubriken zurück zu führen.
> Howard's Terminologie wird hier aufgestellt, in der Ordnung wie die verschiedenen Wolkenformen Bezug auf die Erde, oder auf die höheren Regionen haben mögen. (LA II-2, S.86, M 8.2)

Anbei wurde an alle Wetterstationen als Hilfsmittel eine symbolische Darstellung der Wolkenformen als Kupferstich geschickt. Goethe ließ die oben genannte Zeichnung von Roux, das „symbolische Wolkenbild" von 1817, von Ludwig Heß (1776-1853) in Kupfer ausführen. Dieses Wolkenbild Goethes war nachfolgend wichtige Grundlage für die Arbeit im meteorologischen Netzwerk. Denn nach der Teilnahme an den barometrischen Höhenmessungen der Preußischen Akademie der Wissenschaften in Berlin bekam die Sternwarte zu Jena 1826 die Einladung zu einem neuen Projekt, einen *Aufruf der Königlichen Societät in Edinburgh zu meteorologischen Beobachtungen* von Dr. Brewster, dem Sekretär der Gesellschaft. In den Akten der Universitätssternwarte zu Jena[113] befindet sich ein dreiseitiger Sonderdruck aus dem *Jahrbuch der Chemie und Physik* (1826, Heft 4), der zur Versendung an einzelne Meteorologen abgedruckt wurde. Der Verfasser Brewster beginnt seine wissenschaftliche Aufforderung mit diesen Zeilen:

> Da die Königliche Societät in Edinburgh den Wunsch hegt, eine Reihe correspondirender meteorologischer Beobachtungen zu besitzen, die *an einem oder zwei bestimmten* Tagen im Jahre von Stunde zu Stunde, angestellt worden [sic!]: so werden alle Freunde und Beförderer der Meteorologie ersucht, in ihren Umgebungen an so vielen Orten als möglich, und besonders in verschiedenen Höhen über dem Meere, Beobachtungen der Art zu veranlassen. Sehr wünschenswerth würden vorzüglich solche seyn, die in beträchtlichen Höhen über dem Meere gemacht werden.
> Die zu diesem Zwecke festgesetzten Tage sind der 17. *Jul.* und der 15. *Januar*, und man hegt den lebhaften Wunsch dass die Beobachtungen mehrere Jahre lang an denselben Tagen

113 Jena Universitätsarchiv, Acta observatirii XV, Bestand S, XLIII, Nr16, Blatt 50ff.

> wiederholt werden möchten. Insbesondere wünschen wir dass diejenigen, welche nicht in Besitz der nöthigen Instrumente sind, um die verlangten Beobachtungen *sämmtlich* anstellen zu können, sich dadurch nicht abhalten lassen, deren wenigstens so viele zu machen, als sie füglich können.

Die Sternwarte zu Jena und die meteorologische Anstalt Schöndorf folgen gern dieser Aufforderung zur Beobachtung an zwei Tagen, nämlich am 17. Juli 1826 und 15. Januar 1827. In der zweiten Hälfte des Sonderdrucks beschreibt der Verfasser das Schema, nach welchem man die Beobachtungen aufzeichnen und die Ergebnisse darstellen sollte. Danach soll man verschiedene exakte Messwerte angeben, z.B. den Stand des Thermometers zu jeder Stunde der bezeichneten Tage (von 1 Uhr morgens bis 12 Uhr mitternachts), die Temperatur der Quellen und tiefen Brunnen, Wärmestrahlung, Barometer, Elektrometer, Hygrometer, Wind usw. Nicht zu vergessen ist die Eintragung der Natur der Wolken „nach Howard's Bezeichnung". Hier wird deutlich geschrieben: „Howard's Bezeichnung der Wolken möge von denen gebraucht werden, die damit vertraut sind."

Abb. 9: Der Kupferstich mit Himalaya aus Bertuchs *Bilderbuch für Kinder* mit freundlicher Genehmigung der HAAB

Übrigens nimmt Goethe später noch einmal dieses Wolkenbild in neuem Zusammenhang auf, bekanntlich für die Bergschluchten-Szene in *Faust II*.[114]

(3) Goethes Lieblingsnaturgemälde: Wilbrand und Ritgens *Gemälde der organischen Natur*

Parallel zum Kupferstich des symbolischen Wolkenbildes von Heß erschien im Jahre 1821 noch einmal Goethes Originalzeichnung *Vergleichung der Höhen der alten und neuen Welt* in der akademischen Zeitschrift *A.G.E* (1813) als originalgetreu kolorierter Kupferstich im *Bilderbuch für Kinder* von Bertuch. Hier wurde jedoch die ehemalige Kritik von Lindenau berücksichtigt, so dass man auf der linken Seite der „Alten Welt" das hohe Himalaya-Gebirge eingefügt findet (siehe Abb. 9). Wegen dieser Korrektur sieht das Bild völlig anders aus.

Ebenfalls 1821 entstand das *Gemälde der organischen Natur in ihrer Verbreitung auf der Erde* der beiden Medizinprofessoren in Gießen, Johann Bernhard Wilbrand (1799-1849) und Ferdinand August Max Franz von Ritgen (1787-1867). Jener ist seit 1809 Professor der Anatomie, Physiologie und Naturgeschichte in Gießen und gleichzeitig Direktor des anatomischen und zootomischen Kabinettes. Dieser ist Schüler und Schwager Wilbrands und seit 1814 Professor für Chirurgie und Geburtshilfe in Gießen. Das Buch selbst ist zwar klein und schmal (insgesamt 128 Seiten), aber dazu gehört eine große kolorierte Lithographie von Joseph Päringer, ein Goethe, A. v. Humboldt und Blumenbach gewidmetes neues Naturgemälde (abgebildet auf dem vorderen Einband dieses Buches). Die Verfasser schickten am 12. April 1822 Goethe ein Geschenkexemplar. Das Bändchen mit Goethes Exlibris befindet sich noch heute in dessen Bibliothek in Weimar.[115] Nach seinem Schreiber Kräuter hat Goethe jedoch „dazu gehör. große colorirte Kupfer [...] anderswo aufbewahrt."[116] Dieses Gemälde erwähnt Goethe bereits in den *Tag- und Jahres-Hefte(n) zu 1822* unter „mehreren bedeutenden Werken":

> Die große naturgeschichtliche Charte von *Wilbrand* und *Ritgen*, in Bezug auf das Element des Wassers und auf Bergeshöhe, wie sich die Organisation überall verhalte. Ihr Wert ward sogleich anerkannt, die schöne augenfällige Darstellung an die Wand geheftet, zum täglichen Gebrauch vorgezeigt und kommentiert in geselligen Verhältnissen, und immerfort studiert und benutzt. (MA 14, S.318)

Dieses Bild macht anscheinend auf Goethe einen tiefen Eindruck. Er bespricht es bald wieder in seiner Zeitschrift: *Zur Naturwissenschaft überhaupt, besonders zur Morphologie,* und zwar im 1. Band, Heft 4 (Juni 1822):

> *Gemälde der organischen Natur in ihrer Verbreitung auf der Erde* von Wilbrand und Ritgen, lithographiert von Päringer.

---

[114] Siehe z.B. FA I-7/2 Kommentarband von Albrecht Schöne, vor allem Szenenkommentar S.644f. und Erläuterung zur Szene *Bergschluchten, Wald, Fels* (Z. 11844-12111) S.792ff. nebst der Abb. 16: „Zu *Faust II*, 5: Szene *Bergschluchten.* Kupferstich in Goethes morphologischer Schrift *Wolkengestalt nach Howard* (Zitate links: aus dieser Schrift | rechts: aus der Faust-Szene | Wolkentermini eingefügt)".

[115] Nach *Goethes Bibliothek Katalog* (1958) von Hans Ruppert, S.755, Nr. 5268.

[116] Ibid., S.755.

> Der Versuch zwar sinnliche aber dem Auge keineswegs faßliche Gegenstände durch symbolische Darstellung vor den Blick zu bringen, und der Einbildung, dem Gedächtnis, dem Verstand das Übrige anheim zu geben, ist oft wiederholt worden und wird sich immer erneuern; diesmal ist er in einem hohen Grade den Unternehmenden gelungen. [...]
> Gedächtnis und Einbildungskraft sind sogleich erregt, alle Erfahrungen, die uns reisende Naturforscher überliefert, werden an symbolischer Stelle alsobald wieder lebendig, Erde und Meer in jedem Sinne bevölkert. (MA 12, S.259f.)

Wie gut Goethe dieses Naturgemälde gefällt, kann man auch an den folgenden Zeilen im zweiten Band *Zur Naturwissenschaft überhaupt, besonders zur Morphologie* Heft 1 (September 1823) ablesen: „Bei Betrachtung dieser großen, symbolisch-lakonischen Tafel kommt uns denn eigentlich ein neues, sorgfältig ausgeführtes Werk zu Hülfe, deshalb wir es auch immer ganz nahe hinzulegen." (MA 12, S.317) Erstaunlicherweise taucht diese Lithographie von Wilbrand und Ritgen 1825 erneut auf, diesmal in meteorologischem Zusammenhang: Im *Versuch einer Witterungslehre* (1825) erwähnt Goethe sie in Bezug auf die Atmosphäre:

> Der aufmerksame Beobachter der Witterungsbegebenheiten wird von vielen Seiten her auf den Gedanken getrieben, die den Erdball umgebende Atmosphäre nehme nicht nur, wie das Barometer ausweist, von der Meeresfläche aufwärts an Dichtigkeit, Schwere, Elastizität in stetiger Folge nach und nach ab, hinunterwärts aber zu, sondern es seien eben in diesem atmosphärischen Raume, gewisse geheime, konzentrische Kreise abgeschlossen, die sich als besonders geeigenschaftet, gelegentlich manifestieren. Was und wie es auch damit sei, wir bemerken folgendes:
> Und zwar suchen wir Gelegenheit zuerst vor die große Wilbrandisch-Ritgenische Karte zu treten indem diese solchen allgemeinen Betrachtungen besonders günstig ist; wir sehen darauf die Schneelinie bezeichnet, wie sie sich von ihrer Höhe unter dem Äquator nach Norden und Süden aufs Meer legt, und so über und neben sich das Eis ungeschmolzen bewahrt. Hier sehen wir also eine entschiedene Zone in welcher die auf dem höchstmöglichen Punkt am Erdkreis wachsende Wärme die Solideszenz [Festigkeit, hier die Verfestigung des Wassers zu Eis; d. Vfn.] des Wassers nicht hindern kann, und wir werden darauf geführt unter und über derselben noch mehrere dergleichen Luftgürtel aufzusuchen. (MA 13.2, S.282f.)

Aus mehreren positiven Anmerkungen Goethes kann man vermuten, dass diese lithographische Karte in Hinsicht auf symbolische Naturdarstellung als Fortsetzung der beiden Naturgemälde von A. v. Humboldt und von Goethe höchst interessant und wichtig sein muss. Vermutlich hat Goethe selber diese Karte eine Weile an die Wand gehängt, täglich betrachtet und gründlich studiert. Aber ihr Verbleib ist unklar: Das Goethe-Nationalmuseum in Weimar besitzt sie nicht. Jedoch hängt die Originalkarte von Wilbrand und Ritgen an der Wand des naturwissenschaftlichen Kabinetts im Goethe-Museum in Düsseldorf.[117] Das Buch als Prosadarstellung zum Gemälde der *organischen Natur* besitzt allerdings wiederum das Goethe-Museum in Düsseldorf nicht. Ein Exemplar war zwar im Besitz der Herzogin Anna Amalia Bibliothek, gehört aber vermutlich zu den Verlusten des Bibliotheksbrandes 2004. So befindet sich nun nur noch ein Exemplar in Goethes

[117] In MA 12, S.284f. ist eine Schwarzweiß-Fotoaufnahme davon beigegeben, aber die vielen darauf geschriebenen Kommentare sind für den Leser schwer zu entziffern.

Privatbibliothek in Weimar. Sie erklärt die lithographische Karte, erläutert den Zweck, den die Verfasser verfolgten, und was man auf dieser Karte finden kann.

Wie Goethe darstellt, handelt es sich um eine große und symbolisch-lakonische Tafel „in Bezug auf das Element des Wassers und auf Bergeshöhe, wie sich die Organisation überall verhalte." Sie ist zwar eine symbolische und augenfällig schöne, also die Seh-Sucht stillende Karte, aber gleichzeitig ein Versuch der exakten naturwissenschaftlichen Darstellung in Form eines „Tableaus". Sie ist deutlich als Koordinatensystem angelegt: Die Abszissenachse ist identisch mit dem Breitengrad, der Mittelpunkt ist äquatorial, am linken Ende steht das Eis des Nordpols, am rechten das der Antarktis. Die Ordinatenachse entspricht in der oberen Hälfte der grün und weiß kolorierten Bergeshöhe und in der unteren blau kolorierten Hälfte der Meerestiefe. Am Anfang der Prosadarstellung erklärt der Verfasser das Hauptziel des Naturgemäldes:

> Allgemeine Uebersicht.
> Vorliegendes Naturgemälde beabsichtigt eine möglichst getreue bildliche Darstellung von der Verbreitung der Pflanzen und der Thiere auf der Erde! – Der feste Kern unseres Planeten ist von zwey großen Elementen umgeben, vom Wasser und von der atmosphärischen Luft, – von jenem bis zu einer bestimmten, von dieser bis zu einer uns unbekannten Grenze. [...]
> [...] Die Welt aller lebenden Geschöpfe beginnt, als ein zusammenhängendes Ganzes, im Wasser, und steigt aus demselben in die atmosphärische Luft empor, zum freudigern Genusse des Sonnenlichtes aufwärts, um sich in dem vollendeten Muster aller organischen Bildung, in Menschen, zu schließen. (S.1f.)[118]

Wilbrand und Ritgen versuchen hier genauso wie A. v. Humboldt ein vielfältiges und dynamisches Naturleben – sowohl wissenschaftlich korrekt als auch einheitlich – auf einem Gemälde auszudrücken. Beide Verfasser des *Gemäldes der organischen Natur* besitzen auch offensichtlich einen stark mathematisch-kausalanalytischen Zugang, aber es gelingt ohne viele Zahlenangaben die Vermessungsergebnisse sowie deren Analyse schriftlich festzuhalten und ebenso charmant wie anschaulich darzustellen.

Ein gutes Beispiel ist die Darstellung der Schneelinie. Sie zeigt „die Grenze, bis wohin die Welt der organischen Geschöpfe, an jeder Stelle der Erde, in senkrechter Richtung über der Meersfläche sich erhebt" (S.2), und den Ort, der von ewigem Schnee umgeben ist. Und gemäß der Erklärung hebt sich auf der Karte die Schneelinie von der Meeresfläche aufwärts, und zwar „in der Richtung zum Äquator hin, in diesem stets steigenden Grade", so dass sie unter dem Äquator die höchste senkrechte Höhe erreicht hat. Gemäß den Untersuchungen von Humboldt wird die Schneelinie unter dem Äquator in einer senkrechten Höhe von 15 765 französischen Fuß festgelegt. Dieser Schneelinie geben die Verfasser die folgende Analyse bei:

> Nach diesen Beobachtungen ist die Schneelinie auf dem Gemälde angelegt. Indeß ist nach den Lokalverschiedenheiten einzelner Länder unter demselben Grade der Breite die jedesmalige Höhe der Schneegrenze einigem Wechsel unterworfen; so ist es z.B. in Nordamerika unter demselben Grade der Breite kälter, als in Europa, und so finden sich unter dem

---

118 Folgende Zitate aus: Wilbrand, Johann Bernhard / Ritgen, Ferdinand August Max Franz von: *Gemälde der organischen Natur in ihrer Verbreitung auf der Erde.* Giessen (C. B. Müller) 1821.

achzigsten [sic!] Grade der nördlichen Breite auf Spitzbergen noch einige Pflanzen. Die angegebene Höhe der Schneegrenze beruhet demnach auf einem Mitteldurchschnitte. Die Abweichungen von dieser Mittelhöhe sind auf dem Gemälde in verschiedenen Gegenden durch Sternchen angedeutet.
Die Schneelinie erscheint, in der Richtung des Meridians betrachtet, als eine Curve, die mit einer Ellipse übereinstimmen dürfte. (S.5)

Auf dieser Karte sind die Gebirgsketten aller fünf Weltteile angedeutet, und zwar alle Berge unter dem jeweiligen Breitengrad mit ihren bekannten Höhen. Den Hintergrund bildet massiv dargestellt das höchste Gebirge der Welt, das Himalaya-Gebirge in Asien. Es wird zwischen dem 40. und 30. Grad nördlicher Breite gezeichnet. Eine in der Gegend des 35. Grades gelegene Spitze ist z.B. nach einer Messung von Crawford mit 23 424 Fuß Höhe angegeben. Im Vordergrund des Himalaya steht die Andenkette in Amerika, die sich von Norden nach Süden erstreckt. Vor beiden erscheinen die europäischen und afrikanischen Gebirge und schließlich die Gebirge Australiens. Fast auf dem Äquator befindet sich selbstverständlich der Chimborazo mit der Eintragung nach der Humboldt'schen Messung von 20 148 Fuß als mit ewigem Schnee bedeckter hoher Gipfel.

Auf diesem *Gemälde der organischen Natur* überwiegt anders als bei Humboldt nicht der schriftliche, sondern der bildliche Teil, was Goethes Geschmack entspricht. Diese Karte enthält unendlich viele Profile von Pflanzen und Tieren; dabei ist die Verbreitung der Pflanzen auf die nördliche (links), die Verbreitung der Tiere auf die südliche Hälfte (rechts) aufgetragen. Wenn man dieses Gemälde näher betrachtet, fällt eine Unzahl vom Mittelpunkt ausgehender radialer schwarzer Linien auf, die teilweise absichtlich dick betont sind. Die Darstellungsmethode lautet:

Die Pflanzenstufen und Pflanzenfamilien, so wie die Gattungen der Säugthiere, der Vögel, der Amphibien, die Stufe der Fische, der Mollusken, der Insekten, Krebse, Würmer und Zoophyten sind durch Linien bezeichnet, welche in einem bestimmten Verhältnisse zur Schneegrenze der Erde und zur heißen Zone stehen, je nachdem die einzelnen Familien in ihrer Verbreitung sich der einen oder der andern Grenze nähern, oder umgekehrt sich davon entfernen. Da, wo eine Familie oder Gattung vorzugsweise, nach bekannten Beobachtungen, einheimisch ist, findet sich der Nahme eingetragen, und die Linie verstärkt. (S.22f.)

Wie viele Profile von diesen radialen Linien gezeigt sind, ist erstaunlich. Vom Mittelpunkt findet man über 200 radiale Linien nach allen Richtungen mit dem Gattungsnamen und der Betonung des Lebensraumes.

Dargestellt wird zunächst die Verbreitung der samenblattlosen Pflanzen, wie z.B. Meerespflanzen, Pilze, Flechten, Moose, Farne usw. Dann folgt die Verbreitung der einkeimblättrigen Pflanzen (Monocotyledonen): In der heißen Zone wird beispielweise die üppige Pracht der Palmen und Pisang-Gewächse gezeichnet. Während die Familien des Blumenrohrs sowie der Ananas-Gewächse in der heißen und warmen Zone angesiedelt sind, beginnen die Aron-Gewächse (Aroideae) mit den Gattungen Zostera und Calla in kälteren Gegenden. Die Familien von Lilien, Narzissen, Schwertlilien, Graslilien, Binsengräsern sind auch genau linear gezeichnet. Anschließend sind 40 zweikeimblättrige Pflanzen (Dicothyledonen) ebenfalls systematisch linear dargestellt: Nelken, Enzian, Ranunkel,

Läusekraut, Schoten- und Hülsengewächse, Schirmpflanzen, Alpenrosen, rosenblütige oder kätzchenblütige Gewächse, Nadelhölzer, Nachtkerzen, Heiden, Kürbis, Mohn, Jasmin, Lorbeer, Myrthen, Organen, Zaserblumen usw. sind jeweils an dem richtigen Grad und der entsprechenden Zone eingetragen.

Auf der rechten Seite ist hingegen die Verbreitung der Tiere ausführlich gezeichnet. Während die Pflanzen im Boden verwurzelt sind und ihre Verbreitung daher leicht festgelegt ist, sind die Tiere nicht an bestimmte Orte gebunden. Allerdings stehe der Wohnort eines jeden Tieres „in einem bestimmten Verhältnisse zur Grenze alles organischen Lebens“, und jede Tierart entwickelt sich „innerhalb gewisser Lebenskreise, die mit der Schneegrenze gleichlaufend sind.“ (S.66) Der Mittelpunkt aller organischen Lebensfülle befinde sich vor allem unter dem Äquator:

> Da die organische Schöpfung zunächst unter dem Aequator innerhalb eines gewissen Umkreises, sich gleichmäßig durch eine überschwängliche Fülle auszeichnet, so sind die Linien nur bis zu einem Umkreise, welcher den Nullpunkt des Aequators umgiebt, hingezogen. Dieser Umkreis erscheint demnach als der Mittelpunkt der organischen Schöpfung, von welchem die Lebensstrahlen bis zu allen Grenzen der organischen Welt ausstrahlen.

Abb. 10: Ausschnitt vom *Gemälde der organischen Natur* von Wilbrand und Ritgen mit freundlicher Genehmigung des Goethe-Museums in Düsseldorf

Auf der rechten Seite des *Gemäldes der organischen Natur* von Wilbrand und Ritgen findet man in diesem Sinne ca. 40 Säugetiere und deren Verbreitung wiederum jeweils als eine radiale Linie. Verglichen mit vorläufigen Zeichnungen von Goethe und Humboldt ist es auch ein gravierender Unterschied, dass Wilbrand und Ritgen hier Meerestiere berücksichtigen. Beide stellen auf dieser Karte nicht nur die auf der Erde lebenden Tiere wie z.B. Hirsche, Kamele, Schafe, Pferde, Hunde und Katzen, sondern auch Säugetiere im Meer wie etwa Wale, Delphine und Robben dar. Daneben sind verschiedene, und zwar insgesamt 60 Vogelarten detailliert geschildert. Außerdem sind Amphibien nicht zu vergessen, die in der heißen Zone am stärksten verbreitet sind: Frösche, Kröten, Eidechsen, Schlangen, Schildkröten usw. Anschließend sind die übrigen Tiere, wie Fische, Insekten, Krebse, Schnecken, Würmer und Mollusken eingetragen.

Wie Wilbrand und Ritgen in ihrem Buch anführen, haben wenige Naturforscher bis zu diesem Zeitpunkt auf solche Pflanzen- sowie Tiergeologie Rücksicht genommen. Eine einzige Ausnahme waren Humboldt und Bonpland, die durch ihr vortreffliches Naturgemälde der Anden neue Wege beschritten hatten.

Das Gemälde der organischen Natur von Wilbrand und Ritgen ist frappant informativ und eigenartig. Auf dieser Lithographie findet man einen schematisierten Schnitt durch die ganze Erde in Nord-Süd-Richtung. Trotz unzählbarer wissenschaftlicher Informationen und Daten in Linienform mutet diese Karte auf den ersten Blick harmonisch und farblich angenehm an. Die blaue Meeresfarbe des unteren Teils bildet einen schönen Kontrast zum Grün und Weiß im oberen Teil. An der Grenze dieser beiden Farben zeigt sich deutlich die ellipsenförmige Schneelinie bzw. Schneegrenze. Zwar enthält diese Karte weder unterhaltsame zeichnerische Elemente wie bei Goethe noch abenteuerliche Höhepunkte wie den Chimborazo bei Humboldt, aber der den Äquator darstellende Mittelpunkt ist erfüllt von allem organischen Leben und strömt Vitalität aus. In diesem Sinne ist dieses Tableau für Goethe ein ideales Naturgemälde, sogar eindrücklicher als das Humboldt'sche in seiner trockenen nüchternen Art. Vielleicht erwartete Goethe im Jahre 1807 als zugehörige Karte der *Ideen* von Humboldt ein Naturgemälde in dieser Richtung. Es ist sehr einleuchtend, dass Goethe seit 1822 eine Weile stets die Karte von Wilbrand und Ritgen wiederholt erwähnt hat. Vermutlich wegen der Schwierigkeit, die Primärliteratur zu bekommen, hat man bis jetzt die Bedeutung dieser Karte von Wilbrand und Ritgen für Goethe nicht berücksichtigt. Im Kontext der Naturgemälde sollte man aber nicht nur die Wechselwirkung zwischen Goethe und Humboldt interpretieren, sondern beide auch mit weiteren zeitgenössischen Versuchen vergleichen.

So darf man z. B. nicht das klassische Werk von Leopold von Buch *Physikalische Beschreibung der canarischen Inseln* (1825) übersehen. Der Name von L. v. Buch taucht in der Sekundärliteratur über Goethes Werke vor allem als Vertreter des Vulkanismus oft auf, aber merkwürdigerweise gibt es nicht viele Kommentare über ihn und seine Theorie. L. v. Buch war genauso wie A. v. Humboldt Schüler des großen Geologen und Vertreters des Neptunismus A. G. Werner an der Bergakademie in Freiberg. Als Buch im Jahre 1815 mit dem norwegischen Botaniker C. Smith die kanarischen Inseln besuchte, entwickelt er die Theorie der Gebirgshebung. Die *Physikalische Beschreibung der canarischen Inseln* übte auf Alexander von Humboldt einen großen Einfluss aus, vor allem im Kontext der Vulkantheorie. Auf dieses Werk wird im folgenden vierten Kapitel im Zusammenhang mit japanischen Vulkanen ausführlich eingegangen.

Darüber hinaus darf man im Zusammenhang mit der Vulkanforschung auch Junghuhn[119] und seine Studien auf Java nicht vergessen. Er veröffentlichte den *Topographischen und naturwissenschaftlichen Atlas zur Reise durch Java* (Magdeburg 1845) sowie *Java, seine Gestalt, Pflanzendecke und innere Bauart* (Deutsche Übersetzung von Justus Karl Hasskarl. Leipzig, zweite Ausgabe, 3 Bde. 1857; Original niederländisch: *Java, zijne gedaante, zijn plantentooi en inwendige bouw,* 1850-1854). Junghuhn lehnte sich bewusst an Humboldts Idee

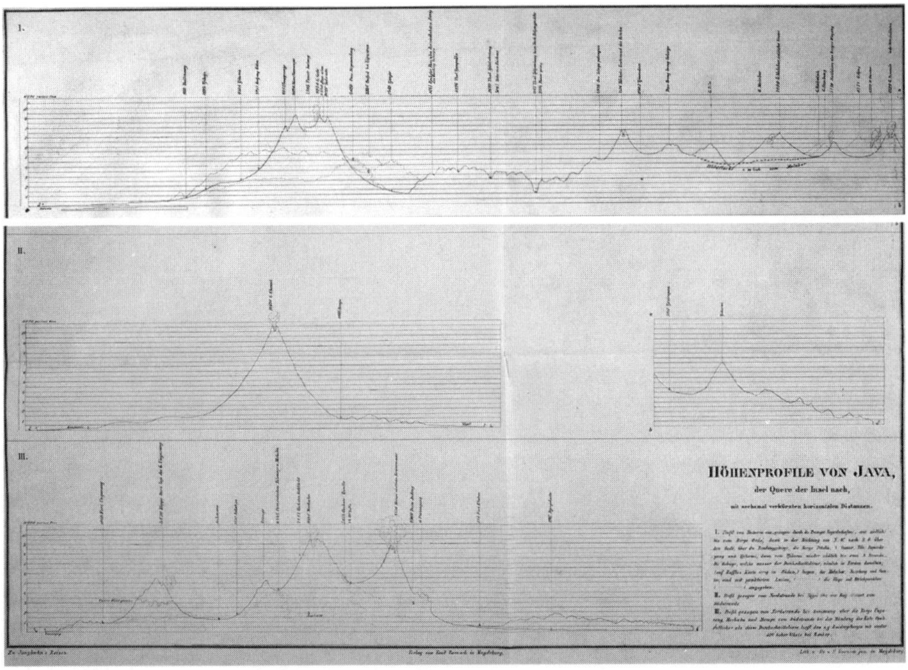

Abb. 11: Junghuhn: *Höhenprofile von Java*
mit freundlicher Genehmigung der HAAB (Sig.: Vitr1-20)

---

119 Habel, Thilo: *Von der Landschaftsstimmung zur Karte. Franz Junghuhns Studien auf Java.* In: *Vermessen: Kartographie der Tropen.* Begleitbuch zur Ausstellung des Ethnologischen Museums, Berlin-Dahlem 2006, S.38-45.

des wissenschaftlichen Naturgemäldes an, was ihm den Beinamen: „Humboldt von Java“[120] einbrachte. Und A. v. Humboldt, mit dem Junghuhn wissenschaftliche Kontakte pflegte, rühmte in *Kosmos,* dass das Werk Junghuhns „ein neues langerwartetes Licht über die geognostische Beschaffenheit von Java“ verbreitet hat.[121]

[120] Max C. P. Schmidt, der Biograph von Junghuhn, schreibt über sein Hauptwerk, es sei „geradezu erstaunlich, mit welchem Geschick er erst bestimmte Pflanzen herausgreift und eingehend schildert, um den durch sie bedingten landschaftlichen Charakter oder Typus vorzuführen, wie er die horizontale und die vertikale Verbreitung der Gattungen und die natürlichen oder künstlichen Bedingungen ihres Wachstums erforscht und darstellt, wie er auf diesem Wege ein Meisterwerk der Physiognomik und Geographie der Pflanzen zu entwerfen versteht. Ein ähnlicher gut durchgeführter Plan liegt seinen vulkanischen und geologischen Beschreibungen zugrunde. Hier ist sein unerreichbares und doch erreichtes Vorbild Alexander von Humboldt gewesen. Mit Recht hat ihn darum der erste Biograph Rochussen den „Humboldt von Java“ genannt“. Zitat aus Schmidt, C. P. Max: *Franz Junghuhn. Biographische Beiträge zur 100. Wiederkehr seines Geburtstages.* Leipzig 1909, hier S.116f.

[121] Ibid., S.117 (ursprüngliche Stelle: Humboldts *Kosmos*, Bd. I, S.114).

KAPITEL IV

DIE NATURWISSENSCHAFTLICHEN WECHSEL-BEZIEHUNGEN ZWISCHEN EUROPA UND JAPAN

1. Die Astronomie der Edo-Zeit. Lalande und der Hofastronom Yoshitoki Takahashi

In diesem Kapitel wird versucht, zunächst unter dem Blickwinkel der angewandten Astronomie die Parallelität der wissenschaftlichen Entwicklung zwischen Europa und Japan sowie die Wechselwirkungen zwischen Deutschland und Japan, die man eher als einen Wettstreit der politischen Spionagetätigkeit bezeichnen sollte, darzustellen.

Als Pendant zu dem Gothaer Herzog Ernst II. (zeitlich sogar noch vor ihm) taucht in der japanischen Geschichte ein astronomisch begabter Shôgun der Tokugawa-Dynastie auf, mit Namen Yoshimune Tokugawa (徳川 吉宗 1684-1751, regierte 1716-1745). Aber zunächst sollten kurz einige Fachbegriffe der Japanologie und die historische Situation in Japan erklärt werden: Der vollständige Titel des Shôgun heißt „Seii-Taishôgun" (征夷大将軍; wörtlich übersetzt „der große Barbarenverteidiger und Generalstabschef") und ist ein Amtstitel für den Chef des militärischen Generalstabs seit 1192. In diesem Sinne war die ursprüngliche Rolle eines Shôguns mit der eines Herzogs in Europa ungefähr vergleichbar.

Als der aus Ost-Japan stammende Fürst (大名, Daimyô) Ieyasu Tokugawa (徳川家康 1543-1616, regierte 1603-1605) im Jahre 1603 vom japanischen Kaiser (天皇, Tennô) zum „Seii-Taishôgun" ernannt wurde, ließ er das neue Verwaltungs- und Regierungszentrum „Bakufu" (幕府 als Fachterminus der Japanologie „Shôgunat": wörtlich übersetzt „Zelt-Regierung" als Synonym für den militärischen Generalstab, ins Deutsche auch als „Militärregierung" übersetzt) in einem damals winzigen Fischerdorf am Meer namens „Edo" (江戸; das jetzige „Tokio 東京") einrichten. Seither fungierte Edo als Hauptstadt des Shôgunats, während der Kaiser weiter im Kaiserpalast in Kioto, also in West-Japan blieb. Die Nachfahren des Shôguns Ieyasu vollendeten die Landesvereinigung und stabilisierten die Wirtschaft und Politik, so dass Japan unter den Regierungen der insgesamt 15 Shôgune weit über 200 Jahre hinweg die längste Friedenszeit genießen konnte (die sogenannte „Pax Edo-Zeit"), in der die eigene Kultur besonders blühte, einschließlich der japanischen Mathematik der Edo-Epoche, genannt „Wasan" (和算).[1]

Seit 1639 verstärkte die Militärregierung Bakufu ihre Abschottungspolitik (die sogenannte „Sakoku" 鎖国, auch „Selbstisolation" genannt) und wies alle Portugiesen, die vor allem als katholische Missionare tätig waren, aus Japan aus. Parallel dazu wurden alle japanischen Christen hingerichtet. Außer asiatischen Nachbarn aus Korea und China durften als Ausnahme nur holländische Kaufleute in der winzigen abgesperrten Handelsniederlassung auf der künstlichen Insel im Hafen von Nagasaki weiter Handel treiben,

[1] Seit einigen Jahren erlebt in Japan die naturwissenschaftliche Geschichte der „Spät-Edo-Zeit" (entspricht der Goethezeit) eine Wiederbelebung und es erscheinen Biographien japanischer Mathematiker.

weil Holländer sich als Protestanten nicht so intensiv wie die Portugiesen darum bemühten, die Japaner zum Christentum zu bekehren.

Über 200 Jahre lang war also der Handel mit dem Ausland streng begrenzt. Diese lange Isolationsphase wirkte allerdings auf die japanische Kultur-Renaissance eher positiv. Was die japanische Mathematik „Wasan" anbelangt, begründete der Mathematiker Mitsuyoshi Yoshida (吉田 光由 um 1598-1672) mit der verbesserten neuen Auflage (1641, 3 Bde.) seines berühmten Abakus-Lehrbuchs *„Jinkô-ki"* (『塵劫記』 erste Aufl. 1627, 4 Bde.) eine neue Tradition namens „Idai-Keishô" (遺題継承; Vermächtnisfragen-Übernahme):[2] Am Ende dieses Lehrbuchs stellte Yoshida Mathematiklehrern und Kollegen zwölf schwierige Aufgaben ohne Lösungen. Die vollständigen Lösungen veröffentlichte erst 1654 der Mathematiker Tomosumi Enami (榎並 和澄 Lebensdaten unbekannt), der am Ende der Publikation seinerseits wiederum acht schwierige Fragen ohne Lösungen stellte.

Parallel zu dieser Publikationenfolge „Idai-Keishô" hängte man in buddhistischen Tempeln oder Shintô-Schreinen oft kunstvoll gestaltete Tafeln „Sangaku" (算額; Mathematik-Votivbild) als Dankopfer für die Lösung schwieriger mathematischer, vor allem geometrischer Fragen auf.

In dieser Zeit wurde der „arithmetische Weise" (auf Japanisch „Sansei 算聖") und Vertreter der japanischen Mathematik „Wasan" Takakazu Seki (関 孝和 auch „Kôwa Seki" gelesen, um 1640-1708) geboren. Im Jahre 1671 stellte Kazuyuki Sawaguchi (沢口 一之 Lebensdaten unbekannt) in seinem Lehrbuch *Kokin-Sanpôki* (『古今算法記』), in dem übrigens die chinesische Lösungsmethode für Differentialgleichungen (damals „Tengen-jyutu" genannt) erklärt wird, wiederum 15 äußerst schwierige Fragen. Im Jahr 1675 veröffentlichte Seki mit sämtlichen Lösungen auf die Fragen Sawaguchis das Buch *Hatsubi-Sanpô* (『発微算法』), wobei er eine selbst erfundene Schreibweise für Potenzen verwendete. Um lineare Gleichungssysteme mit drei Unbekannten zu lösen, verwendete er ebenfalls „ein Verfahren, durch das man aus Tabellen mit den Koeffizienten der Gleichungen die Lösungen gewinnt – vergleichbar der Determinantenmethode, die Gottfried Wilhelm Leibniz (1646-1716) zehn Jahre später entdeckt".[3] Darüber hinaus zeigte Seki die für Determinanten geltenden Vertauschungsgesetze und entdeckte die Bernoulli-Zahlen vor Jacob Bernoulli (1655-1705) selbst. Seki und einer seiner besten Schüler, Takahiro Takebe (建部 賢弘 1664-1739), berechneten die Kreiszahl π mittels der „Enri 円理"-Methode („Kreisprinzip"-Methode), die im Prinzip eine Reihenentwicklung darstellt. Diese Reihe erwähnte in Europa Leonhard Euler (1707-1783) erst 1737, also 15 Jahre später als Takebe, in einem Brief an Daniel Bernoulli (1700-1782).

Takebe veröffentlichte im Alter von 59 Jahren seine erste Monographie der Mathematik *Tetsujyutu-Sankei* (『綴術算経』 1722), in der er die oben genannte Entdeckung über

2 Ausstellungsheft für *Sûgaku. Nihon no Paioniatachi.* (『数学・日本のパイオニアたち』 *Pioniere der Mathematik in Japan*) des National Museum of Nature and Science in Tokio vom 22. November 2008 bis 12. Januar 2009. Vgl. auch Strick, Heinz Klaus: *Geschichten aus der Mathematik. Eine biographische Briefmarkensammlung von Pythagoras bis Kolmogorow.* Spektrum der Wissenschaft. Spezial 2/09, S.43. Aber Strick nennt hier merkwürdigerweise nur Yoshidas Vornamen „Mitsuyoshi", und inhaltlich und auch sprachlich gibt es ebenfalls kleine Unstimmigkeiten.

3 Zitat aus Strick: *Geschichten aus der Mathematik*, S.43.

die Kreiszahl π – er berechnete sie dort exakt auf 41 Stellen – erwähnte. Da er als Berater von drei Shôgunen der Tokugawa-Dynastie diente, hatte er bisher keine Zeit dafür: Nach dem Dienst beim sechsten Tokugawa-Shôgun Ienobu Tokugawa (徳川 家宣 1662-1772, regierte 1709-1712) und beim siebenten Ietsugu Tokugawa (徳川 家継 1709-1716, regierte 1712-1716) ging Takebe traditionsgemäß in den Ruhestand, aber der achte Shôgun Yoshimune Tokugawa (regierte 1716-1745) forderte ihn ausdrücklich auf, wieder als wissenschaftlicher Berater für Astronomie und Kalenderherstellung tätig zu sein, genauso wie in Deutschland der Gothaer Hofastronom Zach.

Der achte Shôgun Yoshimune gilt zwar als außergewöhnlich begabter Politiker und als der bedeutendste Tokugawa-Shôgun nach dessen Urvater und Gründer Ieyasu Tokugawa. Wie auch der Gothaer Herzog Ernst II. beschäftigte sich Yoshimune Tokugawa ebenfalls zunächst eher mit dem Studium der Naturwissenschaften. Ähnlich den Chronometer-Tagebüchern von Herzog Ernst II. führte dieser Shôgun Yoshimune mit dem Astrolabium astronomische Beobachtungen – ausnahmsweise im Edo-Schloss (jetzt im Kaiserpalast in Tokio) – durch. Er interessierte sich sehr für die Reform der damals in Japan verwendeten Lunisolarkalender[4] und milderte zu diesem Zweck die Einfuhrbeschränkungen, denen bis dahin alle europäischen Bücher unterworfen waren, allerdings nur in Bezug auf die naturwissenschaftlichen Bereiche, um den japanischen Naturwissenschaftlern die neuesten Kenntnisse aus dem Ausland vermitteln zu können. Wegen der oben erwähnten „Sakoku", der Abschottungspolitik bis 1854, waren den japanischen Wissenschaftlern moderne Kenntnisse aus Europa einzig mittels der niederländischen Sprache zugänglich (man nannte daher die europäische Wissenschaft „Rangaku 蘭学", Das Schriftzeichen „Ran 蘭" bedeutet hier Holland oder niederländische Sprache). Niederländisch war demzufolge damals eine wichtige Verkehrssprache für die japanische Wissenschaft, eine sog. „Lingua Franca". Dank der genannten Liberalisierungsmaßnahme wurden mittels japanischer Übersetzungen aus dem Holländischen bald die Gravitationstheorie Newtons durch Tadao Shizuki (志筑 忠雄 1760-1806)[5] und das heliozentrische Weltsystem Kopernikus' durch Kôkan Shiba (司馬 江漢 1747-1818)[6] in Japan bekannt.

Was die Einrichtung von Sternwarten anbelangt, wurde bereits 1685 Harumi Shibukawa (auch Syunkai Shibukawa gelesen, 渋川 春海 1639-1715) zum ersten Tokugawa-Shôgunat-Astronomen ernannt. Gleichzeitig wurde das Zentralforschungsinstitut speziell für astronomische Beobachtungen und die Erstellung des Kalenders „Tenmon-kata"（天文方）eingerichtet. Das Amt der Mathematiker und Astronomen war im Grunde erblich, auch wenn begabte Wissenschaftler manchmal durch Adoption integriert wurden. Im Jahre 1782 wurde eine neue Sternwarte im Stadtbezirk Asakusa in Tokio errichtet:

---

[4] Dieser Kalender heißt auf Japanisch „Taiyô-Taiin-Reki" (太陽太陰暦) und ist eine geschickte Kombination von Lunar- und Sonnenkalender: Dessen Kalender-Monate entsprechen Mond-Monaten, aber das Kalender-Jahr nähert sich eher dem Sonnen-Jahr. Der Lunisolarkalender enthält oft entweder 12 oder 13 lunare Kalender-Monate aufgrund exakter Beobachtungen in bestimmter Regel.

[5] Nakamura, Tsukou: *Edo no Tenmongakusya Hoshizora wo kakeru.* (中村 士：『江戸の天文学者　星空を翔ける』) Tokio 2008, S.81f. Shizuki stellte darüber hinaus am Ende seiner Newton-Übersetzung (1798-1802) unabhängig von Kant (1751) und Laplace (1796) seine eigene inhaltlich fast identische Nebularhypothese auf.

[6] Nakamura: *Edo no Tenmongakusya Hoshizora wo kakeru*, S.82f.

„Asakusa-Tenmondai“ (浅草天文台). Die Bezeichnung „Tenmon-dai“ (Sternwarte; „Dai 台“ bedeutet hier die „ebene Fläche auf hohen Gebäuden“ oder „Plattform“) ist aber damals eher selten verwendet worden, stattdessen nannte man eine Sternwarte „Sokuryô-dai“ (測量台; Vermessungsstation) oder „Kanshô-dai“ (観象台; astronomisch-meteorologische Beobachtungsstation).

Leider verstarb der Shôgun Yoshimune während des Reformprojekts für einen neuen, an der europäischen Astronomie orientierten Lunisolarkalender namens „Houreki-reki“ (宝暦暦 verwendet 1755-1798; „reki“ bedeutet hier „Kalender“). Nach seinem Tod konnte die Kalenderreform vor allem unter dem Druck der Astronomen- (ursprünglich Astrologen-) Dynastie am Kaiserhof in Kioto, „Tuchi-Mikado 土御門“, nicht konsequent fortgesetzt werden, so dass die Qualität des „Houreki-reki“ sehr unzulänglich blieb und von Fachleuten heftig kritisiert wurde. Insbesondere war es nicht möglich, die Sonnen- und Mondfinsternisse korrekt vorauszusagen.

Eine nochmalige Kalenderreform wurde also dringend nötig. Damals ist in Osaka die Privatschule für Astronomie und Mathematik namens „Senjikan“ (先時館) gegründet worden, an der vor allem Kalenderspezialisten studierten. Der Begründer der Schule hieß Gôryû Asada (麻田 剛立 1734-1799) und war sowohl Arzt als auch Astronom – genauso wie Olbers in Hamburg. Asada baute optische Instrumente selbst und führte damit astronomische Beobachtungen durch. Während er durch chinesische Übersetzungen teilweise überholte astronomische Kenntnisse aus Europa – z.B. die Werke von Tycho Brahe (1546-1601), Kepler und Cassini I. – studierte, entwickelte er eine eigene Bahnberechnungsmethode der Himmelskörper unseres Sonnensystems und entdeckte unabhängig das dritte Keplergesetz: „Die Quadrate der Umlaufzeiten zweier Objekte verhalten sich wie die dritten Potenzen der großen Halbachsen.“

Das Regierungszentrum „Bakufu“ berief zwei Schüler von Asada zu neuen Kalendermachern: Shigetomi Hazama (間 重富 1756-1816) und Yoshitoki Takahashi (高橋 至時 1764-1804), der bald zum neuen Astronomen in „Tenmon-kata“ ernannt wurde. Im Jahre 1797 führten beide mit Kollegen in Edo zum ersten Mal, aufbauend auf der europäischen Astronomie, eine Kalenderreform durch und vollendeten 1798 den Lunisolarkalender namens „Kansei-reki“ (寛政暦 verwendet 1798-1844).

Erinnert sei hier noch einmal an den ebenfalls 1798 in Gotha durchgeführten Astronomischen Kongress (siehe Kapitel II), und zwar an dessen prominentesten Gast Lalande. Neben seiner Lehrtätigkeit seit 1762 als Professor für Astronomie am Collège de France gab er von 1760 bis 1776 das wichtigste astronomische Jahrbuch in Frankreich *Connaissance des temps* heraus und schrieb selber Lehrbücher der Astronomie. Das erste erschien 1764 unter dem Titel *Traité d'astronomie* in 2 Bänden. Zu ihm gehörte auch noch ein Handbuch für Messungen und deren Reduktion sowie für Messinstrumente. 1771 erschien dann die zweite, überarbeitete und verbesserte Auflage in 3 Bänden und schließlich 1781 eine vierbändige Ausgabe. Die dreibändige zweite französische Originalauflage übersetzte der holländische Mathematiker Arnoldus Bastiaan Strabbe (1741-1805) ins Holländische: *Astronomia of sterrekunde; naar den 2. druk uit Fr. vertaald door A.B. Strabbe. Deel 1-4.* (Amsterdam 1773-1780, insgesamt 5 Bde.). Durch diese holländische Lalande-Übersetzung erfuhr man in Japan zum ersten Mal, dass die wirkliche Gestalt der Erde keine Kugel ist, sondern einem Ellipsoid ähnelt.

Im Jahre 1803, vier Jahre nach der Kalenderreform, durfte Takahashi für die Dauer von nur 17 Tagen diese kostbare neu angeschaffte niederländische Lalande-Übersetzung Strabbes aus dem Privatbesitz eines japanischen Fürsten ausleihen. Obwohl Takahashi nur geringe niederländische Sprachkenntnisse besaß, erkannte er sogleich die Bedeutung und Exaktheit dieses Buches. Seine Begeisterung war so groß, dass er bis zum Ablauf der Ausleihfrist Essen und Schlafen völlig vergessen und sich Tage und Nächte hindurch nur mit dem Studium des Werkes beschäftigt haben soll. Dabei versuchte er bereits, den Inhalt des ersten Bandes der *Astronomie* Lalandes zusammenzufassen, soweit er es damals verstehen konnte. Takahashi bat die Regierung um die Anschaffung dieser holländischen Übersetzung von Lalande, und sein Wunsch ging trotz des ungewöhnlich hohen Preises in Erfüllung. Damals litt er bereits an der Tuberkulose, aber bis zu seinem Tod – ca. ein halbes Jahr lang – spannte er alle seine Kräfte an, um die wichtigsten Stellen der *Astronomie* Lalandes aus dem Niederländischen ins Japanische zu übersetzten. Takahashi hinterließ die ausgewählte Übersetzung als Manuskript in 10 Heften.[7]

Ein japanischer „historischer Roman"[8] von Fû Narumi (鳴海 風 geb. 1953)[9] behandelt dieses Übersetzungsprojekt des bereits vom Tode gezeichneten Takahashi: *Lalande no Hoshi* (『ラランデの星』 *Die Sterne von Lalande*, 2006). Zwar verwendet Narumi in diesem Werk teilweise ähnlich wie in dem deutschen Roman Kehlmanns *Die Vermessung der Welt* auch fiktionale Darstellungen über den Vater-Sohn-Konflikt und über die Liebesbeziehungen mit Frauen, aber im Grunde ist dieses Werk historisch getreu. Die Geschichte wird aus dem Blickwinkel des ältesten Sohnes „Sasuke 佐助" erzählt, der dem Vater als ausgezeichnetem Astronomen gegenüber große Komplexe hatte. „Sasuke" ist sein Name aus der Jugendzeit, wie er damals in Ritterfamilien (Stand des „Samurai/Bushi") üblich war.[10] Und er erbte tatsächlich nach dem Tod seines Vaters dessen Amt als Shôgunat-Astronom in Tenmon-kata und nannte sich Kageyasu Takahashi (高橋 景保 1785-1829). Der noch schlaftrunkene Sohn Sasuke wird am Morgen nach der Ausleihe des Buches von seinem aufgeregten Vater Yoshitoki energisch geweckt, nachdem dieser mit seinen Kollegen die ganze Nacht hindurch gearbeitet hatte. Mit dieser Szene versucht der Autor Narumi darzustellen, wie geradezu schockiert die damaligen japanischen Astronomen auf die neuen wissenschaftlichen Erkenntnisse über die wahre Gestalt der Erde reagierten. Hier ein Versuch, diese Szene aus dem Japanischen ins Deutsche zu übersetzen:

---

[7] Einen ausführlichen Bericht über dieses Übersetzungsprojekt findet man z.B. in der Studie über den ältesten Sohn Yoshitokis Kageyasu Takahashi von Hisashi Uehara: *Takahashi Kageyasu no Kenkyû.* (上原 久：『高橋景保の研究』) Tokio 1977, S.162ff.

[8] Der Gattungsbegriff des „historischen Romans" in Japan ist nicht identisch mit dem deutschen. Hierauf wird im vierten Anschnitt dieses Kapitels ausführlich eingegangen.

[9] Dieser veröffentlicht ebenfalls die literarische Biographie des oben erwähnten Mathematikers Takakazu Seki *Sansei-den.* (『算聖伝』) Tokio 2000. Für seine wissenschaftsgeschichtlichen Romane (sein Schwerpunkt ist vor allem die Mathematik der Edo-Zeit: „Wasan") erhielt er mehrere Literaturauszeichnungen, darunter auch den Literaturpreis der Japanischen Gesellschaft für Mathematik (2006).

[10] Er wird manchmal allgemein auch „Sakuzaemon 作左衛門" als Rufname für Erwachsene genannt.

„Sasuke, die Erde ist keine Kugel."
Die Augen meines Vaters glänzen und erzählen gleichzeitig weiter: „Na, komm! Es ist für dich bestimmt auch eine große Überraschung, sicher interessant, oder?" – Aber ich konnte zunächst nicht so schnell verstehen, was für eine Überraschung er meinte.
Der Vater sagte: „Also, die Erde ist gar keine vollkommene runde Kugel. Na, wie soll man sagen, die Erde ist ein an den Polen abgeplattetes Ellipsoid, wie eine Mandarine oder eine Kakifeige. Sie ist keine Kugel, sondern ein Ellipsoid."
„Was? Ein Ellipsoid?!"
Erst der Begriff „Ellipsoid" machte mir die Bedeutung dieser Neuigkeit klar. [...]
Früher hatte ich große Schwierigkeiten gehabt, mir die Erde als runde Kugel vorzustellen. Aber im Verlauf der Zeit hatte ich das doch akzeptiert. Und nun erschien die neue Gestalt der Erde als Ellipsoid so ungewöhnlich und merkwürdig, dass es mir wiederum nicht gelang, diese Wirklichkeit ohne inneren Widerstand wahrzunehmen. Ich war einfach nur überrascht.[11]

Im Zusammenhang mit diesem Übersetzungsprojekt darf man den berühmten Schüler von Takahashi, Tadataka Inô (伊能 忠敬 1745-1818), nicht vergessen, der in diesem Werk eine wichtige Rolle spielt und tatsächlich gelebt hat: Inô fing erst nach seiner Pensionierung an, Astronomie bei Yoshitoki Takahashi zu studieren. Unter dem starken Einfluss seines Lehrers interessierte sich Inô für die Gestalt der Erde und die Gradmessung. Seit 1800 vermaß Inô allein zu Fuß das gesamte Japan, insgesamt ca. 40 000 km. 17 Jahre danach vollendete der Siebzigjährige die komplette Arbeit und stellte die erste präzise Landkarte Japans her. Er führte zwar stets astronomische Beobachtungen durch, jedoch ohne Zuhilfenahme der Triangulation.[12]

In der letzten Szene von Narumis Roman verabschiedet sich Sasuke, der inzwischen beschlossen hat, dem Willen seines verstorbenen Vaters zu folgen und seine astronomische Arbeit als dessen Nachfolger fortzusetzen, von seinem jüngeren Bruder „Zensuke 善助", der gerade abreist, um an der fünften Vermessungsexpedition Inôs teilzunehmen. In der Tat konnte Zensuke als Zweitgeborener Takahashis das Amt des Vaters nicht übernehmen, wurde von der obengenannten Astronomendynastie „Shibukawa" adoptiert und später unter dem Namen Kagesuke Shibukawa (渋川 景祐 1787-1856) bekannt.

Zur Ergänzung dieses literarischen Werkes hier noch einige weitere historische Angaben: Die Lalande-Übersetzung aus dem Niederländischen ins Japanische übernahm zunächst ein alter Kollege Takahashis, nämlich Hazama. Nach dessen Tod setzte dann jener älteste Sohn Kageyasu Takahashi dieses Projekt fort. Bemerkenswert ist diesbezüglich, dass auf seine Initiative 1811 im Tenmon-kata ein Forschungs- und Übersetzungsinstitut für fremdsprachige Bücher, nämlich „Bansho-Wagegoyô 蛮書和解御用", eingerichtet wurde.[13] Nachdem Kageyasu aber infolge der Siebold-Affäre im Gefängnis starb (siehe im Abschnitt 4 dieses Kapitels), vollendete sein jüngerer Bruder Kagesuke Shibukawa das

---

[11] Übersetzt von der Verfasserin aus *Lalande no Hoshi*, Original japanisch, Tokio 2006, S.110.

[12] Vgl. besonders Watanabe, Ichirô u.a.: *Inô Tadataka Sokuryôtai.* (『伊能忠敬測量隊』 *Die Vermessungstrupps von Tadataka Inô*) Tokio 2003.

[13] In diesem Übersetzungsinstitut „Bansho-Wagegoyô" bei Tenmon-Kata wurde nicht nur astronomische, sondern auch geographische Fachliteratur aus Europa aus der niederländischen Sprache ins Japanische übersetzt.

Projekt und veröffentlichte schließlich 1836 aufgrund dieser Übersetzung in der traditionellen Form neue Kalenderhandbücher *Shinkô-Rekisho* (『新巧暦書』). Dabei handelt es sich aber nicht um eine vollständige japanische Übersetzung des ursprünglichen Textes von Lalande, sondern eher um einen mit ausgewählten wichtigen Inhalten und teilweise mit Kommentaren der Übersetzer versehenen astronomischen Kalender japanischer Art. Darüber hinaus legte Kagesuke Shibukawa der letzten Reform der Lunisolarkalender in Japan alle modernen Kenntnisse aus der Übersetzung Lalandes zugrunde. Der von ihm eingeführte „Tenpô-reki" (天保暦 verwendet 1844-1872) war in der Tat der exakteste aller bisher in Japan benutzten Lunisolarkalender, und dessen Sonnen-Jahr soll sogar geringere Abweichungen als der jetzige international verbreitete „Gregorianische Kalender" als reiner Solarkalender haben.

2. Krusenstern, Goethe und die Weimarer Militärbibliothek

In diesem Abschnitt wird im Hinblick auf die Geographie des 18. Jahrhunderts das bisher überhaupt nicht berücksichtigte Verhältnis zwischen dem russische Weltumsegler Admiral Adam Johann von Krusenstern (1770-1846), Goethe und Japan behandelt.

Betrachtet man zunächst die Beziehung zwischen Goethe und Japan, findet man leider nur wenige historische Materialien aus seiner Zeit.[14] In erster Linie erinnert man sich an das Gedicht Gingo[sic!] biloba im *West-Östlichen Divan*:[15]

GINGO BILOBA
Dieses Baum's Blatt, der von Osten
Meinem Garten anvertraut,
Giebt geheimen Sinn zu kosten,
Wie's den Wissenden erbaut.

Ist es Ein lebendig Wesen?
Das sich in sich selbst getrennt,
Sind es zwey? die sich erlesen,
Daß man sie als Eines kennt.

Solche Frage zu erwiedern
Fand ich wohl den rechten Sinn;
Fühlst du nicht an meinen Liedern
Daß ich Eins und doppelt bin? (MA 11.1.2, S.71)

Zweifellos ist dieses Gedicht eines seiner schönsten Liebesgedichte. „Ginkgo biloba" ist heute die bekannteste „Goethe-Pflanze" in Deutschland. Aber gleichzeitig kann man daraus noch eine Begegnung der westlichen und fernöstlichen Botanik und ein Beispiel des wissenschaftlichen Austauschs zwischen Europa und Japan ablesen. Für Europa wird der Ginkgo biloba durch den im Auftrag der niederländischen „Vereenigde Oostindische

---

14 Vgl. Homepage von Naoji Kimura, Prof. an der Sophia-Universität in Tokio: *Wiederholte Spiegelungen. Goethe auf dem Weg zum Fernen Osten* (http://www.info.sophia.ac.jp/g-areas/Naoji-Kimura.HP. htm# Wiederholte%20 Spiegelungen.label)

15 Darüber Ishihara: *Goethes Buch der Natur*, vor allem Kapitel 5.

Compagnie“ (VOC) Japan bereisenden Arzt und Naturforscher Engelbert Kämpfer (1651-1716, auch „Kaempfer“ geschrieben) wiederentdeckt.

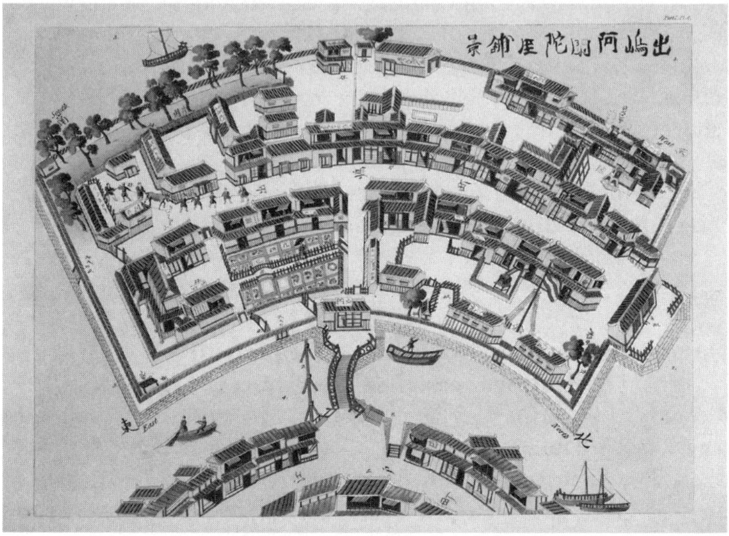

Abb. 1: *Plan of the Dutch Factory in the Island of the Dejima* aus Titsinghs *Illustrations of Japan* (1822) mit freundlicher Genehmigung der HAAB (Sig.: Th D 2 : pr [7])

1690 wurde dieser aus Lemgo in Deutschland stammende Naturwissenschaftler vorgeblich als Holländer (da es bekanntlich damals keine diplomatische Beziehung zwischen Japan und Deutschland gab, durfte er selbstverständlich als Deutscher nicht einreisen) Arzt auf der streng überwachten künstlichen Insel „Dejima“ (出島: japanische Bezeichnung für „Vorinsel“) im Hafen von Nagasaki, dem Sitz der niederländischen Handelsniederlassung in Japan (siehe: Abb. 1). Wie Abb. 1 zeigt, wurde diese fächerförmige Insel (Breite 67 m × Länge 223 m; ca. 14 400 Quadratmeter groß) 1636 zunächst noch für in Japan ansässige Portugiesen als Internierungslager eingerichtet, und dann seit 1641 niederländischen Händlern als Wohn- und Handelsstation zugewiesen.[16] Kämpfer beschrieb die Ginkgo-Bäume erst 1712, und vermutlich brachten holländische Händler um 1730 Samen mit nach Europa. Was das Weimarer Herzogtum anbelangt, schickte Carl August um 1796 seinen Hofgärtner Friedrich Gottlob Dietrich zur Ausbildung nach Kew in England. Infolge der vegetativen Züchtung des Ginkgo-Baumes durch die Weimarer Gärtner in Belvedere konnte man um 1800 bereits für einen Taler im Herzoglichen Orangengarten in Belvedere Stecklinge kaufen. Im Botanischen Garten zu Jena ist der Ginkgo-Baum ab 1795 vorhanden. Allerdings bekundete Goethe zunächst keine beson-

[16] Vgl. z.B. Katalog zur Eröffnungsausstellung des Siebold-Museums in Würzburg, *Auf den Spuren Siebolds in Würzburg und Japan.* 1995, hier S.33. Siehe auch *Engelbert Kaempfer. Sein Leben und seine Reise.* CD-ROM zur Ausstellung *„Ginkgobaum und Riesenkrabbe. Die Forschungsreisen des Engelbert Kaempfer (1651-1716)“* im Städtischen Museum Hexenbürgermeisterhaus in Lemgo. Hrsg. v. Landesverband Lippe und der Stadt Lemgo anlässlich des Engelbert-Kaempfer-Jubiläums 2001.

dere Aufmerksamkeit für den Ginkgo-Baum, obwohl er dort seinerzeit oft zu Besuch weilte. Erst im Sommer 1815 zeigte er großes Interesse für dessen Blattform.

Übrigens taucht der Name Kämpfers noch einmal unerwartet in einer kleinen unveröffentlichten Abhandlung Goethes *Vorschlag zur Einführung der deutschen Sprache in Polen* (undatiert, vermutlich 1813/14) auf. Hier schreibt Goethe:

> Wir lesen bei *Kämpfer* daß der japanische Kaiser sich sehr unterhalten gefunden als ihm die Holländer ihre gewöhnlichen Reverenzen, Begegnungen und täglichen Handlungen vorgespielt. (MA 4.2, S.21)

Wie Kimura anmerkt, wird an dieser Stelle der Shôgun mit dem Kaiser verwechselt. Es geht um den Höhepunkt des zweijährigen Japan-Aufenthaltes von Kämpfer. Die holländischen Geschäftsträger mussten jährlich „Gesandtschaftsreisen" zum Shôgun nach Edo unternehmen. Kämpfer wurde dadurch der erste Europäer, dem es gelang, eine genaue Routenaufnahme dieser Strecke anzufertigen und sämtliche ihm wichtigen Ortschaften und Berge einzuzeichnen. Obwohl diese kurze Abhandlung die Aufmerksamkeit japanischer Germanisten sowie deutscher Japanologen auf sich zieht, ist inzwischen selbst die Autorenschaft Goethes fragwürdig geworden. Neben vielen Missverständnissen durch mehrfache Übersetzungen[17] erklärt Naoji Kimura dieses Herkunftsproblem wie folgt:

> Dafür führt der bekannte Goetheforscher Erich Trunz acht philologische Gründe an und kommt zu dem Schluß: „Wie die vorstehenden Ausführungen zeigen, habe ich keinen handfesten Beweis, um diesen Aufsatz Goethe abzusprechen, etwa eine Erwähnung in einem Brief oder dergleichen. Doch Suphan hatte ebensowenig einen sicheren Beweis, ihn Goethe zuzusprechen. Da nun der eine Philologe den Aufsatz Goethe zugesprochen hat und der andere ihn ihm abspricht, schlage ich vor, ihn als 'zweifelhaft' zu bezeichnen." Demnach ist höchst wahrscheinlich, daß der Aufsatz von einem Mann stammt, dem „Goethe einen Gefallen tun wollte und dem er den Aufsatz durchkorrigiert hat." (Zitat aus Erich Trunz: *Weimarer Goethe-Studien*. Weimar 1984. S.98f.)[18]

Aber es gibt noch eine zweite, indirekte Verbindung von Goethe mit Japan, und zwar über die Person Krusensterns. Dieser war deutsch-baltischer Herkunft, und die erste russische Weltumsegelungsexpedition (1803-1806) stand unter seinem Kommando. Seine Schwester Christiane war übrigens die zweite Ehefrau (seit 1795) des aus Weimar stammenden deutschen Dramatikers und Schriftstellers August von Kotzebue (1761-1819), und dessen zwei Söhne Otto (1788-1846) und Moritz (Lebensdaten unbekannt) von Kotzebue nahmen als Offiziere der Russischen Marine an dieser Expedition teil.[19] Nach

---

[17] Kämpfers Werk erschien zunächst in Englisch, dann wurde es über eine französische Übersetzung noch einmal ins Deutsche übertragen. Die richtige deutsche Ausgabe wurde von Christian Conrad Wilhelm von Dohm (1751-1820, Geheimer Rat in Berlin) zwischen 1777 und 1779 in Lemgo herausgegeben.

[18] Siehe Anm.14.

[19] Krusenstern, Adam Johann von: *Reise um die Welt in den Jahren 1803, 1804, 1805 und 1806 auf Befehl Seiner Kaiserl. Majestät Alexander des Ersten auf den Schiffen Nadeshda und Newa unter dem Commando des Capitains von der Kaiserlichen Marine A. J. von Krusenstern.* 3 Bde. Erster Theil (1810), St. Petersburg, gedruckt in der Schnoorschen Buchdruckerey. Hier S.12, Bericht im Juni 1803: „Der Kollegienrath von Kotzebue wünschte, dass seine zwey Söhne, welche im Cadetten-Corpus erzogen wurden, auf meinem Schiffe diese Reise mitmachen sollten. Sein Gesuch deshalb beym Kaiser ward ihm sogleich zugestanden. So schwer

der Rückkehr von dieser Weltumsegelung wurde Krusenstern 1806 zum Admiral, zum Leiter des Seekadetten-Korps in St. Petersburg sowie zum Ehrenmitglied der dortigen Akademie der Wissenschaften ernannt. Er war Gründungsmitglied der Russischen Geographischen Gesellschaft und auch Mitglied der Royal Society of London. Sein Reisebericht *Reise um die Welt in den Jahren 1803, 1804, 1805, 1806 auf Befehl Seiner Kaiserl. Majestät Alexander des Ersten auf den Schiffen Nadeshda und Newa unter dem Commando des Capitäns von der Kaiserl. Marine A. J. v. Krusenstern*[20] erschien zwischen 1810 und 1812 in drei Bänden mit dem *Atlas des Großen Ozeans* in St. Petersburg. 1841 wurde Krusenstern schließlich zum Generaladmiral ernannt.

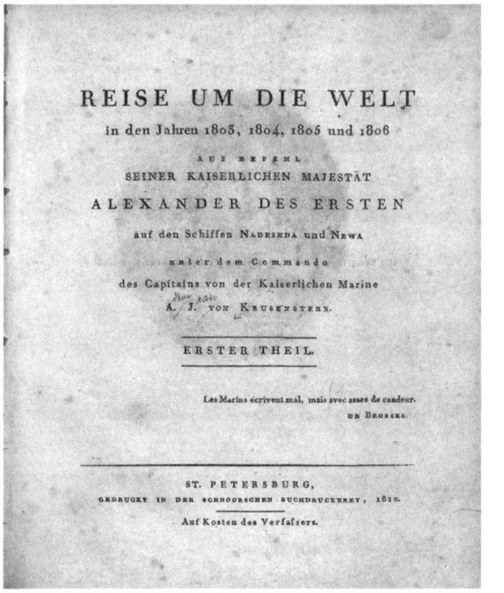
REISE UM DIE WELT
in den Jahren 1803, 1804, 1805 und 1806
AUF BEFEHL
SEINER KAISERLICHEN MAJESTÄT
ALEXANDER DES ERSTEN
auf den Schiffen NADESHDA und NEWA
unter dem Commando
des Capitains von der Kaiserlichen Marine
A. J. VON KRUSENSTERN.
ERSTER THEIL.
Les Marins écrivent mal, mais avec assez de candeur.
DE BROSSES.
ST. PETERSBURG,
GEDRUCKT IN DER SCHNOORSCHEN BUCHDRUCKEREY, 1810.
Auf Kosten des Verfassers.

Abb. 2: Portrait von Krusenstern und Abb. 3: Das Titelblatt seines Reiseberichtes mit freundlicher Genehmigung der ThULB (Sig.: 8-Itin-III-57-21-1)

---

der Entschluss dem Vater seyn musste, sie in dem Alter von 14 und 15 Jahren eine so gefahrvolle Reise unternehmen zu lassen; so hat der Erfolg ihn hinlänglich für diess Opfer der väterlichen Zärtlichkeit entschädigt. Sie haben mit vielem Nutzen die Reise gemacht, und sind als gebildete und kenntnissvolle junge Menschen zurück gekommen."

[20] Die Jenaer Universitätsbibliothek besitzt ebenfalls ein deutsches Exemplar: Krusenstern, Adam Johann von: *Reise um die Welt in den Jahren 1803-1806*. 1 Bd. 1-3 Hefte. In: *Bibliothek der vorzüglichsten und neuesten Reisebeschreibungen über alle Theile und Länder der Welt, in systematischer Ordnung mit Charten.* In Verbindung mit mehreren Mitarbeitern besorgt und herausgegeben von J. Hörner. Hildburghausen 1828. Darüber hinaus ist noch ein neueres Exemplar, aber nicht als vollständige Übersetzung, sondern in einer ausgewählten und zusammengefassten Form vorhanden: *Reise um die Welt. Erlebnisse und Bordbuchnotizen des Kommandanten der Expeditionsschiffe »Nadeshda« und »Newa« bei der ersten Weltumseglung unter russischer Flagge in den Jahren 1803-1806.* Ausgewählt, bearbeitet und herausgegeben von Christel und Helmuth Pelzer. Mit einem Nachwort von Helmuth Pelzer. Leipzig 1985. Vgl. auch Yoshimura, Akira: *Hyouryû-ki no Miryoku.* (西村昭：『漂流記の魅力』; *Der Reiz der Reiseberichte von Schiffbrüchigen.*) Tokio 2003. Hier behauptet Nishimura, dass es neben der europäischen Literaturtradition des Seeromans wie Defoes *Robinson Crusoe* (1719) eine gewisse Tradition der Reiseberichte von Schiffbrüchigen in Japan gibt.

Das Hauptziel dieser Expedition war die Erforschung der Nordwestküste Amerikas, die damals zu Russland gehörte, sowie der Abschluss eines Handels- und Schifffahrtsvertrages mit Japan. Um die Verhandlung zu einem guten Ergebnis zu führen, nahm man vier[21] japanische Schiffbrüchige mit an Bord des Flaggschiffs „Nadeshda". Sie waren aus Nord-Japan stammende einfache Frachtschiffsleute unter Aufsicht von Tsudayû (津太夫 1744-1814; standesgemäß hatte er nur einen Vornamen), 1796 auf die Alëutischen Inseln verschlagen und seit 1797 in Irkutsk lebend, ohne sich zum christlichen Glauben bekehrt zu haben.[22] Gleichzeitig hatte man Vermessungsarbeiten vor, z.B. wollte man die heutige „Tsugaru-Straße" (津軽海峡 eine Meerenge zwischen den japanischen Hauptinseln „Honshû" 本州 und „Hokkaidô" 北海道; Krusenstern nannte sie „Sangarstraße"), die Westküste der Insel „Jezzo" (damals auch „Jesso", „Yeso" usw. geschrieben, heute Hokkaidô) und die Kurilischen Inseln wissenschaftlich erforschen. Dafür brauchte man einen kompetenten Astronomen und wandte sich um Rat an den Direktor der Gothaer Sternwarte F. X. von Zach. Im Reisebericht von Krusenstern heißt es:

> Ich wagte es daher, noch auf die Anstellung eines Astronomen anzutragen. Der Graf Romanzoff, den ein lobenswürdiger Eifer für die Wissenschaften beseelt, schrieb deshalb sogleich an den berühmten Director der Seeberger Sternwarte, Baron von Zach, welcher bald darauf einen seiner Schüler Dr. Horner, einen Schweizer von Geburt, zu dieser Stelle vorschlug. Es sey mir erlaubt dem würdigen Lehrer dieses geschickten Astronomen hier öffentlich meinen Dank abzustatten, dass er mir einen so treflichen Mann, den ich immer stolz seyn werde meinen Freund zu nennen, zum Begleiter ausgewählt hatte.[23]

An diesen seinen Schüler Horner schrieb Zach am 23. Mai 1803 aus Seeberg bei Gotha:

> Der Kayser von Russland schickt eine Expedition zu einer Entdeckungsreise um die Welt aus. Herr von Krusenstern führt sie (ein Deutscher ergo Landsmann). Verschiedene Gelehrte aus allen Fächern gehen mit. Ich habe den Auftrag den Astronomen zu liefern, und dieser soll Dr. Horner heissen. Die Conditionen werden die Besten seyn, und zwar so, dass wenn Sie zurückkommen Ihre independente Fortune gemacht ist. Frisch auf! Lieber Doctor![24]

Während Horner sich noch in England notwendige Instrumente besorgte, stellte Zach Krusenstern auch seine kostbaren Instrumente, wie z.B. einen „Pendel Apparat des Herrn von Zach, mit silbernen Doppelkegeln, und einem micrometrischen Stangenzirkel" sowie „eine vortreffliche Sammlung von Seecharten, und eine sehr gewählte Bibliothek", worunter sich vor allem eine saubere „Abschrift der neuen Bürgschen Mondstafeln, die den vom ersten Consul verdoppelten Preis des französischen National-Instituts gewonnen hatten" befand, zur Verfügung.

---

21 Noch ein japanischer Schiffbrüchiger namens Zenroku (善六) war als Dolmetscher an Bord. Da er sich bereits zum christlichen Glauben bekehrt hatte, kehrte er nicht nach Japan zurück, sondern ging in seine zweite Heimat Russland (Irkutsk), wo er als eingebürgerter Russe lebte.

22 Vor Tsudayû wurden der Seekaufmann Daikokuya-Kôdayû (大黒屋 光太夫) und seine Seemannschaft wegen eines Sturms auf Amchitka, eine vulkanische Insel im Südwesten Alaskas, verschlagen. Darüber wird im Abschnitt 4-(2) dieses Kapitels näher berichtet.

23 Zitat aus Krusenstern: *Reise um die Welt*. St. Petersburg 1810, Bd.1, S.6.

24 Zitat aus Brosche: *Astronomie der Goethezeit*. 1995, hier S.45.

Beide Schiffe „Nadeshda“ und „Newa“ legten am 7. August 1803 in Kronstadt ab. Der erste Stopp war Kopenhagen, wo sich noch zwei Ärzte, Wilhelm Gottlieb Tilesius von Tilenau (1769-1857; gleichzeitig Meereszoologe und Expeditionszeichner) und Georg Heinrich von Langsdorff (1774-1852; auch Botaniker), einschifften. Über Teneriffa und dann entlang der brasilianischen Ostküste segelten sie weiter. Am 3. März 1804 umschiffte man Kap Hoorn, und nach einem Stopp auf den Washington-Inseln (heute Marquesas-Inseln) Mitte April 1804 fuhr man weiter über die Sandwich-Inseln (heute Hawaii) sowie die Halbinsel Kamtschatka im Herbst 1804 nach Japan.

Trotz einer ca. halbjährigen Reede vor „Nagasaki 長崎“ (Krusenstern schreibt „Nagasaky“) bis März 1805 war der Versuch der russischen Gesandtschaft um Kontakte wiederum erfolglos. Das Vermessungsprojekt führte man trotzdem durch, soweit es dort möglich war. Zum Beispiel versäumten Horner und Krusenstern nicht, die totale Mondfinsternis vom 14. Januar 1805 zu beobachten:

> Den 14ten Januar 1805 ereignete sich eine totale Mondfinsternis in Nagasaky, eine dunkle Wolke erlaubte uns nicht den Anfang davon zu beobachten; indess erhielten wir die Verfinsterung mehrerer Flecken, so wie auch den Austritt des Monds aus dem Schatten. Dr. Horner brauchte ein astronomisches Fernrohr von Dolland, ich ein terrestrisches von Ramsden von drey Fuss. Die Beobachtung dieser Mondfinsternis kann auf die geographische Länge Nagasaky's keinen Einfluss haben, da diese durch eine grosse Menge von Monds-Abständen, und durch ein paar Sternbedeckungen viel richtiger bestimmt ist, als diess durch die unsichere Methode der Mondfinsternisse geschehen kann. Auch die Japaner wussten, dass sich eine Mondfinsternis an diesem Tage ereignen würde, obgleich die Stunde des Anfangs in ihren Kalendern nicht angegeben ist. [...][25]

Zwar kannte Krusenstern „keine Nachrichten über die astronomischen Kenntnisse der Japaner, und ob sie selbst die geringen [sic!] Fortschritte darin gemacht haben“ (ibid., S.310). Aber an dieser Stelle notierte er anhand der Berichte von Thunberg, dass es unter den Ärzten von Edo (Tokio) Leute geben sollte, die Geschmack an wissenschaftlichen Gegenständen hätten. Übrigens, die Bibliothek der Nationalsternwarte Mitaka in Japan besitzt das kostbare Duplikat des Vernehmungsprotokolls *Kankai-Ibun* (『環海異聞』) von diesen vier Japanern, die sich in Nagasaki ausschifften.[26]

Auf der Rückreise fuhr man über die Sangarstraße (heute „Tsugaru-Straße“), passierte das Kap der Guten Hoffnung und war am 19. August 1806 wieder zurück in Kronstadt. Selbstverständlich berichtete Krusenstern nachher dem damaligen astronomischen Ratgeber Zach über die Forschungs- und Beobachtungsergebnisse. Krusenstern hat während

---

[25] Zitat aus Krusenstern: *Reise um die Welt*. St. Petersburg 1810, Bd.1, S.309.

[26] Obwohl diese vier – zwar nur passiv – die ersten Japaner waren, die um die Welt segelten, wurden sie wegen ihrer niedrigen Herkunft gering geschätzt und schlecht behandelt. Da der Protokollant und hohe Beamte Gentaku Ôtsuki (大槻 玄沢 1757-1827) ihnen gegenüber befehlshaberisch gewesen sein soll, blieben sie eher schweigsam, so dass es wenige Materialien über ihre Weltreise gibt. Im Reisebericht macht sich Krusenstern bereits Sorgen um sie: „Diese Unglücklichen sahen also nach einer beschwerlichen Reise von 14 Monaten zwar ihr Vaterland wieder, mussten aber hier sieben Monate mit uns im Gefängnisse zubringen; und selbst dann war es noch zweifelhaft, ob sie zu ihren Familien zurückkehren durften, ob diess gleich der einzige Bewegungsgrund war, der sie hatte verleiten können, ein freyes und sorgenloses Leben, welches sie in Russland führten, aufzugeben.“ (ibid., S.312)

seiner Weltumsegelung, wie alle damaligen europäischen Naturforscher (und wohl auch als eine gewisse Vorstufe zum Kolonialismus), originale Ortsbezeichnungen ignoriert und eigensinnig oft nach den eigenen Gönnern umbenannt: Zur Ehrung von Zach benannte er z.B. einen japanischen Berg „Zach“[27], dessen Name in Japan freilich nie zur Kenntnis genommen worden ist und für Europäer nur vorübergehend maßgeblich war (siehe Abb. 4). Jedenfalls war Zach inzwischen mit der Herzogin in Genua und gab seit 1816 seine neue auf Französisch geschriebene Fachzeitschrift *Correspondance astronomique, géographique, hydrographique et statistique* heraus, die auch die Jenaer Sternwarte abonnierte. Am 21. Februar 1826 sandte Großherzog Carl August Goethe neue Hefte zu, die dieser gründlich studierte, und zwar den Artikel Zachs im Band XIII (1825) über *Krusenstern's Hydrographischen Atlas* (Vgl. LA II-2, S.192ff.). Hier beschäftigte sich Goethe gemäß seinem Interesse für Meteorologie hauptsächlich mit dem Barometerstand während der Seefahrt, aber er war vermutlich relativ gut über die Weltumsegelungsreise Krusensterns informiert.

Abb. 4: Der „Berg Zach“ auf der Karte von Krusenstern
mit freundlicher Genehmigung der HAAB (Sig.: MB L 1 : 92 (b))

Bemerkenswert ist allerdings die Karte von Krusenstern selbst. Seine Japan-Karte befindet sich im zweiten Band (tome II) *Atlas de l'Ocean Pacifique* (St. Petersburg 1827), der formell dem Zaren Nicolaus I. gewidmet ist: „A sa majesté impériale Nicolas Ier, Empereur et autocrate de toutes les Russies“.[28] Wem aber Krusenstern diese Karte von Japan

[27] Vgl. Brosche: *Der Astronom der Herzogin*, S.317f. Anhand des *Atlas* von Krusenstern in der HAAB vermutet die Verfasserin diesen Berg „Zach“ als jetzigen „Sanben-Yama“ (三瓶山 1 126 m), einen kleinen Vulkan in der Präfektur Shimane. Da die Gestalt der Honshû-Insel nicht so korrekt dargestellt, dazu die Städtenamen oft völlig anderes transkribiert sind, war die Identifikation schwierig.

[28] *Atlas de l'Ocean Pacifique, tome II, dressé par M. de Krusenstern Contre-amiral et directeur du corps des cadets de*

(Nr. 21 im Atlas) ganz besonders widmete, war ausgerechnet und verblüffenderweise der Weimarer Großherzog Carl August: „Son Altesse royale le grand duc de Weymar 1827"!

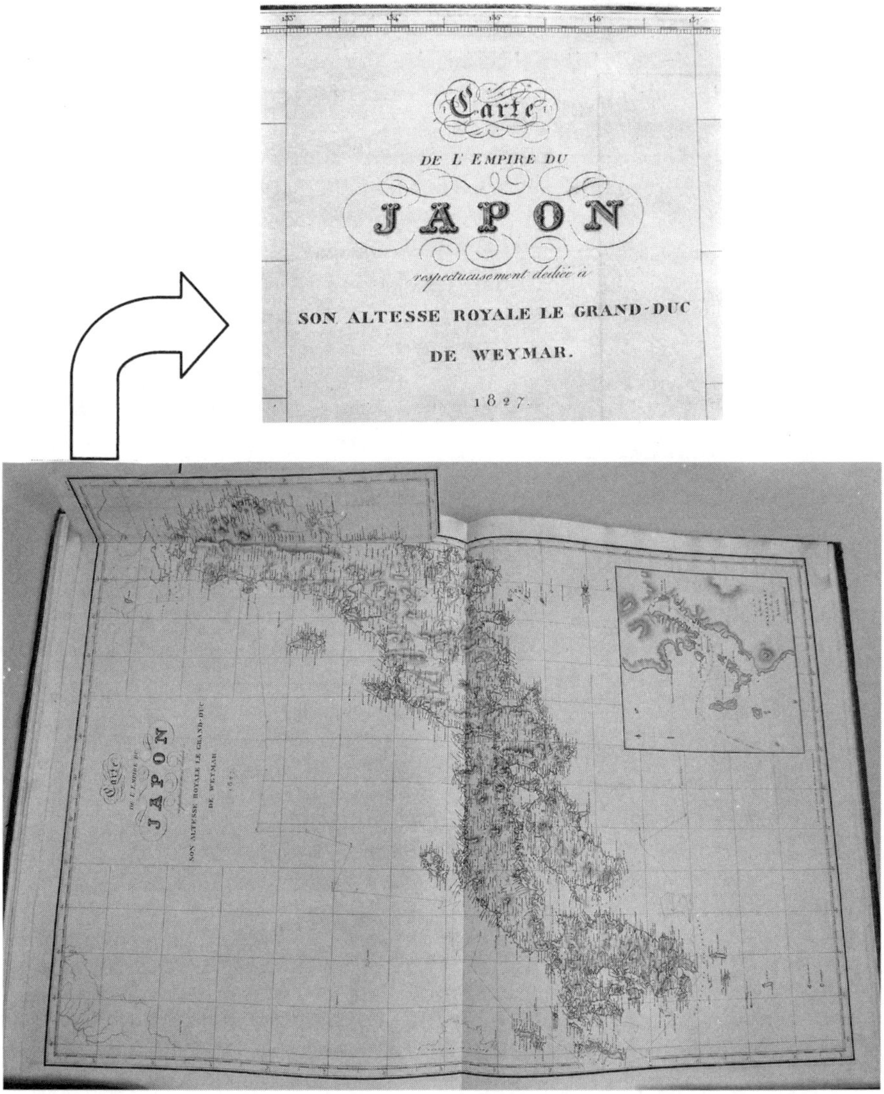

Abb. 5: Krusensterns Japankarte mit der Widmung an Großherzog Carl August mit freundlicher Genehmigung der HAAB (Sig.: MB L 1 : 92 (b))

---

la marine, publié par ordre de sa majesté impériale St. Petersburg 1827. Der erste Band *Atlas des l'Océan Pacifique, hémisphère austral* erschien bereits im Jahre 1824. Beide sind nachweisbar im Besitz der ehemaligen Herzoglichen Militärbibliothek in Weimar.

Trotz der Verwendung moderner Vermessungstechnik blieb eine geographische Frage ungelöst. Es handelt sich um „Sachalin“ auf Russisch oder um „Karafuto(-tô) 樺太 (島)“ auf Japanisch. Man konnte nicht mit Bestimmtheit sagen, ob Sachalin/Karafuto eine Halbinsel oder eine Insel wäre. Ein japanischer Beamter von Matsumae (松前 die alte geografische Bezeichnung von Hokkaidô, Krusenstern transkribiert „Matsumay“) bestätigte Krusenstern „das Daseyn der Insel Karafuto, die wir, sobald das Wetter sich aufheiterte, sehr deutlich sehen würden, und welche nach seiner Schätzung eine Strasse von 18 Meilen von Jesso trennt“.[29] Allerdings ließ Krusenstern seinen oben genannten *Atlas de l'Océan Pacifique* (1827) so zeichnen, als ob Sachalin südlich der Amur-Mündung durch eine Landenge mit dem Festland in Verbindung stünde[30], also eine Halbinsel sei (siehe Abb. 6). Über diese geographische Frage wird später in diesem Kapitel im Zusammenhang mit der Siebold-Affäre noch einmal ausführlich zu berichten sein.

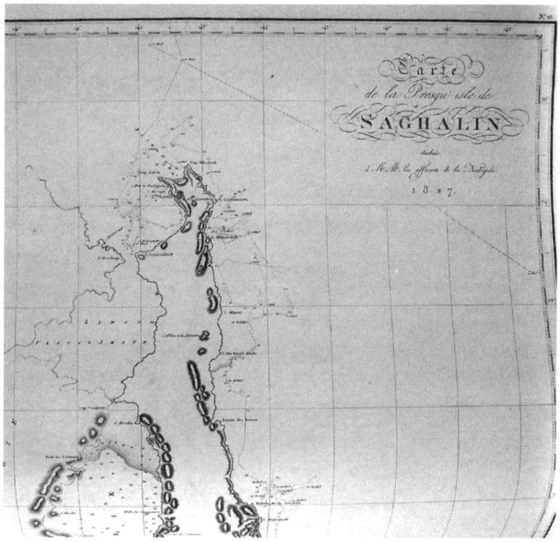

Abb. 6: Die Insel Sachalin auf der Karte von Krusenstern
mit freundlicher Genehmigung der HAAB (Sig.: MB L 1 : 92 (b))

3. Leopold von Buch und die japanischen Vulkane

Nicht nur Astronomen, sondern auch Geologen richteten ihre Aufmerksamkeit zunehmend auf Fernost. An vorderer Stelle ist hier Leopold von Buch, ein großer Geologe der Goethezeit, zu nennen. Seine Biographie ist schwer zu finden[31], obwohl sein Name oft in der Sekundärliteratur und in Kommentaren der Werke Goethes auftaucht.

---

[29] Krusenstern: *Reise um die Welt*, Bd.1, 1810, S.49 (May 1805).

[30] Nach einer freundlichen Mitteilung von Herrn Wolfgang Klein-Langner im Siebold-Museum in Würzburg, vgl. sein Manuskript *Philipp Franz von Siebold und sein Einfluss auf die Ostasienpolitik Russlands (Auszüge). Bearbeitet nach Angaben in „Die Würzburger Siebold“ von Hans Körner und „Philipp Franz von Siebold. Leben und Werk“ von Schûzô Kure.*

[31] Hier wird besonders Bezug genommen auf *Leopold von Buch's Leben und Wirken bis zum Jahre 1806*

Christian Leopold Freiherr von Buch wurde 1774 auf Schloss Stolpe an der Oder geboren. 1790 begann er sein Studium der Geologie und Mineralogie an der Bergakademie Freiberg bei Abraham Gottlob Werner (1749-1817). Während dieses dreijährigen Studienaufenthaltes schloss er Freundschaft mit Alexander von Humboldt. Ab dem Wintersemester 1793 studierte Buch in Halle Naturgeschichte und Petrographie (beschreibende Gesteinskunde) bei Johann Reinhold Forster (1729-1798), der als wissenschaftlicher Begleiter der zweiten Südseereise (1772-75) von James Cook (1728-1779) bekannt war. Zwei Jahre später wechselte Buch noch einmal die Universität, diesmal nach Göttingen, um Physik und Chemie zu studieren. 1796 kehrte er nach Berlin zurück, wo er seine wissenschaftliche Karriere auf dem Gebiet der Vulkanforschung begann. Anfang 1799 bestieg er den Vesuv und untersuchte von 1800 bis 1802 im Auftrag des preußischen Ministeriums in Neuchâtel in der Schweiz das Vorhandensein wirtschaftlich nutzbarer Mineralien. Im Zusammenhang mit der Geodäsie ist die seinem Lehrer A. G. Werner in Freiberg gewidmete Abhandlung interessant, die er in Neuchâtel am 16. November 1800 schrieb: *Geognostische Beobachtungen auf Reisen durch Deutschland und Italien (1802).* Hier stellte er Überlegungen zur Erdgestalt an, offensichtlich angeregt durch jene zwei Anden- und Lappland-Expeditionen:

> Sollte dies nicht schon beweisen, dass je höher das Alter einer Gebirgsart steigt, je älter der Granit wird, er um so weniger Glimmer enthalte? Dass auch Feldspath sich endlich verlieren werde, und die erste Gebirgsart, die sich bei der grossen Revolution bildete, der Oberfläche des Erdbodens ihre jetzige Gestalt gab, eine reine Quarzmasse war? und dass wir diese antreffen würden, wenn die Erde, wie der Mond, negative Gebirge, grosse Vertiefungen unter ihrer Oberfläche besässe?
>
> Vielleicht liessen sich durch Vergleichung der Polarländer mit den Gegenden des Aequators hierüber nähere Verhältnisse bestimmen; denn gewiss ist es, dass alle Gebirgsarten mehr um den Aequator selbst angehäuft sind als in den kalten Zonen; zeigten es auch höhere Gebirge nicht, aus deren dem Aequator entgegenlaufenden Richtung man vielleicht glauben könnte, dass ein anderes Gesetz hier gewirkt habe, so würde es doch die sechs Meilen grössere Entfernung der heissen Zone vom Mittelpunkt der Erde beweisen. Die Rotation der Erde muss nothwendig auf spätere Gebirgsarten gleichmässig wie auf die früher entstandenen gewirkt haben. Finden wir nicht auch Spuren davon in der vorzüglich um die Tropenländer angehäuften Trappformation, beinahe der neuesten von den uns bekannten, die auf dem Chimborasso zu einer Höhe von 3220 Toisen ansteigt, in Schweden auf der dort beträchtlich auffallenden Kinnekulle nur 157 Toisen und auf dem Hekla doch nur 520 Toisen Höhe erreicht? Steinkohlen sollen am Magdalenenfluss, nordwärts von Quito, noch auf einer Höhe von 200 Toisen sich finden (Journal de Physique Tom. XXXVIII. p.30); wo hat man etwas dieser Höhe Aehnliches auch nur in den gemässigten Klimaten?[32]

Im Jahre 1802 besuchte Buch Frankreich, um in der Auvergne Vulkangebiete zu studieren, und erkannte deutlich, dass er der neptunistischen Lehre seines Lehrers Werner ent-

---

von J. Ewald in: *Leopold von Buch's gesammelte Schriften.* Hrsg. v. K. Ewald, J. Roth und H. Eck. Erster Band mit dreizehn Tafeln. Berlin 1867, und Hubmann, Bernhard: *Die großen Geologen.* Wiesbaden 2009, S.92-100.

32 Buch, Leopold von: *Geognostische Beobachtungen auf Reisen durch Deutschland und Italien.* 1802, Zitat aus: *Leopold von Buch's gesammelte Schriften.* Bd. 2, Berlin 1867, hier S.166f.

gegentreten müsse. 1805 nahm er an einer Forschungsreise zum Vulkangebiet in Italien mit A. v. Humboldt und dem französischen Chemiker und Physiker Gay-Lussac teil. Als Geologen erlebten sie mit großem Interesse in Neapel ein Erdbeben und anschließend noch den Vulkanausbruch des Vesuvs am 12. August 1805. Humboldt und Buch führten selbstverständlich gemeinsam „Barometer-Messungen am Vesuv durch, um Veränderungen des Vulkankegels zu dokumentieren."[33] Und wie Richter in seiner Studie über die Geschichte des Vesuvs anmerkte, verhalfen beide Wissenschaftler hiermit dem Verständnis von „den tektonischen Bewegungen der Erdkruste und der Auffaltung der Gebirge" zum Durchbruch. Bemerkenswert ist außerdem, dass der „sagenhafte" Vesuv im 19. Jahrhundert vor allem durch weitere Forschungen von Buch und Humboldt entmythologisiert wurde.

Seit 1806 beschäftigte Buch sich mit dem Thema der Entstehung des Granits, der damals als „Urgestein" betrachtet wurde. Eine Studienreise führte ihn durch Skandinavien, den Schauplatz der Lappland-Expedition. Seine ausführlichen Forschungsergebnisse veröffentlichte er 1810 als *Reise durch Norwegen und Lappland*. Inzwischen wurde Buch zum ordentlichen Mitglied der Akademie der Wissenschaften in Berlin (1808) und zum korrespondierenden Mitglied der Bayerischen Akademie der Wissenschaften zu München gewählt. Als er sich im Winter 1814 in London aufhielt, plante er mit dem norwegischen Botaniker C. Smith eine gemeinsame Forschungsreise auf die Kanarischen Inseln. Smith wurde in Norwegen geboren und studierte in Kopenhagen Botanik. Nach Buch stand er unter dem großen Einfluss der Pflanzengeographie Humboldts.[34] Beide, Smith und Buch, gingen am 31. März 1815 in Spithead bei Portsmouth an Bord. Sie besuchten La Palma, Teneriffa, Gran Canaria und nicht zuletzt den Vulkan auf Lanzarote (Buch schreibt „Lancerote"), „welcher 1730 so viele Dörfer der Insel zerstört hatte".[35] Am 8. Dezember 1815 beendeten sie in der Nähe von Portsmouth ihre Expedition. Buch behauptete, Smith hätte sicher eine mit Humboldt vergleichbare ausgezeichnete Pflanzengeographie der Kanarischen Inseln erarbeiten können, wenn er sich nicht auf Befehl von Sir Joseph Banks bereits am 25. Februar 1816 wieder auf eine Expedition nach dem Kongo hätte begeben müssen, auf der er verstarb. Anstelle von Smith schrieb Buch einen Bericht im vierten Teil seines Werkes *Physicalische Beschreibung der Canarischen Inseln* (gedruckt von der Königlichen Akademie der Wissenschaften in Berlin, 1825): *Uebersicht der Flora auf den canarischen Inseln* (1816 veröffentlicht). Angesichts des heutigen Tourismus erscheint seine Vorrede hierzu fast prophetisch. Denn Buch schrieb bereits am 28. Mai 1825 in Berlin:

> Es ist nicht unwahrscheinlich, dass man, vielleicht nach wenigen Jahren, die canarischen Inseln eben so besuchen wird, wie jetzt die Alpen der Schweiz oder den Golf von Neapel. Denn die Schifffahrt auf dem Meere wird fast täglich, vorzüglich in England, so viel weniger gefährlich, leichter, angenehmer und bequemer, dass bald die Reise zu diesen glückseligen Inseln weniger Gefahren unterworfen seyn dürfte, als der Uebergang über die Alpen.

33 Vgl. Richter, Dieter: *Der Vesuv: Geschichte eines Berges*. Berlin 2007, hier S.140.

34 Zitat aus L. v. Buch: *Physikalische Beschreibung der Canarischen Inseln*. 1825, hier S.39.

35 Ibid., S. 36.

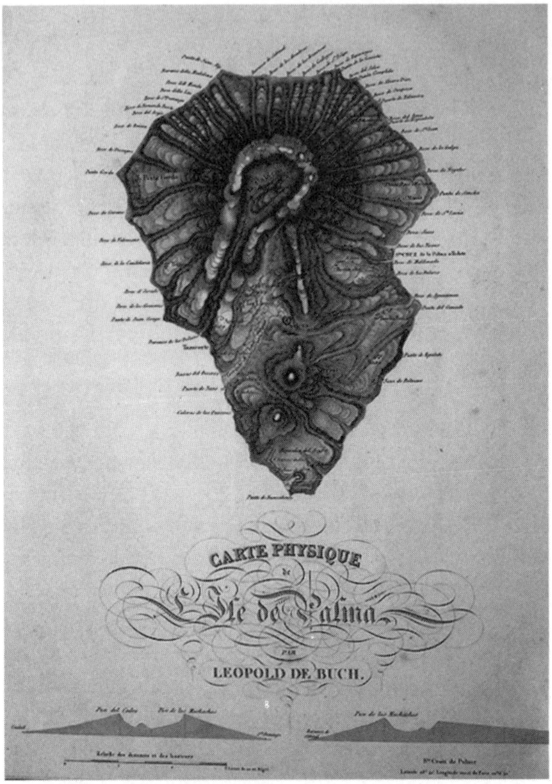

Abb. 7: Karte von La Palma aus Buchs *Physicalische Beschreibung der Canarischen Inseln* mit freundlicher Genehmigung des Goethe-Museums in Düsseldorf (Sig.: GC 3)

Buchs *Physicalische Beschreibung der Canarischen Inseln* zählt zu den klassischen Werken, weil er vor allem „die auffallende Gestalt der vulkanischen Inseln nicht durch Aufschüttungen, sondern durch Erhebungen aus dem Untergrund erklärte".[36] Dieses Werk besteht neben der Einleitung aus sechs Hauptteilen:

I.	Statische Uebersicht der canarischen Inseln
II.	Bemerkungen über das Clima der canarischen Inseln
III.	Höhenmessungen auf den canarischen Inseln
IV.	Uebersicht der Flora auf den canarischen Inseln
V.	Geognostische Beschreibung der canarischen Inseln
VI.	Ueber die Natur der vulcanischen Erscheinungen auf den canarischen Inseln und ihre Verbindung mit anderen Vulkanen der Erdfläche

Bemerkenswert ist der sechste Teil. Am Anfang gibt Buch eine kurze Chronik der Vulkanausbrüche auf den Kanarischen Inseln und behauptet aufgrund seiner genauen Beobachtungen: „Man kann daher die ganze Gruppe der canarischen Inseln nicht anders betrachten, als eine Sammlung von Inseln, welche nach und nach und einzeln aus dem

[36] Siehe Hubmann: *Die großen Geologen*, S.99.

Grunde der See erhoben worden sind."[37] Darüber hinaus versucht er, alle Vulkane auf der Erde in zwei Klassen zu teilen, nämlich „in Central- und in Reihenvulcane". Die Erklärung lautet:

> Jene bilden allemal den Mittelpunct einer grossen Menge um sie her fast gleichmässig nach allen Seiten hin wirkender Ausbrüche. – Diese, die Reihenvulcane, liegen in einer Reihe hintereinander, oft nur wenig von einander entfernt, wie Essen auf einer grossen Spalte, was sie denn auch wohl seyn mögen. Man zählt auf solche Art zuweilen wohl zwanzig, dreissig oder auch noch mehr Vulcane, und so ziehen sie sich über bedeutende Theile der Erdoberfläche hin. In Hinsicht ihrer Lage sind sie dann wieder von zweierlei Art. Entweder erheben sie sich als einzelne Kegel-Inseln aus dem Grunde der See; dann läuft gewöhnlich ihnen zur Seite ein primitives Gebirge völlig in derselben Richtung, dessen Fuss sie zu bezeichnen scheinen – oder diese Vulcane stehen auf dem höchsten Rücken dieser Gebirgsreihe und bilden die Gipfel selbst. (S.326f.)

Seines Erachtens gibt es nur einen Vulkan auf den kanarischen Inseln, den „Pic de Teyde" als „Centralvulcan". Andere Vulkane dieses Typs seien z.B. die Liparischen Inseln, der Aetna, die Galapagos-Inseln, die Sandwich-Inseln (Hawai), die Marquesas-Inseln usw. Nach seiner Theorie erheben sich alle diese Vulkane aus der Mitte basaltischer Umgebungen, wobei ihre Kegel selbst fast überall aus trachytischen Massen bestehen. Als Beispiele für „Reihenvulcane" nennt Buch dagegen zuerst die Griechischen Inseln, dann die Westaustralische Reihe usw. und an fünfter Stelle die „Reihe der Japanischen und Kurilischen Inseln" und Kamtschatka. Hierbei erklärt er, dass die Japanischen Vulkane sich über die ganze Breite des Landes verteilen, genauso wie auf Quito, Java usw.

In der Tat gibt es in Japan über 100 Vulkane. Von Buch zählt bloß ca. 15 Vulkane im Gebiet des heutigen Japan auf, die aber wegen unvollständiger phonetischer Transkription oder, wie oben erklärt, wegen der eigenwilligen Namensgebung seitens der Europäer, nicht alle zuzuordnen sind. Im folgenden Zitat werden sechs identifizierbare bekannte Vulkane in Japan ausgewählt. Dabei bemerkt man, dass Buch offenbar wichtige Literatur über Japan von Kämpfer und Krusenstern kannte:

> 2) Tanega-Shima [種子島], die Schwefel-Insel, östlich von Kiu-Siu [eigentlich „Kyûshû" 九州; d. Vfn.], soll, nach Kämpfer, im Jahre 94 aus dem Meere gestiegen seyn, wozu sie doch zu gross scheint.
> [...]
> 4) Aso [阿蘇], nördlich von Satzuma, dessen Gipfel stets Flammen auswirft (Kämpfers Japan von Dohm I, 120.). Heisse Bäder umgeben den Fuss.
> 5) Unsen [eigentlich „Unzen" 雲仙; d. Vfn.], auf einer Halbinsel ostwärts von Nagasaki. Der Berg war ehedem breit, kahl, aber nicht hoch. Der Dampf aus seinem Gipfel konnte auf drei Meilen weit gesehen werden (Kämpfer I, 120.). Allein am 18. des ersten Monats (1793) stürzte der Berg zusammen und hinterliess eine so grosse Vertiefung, dass man keinen hineinfallenden Stein den Grund erreichen hörte. Ein dichter Dampf erhob sich einige Tage lang aus der Oeffnung. – Am 6. des zweiten Monats eröffnete sich der Vulkan Bivo-no-kuobi, etwa eine halbe Stunde vom Gipfel; Flammen stiegen bis zu einer grossen Höhe hervor und die abfliessende Lava verbreitete sich mit solcher Schnelligkeit am Fusse

[37] Zitat aus L. v. Buch: *Physikalische Beschreibung der Canarischen Inseln*, 1825, S. 326.

des Berges, dass auf meilenweit Alles in Brand gerieth. – Am 1. des dritten Monats, um 10 Uhr des Abends, empfand man, durch ganz Kiu-Siu (Kidjo), vorzüglich aber in Simabara, ein fürchterliches Erdbeben, welches Berge herabstürzte, den Boden spaltete und Häuser zusammenwarf. Dabei floss die Lava immer noch fort (Titsingh *Mémoires des Djogouns*, 1820, [...] mit einer colorirten japanischen Abbildung dieses ungeheueren Lavenausbruchs). [...] Man rechnete die Menge der Todten auf 53,000.

[...]

7) Fatsisio [Hachijyô 八丈島; d. Vfn.]. Lat. 34°50'. Long. Grw. 139°40'O. Nahe dabei soll nach Kaempfer eine Insel im Jahr 1606 hervorgestiegen seyn, und wahrscheinlich hat sie auch noch Broughton im Jahre 1796 dampfen sehen (Hoff II, 421). Nach Broughtons Abbildung (p.140.) würde sie doch gegen 3000 Fuss hoch seyn, auch näher an Jedo liegen, als die Fatsisio-Insel.

8) Fusi. [Fuji 富士山; d. Vfn.] Der grösste Vulcan und der höchste Berg in Japan, der vielleicht nur dem Pic von Teneriffa an Höhe weicht, keinem aber an Erhabenheit des Anblicks. Sein Gipfel ist mit immerwährendem Schnee bedeckt und stösst nur Rauch aus. Ehedem brach auch viel Feuer daraus hervor, seitdem aber der Berg an den Seiten geborsten ist, sind diese Flammen erloschen (Kaempfer Japan I, 120) [...]

9) Alamo, in der Central-Provinz Sinano, nordwestlich von Jedo [vom Inhalt her „Asama 浅間山" gemeint; d. Vfn.]. Am 1. August 1783 brachen, nach heftigem Erdbeben, Flammen aus dem Gipfel des Berges, darauf Sand und Steine in solcher Menge, dass man sich, selbst am Tage, in völliger Finsternis befand. Die Bewohner der umherliegenden Orte wollten entfliehen; allein der Boden brach überall auf, Flammen schlugen heraus, verbrannten die Dörfer und verschlangen die Menschen. Siebenundzwanzig Dörfer verschwanden. Seit dem 10. August vermehrten sich diese Erscheinungen. Das schreckbare Donnern hatte alle Einwohner wie versteinert. [...] Am 14. August um 10 Uhr früh wälzte sich von der Höhe ein Strom von Schwefel, mit grossen Felsblöcken, Steinen und Koth untermengt, bis in den Fluss Asouma Gawa, welcher dadurch aus seinen Ufern trat und alles Land überschwemmte. Die Zahl der dabei umgekommenen Menschen ist unglaublich. – Die, dem Bericht beigefügte japanische, colorirte und flammenreiche Abbildung erweist ganz deutlich, dass bei diesem mächtigen Ausbruch eine Menge Kegel, in einer langen Reihe, sich über die Spalte erhoben, und als Flammencanäle fortwirkten. Viele Dörfer wurden wahrscheinlich überdeckt, wie die Dörfer im Jahre 1730 auf Lancerote (Titsingh *Mémoires des Djogouns* p.180.).[38]

Für die Beschreibung der Vulkanausbrüche von Unzen und Asama zitiert Buch darüber hinaus aus *Mémoires des Djogouns* (gemeint ist „Shôgun")[39] des niederländischen Chirurgen und Botschafters Isaac Titsingh (1745-1812). Dieser war ein höherer Beamter der VOC und reiste während seines Aufenthaltes in Nagasaki (1779-84) zwei Mal nach Edo zu Audienzen bei dem Shôgun Ieharu Tokugawa (徳川 家治 1737-1786, regierte 1760-

[38] Zitat ausgewählt aus Buch: *Physikalische Beschreibung der Canarischen Inseln.* 1825, S.379-381.

[39] Der vollständige Titel heißt: Titsingh, Isaäc: *Mémoires et anecdotes sur la dynastie régnante des Djogouns, souverains du Japon: avec la description des fêtes et cérémonies observées aux différentes époques de l'année à la cour de ces princes, et un appendice contenant des détails sur la poésie des Japonais, leur manière de diviser l'année, ... ; ouvrage orné de planches gravées et coloriées, tiré des originaux japonais, par M. Titsingh.* Publié avec des notes et éclaircissemens par M. Abel Rémusat, Paris 1820. In der HAAB ist ebenfalls die englische Übersetzung: *Illustrations of Japan; consisting of private memoirs and anecdotes of the reigning dynasty of the Djogouns.* London 1822, vorhanden (in zwei Bänden).

1786). Seine Berichte über die beiden japanischen Vulkanbrüche des „Unsen“ und des „Asama“ mit farbigen Bildern (*Tremblement de terre, éruption volcanique et inondation dans la province Simabara au Japon* und *Tremblement de terre et eruption de la montagne Asama-Yama au Japon dans la province de Sinano*) übten auf Buch anscheinend einen sehr starken Einfluss aus (siehe Abb. 8). Außerdem zählt Buch noch einige Vulkane in Tôhoku (Nord-Japan) und Hokkaidô auf, die allerdings schwer mit jetzigen japanischen Namen zu identifizieren sind. Mit „Pic Tilesius auf der Westküste von Nipon“ meint er – im Vergleich mit heutigen japanischen Karten – den Vulkan „Iwaki-san“ 岩木山 (heute in der Präfektur Aomori; 1 625 m). In die Darstellung der zwei Vulkane auf den Kurilischen Inseln, „Pic de Langle“ und „Pic Sarytschew/ Matua“, arbeitet Buch darüber hinaus die neuesten barometrischen Vermessungsdaten Horners ein.

Abb. 8: Vulkanausbruch des Asama in Japan
aus Titsinghs *Illustrations of Japan* (1822)
mit freundlicher Genehmigung der HAAB (Sig.: Th D 2 : pr [7])

Diese Beispiele belegen: Obwohl Japan damals für Europäer ein Reich der „verschlossenen Türen“ darstellte, waren die europäischen Intellektuellen und Naturforscher an neuesten Informationen über Japan jederzeit interessiert und tauschten sie weitgehend untereinander aus. Dokumente hierzu finden sich u.a. in der HAAB, die einen Bestand an damaliger originaler Japan-Literatur besitzt, wie z.B. von Kämpfer, Krusenstern und Titsingh – teilweise ursprünglich nachweisbar aus der Herzoglichen Militärbibliothek in Weimar.

Dies darf aber nicht über die daneben bestehenden schwerwiegenden Probleme im Verhältnis zwischen Japanern und Europäern, insbesondere den Russen, hinwegtäuschen. Wie oben erwähnt, scheiterte Krusenstern mit dem zweiten Versuch einer diplomatischen

Annäherung. In der japanischen Sekundärliteratur wird außerdem darauf hingewiesen, dass Krusenstern während seiner Weltumsegelung stets in Konflikt mit dem Sonderbotschafter für Japan Nikolai Petrowitsch Resanow (1764-1807) stand. Trotz der Übergabe der vier japanischen Schiffbrüchigen führte Resanows Marineoffizier Chwostow 1806 in Sachalin/Karafuto(-tô) und 1807 in einigen weiteren Häfen, z.B. „Iturup" (auf Jap. „Etorofu-tô" 択捉島) auf dem Kurilen-Archipel, „Vergeltungsschläge" gegen Japan durch. Diese gewaltsamen Maßnahmen wirkten auf das japanisch-russische Verhältnis negativ. Der japanische Verwaltungsapparat „Bakufu" verstärkte seitdem die Überwachung gegenüber Russland.

TAKATAI_KACHI.

Begebenheiten
des
Capitains von der Russisch-Kaiserlichen Marine
Golownin,
in der
Gefangenschaft bei den Japanern
in den
Jahren 1811, 1812 und 1813,
nebst
seinen Bemerkungen
über das japanische Reich und Volk
und
einem Anhange des Capitains Rikord.

Aus dem Russischen übersetzt
von
Dr. Carl Johann Schultz.

Erster Theil.
Mit einem Kupfer und einer Karte.

Leipzig, bei Gerhard Fleischer dem Jüngern.
1817.

Abb. 9: Titelblatt von Golownin mit dem Portrait von Kahee Takataya
mit freundlicher Genehmigung der HAAB (Sig.: Aa 9-604a)

Noch im Jahre 1807 schickte man wiederum eine Forschungsexpedition zu den Küsten des nordöstlichen Asiens unter der Leitung des russischen Offiziers und Naturforschers Wassili Michailowitsch Golownin (1776-1831). Hier sei daran erinnert, wie mühsam es für die Astronomen und Mathematiker des 18. Jahrhunderts war, ihre Vermessungsprojekte im Ausland durchführen zu können, selbst mit gültigem Reisepass, wie La Condamine, Bouguer, Méchain, Delambre usw. Golownin als russischer Offizier hatte in der Zeit der japanischen außenpolitischen Abschottung nicht einmal die Möglichkeit gehabt, um Erlaubnis für Vermessungen zu bitten. Während der deshalb ungesetzlichen Vermessungsarbeit auf den Kurilen wurde Golownin mit seinen Kollegen von japanischen Beamten 1811 festgenommen. Als Vergeltungsmaßnahme wurde dann ein japanischer Seekaufmann namens Kahee Takataya (高田屋 嘉兵衛 1769-1827, auf dessen Porträt wird sein Name allerdings als „Takatai-Kachi" transkribiert), von der Besatzung Golownins auf dem Schiff „Diana" festgenommen. Laut des Berichtes des Vizekapitäns Rikord[40] soll dieser „Takatai-Kachi" ein „Sindofnamotsch" (gemeint ist wohl „Sendô-Funamochi", d.h. Befehlshaber und Besitzer einiger Schiffe) gewesen sein. „Er besaß deren zehn, und segelte mit seinem Schiffe von der Insel Iturup nach dem matsmaischen

[40] Vgl. *Bericht des Flott-Capitains Rikord von seiner Fahrt an den japanischen Küsten, in den Jahren 1812 und 1813 und von seinen Unterhandlungen mit den Japanern,* Leipzig 1817-1818, hier S.184.

Hafen Chakodate" (gemeint ist die Hafenstadt „Hakodate" 函館 in Hokkaidô). Zum Glück der russischen Mannschaft war Takataya tatsächlich „ein sehr reicher und angesehener Kaufmann", der sich zudem trotz diplomatischer und politischer Schwierigkeiten sehr um die Befreiung Golownins bemühte. Inzwischen schienen Rikord und Takataya sogar Freundschaft geschlossen zu haben. Obwohl Rikord seinen Reisebericht in sachlichem Stil abfasste, ist die Abschiedsszene im Oktober 1813 rührend dargestellt:

> [...] und dann wurde dem guten, großherzigen Takatai-Kachi aus Dankbarkeit ein dreifaches: Taischo [大将 auf Japanisch ein sympathischer Rufname für „Haupt" od. „Chef"; d. Vfn.] Hurrah! gebracht. Unser Freund stand mit seinen Matrosen auf der höchsten Stelle im Boote, und rief aus vollen Kräften: Hurrah Diana! wobei er seine Hände gen Himmel hob, und seine Freude über den glücklichen Ausgang und Kummer über die Trennung ausdrückte.[41]

Nach seiner längeren Gefangenschaft von 1811 bis 1813 kehrte Golownin in die Heimat zurück und verfasste den Bericht *In Gefangenschaft bei den Japanern von 1811 bis 1813*. Dieses Werk wurde gleich in mehrere Sprachen übersetzt. Ein deutsches Exemplar, das 1817-1818 in Leipzig erschien, findet man mit dem schon zitierten *Bericht des Flott-Capitains Rikord von seiner Fahrt an den japanischen Küsten, in den Jahren 1812 und 1813 und von seinen Unterhandlungen mit den Japanern* auch in der HAAB.[42] In diesem Zusammenhang sei noch eine an gleicher Stelle zu findende kostbare Karte erwähnt, die ursprünglich aus der Kartensammlung der Militärbibliothek des Herzogs in Weimar stammt: die von Ph. F. v. Siebold Krusenstern gewidmete *Karte vom Japanischen Reiche nach Originalkarten und astronomischen Beobachtungen der Japaner* (Leiden 1840).

4. Inôs Japan-Atlas, Siebold und seine *Karte vom Japanischen Reiche (KVJ)*

(1) Philipp Franz Balthasar von Siebold als Stabsarzt mit holländischem Geheimauftrag

Der große Japanforscher Ph. F. von Siebold aus Würzburg war im Jahre 1823, im gleichen Jahr, in dem Eckermann in Weimar eintraf, als Stabsarzt in niederländischen Diensten nach Nagasaki gekommen. Siebold selbst hatte mit Goethe zwar nicht unmittelbar zu tun, erscheint jedoch insofern beachtenswert, als er noch zu Lebzeiten des Dichters nach Japan kam und sein Förderer Nees von Esenbeck – Präsident der Deutschen Akademie der Naturforscher Leopoldina – der botanische Freund und Berater Goethes war.[43] Zudem gehörten seine beiden Onkel Barthel und Elias von Siebold zum Schülerkreis des Jenaer

---

[41] Ibid., S.264.

[42] Golovnin, Vasilij M.: *Begebenheiten des Capitains von der Russisch-Kaiserlichen Marine Golownin, in der Gefangenschaft bei den Japanern in den Jahren 1811, 1812 und 1813, nebst seinen Bemerkungen über das japanische Reich und Volk und einem Anhange des Captains Rikord.* Aus dem Russischen übersetzt von Dr. Carl Johann Schultz. Leipzig 1817-1818. Es gibt auch eine neuere Ausgabe: *Abenteuerliche Gefangenschaft im alten Japan 1811-1813.* Neu bearbeitet von Ernst Bartsch. Stuttgart/Wien 1995.

[43] Vor der Abreise nach Japan versicherte sich Siebold des Interesses der Senckenbergischen Naturforschenden Gesellschaft in Frankfurt a.M. und der Kaiserlichen Leopoldinisch-Carolinischen Akademie der Naturforscher an seinen zukünftigen Arbeiten.

Medizinprofessors Justus Christian Loder, so dass sie in den Hörsälen ab und zu mit Goethe zusammentrafen.[44]

Ph. F. von Siebold[45] wurde 1796 als Sohn des Universitätsprofessors der Medizin und Chirurgie sowie Arztes am Juliusspital in Würzburg Johann Georg Christoph von Siebold (1767-1798) geboren. Diese Familie von Siebold ist eine medizinische Dynastie in Würzburg, seit der Großvater von Philipp Franz, Carl Casper Siebold (1736-1807), im Jahre 1760 hier eingezogen war. Dieser war als Chirurg und Wundarzt sehr bekannt und wurde 1801 wegen seiner großen Verdienste an der Medizin, insbesondere im Bereich der Chirurgie und Geburtshilfe, in den erblichen Reichsadel aufgenommen. Gemäß der Familientradition studierte auch Ph. F. von Siebold Medizin und beendete 1820 seine Ausbildung an der Universität Würzburg mit der Promotion zum Doktor der Medizin, Chirurgie und Entbindungskunst. Danach war er nur kurze Zeit als praktischer Arzt in seiner Heimatstadt Heidingsfeld tätig. In dieser Zeit wurde ihm durch Vermittlung seines Onkels Franz Joseph Harbaur (1776-1824), der als Generalinspektor des niederländischen Sanitätswesens tätig war, eine Stelle als Militärarzt in niederländischen Diensten angeboten.[46] Im Jahre 1822 wurde er zum „Chirurgyn-Major" (Stabsarzt) in der niederländisch-indischen Armee ernannt. Als solcher führte ihn eine Schiffsreise zunächst nach Java. In Batavia beauftragte ihn der Generalgouverneur Godert Alexander Gerard Philip van der Capellen (1778-1848)[47], als angeblicher „holländischer" Leibarzt[48] die neue nach Japan abgehende holländische Mission zu begleiten und im Geheimen ausführliche Untersuchungen zu Land und Leuten, vor allem über japanische Geographie, Religion und Politik, durchzuführen. Offiziell nannte Siebold sich tatsächlich „De Chirurgijn Majoor, belast met het Naturkundig onderzoek te Japan", übersetzt: „Chirurg mit dem besonderen Auftrag der naturkundlichen Erforschung Japans". Denn außer China und dem Königreich Ryûkyû (jetzt Okinawa) war Holland damals der einzige Handelspartner Japans.

---

[44] Leider kann man bis jetzt nicht beweisen, dass Goethe und der jüngere Ph. F. von Siebold sich persönlich kennengelernt haben.

[45] Neben der deutschen und japanischen Sekundärliteratur werden hier auch die Ausstellungen im Siebold-Museum in Würzburg, im Dejima-Stadtmuseum im Nagasaki (長崎市出島資料館), im Edo-Tokyô-Museum in Tokio (江戸東京博物館) usw. berücksichtigt. Vor allem war der deutsch-japanische Ausstellungskatalog *200 Jahre Siebold. Die Japansammlungen Philipp Franz und Heinrich von Siebold* (『シーボルト父子のみた日本　生誕200年記念』, Tokio 1996) sehr hilfreich.

[46] Harbaur brachte zwischen 1821 und 1823 neben Siebold 14 weitere junge Mediziner aus Würzburg in die Dienste der Niederländer. Siehe Kreiner, Joseph: *Die drei „japanischen Siebold" und ihr Wirken*. In: Ausstellungskatalog *200 Jahre Siebold*, S. 15-17, hier S.15.

[47] Der Baron Capellen hatte während des Studiums in Göttingen Siebolds Vater kennengelernt und war mit diesem befreundet.

[48] Die japanischen Dolmetscher in Nagasaki, die flüssiger als Siebold Holländisch sprechen konnten, erkannten sofort, dass er, wie viele Europäer vor ihm auch, kein Niederländer war. Es ist überliefert, dass sein Vorgesetzter „opperhoofd" Johan Wilhelm de Sturler ihnen gegenüber Siebold als „Bergholländer" mit starkem Dialekt (eine absichtliche falsche Übersetzung für „Hochdeutscher") vorstellte und ihn damit aus einer akuten Gefahr rettete. Vgl. z.B. *Philipp Franz von Siebold (1796-2866). Forscher und Lehrer in Japan.* Ausstellung vom 4. Dezember 1991 bis 11. Januar 1992 in der Universitätsbibliothek der Heinrich-Heine-Universität Düsseldorf in Zusammenarbeit mit der Sieboldiana-Sammlung der Ruhr-Universität Bochum und dem Heinrich-Heine-Institut der Stadt Düsseldorf, hier S.4.

Der übrigen Welt sollte Japan als geschlossenes und geheimnisvolles Land erscheinen. Es stand einem Nichtholländer also nicht offen.

Für diese Mission, die den Handel mit Japan auf eine noch festere Basis stellen sollte, standen ihm zunächst als Dispositionsfonds 1 827 niederländische Gulden (heute ca. 350 000 Euro) zur Verfügung.[49] Während seines fünfjährigen Aufenthaltes in Japan sammelte Siebold getreu seiner Aufgabe unermüdlich und stets mit großzügiger Unterstützung des VOC – dazwischen soll das VOC Siebold mindestens ca. 20 000 niederländische Gulden bezahlt haben[50] – alle möglichen Gegenstände für seine einmaligen umfangreichen Sammlungen: Pflanzen, Tiere, Kunstwerke, Bücher, Kleidung, Raritäten, Porzellan, Holzmodelle usw., nicht zuletzt die Landkarten, deren Herausbringen aus militärisch-politischen Gründen streng verboten war. Seine europäischen Vorläufer, sowohl Kaempfer als auch der schwedische Naturforscher Carl Peter Thunberg (1747-1181), der ebenfalls als „holländischer Stabsarzt" nach Japan gekommen war, studierten zwar ebenfalls die japanische Fauna und Flora und sammelten naturwissenschaftliche Exemplare, aber ihnen stand dafür nur wesentlich geringere finanzielle Unterstützung zur Verfügung als Siebold.

Was die Siebold-Forschung anbelangt, gibt es bis jetzt eine fast unüberschaubare Menge von Sekundärliteratur – auf Japanisch mindestens (!) über 1 000 Beiträge. Darunter sind hier besonders zwei authentische Werke zu nennen. Eines ist eine auf Deutsch geschriebene Familienbiographie über die Siebold'sche Arzt-Dynastie: *Die Würzburger Siebold. Eine Gelehrtenfamilie des 18. und 19. Jahrhunderts* (1967), mit 87 Bildnissen und 55 Abbildungen, ca. 700 Seiten, von Hans Körner. Ungefähr in der zweiten Hälfte behandelt Körner Ph. F. von Siebold und dessen zwei Söhne.[51] Das andere ist ebenfalls eine gewaltige Denkschrift, und zwar ausschließlich über Ph. F. von Siebold, von Shûzô Kure (呉 秀三 1865-1932, Doktor der Medizin), die in zweiter Auflage 1926 mit einem Umfang von 1 700 Seiten und 300 Bildern nebst niederländischen Dokumenten erschienen ist: *Shîboruto-sensei, sono Shôgai oyobi Kôgyô* (『シーボルト先生其生涯及功業』 *Lehrer Philipp Franz von Siebold: sein Leben und Werk*).[52] Was den Verfasser Kure anbelangt, kannten sein Vater Ouseki Kure (呉 黄石 1810-1879) und Großvater mütterlicherseits Genpo Mitsukuri (箕作 阮甫 1799-1863)[53] Siebold persönlich, so dass hier die Seite

---

49 Vgl. Hata, Shinji: *Bunsei Jyûichi-nen no Supai-Gassen* (『文政十一年のスパイ合戦』; *Spionagekampf im Jahre 1828*) Tokio 2007 als Taschenbuch-Ausgabe, hier S.42.

50 Vgl. ibid., S.259. Was die zoologische und botanische Sammlung anbelangt, kaufte Siebold mit diesem Geld z.B. 200 Exemplare Säugetiere, 900 Vögel, 750 Fische, 170 Reptilien und mehr als 5 000 Exemplare wirbelloser Tiere, dazu 2 000 verschiedene Pflanzen und 12 000 Herbariumpräparate an. Vgl. Bartholomäus, Christine: *Philipp Franz von Siebold (1796-1866). Japanforscher aus Würzburg*. Stadtarchiv Würzburg 1999, hier S.24.

51 Diese zweite Hälfte ist ins Japanische übersetzt: 竹内精一訳:『シーボルト父子伝』Tokio 1974.

52 Eine deutsche Übersetzung ist vorhanden. Kure, Shûzô: *Philipp Franz von Siebold. Leben und Werk.* Übersetzt von Hartmut Walravens, München 1996.

53 Vgl. Kure: *Shîboruto-sensei*, S.822f. (Über die Schüler von Siebold Nr.74.) Genpo war auch Schwiegervater des im dritten Kapitel erwähnten Geographen Shôgo Mitsukuri. 2010 erschien ein japanischer „historischer Roman" über Genpo Mitsukuri und teilweise auch über seine Schwiegersöhne: Ichihara, Mariko: *Fureiheido no Kaze ga fuku.* (市原 麻里子：『フレイヘイドの風が吹く』 wörtlich ins Deutsche übersetzt: *Der Wind der Freiheit weht.*)

von Siebold als ausgezeichneter Arzt und Lehrer betont und mit großer Hochachtung dargestellt wird. Dieses Werk gilt bis heute als die größte Lebensbeschreibung und als Grundwerk über Ph. F. von Siebold. Da die Studien Kures dermaßen umfangreich waren, gab es lange Zeit über ihren Inhalt fast keinen Zweifel. Nach dieser Siebold-Biographie von Kure sahen sich weder japanische Philologen noch Germanisten veranlasst, anhand der niederländischen Primärliteratur weitere Forschungen anzustellen.

Bemerkenswert ist darüber hinaus, dass manche Verfasser von Nonfiction-Werken und japanischen „historischen Romanen" fast unisono von dieser Siebold-Biographie Kures inspiriert wurden, über japanische Geographen und Astronomen in der ersten Hälfte des 19. Jahrhunderts, also Zeitgenossen bzw. Kollegen Siebolds, zu arbeiten. In Japan erschienen seit den 90er-Jahren des vorigen Jahrhunderts fast ununterbrochen solche Romane oder literarischen Dokumentationen, also noch vor Kehlmanns *Vermessung der Welt* (2005; japanische Übersetzung erschien im Mai 2008). Man sollte selbstverständlich solche Beschreibungen von historischen Wahrheiten sauber unterscheiden. Dessen ungeachtet wird hier natürlich versucht, auch solche auf neuere Vermessungsprojekte bezogene japanische Literatur kurz vorzustellen, zumindest den Titel des Werkes und dessen Autor.

Aber vorher ist es wichtig, auf den deutlichen Unterschied zwischen den Gattungen „Rekishi-Shôsetsu" (歴史小説; ins Deutsche wörtlich übersetzt: „historischer Roman") und „Jidai-Shôsetsu" (時代小説; „Zeitalter-Roman") in der japanischen Literatur hinzuweisen. Beide sind ähnlich wie die europäischen Gattungen der Nonfiction und des historischen Romans streng zu unterscheiden: Rekishi-Shôsetsu behandelt historische – also in der Wirklichkeit existierende – Personen, und dessen Handlung muss im Grunde historisch korrekt sein. Der Autor rekonstruiert und interpretiert mit den hinterlassenen Worten (schriftlicher Nachlass, Tagebücher, Briefe, Überlieferungen usw.) und historisch nachweisbaren Taten das Leben des Protagonisten, entsprechend also etwa der Nonfiction. Sie ist ebenfalls fast identisch mit der „Dokumentationsliteratur" oder narrativer bzw. literarischer „Biographie" im europäischen Literaturbegriff, wie z.B. Sobels *Longitude* und Alders *The Measure of All Things,* die bereits im ersten Kapitel erwähnt wurden. Im Gegensatz zu diesem „Rekishi-Shôsetsu" ist der japanische „Jidai-Shôsetsu" identisch mit der Gattung des europäischen historischen Romans. Der Autor muss sich mit dem historischen Milieu gut auskennen, darf aber fiktive Personen auftauchen lassen. Die Handlung muss nicht historisch korrekt sein und kann ruhig unterhaltsam oder satirisch sein, genauso wie Kehlmanns *Vermessung der Welt.* Im Folgenden werden aber nicht solche „Jidai-Shôsetsu", sondern hauptsächlich bloß „Rekishi-Shôsetsu" berücksichtigt.

Im Jahre 1992 erschien eine neue Siebold-Studie *Bunsei Jyûichi-nen no Supai-Gassen* (『文政十一年のスパイ合戦』; *Spionagekampf im Jahre 1828*) von Shinji Hata (秦 新二). In diesem historischen Nonfiction-Werk versuchte Hata, die Ergebnisse seiner über 15 Jahre währenden Forschungen anhand niederländischer Primärliteratur sowie umfangreicher Siebold-Sammlungen in Holland vorzulegen.[54] Beim Recherchieren in Holland wies er

---

[54] Darüber vgl. auch Tatehira, Susumu: *The Present Status of Research about Siebold in Japan.* (立平 進：『日本におけるシーボルト研究の現状と地図について』 auf Jap.) In: *Japan mit den Augen des Westens gesehen.* Ausstellungskatalog der Deutschen Gesellschaft für Natur- und Volkerkunde Ostasiens (OAG). (『西洋人の描いた日本地図　ジパングからシーボルトまで』 auf Jap.) Tokio 1993, S.58f.

auf ernsthafte Übersetzungsfehler und willkürliche Streichungen von Kure hin. Hata versuchte auch, ein neutrales Bild von Siebold zu zeichnen und seine Affäre unter verschiedenen politischen und diplomatischen Aspekten neu zu interpretieren: Während Siebold damals in Japan neue europäische Medizin und Technik einführte, sammelte er bewusst Spionagematerial für die niederländische Seite, besonders über japanische Politik und Kriegsrüstung. Andererseits verdeutlichte Hata den komplizierten politischen Hintergrund: Das Schmuggeln der geheimen japanischen Karten stand zwar bis jetzt immer im Vordergrund, aber im Hintergrund benutzte die Militärregierung (bzw. das Regierungszentrum) „Bakufu" in Edo mit Absicht Siebold als Lockvogel, um die Schmuggelaffären des mächtigen Fürsten Shigehide Shimazu (島津 重豪 1745-1833) in Kagoshima (damals das Lehen „Satsuma") zu enthüllen. Dieser war Schwiegervater des damaligen Shôgun Ienari Tokugawa (徳川 家斉 1773-1841, regierte 1787-1832) und unterstützte Siebolds wissenschaftliche Tätigkeit in Japan nach Kräften, um sich an dem Kontakt mit den holländischen Kaufleuten zu bereichern. Bei der Siebold-Affäre zielte die Bakufu also eher darauf ab, den starken politischen Einfluss des Fürsten Shimazu auszuschalten. Aufgrund solcher neueren Forschungsergebnisse erschien 2006 eine große narrative Biographie über Ph. F. von Siebold von Meisei Imamura: *Saigetsu. Shîboruto no Shougai* (今村明生：『歳月 シーボルトの生涯』; *Das Leben von Siebold*).

Es ist übrigens auch interessant, dass man erst heute anfängt, Siebolds akademischen Zeichner und Illustrator während seines Japan-Aufenthaltes, Keiga Kawahara (川原 慶賀; Siebold nannte ihn „Toyosuke" 登与助; 1786-1860)[55], neu zu bewerten, ganz analog zur Rolle der akademischen Zeichenlehrer in Deutschland (siehe Kapitel III). Sein Talent der wirklichkeitsnahen Darstellung schätzte Siebold hoch: Während japanische Museen heute insgesamt 55 Zeichnungen Kawaharas besitzen, findet man in einer Siebold-Sammlung im Rijksmuseum voor Volkenkunde (Volkskundemuseum) in Leiden über 1 000 Zeichnungen von demselben. Kawahara dokumentierte alles, was Siebold in Japan gesehen hatte. In diesem Zusammenhang veröffentlichte 2004/05 der Schriftsteller Shôichi Nejime (ねじめ正一 eigentliche Schreibweise; 祢寝 正一 geb. 1948) eine literarische Biographie über Kawahara: *Shîboruto no Me* (『シーボルトの眼 出島絵師・川原慶賀』; *Das Auge von Siebold. Zeichner in Dejima: Keiga Kawahara*).

(2) Die Inô-Karte aus der Militärbibliothek im Edo-Schloss. Oder: Drei geographische Experten: Tokunai Mogami, Rinzô Mamiya und Kageyasu Takahashi

Die doppelbödige Tätigkeit Siebolds führte vor dem überaus komplizierten politischen Hintergrund der Aktivitäten sowohl des japanischen als auch des niederländischen Geheimdienstes dazu, dass Siebold wegen des Besitzes geheimer japanischer Karten unter Hausarrest gestellt und 1830 des Landes verwiesen wurde. In seiner Kartensammlung

---

[55] Kawahara unterstützte die wissenschaftliche Tätigkeit von Siebold mit Assistenten aus Europa, nämlich dem Apotheker Dr. Heinrich Bürger und dem Schweizer Zeichner Carl Hubert de Villeneuve. Vgl. auch Kaneko, Atuo: *Shîboruto no Eshi. Umoreteita Sannin no Gagyô.* (金子 厚男：『シーボルトの絵師 埋れていた三人の画業』) Kumamoto 1982; Ausstellungskatalog: *Oranda to Nippon* (『阿蘭陀とNIPPON』; *The Netherlands and Japan.*) Tokio, 2009/2010, vor allem S.105-122: *Von Siebold and Kawahara Keiga.*

befinden sich wichtige Karten, die man eigentlich aus der Militärbibliothek des Shôguns „Momijiyama-Bunko" (紅葉山文庫) im Edo-Schloss (dem jetzigen Kaiserpalast in Tokio) nie hätte entnehmen dürfen: z.B. der exakte Japan-Atlas, *Dai-Nihon-Engan-Yochizu* (『大日本沿海輿地全図』, wörtlich übersetzt *Generalkarte der japanischen Küsten*, 1821) von Tadataka Inô, der bei jenem Lalande-Übersetzer und Shôgunat-Astronomen Yoshitoki Takahashi Astronomie, Geographie und Kartographie gelernt hatte (siehe Abschnitt 1 dieses Kapitels). Nach dem Namen des maßgeblichen Herstellers und Vermessungstruppleiters nennt man diese Karte oft „Inô-zu", also einfach „Inô-Karte".

Diese Inô-Karte ist in der Tat die erste auf Beobachtungen von Längen- und Breitengraden beruhende Karte von Japan. Unter dem starken Einfluss seines Lehrers Yoshitoki Takahashi begann Inô um 1800 sein großes Vermessungsprojekt, um die wahre Gestalt der Erde zu ermitteln. Die Vermessung aller japanischen Küstenlinien wurde, in zehn Abschnitte eingeteilt, von 1800 bis 1816 durchgeführt. Inô zielte dabei insbesondere darauf ab, die Küstenlinien von Japan genau darzustellen, während das Innere des Landes auf dieser Karte fast ohne topographische Angaben beinahe leer gelassen wurde. Obwohl der Leiter Inô 1816 verstorben war, hielt man seinen Tod geheim, und unter der Leitung von Kageyasu Takahashi, der nach dem Tod seines Vaters Yoshitoki die Stelle des ersten Shôgunat-Astronomen und Leiters der Militärbibliothek im Edo-Schloss übernommen hatte, wurde die Kartenerstellung fortgesetzt. Im Jahre 1821 überreichte das astronomische Observatorium die fertiggestellte Karte im Namen Inôs dem Shôgun Ienari Tokugawa. Inôs Tod wurde erst drei Monate danach bekannt gegeben. Die vollständige Kartensammlung von 1821 wurde in 3 unterschiedlichen Maßstäben dargestellt: Sie bestand aus 214 Blättern 1 : 36 000, aus 8 Blättern 1 : 216 000 und aus 3 Blättern 1 : 432 000.[56] Die Originalkarte wurde in der Militärbibliothek im Edo-Schloss aufbewahrt und ging beim Schlossbrand von 1873 leider verloren. Deren Duplikat im Besitz der Familie Inô verbrannte beim großen Kantô-Erdbeben von 1923 (Oberflächenmagnitude Ms 7,9; etwa 142 800 Todesopfer) ebenfalls.

Das Leben von Inô als Zivilastronom nach seiner Pensionierung ist etwa seit Ende des 20. Jahrhunderts ein beliebtes Thema für japanische Historiker und Schriftsteller, und es gibt hierüber zahlreiche Literatur.[57] Man kann darüber spekulieren, dass das soziale Phänomen des sogenannten „population aging" (Alterung der Gesellschaft) in Japan der Hintergrund für diese Wiederentdeckung ist.[58] Vermutlich findet man im historischen Bild Inôs das ideale Modell eines Rentners. In diesem Zusammenhang ist die literarische Biographie von Hisashi Inoue (井上 ひさし 1934-2010) *Yonsenman-po no Otoko*. (『四千万歩の男』; *Der Mann, der Japan in vierzig Millionen Schritten selbst abgeschritten und vermessen hat: Feldmesser Inô*, 1992) nennenswert. Im Jahre 2001 wurde hierzu auch ein Film *Inô*

---

[56] Vgl. *Lexikon zur Geschichte der Kartographie von den Anfängen bis zum ersten Weltkrieg*. Wien 1986, hier S.358, im Artikel „Japan" von K. Unno.

[57] Die wichtigsten Ergebnisse der Grundlagenforschung über Inô veröffentlichte Ryôkichi Ôtani (1875-1935; 大谷亮吉) 1917 im Auftrag der Japanischen Akademie der Wissenschaften: *Inô Tadataka* (『伊能忠敬』).

[58] Über die jetzige Tendenz der Inô-Forschung: Hoshino, Yoshihisa (星埜 由尚): *Inô Tadataka. Nihon o hajimete hakatta guchoku no Hito* (『伊能忠敬 日本をはじめて測った愚直の人』) Tokio 2010, S.78ff.

Tadataka. Shigosen no Yume (『伊能忠敬 子午線の夢』; *Tadataka Inô: Der Traum vom Längengrad*) des Regisseurs Yoshiki Onoda (小野田 嘉幹 geb. 1925) uraufgeführt.

Das Endziel der Vermessung war für Inô zwar die Erklärung der wahren Gestalt der Erde, aber er brauchte eine praktische Begründung für die Nutzbarkeit seines Vermessungsprojektes, um vom Regierungszentrum Bakufu finanzielle Unterstützung zu bekommen. Als er seine erste Vermessungsreise antreten wollte, nannte er zunächst Hokkaidô, eine Nordinsel von Japan, als Reiseziel und führte einen Konflikt mit Russland (damals Russisches Reich) als Begründung für die Dringlichkeit der Vermessung an.

Über das diplomatische Verhältnis zwischen Russen, Ainu[59] und Japanern in der ersten Hälfte des 19. Jahrhunderts erschien 2010 eine ausführliche Studie des japanischen Historikers Kyôji Watanabe (渡辺 京二 geb. 1930) *Kurofune Zenya*[60] (『黒船前夜』, 2010). Die politischen Beziehungen zwischen Japan und Russland in der Edo-Zeit werden im Folgenden insbesondere anhand dieser Studie kurz zusammengefasst.

Der erste registrierte japanische Schiffbrüchige heißt in der europäischen Literatur „Den'bê" (伝兵衛 Lebensdaten unbekannt), der als Handlungsgehilfe in Ôsaka gearbeitet hatte. Er wurde um 1700 auf der Höhe der Halbinsel Kamtschatka gerettet und nach St. Petersburg überstellt, wo er mit Peter I. (Peter der Große) zusammentraf. Die russische Regierung gab von diesem Zeitpunkt an die politische Richtung vor, solche japanischen Schiffbrüchigen zu integrieren und als Sprachlehrer im Institut für Japanische Sprache (1705 in St. Petersburg gegründet) arbeiten zu lassen. Den'bê wurde also der erste Lehrer der japanischen Sprache in Russland.

1725 schickte Zar Peter der Große[61] Vitus Jonassen Be[h]ring (1681-1741, „Kolumbus des Zaren" genannt) auf die Erste Kamtschatka-Expedition Russlands (1725-1730), um die Existenz einer Meerenge zwischen Asien und Nordamerika nachzuweisen. Da man die Ergebnisse dieser Expedition eher nur befriedigend fand, wurde unter der Leitung von Bering sofort im Anschluss eine Zweite Kamtschatka-Expedition geplant und von 1733 bis 1743 durchgeführt, um die nördlichen Küsten Russlands zu vermessen sowie Seewege nach Nordamerika und Japan zu erforschen. An dieser großen Expedition nahmen auch Wissenschaftler aus Deutschland teil, wie z.B. der Naturforscher und Botaniker in Württemberg Johann Georg Gmelin (1709–1755) sowie der Historiker und Geograph Gerhard Friedrich Müller (1705-1783).

Während Bering als erster Europäer Alaska entdeckte, bemühte sich sein Kollege Martin Spangberg (Lebensdaten unbekannt), der dänische Kapitän des zweiten Schiffes, um die Suche nach dem Seeweg von Ochotsk nach Japan: Im Sommer 1738 gelangte Spangberg zum ersten Mal bis nach Urup, einer Insel der Kurilen. Obwohl diese Insel nordöstlich relativ nah an Hokkaidô gelegen ist, verzichtete er darauf weiterzufahren.

59 „Ainu" ist die Bezeichnung für die Ureinwohner Nordjapans. Sie besitzen eine eigene Sprache, die keine Verwandtschaft mit asiatischen Sprachen hat, sowie eigenständige einheimische Kultur und eigenen Glauben.

60 Der Titel bedeutet *Über die Geschichte von Nordjapan vor der Erscheinung der „schwarzen Schiffe" der amerikanischen Flotte des Commodore Perry (1853)*.

61 Zar Peter stand in Briefkontakt mit Leibniz in Berlin. Leibniz schrieb dem Zaren, „wer die geographische Frage, ob Asien und Nordamerika miteinander verbunden sei, lösen kann, sind niemand anders als Sie". Siehe Watanabe, 2010, S.63.

So blieb im 18. Jahrhundert das nördliche Seegebiet von Japan ein "weißer Fleck" auf der Weltkarte. Es war zwar von Namen wie „Sachalin/Karafuto" die Rede, aber man kannte weder deren geographische Lage noch den Zusammenhang mit Hokkaidô (damals „Ezo" genannt, in der europäischen Literatur oft „Jezzo" od. „Jesso" transkribiert; auch „Matsumae" genannt). Im Jahre 1739 versuchte Spangberg erneut von Ochotsk nach Süden zu fahren und lief tatsächlich einen Hafen am Pazifischen Ozean in der Nähe von Sendai (仙台; eine große Stadt in der Region Tôhoku in Japan) an. Aber man konnte die geographische Konstellation zwischen Sachalin und Hokkaidô trotzdem noch nicht klar erkennen. In der folgenden Zeit musste sich allerdings die Zarin Katharina II. (1729-1796) mit zwei russisch-türkischen Kriegen sowie der Teilung Polens auseinandersetzen, so dass sie sich für Handelswege nach Japan kaum interessierte.

Im Jahre 1782 wurden der Seekaufmann Daikokuya-Kôdayû (大黒屋 光太夫 1751-1828) und seine Seeleute wegen eines Sturms auf Amchitka – eine vulkanische Insel im Südwesten Alaskas – verschlagen, wo sie auf russische Kaufleute trafen. Mit ihnen fuhren sie 1789 zusammen nach Irkutsk. Daikokuya-Kôdayû weigerte sich jedoch, wie seine japanischen Vorgänger im Russischen Reich ansässig zu werden und als Sprachlehrer Japanisch zu unterrichten. Dank großer Bemühungen des schwedischen Naturforschers Kirill Gustavovich Laksman (1737-1796; auf Schwedisch „Erik Laxman" – er stammt aber aus dem jetzigen Finnland) erhielt Kôdayû von Katharina II. die Erlaubnis zur Rückkehr nach Japan. Vom zweiten Sohn Laksmans, Adam Laksman (1766-1806) begleitet, fuhr Kôdayû am 5. September 1792[62] nach Nemuro (根室; eine Hafenstadt auf der Insel Hokkaidô) zurück. A. Laksman war außerdem beauftragt, mit Japan in Verhandlungen über Handelsmöglichkeiten einzutreten. Dieser Wunsch wurde jedoch von der japanischen Militärregierung Bakufu höflich, aber entschieden, abgelehnt.

Die von Kôdayû mitgebrachten Informationen über Russland und Europa protokollierte der westlich ausgebildete Shôgun-Hofarzt Hoshû-Kuniakira Katuragawa (桂川 甫周 国瑞 1751-1809), der ehemals bei Carl Peter Thunberg Chirurgie studiert hatte. Das ausführliche Protokoll *Hokusabunryaku*『北槎聞略』überreichte Katuragawa 1794 dem Shôgunat. Dieses Protokoll diente zwei renommierten japanischen Schriftstellern als Vorlage für literarische Biographien über Kôdayû: *Daikokuya Kôdayû* (2003) von Akira Yoshimura (吉村 昭 1927-2006) sowie *Oroshiya-Kokusuimutan* (『おろしや国酔夢譚』; *Traumhafte Mitteilungen über das Russische Reich von Kôdayû*, 1966-68) von Yasushi Inoue (井上 靖 1907-1991). Letztere ist zunächst in einer japanischen Zeitschrift in Fortsetzungen veröffentlicht und später im Jahre 1992 verfilmt worden.

Nicht zu übersehen ist, dass parallel dazu der französische Weltumsegler und Geograph Jean-François de Galaup de La Pérouse (1741-1788) im Auftrag des französischen Königs Ludwig XVI. versuchte, die bisher völlig unbekannten ostasiatischen Nebenmeere, vor allem die Japanische See, zu erforschen. Im Jahre 1787 fuhr er auf der Japanischen See nach Norden, und erreichte beinahe den Tatarensund (jap. „Mamiya- Kaikyô 間宮海峡" od. „Mamiya-Straße", vor allem von Siebold als „Mamiya-no-Seto" bezeichnete Meerenge zwischen dem nördlichen Teil der Insel Sachalin und dem asiatischen Festland), fand aber keinen Wasserweg, so dass er durch Sôya-Kaikyô (bzw. „Sôya-Straße" 宗谷海

[62] Nach russischem Kalender am 9. Oktober 1792. Vgl. Watanabe: *Kurofune Zenya.* 2010, hier S.167.

峡) nach Kamtschatka fuhr. Da La Pérouse der erste Europäer war, der diese Meerenge durchfuhr, nennt man sie auch die La-Pérouse-Straße. Zwar notierte La Pérouse im Schiffstagebuch aufgrund der Aussage der Ureinwohner Russlands am Japanischen Meer, dass Sachalin eine Insel sein könnte, aber es fehlten ihm noch wissenschaftlich vertrauenswürdige Beweise. Auf der *Carte générale des découvertes faites en 1787 dans les mers des Chine et de Tartarie* von La Pérouse[63] wurde Japan – allerdings in einer noch entstellten Gestalt mit geographischen Fehlern – dargestellt (siehe Abb. 11.): Hier wurde zwar die Insel Sachalin vom Kontinent getrennt gezeichnet, aber der westliche Teil Hokkaidôs blieb unvermessen und erhielt nur eine dünn gezeichnete provisorische Küstenlinie.

Abb. 10: Titelblatt und Abb. 11: Japan-Karte von La Pérouse
mit freundlicher Genehmigung der Keio-Universitätsbibliothek

Bei der oben im Abschnitt 2 erläuterten ersten russischen Weltumsegelungsexpedition erforschte Admiral Krusenstern 1805 u.a. die Meerengen der Tsugaru- (od. damals Sangar-) Straße und der Sôya- (od. La-Pérouse-) Straße, die Westküste der Inseln Hokkaidô und Sachalin. Trotz mehrerer Forschungsreisen blieb jedoch für die europäischen Wissenschaftler weiter unklar, ob Sachalin eine Halbinsel oder eine Insel sei.[64]

---

[63] *Atlas du voyage de La Pérouse*. Paris(?) 179-(?) im Besitz der Keio-Universitätsbibliothek (Tokio).

[64] Vgl. Boscaro, Adriana / Walter, Lutz: *Ezo and its Surroundings in the European Cartography of Japan.*

Das zunehmende Interesse der europäischen Länder an den ostasiatischen Nebenmeeren war schließlich auch für die Militärregierung des Tokugawa Anlass zu erhöhter Vorsicht gegenüber dem russischen Nachbarn. Damals wurde die Insel Ezo vom Fürsten Matsumae (松前氏) regiert. Da man vom kühlen Klima in Hokkaidô keine Reisernte erwarten konnte, wurde das Lehen Matsumae ausnahmsweise von der Reissteuer befreit. Stattdessen wurde Fürst Matsumae seit 1604 vom ersten Shôgun Ieyasu Tokugawa das Alleinhandelsrecht mit dem Ainu-Volk zugestanden, woraus er großen Nutzen zog. Die Fürsten und Beamten von Matsumae interessierten sich sehr für Handelsgewinne, aber kaum für die Außenpolitik mit Russland.[65]

Nicht nur als Vorsichtsmaßnahme gegenüber der russischen Territorialpolitik nach Süden, sondern auch mit dem Ziel einer geheimen Untersuchung einer Schmuggelaffäre schickte das Regierungszentrum Bakufu 1785 eine erste Nordjapan-Expedition aus Edo nach Hokkaidô. Die Geographie und die Kultur der Ainu erforschend legten sie im Sommer 1785 den Weg von Kushiro (釧路) im Osten Hokkaidôs bis zur Hafenstadt im äußersten Nordosten Japans Nemuro (根室) zurück, fuhren dann vom Kap von Sôya (宗谷岬; Sôya-Misaki, dem jetzigen nördlichsten Punkt Japans) mit einem Kauffahrtschiff nach Siranushi (白主; jetzt Шебунино) auf der Insel Sachalin/Karafuto. Diese Stadt spielte damals als japanischer Handelsstützpunkt mit den Ainu eine wichtige Rolle. Sie besuchten des Weiteren die Insel Kunashiri (国後島; jetzige Insel Kunaschir), die nördlichste Insel, die man im damaligen Japan kannte. Bemerkenswert ist, dass Tokunai Mogami (最上 徳内 1754-1836) als Vermessungsassistent der niederen Klasse an dieser Expedition teilnahm. Dieser Mogami verbrachte den Winter 1785/86 in Sôya und machte 1786 eine weitere Reise ins nördliche Gebiet, auf der er Messungen vornahm. Dabei landete er als erster Japaner auf der Insel Etorofu/Iturup und erreichte auch die Insel Uruppu (得撫島; Urup).

Bezüglich der Insel Iturup ist ein sehr interessantes handschriftliches Manuskript ausgerechnet im Goethe- und Schiller-Archiv in Weimar vorhanden: Es handelt sich um ein Manuskript von Krusenstern: *Mémoire zu einer Charte der Kurilischen Inseln*, datiert vom 7. Februar 1814 (GSA 06/5372; Nachlass Bertuch). Es besteht aus 40 Blättern, und ab dem Blatt 18 wird die Insel Iturup behandelt. Auf Blatt 21 wird mitgeteilt, dass ein gewisser Le Peruse (gemeint ist La Pérouse) diese Insel am 18. August 1787 erstmals erblickte. „Auch Laxmann [Adam Laxman; d. Vfn.] in 1792 segelte längs der Südküste von Iturup und dann durch die Strasse Vries, ohne eine Trennung gewahr zu werden, welche ihm unmöglich hätte entgehen können, wenn da eine gewesen wäre.“ (Blatt 22) Obwohl auf den meisten in Europa Anfang des 19. Jahrhunderts hergestellten Karten „die Insel Iturup, oder Staatenland, die letzte der Kurilen“ (Blatt 27) steht, erfuhr Krusenstern von japanischer Seite „die Namen von 4 Inseln im NO von Jesso; welche unter Botmäßigkeit der Japanischen Regierung stehen; diese waren Kunashir, Chikotan, Iturup und Urup“ (ibid.). Deren Existenz bestätigte übrigens Laksman schließlich 1792 auf der Reise

(auf Jap.) In: *Japan mit den Augen des Westens gesehen.* Tokio 1993, S.78-83.

[65] Im Unterschied zum europäischen Kolonialismus strebten die Japaner in der Edo-Zeit ein auf Gegenseitigkeit beruhendes Verhältnis mit den Ainu an und waren nicht daran interessiert, das Gebiet der Ainu zu erobern und sie zu kolonisieren. Der Gedanke des europäischen Kolonialismus wurde erst mit der Meiji-Restauration eingeführt.

nach Japan (Blatt 28). Auf Blatt 29 teilt er weiterhin mit, dass die Holländer früher sogar Jezzo und Sachalin für ein und dieselbe Insel hielten. Japaner und Europäer interessierten sich also gleichzeitig für dasselbe Gebiet: die Kurilen.

1798 ließ das Regierungszentrum Bakufu erneut Tokunai Mogami und dessen Vorgesetzten Jyûzô Kondô (近藤 重蔵 1771-1829) die nördliche Grenze von Japan, und zwar Hokkaidô, die Kurilen-Inseln und Sachalin, geographisch gründlich erforschen und kartographieren. Auf dieser Reise errichteten beide auf der Insel Etorofu/Iturup ein Denkmal aus Holz, um diese Insel zu japanischem Territorium zu erklären. Tokunai Mogami besuchte in seinem Leben insgesamt achtmal die Insel Hokkaidô. Über seine Expeditionen berichtet z.B. der Schriftsteller Hiroshi Inui (乾 浩 geb.1957) in seinem Roman *Hokumei no Ôrora* (『北冥の白虹』; *Aurola im Norden. Ein historischer Roman über Tokunai Mogami*, 2002) ausführlicher.

Aufgrund dieser Expeditionsberichte entschloss sich 1799 das Regierungszentrum Bakufu, die östliche Hälfte von Hokkaidô dem Einfluss des Fürsten Matsumae zu entziehen und stattdessen selber zu kontrollieren (ab 1821 wurde jedoch die Herrschaft des Fürsten Matsumae wieder hergestellt). Im Sommer 1800 führte Inô die Vermessung der Südküste von Hokkaidô mit astronomischen Beobachtungen durch, und gleichzeitig wurde auf der Insel Etorofu/Iturup eine japanische Garnison stationiert. Diese Garnison wurde 1807 von den russischen Marineoffizieren Nikolai Alexandrovitch Chwostow und Gavril Ivanovitch Davidow auf Befehl von Resanow (siehe Abschnitt IV-3) überfallen. Dort arbeitete jedoch niemand anderes als Rinzô Mamiya (間宮 林蔵 1780-1844), der bald danach durch die Erforschung und Kartographierung der Insel Sachalin bekannt wurde. 1808 wurde Mamiya beauftragt, als Assistent von Denjyûrô Matsuda (松田 伝十郎 1769-1842) zusammen mit ihm nach Sachalin/Karafuto zu fahren, um festzustellen, ob Karafuto eine Halbinsel oder eine Insel sei. Indem Matsuda die westliche Küste von Karafuto und Mamiya dagegen die östliche Küste entlang liefen, fanden sie schließlich heraus, dass Karafuto eine Insel ist. Selbst Krusenstern, der inzwischen als größter Kenner dieses Gebiets galt, ließ beispielweise noch in seinem 1827 publizierten *Atlas des pazifischen Ozeans* Sachalin als eine Halbinsel zeichnen (siehe Abb. 6).

Mamiya war allerdings damit noch nicht zufrieden. Unabhängig von Matsuda befuhr Mamiya 1809 dann allein eine später nach ihm benannte Meerenge, die „Mamiya-Straße" (evtl. „Mamiya-no-Seto"; identisch mit dem Tatarensund)[66], die Sachalin vom asiatischen Festland tatsächlich trennt, und machte hiermit dem langjährigen geographischen Streit ein Ende. Unter Verletzung des Verbots, japanisches Hoheitsgebiet zu verlassen, erreichte er das Amur-Mündungsgebiet, worüber noch niemand gesicherte Erkenntnisse hatte. Mamiya erstellte nicht nur eine Karte über die Insel Karafuto und die Mündung des Amur: *Kokuryûkô Nakanosu narabini Tendo* (『黒龍江中之洲并天度』)[67], sondern verfasste

---

66 Die Existenz dieser Meerenge erkannte der russische Admiral Gennadi Iwanowitsch Newelskoi (1813-1876) erst 1849, 40 Jahre nach Mamiyas Entdeckung.

67 Mamiyas originale Karte (1809) wurde von Hata in der Universitätsbibliothek Leiden entdeckt. Deren Duplikat befindet sich in der Universitätsbibliothek Hokkaidô, vgl. Hata: *Bunsei Jyûichi-nen no Supai-Gassen*, S.18ff. Mamiyas Originalmanuskripte *Hokui-bunkai-yowa* und *Tôdatsu-kikô* besitzt allerdings National Archives of Japan in Tokio zusammen mit seiner Karte von Nord-Hokkaidô (『北蝦夷島地図』) als „Important Cultural Properties of Japan 重要文化財".

auch zwei Reiseberichte über Karafuto: *Hokui-bunkai-yowa* (『北夷分界余話』in zehn Heften) und über das Amurland: *Tôdatsu-kikô* (『東韃地方紀行』in drei Heften). Seine Berichte und die Karte der Insel Karafuto überreichte er im Jahre 1811 nach seiner Rückkehr nach Edo direkt der Bakufu.

Was literarische Dokumentationen über Mamiya anbelangt, veröffentlichte Akira Yoshimura 1987 eine präzise literarische Biographie von Rinzô Mamiya (『間宮林蔵』). Im Jahre 2002 behandelte der Autor Inui ebenfalls die gemeinsame Expedition von Matsuda und Mamiya sowie das weitere Wagnis Mamiyas, allein die bisher unbekannte Meerenge zu erkunden, in seinen Erzählungen *Hokui no Umi* (『北夷の海』*Das Meer nördlich von Ezo/Hokkaidô*) und in deren Fortsetzung *Higashi-Dattan heno Kairo* (『東韃靼への海路』; *Der Seeweg nach der östlichen Tatarei*).

Gerade in jenem Zeitraum wurde der älteste Sohn von Yoshitoki Takahashi, Kageyasu Takahashi (im Folgenden nur mit seinem Vornamen „Kageyasu" bezeichnet, um ihn von seinem Vater zu unterscheiden) als Leiter des Shôgunat-Observatoriums in Edo beauftragt, einen neuen präzisen Weltatlas herzustellen. Zu diesem Zweck übersetzte der sprachlich begabte Astronom Kageyasu, der sowohl Niederländisch als auch Mandschurisch beherrschte, verschiedene Reiseliteratur sowie Fachbücher der Geographie und verglich sie miteinander:[68] z.B. *Algemeenee geographie, of beschryving des geheelen aardryks* [*Vollständige Geographie* (Hamburg, 1736)] von Johann Hübner (deutscher Geograph, 1668-1754), *Nieuwe geographie, of aardryks beschryving* [*Neue Erdbeschreibung* in 10 Bdn. (1754-1792)] von Anton Friedrich Büsching (deutscher Geograph, 1724-1793), *Geographische Oefeningen, of Leerbork der Aaedrijkskunde* [*Lehrbuch der Geographie*] von Pieter Johannes Prinsen (holländischer Pädagoge, 1777-1854) sowie *A New General Collection of Voyages and Travels* (London 1745, 4 Bde.) von Thomas Astley in der Übersetzung von Pieter de Hondt *Historische Beschryving der Reizen, of nieuwe en volkoome verzameling van de aller-waardigste en zeldsaamste Zee- en Landtogten [...](1747-1767).*[69]

Kageyasu beschäftigte sich seit ca. 1808 mit diesem Projekt anhand europäischer geographischer Bücher – wie oben gesehen, meistens als niederländische Übersetzungen – und Karten, vor allem mittels des *Atlas du voyage de La Pérouse* (1797) und der *Weltkarte in Mercator-Projektion, präsentiert alle neuen Entdeckungen zum gegenwärtigen Zeitpunkt mit den Spuren der bedeutendsten Seefahrer seit dem Jahr 1700, sorgfältig aus den besten Tabellen, Karten, Reisen & Co erstellt* (1790) des berühmten englischen Kartographen Aaron Arrowsmith (1750-1823). Diese Weltkarte Arrowsmiths soll übrigens 1804 von Krusenstern nach Japan mitgenommen worden sein.[70] Dabei ging es nicht nur um die Frage, ob Sachalin eine Insel

68 Vgl. Ninomiya, Rikuo: *Takahashi Kageyasu to Shintei-Bankoku-Zenzu* (二宮 陸雄：『高橋景保と新訂万国全図』), Hokkaidô 2007, hier S.194ff. Der Verfasser Ninomiya (1929-2007) – eigentlich Arzt von Beruf –, war durch Kures Siebold-Biographie von Kageyasus Persönlichkeit fasziniert und veröffentlichte selbst einen historischen Roman über ihn: *Bakufu-Tenmonkata-Shomotsu-Bugyô Takahashi Kageyasu Ikken* (『幕府天文方書物奉行　高橋景保一件』), Tokio 2005.

69 Ibid., S.42ff. Ueharas Studie über Kageyasu (siehe Fußnote 8,『高橋景保の研究』1977) ist selbstverständlich eine historische Untersuchung über die von Kageyasu benutzten Materialien aus Europa. Aber nach deren Publikation gab es auf diesem Gebiet weitere Forschungsergebnisse. Inhaltlich ist daher Ninomiyas Studie (2007) aktueller.

70 Ninomiya, *Takahashi Kageyasu to Shintei-Bankoku-Zenzu,* S.81ff. Über Kageyasu und die englische Weltkarte Arrowsmiths schreibt Ninomiya hier ausführlich.

oder Halbinsel sei, sondern auch um die Klärung, ob die von den Europäern Sachalin genannte Insel mit der auf Japanisch Karafuto genannten Insel identisch sei. Für Kageyasu waren Karafuto und Sachalin ein und dieselbe Insel. Um seine Vermutung zu bestätigen, verglich er gründlich sämtliche Orts- und Stadtnamen Sachalins auf den chinesischen und europäischen Karten mit denen in den Berichten Mamiyas aus Ezo. Diese vergleichenden Forschungsergebnisse gab Kageyasu als *Hokui-Kôshô* (『北夷考証』) heraus. Kageyasu hätte in seinen Weltatlas auch gern die Karte von Karafuto, die Mamiya gerade bearbeitete, eingearbeitet, konnte aber deren Vollendung nicht abwarten, da er 1810 der Bakufu seine neue Weltkarte namens *Shintei Bankoku-Zenzu* (『新訂万国全図』) überreichen musste. Kageyasu war zwar stolz auf seine neue Weltkarte, aber er war weiter begierig auf die neue Karte von Sachalin als Beweisstück für seine These, dass Sachalin und Karafuto identische Inseln seien. Hiermit geriet er später in die Falle der Siebold'schen Affäre.

Abb. 12: Abschnitt aus Takahashis *Shintei Bankoku-Zenzu* (1810)
mit freundlicher Genehmigung des Staatlichen Archivs in Tokio
(Japan ist geographisch sehr korrekt dargestellt)

Als Siebold nach Japan kam, waren die oben genannten drei Personen, nämlich Kageyasu, Mogami und Mamiya, die geographischen Spitzenexperten für das nördliche Grenzgebiet von Japan. Aber zwischen ihnen gab es eine große Kluft. Während Kageyasu einer renommierten Astronomenfamilie entstammte, kamen Mogami und Mamiya aus armen Bauernfamilien und erlangten aufgrund ihrer wissenschaftlichen Begabung – trotzdem aber nur mit großer Mühe und mit hohem Ehrgeiz – durch Adoption nach Erreichen der Volljährigkeit ausnahmsweise[71] einen Aufstieg in den niederen Ritter-

71 Die Adoption innerhalb des gleichen Ritterstandes war damals zwar üblich, aber zwischen unterschiedlichen Klassenschichten eher eine Ausnahme.

stand.[72] Gegenüber Kageyasu, der das Kommando über sämtliche Vermessungs- und Kartenprojekte innehatte, hegten die beiden anderen Neid- und Hassgefühle. Denn sie waren es, die die Daten bei den praktischen Vermessungsarbeiten unter Einsatz ihres Lebens für das Observatorium in Edo gesammelt hatten, während den Ruhm standesgemäß nur dessen Leiter Kageyasu erntete. Parallel zu ihrer geographischen Arbeit wirkten Mogami sowie Mamiya im Untergrund als Agenten des Shôgunats.

Am 16. April 1826 notiert Siebold in seinem persönlichen Tagebuch auf der Reise nach Edo ohne Argwohn – wenn auch zwecks Geheimhaltung auf Lateinisch –, dass er an diesem Tag Tokunai Mogami persönlich kennen gelernt habe, und dass dieser ihm nach einem Gespräch über mathematische Probleme „unter dem heiligsten Siegel der Verschwiegenheit" die für Ausländer streng verbotene Landkarte von Jezzo und Karafuto gezeigt habe.[73] Eine Sensation für Siebold war, dass Karafuto tatsächlich eine Insel ist. Am nächsten Tag besuchte Mogami zusammen mit seinem jüngeren Kollegen Mamiya Siebold, und sie tauschten geographische Informationen über Jezzo, Karafuto, das Ainu-Volk usw. aus. Mamiya erkannte daraus, dass die Erforschung der geographischen Verhältnisse im Norden Japans ein zentraler Punkt von Siebolds Tätigkeit war, und begegnete ihm deshalb mit vorsichtiger Zurückhaltung. Mogami dagegen stand Siebold während seines Aufenthaltes in Edo stets zur Verfügung und unterstützte auch seine Forschungen über die Sprache der Ainu.

Am 18. April 1826 lernte Siebold Kageyasu[74] persönlich kennen. Am 19. April kam Mogami zu Siebold und zeigte ihm Mamiyas Karte über die Insel Karafuto und die Mündung des Amur: *Kokuryûkô Nakanosu narabini Tendo.* Auf die Frage Siebolds, wo man solche geheimen Landkarten einsehen könne, antwortete Mogami schlicht: In der Militärbibliothek des Shôguns, Momijiyama-Bunko im Edo-Schloss. Diese war aber nicht nur für Ausländer, sondern auch für normale Beamte im Ritterstand nicht zugänglich. Der damalige Leiter dieser wichtigsten Militärbibliothek war kein anderer als Kageyasu selbst. Dieser war immer noch auf die wissenschaftlichen Beweise für seinen Weltatlas aus. Siebold dagegen wollte für seinen Geheimdienst unbedingt an eine präzise Japan-Karte kommen. Siebold wusste, dass Kageyasu sich weiterhin für die in Europa veröffentlichten Reiseberichte und Karten, vor allem die neue Publikation von Krusenstern interessierte. Statt ihm jedoch die Reiseberichte von Krusenstern nebst dessen Atlas einfach zu überlassen, bot Siebold Kageyasu einen ungeheuerlichen Tauschhandel an: einen gemeinsamen Besuch der verbotenen Militärbibliothek des Shôguns. Auf unberechtigtes Betreten dieser Bibliothek stand jedoch die Todesstrafe. Am 1. Mai 1826 führte Kageyasu trotzdem Siebold heimlich in die Militärbibliothek ein. Bald danach verlangte Siebold von Kageyasu sogar Kopien der dort vorhandenen wichtigen Karten, vor allem ein Duplikat der *Inô-Karte*, also der *Karte vom Japanischen Reiche*, abgekürzt „KVJ". Diese war selbstverständlich damals die wichtigste Karte in Japan. Sie zu kopieren bedeutete die sofortige Todesstrafe. Um von Siebold europäische Karten wie die von Krusenstern und weitere kostbare

---

72 In der Edo-Zeit herrschte in Japan das sogenannte Shi-Nô-Kô-Shô (士農工商; wörtlich ins Deutsche übersetzt: „Ritter-Bauer-Handwerker-Händler"), das nach Herkunft und Beruf ausgerichtete Vierklassen-System.

73 Kure: *Shîboruto-sensei*, S.179.

74 Siebold nannte Kageyasu oft mit dessen holländischem Spitznamen „Hofastronom Globius".

wissenschaftliche Geräte wie ein Planetarium, ein Barometer usw. zu bekommen, musste Kageyasu schließlich versprechen, den Wunsch Siebolds zu erfüllen. Zwischen beiden Männern entwickelte sich ein zermürbender Angriffs- und Verteidigungskampf um die Karten, bis Siebold schließlich 1828 die gewünschte Kopie der Inô-Karte von Kageyasu erhalten konnte.

Abb. 13:
Mogamis Porträt von Keiga Kawahara
in Siebolds *Nippon*
mit freundlicher Genehmigung der HAAB
(Sig.: Vitr 2 : 1 in einer Mappe)

Am 15. Mai 1826 wurde Siebold von Mogami verabschiedet und noch drei Tagesreisen weit auf der Rückreise der niederländischen Gesandtschaft nach Nagasaki bis Odawara begeleitet. Mogami war damals 72 Jahre alt (siehe Abb. 14). Aufgrund seiner Rivalität gegenüber dem jüngeren Mamiya schenkte er zum Abschied Siebold heimlich aus seiner privaten Kartensammlung die meisten Landkarten über Karafuto und Ezo, deren Übergabe in fremde Hand ebenfalls streng verboten war. Er stellte lediglich zwei Bedingungen: 1. Diese Dokumente durfte Siebold erst 25 Jahre später unter dem Namen Mogamis veröffentlichen. 2. Siebold sollte die Forschungsergebnisse von Mogami denen von Mamiya vorziehen. In diesem Geschenk befindet sich sogar Mamiyas *Kokuryûkô Nakanosu narabini Tendo* mit der handschriftlichen Bescheinigung von Mogami, dass es sich um ein Original handelt. Siebold versprach dies feierlich, und wartete tatsächlich 25 Jahre lang mit der Veröffentlichung der geschenkten Materialien.

Als sein Aufenthalt in Nagasaki sich dem Ende näherte, schrieb Siebold am 15. Februar 1828 an Mamiya einen kurzen Abschiedsbrief, in dem er bedauerte, ihn nur ein einziges Mal in Edo getroffen zu haben. Er fügte hinzu, nach seiner Rückkehr nach Holland Mamiya gern ausländische Landkarten schicken zu wollen und bat im Postskriptum um die Übersendung von Herbarien seltener Pflanzen aus Ezo/Hokkaidô. Dieses Schreiben, das Siebold über Kageyasu arglos an Mamiya schickte, wurde Anlass zur sogenannten Siebold-Affäre: Mit diesem Brief erstattete Mamiya, ohne ihn zu öffnen (denn ihn zu öffnen bedeutete, dass Mamiya ebenfalls in persönlichem Kontakt mit Ausländern stände, so dass Mamiya in gleichem Sinne wie Kageyasu schuldig wäre), bei der Polizei Anzeige gegen Kageyasu, dem der streng verbotene persönliche Austausch von Briefen und Geschenken mit einem Ausländer vorgeworfen wurde. Da von Anfang an klar gewesen ist, dass Siebold, dessen deutsche Herkunft inzwischen auch bekannt war, seine wissenschaftlichen Forschungen als Deckmantel für Spionage benutzt hatte, wurde auch er unter Hausarrest gestellt. Nicht wenige der mit ihm befreundeten japanischen Astronomen und

Beamten, die sich vor allem aufgrund ihrer europäischen Sprachkenntnisse mit geographischen und astronomischen Arbeiten beschäftigten, wurden gleichfalls festgenommen. Insgesamt 55 japanische Beteiligte wurden streng bestraft, z.B. mit lebenslanger Ausweisung aus der Hauptstadt, befohlenem Selbstmord oder Hinrichtung. Tragisch ist, dass dadurch die von Inô hoch entwickelte originelle Technik der Kartenerstellung ohne Zuhilfenahme der Triangulation völlig verloren gegangen ist und nie mehr zu rekonstruieren sein wird. Durch diese Affäre zielte aber das damalige Regierungszentrum Bakufu letztlich auf die strenge Kontrolle und Unterbindung jeglichen Schmuggels und Kontakts mit Ausländern sowie auf die Ausschaltung des Schwiegervaters des Shôguns, Fürst Shigehide Shimazu, und die Unterdrückung der europäisch ausgebildeten japanischen Intellektuellen.[75] Nach dem plötzlichen Tod von Kageyasu im Gefängnis am 22. März 1828 entspannte sich das bisher harte Verhalten der Behörden gegenüber Siebold deutlich. Seine kostbaren Kartensammlungen waren bereits als Umzugsgüter aufs Schiff gebracht und gesichert. Am 22. Oktober 1829 wurde Siebold aus Japan verbannt, und er verließ Ende 1829 Nagasaki, ohne die komplizierten politischen Hintergründe jener Affäre verstanden zu haben.

Nach seiner Rückkehr nach Holland begann Siebold sogleich mit den Arbeiten zu *Nippon*, zur *Bibliotheca Japonica* sowie zu den naturwissenschaftlichen Werken *Fauna Japonica* und *Flora Japonica*. Man weiß, dass er sich 1834-1835 auf eine Reise zu europäischen Höfen nach St. Petersburg, Moskau, Berlin, Dresden, Wien, München und Weimar begab, um Geld für die Fortsetzung seiner Japan-Forschung und den Druck seines Werkes einzuwerben. In St. Petersburg legte Siebold dem russischen Admiral Krusenstern die japanische Originalkarte der Insel Karafuto mit Forschungsergebnissen von Kageyasu, Mogami und Mamiya vor. Angesichts dieser Karte Mamiyas erkannte Krusenstern sofort den eigenen Fehler, Karafuto bis zu diesem Zeitpunkt als eine Halbinsel angesehen zu haben, und rief jene berühmten Worte aus: „Les Japonais m'ont vaincu!“[76] Angesichts von Karten japanischer Astronomen und Geographen wie z.B. Inô, Mogami, Mamiya und Kageyasu bestätigte Krusenstern die hohe Qualität ihrer Vermessungstechnik und empfahl Siebold dringend die Publikation der Karten. An Siebold schrieb Krusenstern am 12. Oktober 1834 aus St. Petersburg:

> Ohne mich in eine genaue Analyse derselben einzulassen, will ich hier nur bemerken, dass nach einer Vergleichung mit unseren europäischen Charten, d.h. mit solchen, welche nach einer genauen Untersuchung von bekannten Seefahrern konstruiert sind, ich nicht anders als sehr günstiges Urtheil über sie fällen kann. Nicht nur die Konfiguration der Küsten und das Detail derselben, wo solches auf unsern Charten zu finden ist, sondern auch die Längen und Breiten stimmen auf eine wundervolle Weise und liefern uns einen interessanten Beweis von den Forschritten, welche die Japaner in der Astronomie gemacht haben. [S.1; ...]
>
> Bey dieser ausserordentlichen Genauigkeit, welche sich fast überall zeigt, wo ein Vergleich mit europäischen Seefahrern zulässig ist, lässt sich wohl mit Gewissheit annehmen,

---

75 Vgl. Hata: *Bunsei Jyûichi-nen no Supai-Gassen*, S.296ff.

76 Kure: *Shîboruto-sensei*, S.589 sowie S.790; Körner: *Die Würzburger Siebold*, S.410. Vgl. auch *Philipp Franz von Siebold. Ein Bayer als Mittler zwischen Japan und Europa 1796-1866*. Katalog vom Haus der Bayerischen Geschichte, S.39.

> dass auch diejenigen Küsten, welche bis jetzt nicht haben von europäischen Seefahrern untersucht werden können, den nämlichen Grad der Genauigkeit gewahren, und das folglich die Lücken, deren es bis jetzt noch viele an jenen Küsten gibt, durch Ihre Charten genügend ausgefüllt werden können, bis endlich ein wissenschaftlicher Seefahrer hier das Werk vollendet, wozu dem Anschein nach jetzt keine Aussicht ist. [S.3; ...][77]

Trotz der Begeisterung Krusensterns und dessen dringender Empfehlung zur Veröffentlichung der Japan-Karte verzichtete Siebold auf einen sofortigen Ruhm: Möglicherweise erfuhr Siebold inzwischen vom tragischen Schicksal seiner ehemaligen Kollegen und deren Familien in Japan, mindestens vom Opfertod Kageyasus, und nahm noch stärker Rücksicht auf die Sicherheit der anderen noch in Japan lebenden Kollegen und Freunde.[78]

Im Jahre 1840 veröffentlichte Siebold die erste exakte Karte von Japan mit einer Widmung an Krusenstern: *Karte vom Japanischen Reiche nach Originalkarten und astronomischen Beobachtungen der Japaner.* Auf diese Karte wird im Zusammenhang mit Weimar im nächsten Abschnitt noch einmal eingegangen. Siebold machte für die Anfertigung dieser Karte intensiven Gebrauch von der Inô-Karte, die er 1826 in der Militärbibliothek im Edo-Schloss zu Gesicht bekam und deren Kopie er von Kageyasu erhalten hatte. Obwohl Siebold die wichtigsten Karten der Inseln Hokkaidô und Karafuto besaß, sind diese beiden Inseln auf seiner Karte nicht verzeichnet. Gemäß dem Versprechen gegenüber Mogami veröffentlichte Siebold erst im Jahre 1851 einen vollständigen *Atlas von Land- und Seekarten vom Japanischen Reiche Dai-Nippon und dessen Neben- und Schützländern. Jezo mit den südlichen Kurilen, Krafto* [sic! eigentlich „Karafuto"], *Korai und Liu-Kiu-Inseln, nach Originalkarten und astronomischen Beobachtungen der Japaner mit Hinweis auf die Entdeckungen in älterer und neurer Zeit. Nebst einer Seekarte von der Küste von China und der Insel Formosa nach unausgegebenen holländischen Seekarten des 17. Jahrhunderts.* Für die russische Ostasienpolitik waren Siebolds geographische Kenntnisse im Norden Japans besonders wichtig. Von 1853 an beriet er die russische Regierung in ihrer Ostasienpolitik.[79]

5. Über zwei Karten vom Japanischen Reich in der HAAB. Oder: Die Affinität des Großherzogtums Sachsen-Weimar-Eisenach zu Japan

Siebolds Werk *Nippon. Archiv zur Beschreibung von Japan und dessen Neben- und Schutzländern, Jezo mit den südlichen Kurilen, Sachalin, Korea und den Liukiu-Inseln* (Leyden 1832-1851) enthält zwar bereits Land- und Seekarten, aber aus den oben erwähnten Gründen der Rücksichtnahme veröffentlichte er erst 1851-1852 die meisten seiner Land- und Seekarten in sei-

---

77 Zitat aus der Originalhandschrift im Ausstellungskatalog: *Japan mit den Augen des Westens gesehen,* Tokio 1993, S.175f. Nr. 123: *Adam Johann von Krusenstern. Letter to Philipp Franz von Siebold, October 12, 1834, 4 handwritten pages on one double sided sheet* (25.5 cm×41 cm), vgl. auch mit dem Zitattext in Kure: *Shîboruto-sensei,* S.215.

78 Vgl. auch den Aufsatz von Walter Lutz: *Philipp Franz von Siebold.* (『フィリップ・フランツ・フォン・シーボルト　完成者にして創始者』) S.50-57, hier S.55. Am Ende dieser Abhandlung ist eine japanische Übersetzung dieses Briefes von Krusenstern angegeben. Vgl. auch Körner: *Die Würzburger Siebold.* 1967, S.396.

79 *Siebold. Ein Bayer als Mittler zwischen Japan und Europa,* S.57f.

nem *Atlas* mit 16 Kartenblättern:[80] Der vollständige Titel lautet *Atlas von Land- und Seekarten vom Japanischen Reiche Dai-Nippon und dessen Neben- und Schutzländern, Jezo mit den südlichen Kurilen, Karafto, Lôrai und den Liu-kiu-Inseln, nach Originalkarten und astronomischen Beobachtungen der Japaner mit Hinweis auf die Entdeckungen in älterer und neuerer Zeit.*

Gesondert veröffentlichte er aber bereits 1840 eine *Karte vom Japanischen Reiche nach Originalkarten und astronomischen Beobachtungen der Japaner* (Leiden, Arnz & Comp., von A. Bayly und J. M. Huart in Stein gestochen) mit der Widmung „dem Kaiserl. Russ. Admiral von Krusenstern, aus Hochachtung und Dankbarkeit". Wie der Titel andeutet, liegen ihr Karten zugrunde, die Kageyasu Takahashi für Siebold heimlich kopieren ließ. Die Siebold'sche Karte ist mit einer Breite von 75 cm und einer Höhe von 58 cm (Maßstab ca. 1: 2 200 000) eine verkleinerte Kopie der Originalkarte des japanischen Geographen Inô, die Küste und Ländergrenze sind mit Blau und Rot jeweils leicht koloriert. In diesem Sinne geht es auch um die erste zuverlässige und genaue Karte der Küstenlinie Japans in Europa. Wohl absichtlich fehlen dieser Karte noch Hokkaidô (das damalige „Jezo") und Sachalin bzw. Karafuto, aber man findet bereits links oben eine Anschlusskarte von Tôhoku (Nord-Japan) und rechts unten eine Nebenkarte *De Baai van Nagasaki* (Bay von Nagasaki), die Siebold 1828 heimlich, das Verbot brechend, selbst aufnahm, wobei die japanischen Dolmetscher ihn gewähren ließen.

Zwar war Siebold sehr stolz auf diese Karte, denn er schrieb z.B. am 13. Oktober 1841 an Ludwig Bechstein, den herzoglichen Bibliothekar und Märchensammler in Meiningen: „[...] ich getraue es mir offen zu sagen, wird keine bessere Karte vom Japanischen Reiche erscheinen".[81] Aber er hielt sich aus politisch-diplomatischen Gründen noch vorsichtig zurück. Deshalb ließ er zu diesem Zeitpunkt anscheinend nur sehr wenige Exemplare publizieren. Selbst sein Hauptwerk *Nippon*, zu dem der *Atlas von Japan* gehört, hatte nur eine Auflage von 60 Exemplaren, so dass es jetzt als historische Kostbarkeit sehr hoch geschätzt wird.[82]

---

[80] Im Ausstellungskatalog der Universitätsbibliothek der Heinrich-Heine-Universität Düsseldorf in Zusammenarbeit mit der Sieboldiana-Sammlung der Ruhr-Universität Bochum und dem Heinrich-Heine-Institut der Stadt Düsseldorf (1992) heißt es über dieses Werk *Nippon*: „Die Erstausgabe erschien 1832-1858 sukzessive in einzelnen Lieferungen, blieb schließlich aber, bei einem Gesamtumfang von 7 Abteilungen und 1822 Seiten, unvollendet. Teile wurden schon während des Erscheinungszeitraums ins Holländische, Französische und Russische übersetzt. Es sind heute nur noch ganz wenige Exemplare dieser Ausgabe erhalten." Zitat aus *Philipp Franz von Siebold (1796-1866). Forscher und Lehrer in Japan*, S. 28. Laut OPAC der ThULB besaß die Jenaer Universitätsbibliothek sowohl *Nippon* als auch den *Atlas*, aber beide sollen leider verschollen sein.

[81] Zitat aus Körner: *Die Würzburger Siebold*, S.420.

[82] Auch im Katalog des Siebold-Museums steht: „Dieses Werk zur Geographie und Ethnographie Japans in zwei Text- und zwei Teilbänden ist Siebolds *magnum opus*. Es war zu seiner Zeit die erste systematische, in 9 Abteilungen angelegte und umfassende Beschreibung Japans, die modernen wissenschaftlichen Maßstäben entsprach. Sukzessiv erschien in einzelnen Lieferungen von 1832-1858 die Erstausgabe, die aber bei einem Gesamtumfang von 7 Abteilungen und 1822 Seiten unvollendet blieb. [...] Es sind heute nur noch ganz wenige Exemplare der Erstausgabe erhalten, deren Druck Siebold durch den Verkauf seiner japanischen Sammlungen finanzierte." Zitat aus *Auf den Spuren Siebolds in Würzburg und Japan*, 1995, hier S.35. Vgl. auch Ôba, Hideaki: *Hana no Otoko. Siebold* (大場 秀章：『花の男　シーボルト』), Tokio 2001, S.98. Die Keio-Universität (Tokio/Japan) besitzt bekanntlich in der historischen Sammlung (der sogenannten „Kôda-Bunko" 幸田文庫) des ehem. Keio-Universitätsprofessors Shigetomo Kôda (幸田

In der Tat findet man heute bei Datenbankrecherchen fast kaum Bibliotheken in Deutschland, die diese geheime *Karte vom Japanischen Reiche* von Siebold besitzen. Da Krusenstern dem Großherzog Carl August seinerzeit seine Japan-Karte gewidmet hat, ist es nicht verwunderlich, dass die HAAB als eine der wenigen auch ein Exemplar dieser Krusenstern gewidmeten Siebold'schen *Karte vom Japanischen Reiche* besitzt. Es ist aber doch auffallend, dass sich so eine kostbare Karte sogar doppelt (!) in der HAAB befindet.

Das erste Exemplar der Karte (Kt 055–24E) ist im Nominal Catalog der Kartensammlung (Loc A; 115) mit der Signatur „Ja 2: 18" verzeichnet. Diese alte Signatur findet sich auch auf der Rückseite der Karte und verweist auf ihren Standort im Turm innerhalb der Kartensammlung der Herzoglichen Militärbibliothek. Da Großherzog Carl August zum Zeitpunkt der Widmung bereits verstorben war, könnte eine Verbindung zu Maria Pawlowna vermutet werden. Jedoch war diese Karte im handschriftlichen Verzeichnis *Catalogue de livres français, allemands, anglais, italiens et russes, de la bibliothèque de son Altesse impériale Madame la grande duchesse de toutes les Russies, grande duchesse regnante de Saxe Weimar & Eisenach* (1832), das bis 1850 fortgeführt worden ist, nicht zu finden. Sie ist also unter den dort verzeichneten Karten und Plänen der Maria Pawlowna nicht eingetragen. Auf dem zweiten Exemplar der Karte (Kt 055-29E) findet sich keine alte Signatur, sie ist auch nicht im Nominal-Catalog nachgewiesen.

Vom Exemplar aus der Militärbibliothek her könnte man nachvollziehen, dass ein Mitglied der Weimarer Großherzoglichen Familie beim Besuch Siebolds die Karte subskribierte, weil die HAAB auch die anderen seltenen Werke von Siebold, nämlich *Nippon* und *Atlas* (1832-1858), jeweils „doppelt" besaß. Nun stellt sich mit Recht die nächste Frage: „Wer könnte sich noch außer der Großherzogin Maria Pawlowna für Japan weiter und besonders interessiert haben?" Als Antwort kann darauf verwiesen werden, dass der älteste Sohn von Siebold, Alexander Georg Gustav von Siebold (1846-1911), mit Großherzog Carl Alexander von Sachsen-Weimar-Eisenach (Enkel von Carl August, 1818-1901) in regem Kontakt stand, und sich außerdem sehr für Japan interessierte.

Im Alter von zwölf Jahren begleitete A. von Siebold seinen Vater auf dessen zweiter Reise nach Japan im Rahmen der preußischen Ostasien-Expedition (1859-1861).[83] Während des zweijährigen Aufenthaltes in Nagasaki lernte er Japanisch und die dafür notwendigen chinesischen Schriftzeichen. Als er dann mit seinem Vater den Winter 1861/62 in Yokohama verbrachte, bekam er aufgrund seiner japanischen Sprachkenntnisse ein Stellenangebot von der englischen Gesandtschaft in Japan. Während der Vater nach Deutschland zurückfuhr, blieb er in Japan, war von 1862 bis 1870 als Attaché bei der englischen Gesandtschaft tätig und erlebte direkt vor Ort die „Modernisierung" in Japan. Im Jahre 1867 sandte der fünfzehnte und letzte Shôgun Yoshinobu Tokugawa (徳川 慶喜 1837-1913, regierte 1867-68) anlässlich der ersten Teilnahme auf der Weltausstellung

---

成友 1873-1954) ein sehr kostbares farbiges Exemplar von Siebolds *Nippon* (Signatur: 120X/240/1). siehe: *A short List of Books and Pamphlets Relating to the European Intercourse with Japan: (Private Collection of Shigetomo Koda) : exhibited at the Mitsukoshi, Eastern Room, 7th Story from 7th to 11th. November, 1930.* Allerdings ist die Japan-Karte aus dem Jahre 1840 leider nur als Faksimiledruck (erschienen 1930 im Verlag Ernst Wasmuth/Berlin) vorhanden.

83 Vgl. Siebold, Alexander von: *Ph. Fr. von Siebold's letzte Reise nach Japan*, 1859-1862 Berlin 1903; Körner, Hans: *Siebold-Fushi-Den* (『シーボルト父子伝』) übersetzt von Seiichi Takeuchi. Tokio 1974 usw.

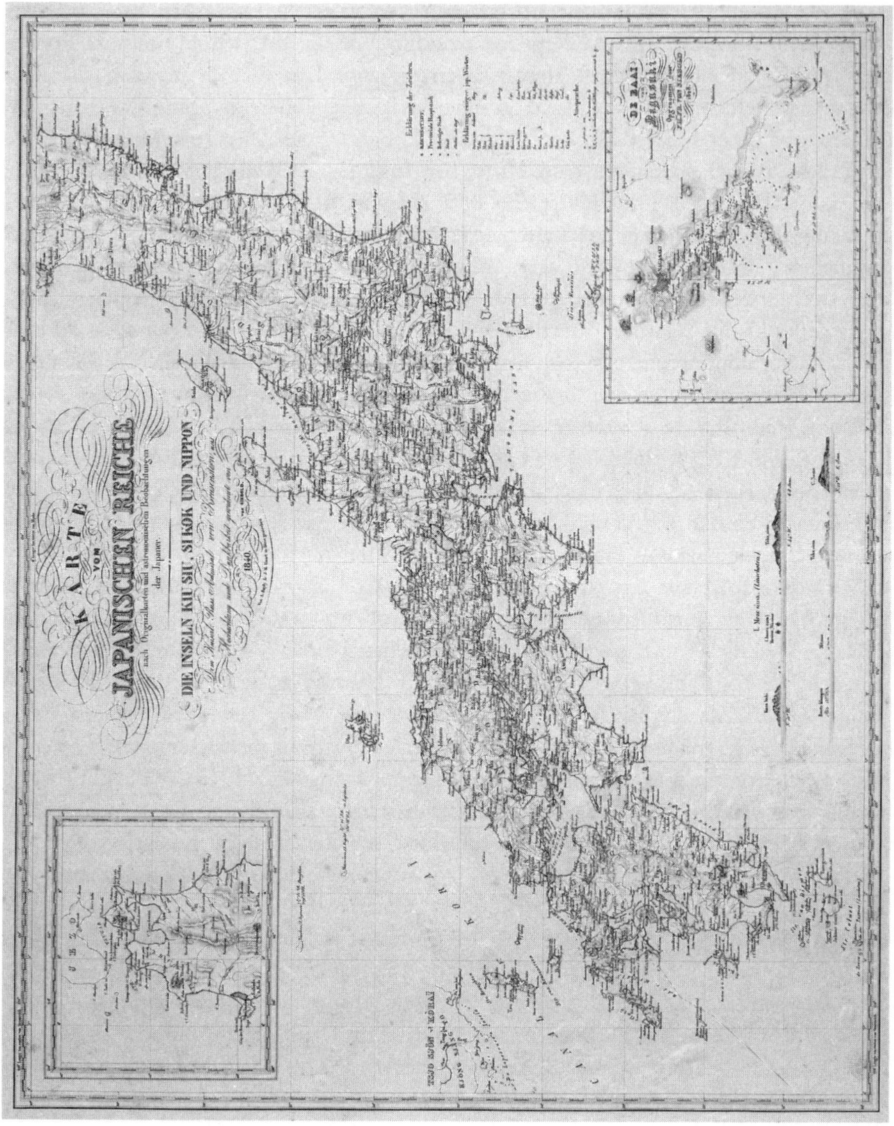

Abb. 14: Siebolds *Karte vom Japanischen Reiche* (1840)
mit freundlicher Genehmigung der HAAB (Sig.: Kt 055-29E)

(Exposition universelle d'Art et d'industrie) in Paris seinen damals erst vierzehnjährigen jüngeren Bruder Akitake Tokugawa (徳川 昭武 1853-1910) nach Europa. Ihn begleitete A. von Siebold als Dolmetscher und führte nach mehrmonatigem Aufenthalt in Paris anschließend die Gesandtschaft in weitere europäische Städte, wie z.B. Bern, Wien, Brüssel, Den Haag, Florenz und London. Inzwischen endete aber 1868 mit der Meiji-Restauration die ca. 270 Jahre dauernde Herrschaft der Tokugawa-Dynastie, und eine neue Kaiserliche Regierungsform wurde begründet. A. von Siebold bemühte sich weiter um die diplomatischen Verbindungen zu Japan. Beispielsweise betreute er die sogenannte „Iwakura-Mission" (1871-73), die japanische Sondergesandtschaft unter Tomomi Iwakura (岩倉具視 1825-1883) und Hirobumi Itô (伊藤 博文 1849-1909), auf der Rundreise von Rom nach Wien. Ein bedeutender Initiator dafür war der holländische Missionar Guido Herman Fridolin Verbeck (1830–1898), der in der Kaisei-Schule (Kaisei-Gakkô; 開成学校)[84] in Tokio Englisch unterrichtete. Interessanterweise tauchte der Name des Großherzogs Carl Alexander von Sachsen-Weimar-Eisenach in diesem Zeitraum im Briefwechsel A. von Siebolds[85] zum ersten Mal auf.

An erster Stelle zu nennen ist hier ein Dankesbrief vom 2. Juli 1874 von Geheimrat, Kammerherr und Oberhofmarschall Oskar Graf von Wedel (1835-1908) an A. v. Siebold. Hier teilt Wedel mit, dass der Großherzog eine Sammlung japanischer Waffen als Geschenk Siebolds für das Großherzogliche Museum genehmigt habe. Nach dem Kommentar des Briefwechsels geht „weder aus den Tagebüchern Alexander von Siebolds noch aus seinen Erinnerungen hervor, seit wann er den Großherzog kannte und warum er resp. die Japaner so enge Beziehungen gerade zum Hof von Weimar unterhielten."[86] Zwar interessierte sich Großherzog Carl Alexander[87] im Allgemeinen für fremde Länder, aber „sein sichtlich großes Interesse für Japan ist vielleicht auch durch seine verwandtschaftlichen Beziehungen zum niederländischen Königshaus zu erklären".[88] Denn er ist mit seiner Cousine, Prinzessin Sophie von Oranien-Nassau (1824-97)[89], der Tochter des holländischen Königs Wilhelm II. der Niederlande (1792-1849) und dessen Frau Anna Pawlowna (1795-1865), einer Schwester seiner Mutter Maria Pawlowna, verheiratet.

Seit 1874 pflegte A. v. Siebold nachweisbar mit dem Weimarer Hof eine rege Korrespondenz. Er berichtete dabei gelegentlich über Japan, z.B. die Regierungsreform, die Gründung der Japanischen Gesellschaft zur Pflege Verwundeter und Kranker („Ha-

---

84 Man nimmt an, dass diese Schule teilweise aus dem von Kageyasu Takahashi eingerichteten Institut für Fremdsprachen „Bansho-Wagegoyô" hervorgegangen ist und später in der jetzigen staatlichen Universität Tokio aufging.

85 *Acta Sieboldiana IX. Korrespondenz Alexander von Siebolds in den Archiven des japanischen Außenministeriums und der Tôkyô-Universität 1859-1895*. Veröffentlichungen des Ostasien-Instituts der Ruhr-Universität Bochum Bd.33. Hrsg. v. Vera Schmidt. Wiesbaden 2000.

86 Ibid., S.255 (Brief-Nr. 4.0147)

87 Carl Alexander war gleichaltrig mit dem älteren Enkel Goethes, Walter Wolfgang von Goethe (1818-1885), und mit ihm eng befreundet. In der Kindheit besuchte Carl Alexander als Erbprinz mit seinem Erzieher Soret regelmäßig das Goethehaus am Frauenplan und spielte mit Goethes Enkeln. Soret war übrigens Pate von Goethes Enkelin Alma (1827-1844). Carl Alexander ernannte am 27. August 1872 beide Enkel Goethes, Walter und Wolfgang Maximilian (1820-1883, genannt Wolf), zu seinen Kammerherren. Wolf hatte aber kein enges Verhältnis zum Großherzog. Vgl. Gersdorff, Dagmar von: *Goethes Enkel. Walter, Wolfgang und Alma*. Frankfurt a.M. und Leipzig 2008.

88 Ibid.

89 Im Zusammenhang mit Goethe spielte die Großherzogin Sophie später eine große Rolle: Weil Goethes Enkel Walter von Goethe sie zur Erbin der schriftlichen Hinterlassenschaft seines Großvaters Johann Wolfgang bestimmte, initiierte sie die sogenannte voluminöse Weimarer Ausgabe der Werke Goethes, die auch „Sophien-Ausgabe" genannt wird. Um seinen großen Nachlass unterzubringen, richtete sie darüber hinaus das Goethe-Archiv ein (Eröffnung 1887, das jetzige Goethe- und Schiller-Archiv).

kuaisha“ 博愛社), die man wohl mit dem Deutschen Roten Kreuz vergleichen kann, den Bau der deutschen Kirche in Tokio, die großen Nôbi-Erdbeben in West-Japan[90] usw. Als die Mutter Helene von Siebold am 1. März 1877 in Wiesbaden verstarb, reiste A. v. Siebold dorthin und blieb eine Weile in Europa, um die Finanzverwaltung zu regeln und alles juristisch Wichtige zu erledigen. Bei dieser Gelegenheit soll er sich in Weimar aufgehalten und Berichte über Japan und auch das Verhältnis zu Russland erstattet haben.[91] Zwischenzeitlich begleitete er z.B. 1878 den Vizefinanzminister und späteren Premierminister Masayoshi Matsukata (松方 正義 1835-1924), der diesmal als Präsident der japanischen Kommission zur Pariser Weltausstellung kam, auf dessen Europareise. 1879 wurde Siebold zum Honorar-Legationssekretär bei der japanischen Gesandtschaft in Berlin ernannt. Um beim Reichskanzler Fürst Bismarck Verständnis und Interesse für Japan zu wecken, wurde Shûzô Aoki (青木 周蔵 1844-1914) nach Deutschland gesandt. Da dieser in der japanischen Vermessungsgeschichte eine wichtige Rolle spielte, ist über ihn im nächsten Kapitel ausführlicher zu berichten. Bereits an dieser Stelle ist aber darauf hinzuweisen, dass dieser Aoki mit dem Weimarer Großherzog in persönlichem Kontakt stand. In einem Brief an A. v. Siebold schrieb Aoki am 12. Oktober 1892, dass er an der Feier zur Goldenen Hochzeit des Weimarer Großherzogspaares teilnahm, und dass Großherzog Carl Alexander sich sehr gefreut habe, den Abgesandten des Japanischen Kaisers zu empfangen.[92]

Großherzog Carl Alexander bemühte sich später mit A. v. Siebold auch um diplomatische Vermittlung zwischen Holland und Japan. Noch bemerkenswerter ist aber, dass Carl Alexander relativ früh und tatkräftig japanische Stipendiaten unterstützen wollte. Zu Beginn des Jahres 1876 schickte er an A. v. Siebold die „*Lections-Cataloge von Jena und Eisenach*“ zur Orientierung für zukünftige japanische Stipendiaten. Im Sommer 1877 empfing er in Weimar den ersten Stipendiaten aus Japan, Gorô Karasaki (唐崎 五郎 1860-1883)[93], der mit A. v. Siebold nach Europa reiste und vom Wintersemester 1877/78 bis Sommersemester 1879 Jura in Jena studierte. Obwohl Karasaki ursprünglich einen fünfjährigen Studienaufenthalt in Jena beabsichtigt hatte, musste er aus gesundheitlichen Gründen sein Studium nach dem vierten Semester unterbrechen und nach Japan zurückkehren. Er verstarb 1883 erst 24-jährig an Lungentuberkulose, ohne dass er seine in Deutschland erlangten Studienergebnisse praktisch hätte anwenden können.

---

[90] Am 28. Oktober 1891, Beben der Stärke 8,0 (evtl. 8,4) auf der Richterskala, vermutlich 7,4 auf der Momenten-Magnituden-Skala; mit über 7 200 Todesopfern und 17 000 Verletzten. Im Kapitel V wird dies noch einmal im Zusammenhang mit dem Vermessungsingenieur Masaharu Sugiyama kurz erwähnt.

[91] Vgl. Körner: *Die Würzburger Siebold*, S.509.

[92] *Acta Sieboldiana IX.*, S.740 (Brief-Nr. 4.0536)

[93] *Acta Sieboldiana IX.*, S.301 (Brief-Nr. 4.0176), Oskar Graf von Wedel an Siebold; Vgl. auch Kamimura, Naoki: *Gorô Karasaki, der erste japanische Studierende an der Jenaer Universität* (上村 直己:『イェーナ大学の最初の日本人留学生・唐崎五郎』) In: 熊本大学教養部紀要 *Memoirs of the Faculty of General Education, Kumamoto University. Foreign languages and literatures 26* (1991), S.73-86 (auf Jap.) Vermutlich hatte Karasaki vorher in einer Privatschule in Tokio Deutsch gelernt und in diesem Zeitraum höchstwahrscheinlich A. v. Siebold persönlich kennengelernt. Vor dem Studienbeginn in Jena verbrachte er als Gast des Schwagers von A. v. Siebold, Baron Max von Ulm Erbach, in Schloss Erbach eine schöne Zeit.

In einem Brief vom 6. April 1890 äußerte der Großherzog gegenüber Siebold den Wunsch, dass die „japanische Regierung einen Stipendienfond[sic!] für Jena einrichten"[94] möge, der leider nicht erfüllt wurde. Obwohl dieser Versuch der Einrichtung eines öffentlichen Stipendiums für japanische Studenten scheiterte, studierten – nach Auskunft von Kamimura[95] – zwischen 1868 und 1912 in Jena insgesamt 61 Japaner. Einige von ihnen spielten für die japanische Modernisierung eine wichtige und führende Rolle.

Man kann zwar noch nicht begründen, warum die HAAB heute neben der auch eher seltenen damaligen Primärliteratur über Japan ausgerechnet die so kostbare *Karte vom Japanischen Reiche* von Philipp Franz von Siebold doppelt besitzt. Aber für die japanische Verfasserin ist diese immer wieder zu beobachtende Affinität zwischen Japan und dem Großherzogtum Sachsen-Weimar-Eisenach hochinteressant und bemerkenswert. Im nächsten Kapitel wird die bis jetzt völlig vergessene, jedoch enge Beziehung zwischen Japan und Preußen aus der Sicht der Vermessungstechnik, und zwar der Triangulation, geschildert.

94 *Acta Sieboldiana IX.*, S.538 (Brief-Nr. 4.0363)

95 Kamimura: *Gorô Karasaki,* hier S.73.

KAPITEL V

DIE PREUSSISCHE TRIANGULATION IN JAPAN

1. Der Hauptmann Tasaka als Begründer der japanischen Triangulation

(1) Japanische Offiziere in Preußen bis zum Ersten Weltkrieg

In diesem letzten Kapitel wird die Beziehung zwischen Landvermessung und Militärwesen um 1900 in Japan dargestellt. Dabei wird zugleich eine wissenschaftsgeschichtliche Verbindung zwischen Deutschland und Japan offenbar. So wie z.B. in der europäischen Geodäsie Deutschland die Führungsrolle von Frankreich übernahm, ging man auch in Japan von der französischen zur deutschen Vermessungskunst über.[1]

Im Jahre 1868 wurde durch die so genannte Meiji-Restauration (明治維新; Meiji-Ishin) die Regierungsmacht des Kaisers wieder hergestellt. Damit beginnt die Geschichte der Triangulation in Japan. In diesem Zusammenhang sei an den Japan-Atlas von Tadataka Inô erinnert. Wie bereits im vierten Kapitel erwähnt, interessierte er sich für die Gestalt der Erde und die Gradmessung, und seit 1800 vermaß er zu Fuß das gesamte Japan, also an der japanischen Küste entlang insgesamt ca. 40 000 km. Nach 17 Jahren vollendete der Siebzigjährige seine Arbeit und fertigte die präzise, schön kolorierte *Generalkarte der japanischen Küsten* an. Seine Vermessungsarbeit stützte sich zwar stets auf astronomische Beobachtungen, nicht jedoch auf Triangulation.[2] Diese Inô-Karte war das wichtigste geheime Dokument der Shôgunatsregierung (Bakufu) und durfte unter keinen Umständen in fremde Hände gelangen. Dennoch war vor der Meiji-Restauration unter dem Volk eine ausführliche Hauptstraßenbeschreibung *Kaisei-Nihon-Yochi-Rotei-Zenzu* (『改正日本輿地路程全図』 1779; im Maßstab ca. 1 : 1 296 000)[3] von Sekisui Nagakubo (長久保 赤水 1717-1801) in Umlauf, mit Orts- und Stadtnamen, markanten Punkten, Tempeln, Geschäften usw., die von Reisenden als praktische „Straßenkarte" häufig und gern verwendet wurde. Diese Straßenkarte Nagakubos ist auch die erste Karte mit Angaben zu Längen- und Breitengrad. Aber diese beruhten auf keiner bestimmten Projektionsmethode, sondern waren eher pseudowissenschaftlich.[4]

Das Regierungszentrum „Bakufu" hatte gegen Ende der Tokugawa-Ära (1600-1867) französische Offiziere als Militärberater aus Frankreich eingeladen. Zunächst übernahm auch die Meiji-Regierung die französische Heeresorganisation. Darunter befanden sich einerseits die auf Verlangen des japanischen Regierungszentrums 1867 vom Kaiser Napoleon III. entsandten Offiziere. Andererseits fand inzwischen die Iwakura-Mission[5] im

---

[1] Vgl. Oda, Takeo: *Chizu no Rekishi. Nippon-Hen.* (織田 武雄:『地図の歴史 日本篇』; *Die Geschichte der Karten. Japan-Version.*) Tokio 1974.

[2] Vgl. vor allem: Watanabe, Ichirô u.a.: *Inô Tadataka Sokuryô-tai.* 2003.

[3] Allerdings fehlt ihr die Insel Hokkaidô. Nagakubos Karte befindet sich ebenfalls in der Siebold-Sammlung in Leiden.

[4] Unno, Kazutaka: *Chizu no Bunkashi. Sekai to Nihon*, hier S.160.

[5] Vgl. auch Abschnitt 5 im vierten Kapitel im Zusammenhang mit Alexander von Siebold. Als sie sich am 23. Dezember 1871 in Yokohama einschifften, bestand diese Mission aus 107 Personen, darunter befanden sich 46 Vertreter der verschiedenen Ministerien, Studenten und Bedienstete. Sie war „die letzte, größte und zugleich die bedeutendste der Missionen, die Japan seit der Öffnung des Landes 1854 ins Aus-

März 1873 – im Anschluss an die Besichtigung der Firma Krupp in Essen – in Berlin beim deutschen Reichskanzler von Bismarck und dem Chef des preußischen Generalstabes Generalfeldmarschall Helmut von Moltke (1800-1891) Gehör und erfuhr dabei, „wie wichtig ein starkes [unabhängiges; d. Vfn.] Militär für Stabilität und Ansehen eines Staates ist".[6]

Bereits 1870 trafen die ersten japanischen Offiziere zwecks militärischer und ziviler Schulung in Deutschland ein. Anfang 1870, unmittelbar vor Ausbruch des Deutsch-Französischen Krieges, besichtigte der General Aritomo Yamagata (山縣 有朋 1838-1922), der als Begründer des modernen japanischen Heeres gilt, während seines einjährigen Aufenthaltes in Berlin Manöver preußischer Truppen in Tempelhof. Dieses Erlebnis soll auf ihn einen besonderen, unauslöschlichen Eindruck gemacht haben, so dass er nachdrücklich darauf bestand, die deutsche Militärführung als Muster in Japan einzuführen.[7] Von August 1870 bis Oktober 1873 studierte dann Tarô Katsura[8] (桂 太郎 1848-1913) zunächst zusammen mit anderen jüngeren Offizieren aus Japan das Heereswesen in Berlin. Vom März 1875 bis Juli 1878 hielt er sich dann als Militärattaché wiederum in Berlin auf und sammelte weitere Erfahrungen. Nach seiner Rückkehr nach Japan wirkte er auf eine Heeresstrukturreform hin, so dass 1874 im Kriegsministerium eine Generalstabsabteilung und bald danach ein regulärer Generalstab nach deutschem Vorbild eingerichtet wurden.[9] Erster Generalstabschef wurde übrigens Yamagata. Es ist daher einleuchtend, dass die Japaner später oft als die „Preußen Ostasiens" bezeichnet wurden, und dass Deutsch bis Ende der 1880er-Jahre die von japanischen Heeresoffizieren am meisten erlernte Fremdsprache wurde.[10]

---

land entsandt hatte". Wattenberg, Ulrich: *Die Iwakura-Mission in Preußen.* In: Krebs, Gerhard (Hrsg.): *Japan und Preußen.* Monographien aus dem Deutschen Institut für Japanstudien. Bd. 32, München 2002. S.103-124, hier S.120.

[6] Zitat aus Maul, Heinz-Eberhard: *Militärische Beziehungen.* Berlin-Tôkyô im 19. und 20. Jahrhundert. Berlin 1995, S.83-90, hier S.83.

[7] Vgl. Krebs, Gerhard: *Japan und die preußische Armee.* In: derselbe (Hrsg.): *Japan und Preußen.* S.125-144. Nach seiner Rückkehr nach Japan führte Yamagata z.B. nach sowohl preußischen als auch französischen Vorbildern die allgemeine dreijährige Wehrpflicht mit weiteren vier Jahren in der Reserve als Grundlage einer modernen Armee ein. Yamagata gelang es, seine Position stabil zu machen, indem „er gute und enge Beziehungen zu Kaiser Meiji unterhielt, eine Parallele zu dem engen Verhältnis zwischen Wilhelm I. und Moltke". (S.126)

[8] 1884-1885 begleitete er als Oberst und Abteilungsleiter im Großen Generalstab Heeresminister Iwao Ôyama nach Europa, und bei dieser Gelegenheit weilte er wiederum für ein halbes Jahr (vom Juni bis November) in Deutschland. Dabei untersuchte er die Möglichkeit, deutsche Offiziere zur japanischen Armee abzustellen. Mit Empfehlung von Moltke wurde vom Januar 1885 bis März 1888 Jacob Clemens Meckel (1842-1906), der Moltkes Lieblingsschüler und gleichzeitig Major im Generalstabsdienst war, nach Japan entsandt und hatte großen Erfolg auf japanischer Seite (vgl. auch Krebs, S.134). Später wurde Katsura General, bekleidete verschiedene Ministerposten und war der bis heute am längsten amtierende Premierminister Japans. Siehe Hartmann, Rudolf: *Japanische Offiziere im Deutschen Kaiserreich, 1870-1914.* In: Japonica Humboldtiana. Yearbook of the Mori Ôgai memorial Hall. Berlin Humboldt University Vol. 11, Wiesbaden 2007, S. 93-158, hier S.115.

[9] Siehe: Maul: *Militärische Beziehungen,* S. 85.

[10] Krebs: *Japan und die preußische Armee,* hier S.129.

In diesem Zeitraum begannen in Tokio praktische Landvermessungen, aber noch probeweise, weder systematisch noch gründlich. Im Dezember 1879 trat der Major Tomobuchi Kosuge (小菅 智淵 1832-88) sein Amt als Leiter der trigonometrischen Abteilung des Generalstabs an und beabsichtigte eine vollständige Vermessung Japans anhand sowohl höherer als auch niederer Geodäsie.[11] Was diese Termini „höhere" und „niedere" Geodäsie anbelangt, versucht Johann Leonhard Späth in dem ersten deutschsprachigen Lehrbuch zur *Geodäsie* (München 1816) den Unterschied klar zu machen: Die „höhere" Geodäsie definiert er z.B. als „die Wissenschaft, die Figur und Größe der Erde zu bestimmen, große Reiche derselben geographisch aufzunehmen, von ihnen Charten zu entwerfen"[12], mit anderen Worten die Erdvermessung. Die „niedere Geodäsie" sei dagegen identisch mit der Feldmesskunst. Kosuge hatte also zunächst vor, nicht nur übliche Landvermessung, sondern auch Erdvermessung anhand der trigonometrischen Methode zu betreiben. In seinem schriftlichen *Vorschlag zur allgemeinen Kartenaufnahme Japans* (全国測量一般の意見; *Zenkoku Sokuryô Ippan no Iken*) schreibt Kosuge: „Nach dem Tod Inôs folgte keiner mehr dem Willen dieses Verstorbenen. Auch wenn einige Landesaufnahmen vorhanden sind, sind sie allerdings sehr unzulänglich und im praktischen Sinne nicht brauchbar".[13] Voll Tatendurst schlug Kosuge dann seinen Plan vor, sich Inô zum Vorbild zu nehmen und innerhalb von zehn Jahren eine vollständige Triangulation Japans durchzuführen, und zwar sowohl im Maßstab 1 : 10 0000 als auch 1 : 20 000. Sein Plan klingt zwar kühn, war aber finanziell unrealistisch. Nach seiner Meinung sollte die Besetzung aus 20 Vermessungstrupps für höhere sowie 60 Trupps für niedere Geodäsie bestehen. Das überstieg jedoch das Budget der Meiji-Regierung, die daher ablehnte. Kosuge machte nun einen zweiten, preiswerteren Vorschlag, dass man mit kleinerer Besetzung (5 Vermessungstrupps für höhere und 48 für niedere Geodäsie) zwar gelegentlich auch Basislinien vermessen sollte, im Übrigen aber nach dem Augen- und Schrittmaß sowie vermittels Messkette das ganze Japan vermessen sollte, ohne ordentliche Dreieckspunkte festzulegen. Dieser zweite *Vorschlag der Eilaufnahme* (全国測量速成意見: *Zenkoku-Sokuryô-Sokusei-Iken*) wurde angenommen, und so entstand unter seiner Leitung nach französischer Art die kolorierte Landkarte *Jinsoku-Sokuzu* (迅速測図; *Topographische Eilaufnahme nach Französischer Art,* 1880-1886) im Maßstab 1 : 20 000.

Auf dieser Karte ist vor allem augenfällig, dass am Rande der Karte Sehenswürdigkeiten sowie geographische Merkmale anmutig gezeichnet sind, so dass sie nicht nur praktischen Zwecken diente, sondern eine eigenständige künstlerische Bedeutung erlangte. Ihr Zeichenleiter Tôgai Kawakami (川上 冬崖 1827-1881) gilt sogar als einer der Begründer der europäischen Zeichenkunst in Japan. Diese so genannte „Französische Karte" besteht aus ca. 1 000 Blättern und wird als Höhepunkt der modernen Kartenkunst in Japan bezeichnet.[14] Selbstverständlich findet man darauf keine Breiten- und Längengrade, auch

---

[11] Vgl. auch Ishihara, Aeka: *Das Dreiecksnetz: Gauß und die japanische Landvermessung in der Meiji-Zeit.* In: TRANS: Internet-Zeitschrift für Kulturwissenschaften Nr.17: „KCTOS: Wissen, Kreativität und Transformationen von Gesellschaften". http://www.inst.at/trans/17Nr/1-8/1-8_ishihara17.htm, März 2010.

[12] Zitat aus Torge, Wolfgang: *Geschichte der Geodäsie in Deutschland.* Berlin 2007, hier S.211

[13] Zitat aus Yamamura, Motoki: *Hajime no Nihon-Arupusu*（山本 基毅：『はじめの日本アルプス 嘉門次とウェストンと館潔彦と』）Tokio 2008, S.57.

[14] Vgl. Informationsblatt zum Reprint der „Französischen Karte: *Furansushiki-Saishoku-Chizu*

kann man sich nicht auf die Genauigkeit verlassen. Bereits bei der Kartierung bemerkte man große Fehler, als man ihre Daten mit denjenigen der gelegentlich durchgeführten trigonometrischen Vermessungen verglich.

Nach dem preußischen Sieg über Frankreich im Deutsch-Französischen Krieg vollzog sich allerdings schnell und deutlich der Übergang von farbig anspruchsvollen Karten nach französischer Art zu monotonen, schwarz-weiß gedruckten, sehr nüchternen Karten nach preußischer Art. Von 1868 bis 1873 erschienen in Deutschland preußische Urmesstischblätter im Maßstab 1 : 25 000 (175 Blatt), erarbeitet vom Preußischen Generalstab, in schwarz-weiß.

Im Jahre 1881 ereignete sich die immer noch mysteriöse Affäre des so genannten „Karten-Schwarzhandels" (地図密売事件; *Chizu-Mitsubai-Jiken*)[15], wobei viele der mit den oben erwähnten Eilaufnahme-Karten beschäftigten Ingenieure und Zeichner nacheinander entweder Selbstmord begingen oder eines verdächtigen Todes starben. Im Zuge dieser Affäre wurden die Anhänger der französischen Vermessungsmethode aus dem Amt gewiesen und verbannt.

(2) Spuren-Suche nach Tasaka in Deutschland: Ergebnisse einer Aktenrecherche

Gerade in diesem Zeitraum, im Jahre 1882, kam der Hauptmann Toranosuke Tasaka (田坂 虎之助 1850–1919) aus Preußen zurück, wo er Kriegswissenschaft und Geodäsie studiert hatte. Wiederum taucht also ein „Hauptmann mit mathematischer Gabe" auf (vgl. Kapitel II).[16] Aber diesmal handelte es sich nicht um die fiktive Figur eines Romans, sondern um eine reale Persönlichkeit, die in Deutschland studiert hatte. Nach seiner Rückkehr führte Tasaka statt der bisher in Japan dominierenden französischen die neue deutsche Methode ein und begründete das Dreiecksnetz in Japan. In diesem Sinne spielte er in Japan tatsächlich eine ähnliche Rolle wie Müffling in Preußen. Allerdings ist es schwieriger als beim Hauptmann Müffling, der Spur von Tasaka zu folgen.

Was deutsch- und englischsprachige Aufstellungen über japanische Offiziere anbelangt, sind zwei informative Listen vorhanden:

1) Rauck, Michael: *Japanese in the German Language and Cultural Area, 1865-1914*. Tokio (Tokyo Metropolitan University Economic Society) 1994
2) Rudolf Hartmann: *Japanische Offiziere im Deutschen Kaiserreich, 1870-1914*. In: *Japonica Humboldtiana. Yearbook of the Mori Ôgai Memorial Hall. Berlin Humboldt Universität*, Bd.11 (2007), Wiesbaden (Harrassowitz) 2008, S.93-158.

Allerdings sind jeweils nur wenige Zeilen zu finden. Das vollständige Zitat aus der Liste Raucks (S.408, insgesamt vier Zeilen) lautet:

---

1 : 20 000 von Japan Map Center. Siehe auch die ständige Ausstellung von *The Science Museum of Maps and Survey* in Tsukuba.

15 Vgl. Yamamura: *Hajime no Nihon-Alupusu*, S.110ff.

16 Vgl. auch Ishihara, Aeka: *Die Hauptleute mit mathematischer Gabe. Oder: Die Landvermessung in Goethes Wahlverwandtschaften und Jean Pauls Dr. Katzenbergers Badereise.* In: Gête-Nenkan (Goethe-Jahrbuch der Goethe-Gesellschaft in Japan) Tokio 2008, S.25-39.

Tasaka Toranosuke [Place of Birth:] Hiroshima
[Major] Ar [=Military] 01[=Occupation of position before coming to Europa] : eng [ineer] off[icer]
[Country of stay resp. study (abbreviations taken in a modified form according to the international car nationality places)] A[ustria] D[eutschland] F[rankreich]
[Sponsoring Institution]: Dj [=Dajyokan] [Period of stay] 12. 1870-11.1882
S[ources]: JK8; Ish; Umi; Kai; GRUSON 188?"

Die Information von Hartmann (S.140) besteht ebenfalls im Original nur aus knapp fünf Zeilen:

Tasaka, Toranosuke [Lebensdaten] 1850-1919 [Geburtsort] Hiroshima
[Aufenthaltszeit, Entsendende Institution, Rang zum Zeitpunkt des Aufenthaltes, Aufenthaltsort(e)]: Dez. 1870-Nov. 1882. Dajôkan. Studien in Österreich, Deutschland und Frankreich.
[Späterer höchster Rang und Tätigkeit] Studierte in Preußen acht Jahre Militärwissenschaft und Geodäsie, führte nach seiner Rückkehr in Japan an Stelle der bis dato französischen die neue deutsche Methode der Triangulation in der Landvermessung ein.

Der Geburtsort und die Aufenthaltszeit sind identisch. Im Vergleich sind dann kleine Unterschiede zu finden. „Dajôkan" (太政官: auch „Daij(y)ôkan" gelesen) ist zunächst kein Rang von Tasaka, sondern sein Sponsor, das damalige höchste Regierungsgremium, das mit dem jetzigen Regierungskabinett vergleichbar ist. Das sponserte Tasaka in Wirklichkeit jedoch bloß für die ersten zwei Jahre seines Aufenthaltes. Auf der Liste Hartmanns steht darüber hinaus, dass Tasaka „acht Jahre" in Preußen studiert hatte, obwohl dessen Aufenthalt im Ausland insgesamt dreizehn Jahre dauerte. Man könnte somit vermuten, dass Tasaka wohl in Preußen acht Jahre lang studiert habe und vorher in Österreich sowie in Frankreich gewesen sei.[17] Aber bisher fanden sich keine Belege, dass Tasaka außer in Preußen noch in anderen europäischen Ländern studiert hat. Nach Hartmann stieg die Zahl der nach Deutschland delegierten Offiziere aus Japan „bis zum Ersten Weltkrieg auf insgesamt über 450 an und verfünffachte sich nahezu von 36 in den 1870er-Jahren auf 168 in der ersten Dekade des 20. Jahrhunderts."[18] Von diesen hielten sich die meisten in Preußen auf. Personenbezogene Unterlagen zu Tasaka liegen leider im Bundesmilitärarchiv in Freiburg i. Br. nicht vor, weil der Großteil der Personalakten der Preußischen Armee beim Brand des Heeresarchivs 1945 vernichtet worden ist.[19] Weitere Recherchen beim Bundesarchiv Berlin, Geheimen Staatsarchiv Dahlem, Militärgeschichtlichen Forschungsamt, Militärhistorischen Museum der Bundeswehr in Dresden und der Gesellschaft der Heereskunde blieben bis jetzt erfolglos.

Andererseits sagen die Quellen auf der japanischen Seite, dass Tasaka 1871 den japanischen Prinzen „Kita-Shirakawa no Miya" nach Berlin begleitet habe, der zunächst im „Hotel de Rome" gewohnt und dann an der Kriegsakademie zwei Jahre studiert hat. In diesem Sinne soll Tasaka sich in Preußen ca. 13 Jahre aufgehalten haben. Nach Auskunft

---

[17] Da Hartmann auf Rauck als Quelle hinweist, ist die Angabe seiner Aufenthaltsorte identisch.

[18] Hartmann: *Japanische Offiziere*, S.93.

[19] Freundliche Mitteilung von Frau Stephanie Jozwiak im Bundesarchiv: Abteilung Militärarchiv Referat MA 5: Preußische Armee, Norddeutsche und Kaiserliche Marine, Reichs- und Kriegsmarine.

des Geographical Survey Institute (国土地理院; auch „The Geospatial Information Authority of Japan“ übersetzt) in Japan soll Tasaka im August 1875 die Prüfung der Kaiserlichen Armee bestanden und seine Ausbildung bis September 1882 fortgesetzt haben. Leider gibt es keine näheren Informationen über seinen Studienaufenthalt in Preußen mehr.

Anhand von bisher wenig bekannten japanischen Materialien und Hinweisen auf die Biographie Tasakas, besonders vor und nach seinem Aufenthalt in Preußen[20], wird hier der Versuch unternommen, die bisher fast unbekannte Spur Tasakas zu rekonstruieren.

Toranosuke Tasaka wurde am 3. Oktober 1850 (Ende der Edo-Zeit/Tokugawa-Ära) in Hiroshima geboren. Über seine Kindheit wissen wir leider nichts. Sein Name taucht erst im Jahre 1869 auf, als Dolmetscher an der staatlichen Schule für Europäische Wissenschaften in Hiroshima, wo englische Marineoffiziere Kriegswissenschaft und Englisch unterrichteten. Die Marine des Fürstentums Hiroshima hatte traditionell einen guten Ruf, und der Regionalfürst (Daimyô) lud Offiziere aus England ein, seine Kadetten nach englischem Muster auszubilden. Im nächsten Jahr (1870) wechselte Tasaka aber in die Residenz des Fürsten von Hiroshima in Tokio, vermutlich weil die Vertragsdauer für die von ihm betreuten englischen Offiziere abgelaufen war. Er besuchte das Privatkolleg von Rinshô Mitsukuri (箕作 麟祥 [貞一郎] 1846-1897)[21], der bereits als 16-Jähriger wegen seines außergewöhnlichen Sprachtalents in Edo (Tokio) als Professor für englische Sprache tätig war und als einer der Herausgeber des ersten Englisch-Japanischen Wörterbuches in Japan bekannt ist. Im Jahre 1867 fuhr Mitsukuri als Begleiter der Tokugawa-Mission zur Pariser Weltausstellung und lernte dort Französisch. Nach seiner Rückkehr (1868) übersetzte er z.B. den *Code civil des Français* ins Japanische und erwarb sich damit den Ruf eines Spezialisten für französische Gesetze. Es ist anzunehmen, dass Tasaka in Mitsukuris Vorlesungen seine Sprachkenntnisse erweiterte.

Am 3. November 1870 wurde er vom „Dajôkan“ zum Begleiter des damals dreiundzwanzigjährigen Prinzen „Fushimi no Miya“ Yoshihisa Shin'nô (伏見宮 能久親王, 1871 Namensänderung in „Kita-Shirakawa no Miya“ 北白川宮, 1847-1895) ernannt, mit der Maßgabe, ihm auf dessen Studienreise nach Preußen zur Seite zu stehen. Einen Monat später, am 3. Dezember 1870, verließen der Prinz und seine Begleitung den Hafen von Yokohama und trafen am 18. Februar 1871 in Berlin ein.

Über den Studienaufenthalt des Prinzen „Kita Shirawa no Miya“ in Berlin Kenntnis zu erhalten, ist nicht so schwierig, weil Rintarô Mori (森 林太郎, Künstlername: Ôgai Mori 森 鷗外, 1862-1922) später eine ausführliche Biographie über den Prinzen schrieb, obwohl er selbst erst nach dessen Rückkehr in Berlin weilte: *Yoshihisa Shin'nô-Jiseki* (『能久親王事蹟』, *Biographie vom Prinzen Yoshihisa*). Ohne diesen Schriftsteller Mori ist die heutige Germanistik in Japan schlechterdings nicht vorstellbar: Er ist Mitbegründer der modernen

[20] Vor allem die Akten im Kokuritsu-Kôbunsho-kan (国立公文書館 : National Archives of Japan) in Tokio und japanische Abhandlungen über Tasaka, die Herr Nishida, ehemaliger Beamter am Geographical Survey Institute, freundlicherweise zur Verfügung gestellt hat: Nishida, Fumio (西田 文雄): 「我が国の近代測量・地図作成の基礎を作った広島の人　田坂虎之助の事蹟」 In: 日本測量協会中国支部発行『中国支部報』Bd.31, 2004, S.12-25; derselbe: 「我が国の三角測量を創業した田坂虎之助」 In: 『国土地理院広報』 Vol.478 u. 479 (April u. Mai 2008).

[21] Er ist der Sohn des Geographen in der Edo-Zeit Shôgo Mitsukuri (siehe Kapitel IV) und wurde nach dessen frühem Tod von seinem Großvater Genpo Mitsukuri erzogen.

japanischen Literatur und fertigte zahlreiche Übersetzungen aus der deutschen Sprache an (u.a. Lessing, Schiller und Grillparzer), und nicht zuletzt die erste vollständige Übersetzung von Goethes *Faust I* und *II* auf einem bis heute nicht wieder erreichten Niveau. Von Haus aus war Mori übrigens Militärarzt (seit 1907 Generalstabsarzt).[22] Er studierte 1887/88 Bakteriologie bei Heinrich Hermann Robert Koch (1843-1910) am Institut für Infektionskrankheiten in Berlin und leistete von März bis Mai medizinischen Dienst im zweiten Preußischen Infanterieregiment der Kaiserlichen Garde. Nach der Liste von Hartmann (2007, S.124) studierte Mori vor dem Studium bei Koch zunächst vom Wintersemester 1884 bis Sommersemester 1885 am Hygiene-Institut der Universität Leipzig, von Oktober 1885 bis März 1886 beim Heer in Dresden (u.a. mit Teilnahme an einem Winterkursus für Militärmedizin) sowie vom Sommersemester 1886 bis Wintersemester 1886/87 Hygiene und Bakteriologie an der Universität München. Seine umfangreichen Sprachkenntnisse erlangte er also während seines Medizinstudiums in Deutschland.

Doch zurück zu Prinz Kita-Shirakawa no Miya, dem Nachkommen einer der vier kaiserlichen Hauptfamilien. Nach seiner Ankunft in Deutschland im Frühjahr 1871 blieb er hauptsächlich in Berlin und studierte bis April 1877 Heereskunde, die ersten zwei Jahre finanziert vom Kultusministerium, danach vom Finanzministerium. Nach der von Mori geschriebenen Biographie nahm der Prinz im Jahre 1873 bei preußischen Offizieren Privatunterricht in Heereskunde, Mathematik, und Geodäsie und lernte auch intensiv Deutsch. In dieser Zeit kam es auch zu einem Zusammentreffen mit der Iwakura-Mission, als diese Berlin besuchte. Seit Ende März 1875 war er Kommandeur beim Kaiser-Franz-Garde-Grenadierregiment Nr. 2. Im Oktober 1875 wurde er an der Kriegsakademie aufgenommen, die er am 9. April 1877 abschloss. Parallel dazu war er seit Juli 1876 beim Garde-Feldartillerieregiment tätig. Bald nach dem erfolgreichen Abschluss der Kriegsakademie kehrte er nach Japan zurück und wurde später Kommandeur der japanischen Truppen im Krieg gegen China 1894/95 auf Formosa, wo er an Malaria (Sumpffieber) verstorben ist. Kita-Shirakawa no Miya war Mitbegründer und erster Präsident nicht nur des 1881 gegründeten „Vereins für Deutschlandkunde" (独逸学協会), sondern auch der 1879 gegründeten naturwissenschaftlichen Gesellschaft „Tokyo Geographical Society" (東京地学協会).[23] Im Zusammenhang mit dieser Geographischen Gesellschaft in Tokio ist es bemerkenswert, dass Kita-Shirakawa no Miya im Jahre 1893 dem damaligen Minister of the Imperial Household (宮内大臣) Hisamoto Hijikata (土方 久元 1833-1918) eine Bittschrift überreichte. Hierin bat der Prinz darum, den Forschungsreisenden Rinzô Mamiya (vgl. Kapitel IV), dessen Namen sich auch in der ausländischen Fachliteratur findet, zu dessen fünfzigstem Todesjahr posthum mit der Verleihung eines Titels zu ehren, um damit seine wissenschaftliche Leistung anzuerkennen und Geographie bzw. Geologie weiter zu fördern. Diese Verleihung an Mamiya wurde im Jahre 1904 zum 25. Jubiläum der Gründung der Gesellschaft vorgenommen.[24]

---

[22] Für die Medizin in Japan spielten zwei deutsche Militärärzte eine große Rolle: der Oberstabsarzt Dr. Leopold Müller (1824-93) vom 5. Brandenburgischen Infanterieregiment Nr. 48 und der Marinestabsarzt Dr. Theodor Hoffman (1837-94). Sie machten sich sehr um den Aufbau der Medizinisch-Chirurgischen Akademie in Tokio in den Jahren 1871 bis 1875 verdient. Vgl. z.B. Maul: *Berlin-Tôkyô*, S.84.

[23] Über ihre Geschichte vgl. http://wwwsoc.nii.ac.jp/tokyogeo/e/english.html.

[24] Vgl. Sonderausstellungskatalog von National Archives of Japan für April 2009 (国立公文書館・平

Tasaka diente dem Prinzen als dessen Begleiter und war gleichzeitig während der ersten beiden Jahre Stipendiat des Kultusministeriums, vom 1. Dezember 1873 an studierte er auf eigene Kosten weiter. Im August 1875 bestand Tasaka die Prüfung der Kaiserlichen Armee. Am 17. Oktober 1875 wurde er gleichzeitig als Leutnant in die japanische Armee aufgenommen und setzte sein Militärstudium in Preußen befehlsgemäß fort.[25] Nach Angaben in der Chronik seiner Heimatstadt Hiroshima soll er in Berlin Deutsch, Militärkunde, Angewandte Mathematik, Astronomie sowie Geodäsie an der Berliner Universität (heute Humboldt-Universität) und an der Königlichen Technischen Hochschule bzw. Technischen Hochschule Charlottenburg studiert haben, aus der die jetzige TU Berlin hervorgegangen ist. Aber weder auf der Immatrikulations- noch der Gasthörerliste konnte in den Archiven beider Universitäten sein Name gefunden werden. Nachdem Tasaka die Prüfung der Kaiserlichen Armee bestanden hatte, begann er wunschgemäß seinen Dienst im „Bureau der Landestriangulation", das die ehemalige „trigonometrische Abteilung des Generalstabs" gewesen war, und beschäftigte sich gemeinsam mit deutschen Offizieren mit der praktischen Vermessungsarbeit.[26]

Zwar wurden unter dem Eindruck des preußischen Sieges im Deutsch-Französischen Krieg nach und nach ca. hundert Japaner nach Deutschland geschickt, aber vorzugsweise wollten japanische Jugendliche entweder Medizin oder Militärwissenschaft studieren. Warum Tasaka gerade Geodäsie studieren wollte, lag wohl am Einfluss des Vicomtes Shûzô Aoki.[27] Dieser fuhr 1869 nach Deutschland, wo er im Oktober 1870 als einer der ersten japanischen Studenten an der Friedrich-Wilhelm-Universität Berlin immatrikuliert wurde, zunächst Medizin studierte, dann aber zur Politik wechselte. Während seines Studiums wurde er 1872 Delegierter der ausländischen Studierenden beim Norddeutschen Bund insbesondere zur Betreuung seiner Landsleute.

Nach der Autobiographie Aokis (『青木周蔵自伝』 *Aoki-Shûzô-Jiden*) war Tasaka „ein fein eleganter Mann und gesellschaftlich talentiert", also der ideale Begleiter des Prinzen Kita-Shirakawa no Miya. Zwar hielt Aoki die militärische Ausbildung von Tasaka für sinnvoll und angemessen, jedoch soll er Tasaka nachdrücklich empfohlen haben, zusätzlich die für die zukünftige Militärausbildung unentbehrliche Methode der Triangulation zur Landvermessung zu erlernen.

Im National Archives of Japan (国立公文書館) in Tokio befinden sich hierzu einige Berichtsakten: Während seiner Ausbildung in der preußischen Armee wird Tasaka im Jahre 1879 zum Hauptmann ernannt. Direkt vor seiner Rückkehr nach Japan erhält er außerdem am 30. März 1882 in Berlin den Roten Adler-Orden vierter Klasse. Über diese Ordensverleihung gibt es einen kleinen Hinweis auf Tasaka auch in Deutschland: Nach

成21年春の特別展『旗本御家人　江戸を彩った異彩たち』), hier S.19.

25 Einige Sekundärliteratur, die die Dauer von Tasakas Studienaufenthalt in Preußen mit insgesamt acht Jahren angibt, rechnet vermutlich ab diesem Zeitpunkt.

26 Zitat aus Akten im Staatlichen Archiv Tokio.

27 Anfang 1873 wird Aoki Geschäftsträger der japanischen Vertretung in Berlin und im folgenden Jahr generalbevollmächtigter Gesandter. 1877 heiratet er die preußische Adlige Elisabeth von Rahde. 1886 wird er Staatssekretär im Außenministerium. Ein Jahr später wird er in den Adelsstand erhoben und erhält den Titel eines Vicomtes. Vgl. *Brückenbauer. Pioniere des japanisch-deutschen Kulturaustausches.* 『日独交流の架け橋を築いた人々』 (zweisprachig: Deutsch und Japanisch) Hrsg. v. Japanisch-Deutschen Zentrum Berlin und der Japanisch-Deutschen Gesellschaft Tokio. München 2005, S.32f.

Angaben in den zeitgenössischen Registraturhilfsmitteln (Namensverzeichnisse und Journale) im Politischen Archiv des Auswärtigen Amtes wollte das preußische Kriegsministerium den japanischen Hauptmann und gleichzeitig „Adjutant des Prinzen Kita Shira Kawa“ nämlich „Tassaka“ (!) mit dem Roten Adler-Orden vierter Klasse auszeichnen und bat zu diesem Zweck das Auswärtige Amt um eine Stellungnahme. Über die vollzogene Auszeichnung wurde das Auswärtige Amt wiederum unterrichtet. Der Vorgang bestand seinerzeit aus vier Schriftstücken, die allesamt unter dem gemeinsamen Aktenzeichen IV Orden 602 abgelegt wurden. Die zu diesen Einträgen gehörenden Akten sind leider nicht mehr vorhanden.

Nach einer anderen japanischen Akte erhielt Tasaka am 30. Juni 1887 als Oberst den Kronen-Orden dritter Klasse. Die Initiative zu dieser Ordensverleihung ging wohl auch vom Kriegsministerium aus, aber diesmal ohne das Auswärtige Amt damit zu befassen. Im Jahre 1906 wurde Tasaka der japanische Orden zweiter Klasse „Kyokujitsu jyûkôshô“ (旭日重光章; mehrfarbiger Orden der aufgehenden Sonne) für seinen langen Armeedienst verliehen, wobei er als „Begründer der Triangulation in Japan“ hervorgehoben wird.

(3) Jordans Lehrbuchübersetzung und dessen Korrektur

Seit der Goethezeit wurden die Landvermessungen in Deutschland oft von mathematisch begabten Offizieren durchgeführt (siehe Kapitel II). In Preußen hatte unter der Leitung des Generalfeldmarschalls von Moltke von Ende der 1850er-Jahre bis 1888 eine wesentliche Intensivierung der Kartierung stattgefunden. Im Jahre 1865 fand darüber hinaus eine Neuorganisation der preußischen Geodäsie statt, indem die bisherige „trigonometrische Abteilung des Generalstabs“ zu einem „Bureau der Landestriangulation“ erweitert wurde.[28]

In diesem „Bureau der Landestriangulation“ machte der japanische Offizier Tasaka seine Ausbildung. Als er im November 1882 wieder nach Japan zurückgekehrt war, stellte er die erste *„Arbeitsregel zur Triangulation“* (作図測量説約 *Sankaku-Sokuryô-Setsuyaku*) auf und ließ seine Unterstellten danach arbeiten.[29] Gleichzeitig beauftragte er einen frisch von der Universität gekommenen Kollegen, Teizaburô Nakahara (中原 貞三郎 1850-1927), mit der Übersetzung eines authentischen Lehrbuches aus dem Deutschen ins Japanische. Es handelte sich um das *Handbuch der Vermessungskunde* (Stuttgart 1878, 2 Bde.) von Wilhelm Jordan (1842-1899). Jordan ist einer der bekanntesten Geodäten und Mathematiker in Deutschland. Er war zunächst am Polytechnikum Stuttgart (1865-68) tätig und wechselte dann zum Polytechnikum Karlsruhe (1868-81), wo er die wissenschaftliche Geodäsie begründete. In dieser Karlsruher Zeit gab er 1873 zunächst sein *Taschenbuch der praktischen Geometrie* heraus. Dieses Werk wurde bald umbenannt in *Handbuch der Vermessungskunde*. Es bestand ursprünglich aus zwei Bänden: Bd. 1. *Methode der kleinsten Quadrate und niedere Geodäsie* und Bd. 2. *Höhere Geodäsie* und fasste den damaligen Stand der niederen und höheren

[28] Jordan, Wilhelm und Steppes, Karl. (Hrsg.): *Das deutsche Vermessungswesen. Historisch-kritische Darstellung auf Veranlassung des deutschen Geometervereins unter Mitwirkung von Fachgenossen*. Stuttgart 1880, hier S.59.

[29]Fujii, Yôichirô: *Rikuchi-sokuryôbu-sokuchi-jigyô no Jitsuyô-Seika to Gakujyutsu-Seika*. (藤井 陽一郎:「陸地測量部測地事業の《実用成果》と《学術成果》」) In: *Sokuchischiryô* 『測地資料』 Bd.5, Geographical Survey Institute (Vermessungsabteilung), 1979, S.13-49.

Vermessungskunde zusammen. Beim ersten Band geht es um einen Abriss der Methode der kleinsten Quadrate, worin einerseits die für die niedere Geodäsie notwendigen Theorien und andererseits die neuere Theorie der Genauigkeit der geodätischen Punktbestimmung behandelt werden. Außerdem widmet es sich den praktischen Aspekten der niederen Geodäsie, nämlich den Aufnahmen für ökonomische und technische Zwecke. Im zweiten Band geht es um die Anlage und Ausgleichung der Haupttriangulation für Landes- und Gradvermessungszwecke, sphäroidische Koordinaten, die geodätische Linie, Lotablenkung, Bestimmung der Erdabmessungen sowie Kartenprojektionen.

Jordans Handbuch gilt rasch als Standardwerk der klassischen Geodäsie. Nach nochmaligem Lehrstuhlwechsel nach Hannover (1881), wo mit ihm die eigenständige Entwicklung der Geodäsie begann, erweiterte Jordan sein Werk zu einer zehnbändigen Fachbuchreihe. Nach seinem Tod wurde es fortgeführt und bis ca. 1960 durch Neuauflagen auf dem jeweils aktuellen wissenschaftlichen Stand gehalten. Jordan begründete mit seinem Werk das wissenschaftliche Vermessungswesen, nicht nur in Deutschland, sondern weltweit: Die japanische Übersetzung *Daichi-sokuryôgaku-Kouhon* (『大地測量学講本』) ist ein gutes Bespiel dafür, dass dessen Resonanz nicht nur auf den deutschen Sprachraum beschränkt blieb. Neben diesem Handbuch Jordans war die Literatur von Vogler, wie z.B. die *Grundzüge der Ausgleichungsrechnung* (1883), die *Praktische Geometrie* (1885/94) und die *Geodätischen Übungen für Landmesser und Ingenieure* (1890), für die Ausbildung der preußischen Landmesser obligatorisch.[30] Da aber Tasaka 1882 nach Japan zurückkehren musste, waren ihm diese Werke nicht bekannt.

Nicht zu übersehen ist, dass Jordan sich in den 1870er-Jahren als Mitglied des Deutschen Geometer Vereins (gegründet 1871, heute Deutscher Verein für Vermessungswesen) aktiv mit der Ausbildung der Vermessungsingenieure (Geometer) beschäftigte. In Bezug darauf schlug Jordan vor, eine einheitliche Ausbildung mit dem Ziel anzustreben, aus dem Arbeitsgebiet des Geometers einen Ingenieurberuf zu machen. Nach Annahme dieses Vorschlages und Umfrage bei den 26 deutschen Staatsregierungen gab es jedoch bloß drei positive Antworten, darunter die von Sachsen-Weimar. Obwohl Preußen zunächst mit der Antwort zögerte, erkannte das Preußische Abgeordnetenhaus 1879 eine höhere wissenschaftliche und technische Ausbildung der Feldmesser als Beruf des zivilen öffentlichen Vermessungswesens an.[31] Bald wurde wie in Preußen auch in Japan die Vermessungsarbeit immer mehr eine zivile statt einer militärischen Aufgabe.

Als Ergebnis der von Hauptmann Tasaka nach Japan gebrachten preußischen Vermessungsmethode stehen am Ende insgesamt 39 000 trigonometrische Punkte der 1., 2. und 3. Ordnung, 1 300 Messtischblätter und die schwarz-weiß ausgeführte Druckversion der topographischen Karten im Maßstab 1 : 50000.[32] Im Laufe der Zeit zeigte sich jedoch die Notwendigkeit, die von ihm aufgestellte *Arbeitsregel zur Triangulation* zu verbessern. Zwar hielt man sich in der trigonometrischen Abteilung des Vermessungsbüros im Generalstab unter der Leitung von Tasaka streng an dessen Arbeitsregel und die Übersetzung von Jordans *Handbuch*. Aber dieser Übersetzung fehlte merkwürdigerweise ein für Japan

---

30 Torge: *Geschichte der Geodäsie in Deutschland*. Berlin 2007, hier S.212.

31 Ibid., S.281.

32 Vgl. Nishida: *Wagakuni no Kindaisokuryo-Chizusakusei no Kiso wo tsukutta Hiroshima no Hito*. 2004.

wichtiges Kapitel: *Triangulierungsausgleichung mit Winkelbeobachtungen durch Vermittlung von Richtungen. Badisches Beispiel.* Dabei ging es um eine Ausgleichungsmethode bei der Triangulation: Eine normale Landvermessung ohne diese Ausgleichung kann zwar noch vertretbar sein, solange z.B. kein Erdbeben passiert. Durch jedes Erdbeben bewegt sich jedoch der Erdboden. In Japan muss man bei der Triangulation diese seismischen Einflüsse gesondert mitberechnen, und dafür braucht man eben jene Ausgleichung. Man weiß nicht, ob das betreffende Kapitel aus einem Versehen des Übersetzers heraus unübersetzt blieb oder aus irgendeinem Grund absichtlich weggelassen wurde.

Im Jahre 1903 schickte Tasaka einen begabten Kollegen namens Masaharu Sugiyama (杉山 正治 1859-1923)[33] für drei Jahre nach Berlin, um die neuesten Vermessungsmethoden zu studieren. Sugiyama hatte bereits 1896 nach dem großen Erdbeben in Gifu/Aichi (濃尾地震; Nôbi-Erdbeben, 28. Oktober 1891, Magnitude 8,0)[34] mit 7 273 Todesopfern, über 17 273 Verletzten und 142 177 völlig zerstörten Häusern versucht, spontan mit einer richtigen Ausgleichungsmethode die Richtung und das Ausmaß der Bodenverschiebungen zu berücksichtigen. Er war vom Wintersemester 1903/04 bis zum Wintersemester 1905/06 an der Friedrich-Wilhelm-Universität Berlin immatrikuliert und studierte Geodäsie bei Friedrich Robert Helmert (1843-1917). Helmert war zugleich auch Direktor des Geodätischen Instituts Potsdam (Amtszeit: 1886-1917), das damals als Weltzentrum der Geodäsie galt. *Die Ausgleichungsrechnung nach der Methode der kleinsten Quadrate: Mit Anwendungen auf die Geodäsie und die Theorie der Messinstrumente* (Leipzig 1880, 2 Bde.) – eines seiner Hauptwerke – war bald als internationales Standardwerk der Geodäsie anerkannt. Helmert erklärt darin seine neue Rechnungsmethode, die bis heute gültig ist und oft verwendet wird, die so genannte „Helmert-Transformation".

Unmittelbar vor seiner Rückkehr nach Japan, im August 1906, unterbreitete Sugiyama einen Vorschlag zur Verbesserung der *Arbeitsregel zur Triangulation,* der in Japan sofort positiv beurteilt und angenommen wurde. 1906 war für die japanische Vermessung ein Jahr des Generationswechsels: Während Sugiyama seine neue Arbeitsregel zur Triangulation aufstellte, trat Tasaka, der 1902 in Pension gegangen, aber als Reservist noch regelmäßig tätig war, von seinem Amt endgültig zurück.[35] Allerdings blieb, wie oben gesehen, die feste Verbindung des geodätischen Austausches zwischen Deutschland und Japan unverändert bestehen.

Die Bedeutung dieser methodischen Verbesserung zeigte sich rund 15 Jahre später: Nachdem Tokio jenes katastrophale Erdbeben in Kantô (関東大震災; „Kantô-

---

[33] Nishida, Fumio: *Kindai no Nihon-Sokuryoukei wo Kouchiku shita Hito* (「近代の日本測地系を構築した人　陸地測量師　杉山正治」; *Kurze Biographie über Masaharu Sugiyama*) In : 『国土地理院広報』 Vol. 480 u. 481 (Juni u. Juli 2008)

[34] Siehe: 『資料が語る地震災害』 Sonderausstellungskatalog: *Erdbeben-Dokumente im Iwase Bunko Library* (17. November 2006 – 21. Januar 2007) Nishio 2006, hier S.11.

[35] In diesem Jahr machte Tasaka die letzte ausländische Dienstreise nach Budapest, um an der 15. Allgemeinen Konferenz der Internationalen Erdmessung teilzunehemen. Sein Mitreisender Dr. Hisashi Kimura (木村 栄 1870-1943) besuchte anschließend Helmert in Berlin. Da Deutschland in der Folge des ersten Weltkrieges internationale Aufgaben nicht mehr wahrnehmen durfte, wurde das Zentralbüro von Potsdam nach Mizusawa (水沢), wo Kimura tätig war, verlegt. Vgl. Akten Tasakas im National Archives of Japan sowie Buschmann, Ernst: *Geodätisch-astronomische Aspekte.* In: 300 Jahre Astronomie in Berlin und Potsdam. Hrsg. v. Wolfgang R. Dick und Klaus Fritze. Thun/Frankfurt a.M. 2000, S.142-150, hier S.146.

Daishinsai" am 1. September 1923, Magnitude 7,9) mit 99 000 Todesopfern, 43 000 Verschollenen, über 100 000 Verletzten und 690 000 zerstörten Häusern heimgesucht hatte, mussten die Vermessungsingenieure in Japan ziemlich lange Zeit zweierlei trigonometrische Rechnungsergebnisse parallel verwenden: zum einen die inzwischen allgemein gebräuchlichen, aber Fehler enthaltenden Ausgleichungsergebnisse „Jitsuyô-Seika" (実用成果) und zum andern die wissenschaftlich richtigen Daten „Gakujyutsu-Seika" (学術成果), welche die Positionsänderungen durch das Erdbeben mit berücksichtigten.

2. Die Vermessungsarbeit in den japanischen Alpen

(1) Das Dreiecksnetz erster Ordnung in Japan und der Vermessungsingenieur Tachi

Vermessungsbüros unterstanden ursprünglich der Armee. Abgesehen von religiösen Bergbesteigungen wie z.B. am Berg Fuji wurden die meisten Gipfel in Japan in der Meiji-Zeit erst von Vermessungstrupps zum ersten Mal erstiegen. Überdies hatte zwar Inô in der Edo-Zeit zu Fuß das gesamte Japan vermessen, aber hauptsächlich entlang der Küste. Daher verfügte man für das Binnenland Japans nur über wenige geographische Kenntnisse.

Im April 1885 trat Tasaka mit seiner Beförderung zum Major gleichzeitig das Amt als Leiter der trigonometrischen Abteilung des Vermessungsbüros im Generalstab des Kriegsministeriums an. Im Mai 1888 wurde dort die Landvermessungsabteilung gegründet. Damit begann die erste systematische Triangulation in Japan. Sie legte Dreieckspunkte 1., 2. und 3. Ordnung, insgesamt ca. 39 000 Punkte, fest. Für die Herstellung der topographischen Karten im Maßstab 1 : 50 000, die in Japan heutzutage verbreitet sind, besteht in Japan das Netz erster Ordnung aus markanten Punkten wie den Gipfeln hoher Berge, und zwar durchschnittlich mit einem Abstand von mindestens fünfundzwanzig Kilometern. Dieses grobmaschige Netz wurde anschließend durch Netze 2. und 3. Ordnung verdichtet, in denen die Abstände durchschnittlich ca. acht Kilometer bzw. vier Kilometer betrugen.

Das japanische trigonometrische Hauptnetz erster Ordnung besteht aus 972 Punkten (Stichjahr 2005). Die topographische Karte im Maßstab 1 : 50 000 besteht aus über 1000 Messtischblättern, wobei theoretisch auf jedem Aufnahmeblatt ein trigonometrischer Punkt erster Ordnung vorhanden sein muss. Es ist eine unglaubliche Leistung, dass fast ein Drittel dieser trigonometrischen Punkte erster Ordnung, nämlich 263 Punkte, allein von dem Vermessungsingenieur Kiyohiko Tachi (館 潔彦 1849-1927) ausgewählt und markiert worden sind. Denn Punkte erster Ordnung befinden sich wie beschrieben auf Gipfeln hoher Berge, so dass all die schwierigen Arbeiten der erst provisorischen und später dauerhaften Errichtung der trigonometrischen Punkte in unwegsamem Gelände ausgeführt werden mussten. In diesem Sinne spielte Tachi eine wichtige Rolle als Vorreiter der Triangulation. Tatsächlich erstieg er viele hohe Gipfel wie Ontake (御嶽山 3067 m), Hotaka (穂高岳 3190 m), Hakusan (白山 2702 m) usw. als Erster mit seinem Vermessungstrupp. Aktivitäten japanischer Alpinisten[36] setzten erst später ein.

[36] Vgl. Miyashita, Keizô: *Nihon-Arupus, Mitate no Bunkashi.* (宮下 敬三:『日本アルプス 見立ての文化史』) Tokio 1997.

Tachi wurde 1849 (noch in der Edo-Zeit) in einer japanischen Ritterfamilie (identisch mit einer Samurai-Familie bzw. Shizoku) in Mie geboren. 1868 ging er nach Tokio und studierte dort Mathematik und Englisch an einem Privatkolleg. Vermutlich hatte der dortige Kollegdirektor Kishi, der damals bereits ein namhafter Mathematiker war, dessen mathematische Begabung erkannt und Tachi auf eine Karriere als Vermessungsingenieur gelenkt. Im November 1884 bestimmte Tachi seinen ersten trigonometrischen Punkt erster Ordnung auf dem Ôyama (大山) in Chiba. Nach längerer Pause startete er im Sommer 1891 seine Expedition zur Auswahl weiterer Punkte. Am 16. Juli 1891 erstieg er z.B. den Berg Agatsuma (吾妻山 2 035 m) in Nord-Japan, ca. zwei Wochen später den Berg Iide (飯豊山 2 105 m), dann Ende August innerhalb einer Woche vier Berge nacheinander. Im Jahre 1893 wurde seine Aufgabe in den sogenannten „Japanischen Alpen“ mit Bergen wie dem Shirouma-dake (白馬岳 2 932 m), dem Mitake, dem Hotaka usw. erheblich schwieriger. Beim Abstieg vom Berg Hotaka stürzte er ca. 18 m ab, kam aber mit dem Leben davon. Im Kurort am Fuß des Berges trafen sich Tachi und der später zu erwähnende europäische Alpinist Weston möglicherweise zum einzigen Mal in ihrem Leben.[37] In diesem Jahr bestimmte Tachi trotz seiner Verletzungen insgesamt 28 trigonometrische Punkte erster Ordnung. Später beschäftigte er sich sogar mit der Vermessung der Kurilischen Inseln (vgl. auch Kapitel IV im Zusammenhang mit Siebold und Admiral Krusenstern). Tachi sah als Leiter des Vortrupps in diesen Bergbesteigungen nur das berufliche Ziel und rühmte sich daher nie seiner Erstbegehungen. Erst jetzt entdeckt man seine wichtige Rolle in der japanischen Bergsteigerkultur und sieht in ihm einen der Begründer des Bergsteigens in der japanischen Neuzeit.

Zu Lebzeiten war Tachi trotz seiner fleißigen mühevollen Arbeit leider keine große Karriere vergönnt. So soll er am 28. Januar 1903 plötzlich seines Postens enthoben worden sein, als er erst 53 Jahre alt war.

(2) Die Gründung des Japanischen „Alpenclubs“

Im Oktober 1905 gründete der Bankbeamte Usui Kojima (小島　烏水 1873-1948)[38] den Japanischen Alpenclub. Walter Weston (1861-1940), der in Yokohama als Missionar der Englischen Kirche tätig und gleichzeitig Mitglied des englischen Alpenclubs war, vermittelte Kojima Freude am sportlichen Bergsteigen, das die Japaner vorher nicht kannten. Übrigens soll dieser Weston die Bezeichnung „Japanische Alpen“[39] in Europa bekannt

[37] Über den Vermessungsingenieur Tachi siehe: Yamamura, Motoki: *Hajime no Nihon-Arupusu.* (山村基毅：『はじめの日本アルプス　嘉門次とウェストンと館潔彦と』 Tokio 2008.

[38] Vgl. Numata, Hideko: *Kojima Usui. Seiyou-Hanga-Korekushon.* (沼田英子：『小島烏水　西洋版画コレクション』; *Usui Kojima. Seine Sammlungen der europäischen Kupferstiche*). Beiheft des Yokohama Museum of Art, Nr.8., Yokohama 2003; *Kojima Usui. Hanga-Korekushon. Yama to Bungaku, soshite Bijyutsu.* (『小島烏水　西洋版画コレクション　山と文学、そして美術』; *World of Kojima Usui Collection. Berge und Literatur sowie Kunst*). Ausstellungskatalog des Yokohama Museum of Art (22. Januar 2007 - 4. April 2007). Tokio 2007.

[39] Früher sah man in Weston sogar die Person, die diese Bezeichnung „Japanische Alpen“ zum ersten Mal verwendet hat. Inzwischen fand man aber heraus, dass der Namensgeber nicht Weston, sondern der von der japanischen Regierung beauftragte englische Ingenieur William Gowland (1842-1922) ist, der in der Münzstätte in Ôsaka tätig war.

gemacht haben. Kojima erkannte aber bald, dass die Naturwahrnehmung von Europäern und Japanern unterschiedlich ist. Er schrieb einen interessanten Essay über die Japanischen Alpen *Sangaku-Sûhairon* (『山岳崇拝論』, 1915), in dem er durch die Analyse alter Überlieferungen und Dichtungen darstellt, dass die Japaner keinesfalls Furcht vor den Bergen haben, sondern sie stets als sympathisch ansehen und sich eins mit ihnen fühlen. Während man in Europa früher Berge mit Scheu betrachtete, erachtete man in Japan die Berge als heilig und unberührbar und empfand stets eher Ehrfurcht. Berge waren heilige Orte, wo die Götter oder Göttlichen wohnten, wie in der europäischen Antike. Im Gegensatz dazu hielt der Europäer der Natur gegenüber einen gewissen Abstand, sie erweckt in den Menschen das Gefühl des „Erhabenen". Aber dieses Erhabene, das ein wichtiger Begriff der Aufklärung[40] ist, würde wohl kein Japaner richtig verstehen. Denn für ihn gibt es keine Entfernung von der Natur. Wie eine Mutter drückt sie ihn fest an den Busen, wo er sich immer sicher fühlen kann.

Japanische Alpinisten beabsichtigten nun, den noch unerforschten Berg Tsurugi zu ersteigen. Das Vermessungsamt befahl dem begabten Ingenieur Shibasaki, seinerseits so schnell wie möglich auf den Berg Tsurugi zu steigen und dort die Fahne des Amtes zu hissen.

(3) Der Ingenieur Shibasaki und seine Vermessungsarbeit

Nun soll anhand des Nonfiction-Werkes bzw. des japanischen „historischen Romans" von Jirô Nitta, *Ten no Ki: Tsurugidake* (『点の記、剱岳』: *Der Bericht über einen trigonometrischen Punkt: Der Berg Tsurugi*, 1977) die mühsame, aber lange verkannte Arbeit des Vermessungsingenieurs Yoshitarô Shibasaki (柴崎 芳太郎 1876-1938) vorgestellt werden. Dabei wird deutlich werden, weshalb ein literarisches Werk den Ausgangspunkt bildet. Übrigens war der Schriftsteller Nitta selbst lange parallel als Beamter an der meteorologischen Zentralstation tätig, war also gleichzeitig Naturwissenschaftler.

Wie oben gesehen, war dank der mühevollen Arbeit des Vermessungsingenieurs Tachi gegen 1900 der Aufbau eines Dreiecksnetzes in Japan schon weit gediehen. Aber die Tateyama-Bergkette, die so genannten „Nord-Japanischen Alpen", blieb immer noch unerforscht. Die „Japanischen Alpen" sind ein das ganze Jahr über schneebedecktes Hochgebirge mitten auf der Hauptinsel. Der höchste Berg der Nordbergkette ist der 3 015 m hohe „Tateyama"(立山). Die daneben stehende ebenfalls sehr hohe Bergspitze heißt „Tsurugidake"(剱岳), wörtlich ins Deutsche übersetzt „Schwert-Berg". Sie ist der Schauplatz des Romans.

Zu diesem Berg Tsurugi gibt es eine Legende: „Selbst Kôbô-Daishi konnte niemals diesen Berg besteigen, obwohl er dafür 3 000 Strohsandalen strapaziert hatte." Kôbô-Daishi ist der Ehrenname des buddhistischen Mönches Kûkai (空海 774-835), der im Buddhismus eine Art Heiliger ist. Er studierte Anfang des 9. Jahrhunderts in China und brachte von dort aus die Lehre des esoterischen Buddhismus mit. Entscheidend war, dass Kûkai sich für die Verschmelzung von Shintô (神道; Natur- und Urreligion in Japan) und

---

[40] Für Kant sind mit Meer und Gebirge Gefühle des Erhabenen verbunden: *Die Beobachtungen über das Gefühl des Schönen und Erhabenen* (1764).

Buddhismus eingesetzt hat. Zahlreiche Legenden ranken sich um seine heilbringenden Taten auf der Missionsreise durch Japan.

Darüber hinaus war in den Tateyama-Bergen eine volkstümliche Berggläubigkeit[41] bis zur Meiji-Zeit immer noch lebendig; dort befindet sich sogar ein wichtiger Platz für die spirituelle Übung „Shugendô“ (修験道).[42] Dorthin zogen sich männliche Gläubige zurück, um mittels körperlicher Anstrengungen religiöse Erleuchtung zu finden. Wenn die Asketen dann auf der Bergspitze den Sonnenaufgang als Inbegriff der Gottheit erleben konnten, brachten sie ein Schwert und ein Zepter aus Zinn als Weihgeschenk dar. Allerdings ist hier noch eine weitere Legende von Saeki-no-Ariyori (佐伯 有頼 676?-759?) überliefert, der im Jahre 701 den Berg Tateyama erstiegen haben soll. Er betrachtete die Tateyama-Bergkette als andere, göttliche Welt und bezeichnet den Berg Tsurugi als eine Hölle für Bestrafte, eine unheimliche Bergnadel, die man nicht besteigen dürfe, während der Berg Tateyama ein Symbol für ein Paradies ist. Wegen dieser Legenden glaubten die Einheimischen fest daran, dass der Berg nicht zu bezwingen sei. Selbstverständlich mussten sich daher Shibasaki und sein Vermessungstrupp sehr oft mit Widerständen auseinandersetzen, die in dem volkstümlichen Glauben der Einheimischen wurzelten.

Zunächst zur Biographie des Vermessungsingenieurs Shibasaki:[43] Er wurde im Jahre 1876 in Yamagata geboren. Da seine Familie arm war, musste er schon als Kind hart arbeiten. Aber parallel dazu lernte er autodidaktisch und zeigte vor allem eine besondere mathematische Begabung. Während seines Armeedienstes bestand er die schwierige Aufnahmeprüfung des Vermessungsamtes und war ab 1904 als Vermessungsingenieur in der Abteilung der Triangulation tätig, dann übrigens nicht mehr als Soldat, sondern als Zivilbeamter.

Auch als Zivilbeamter unterstand Shibasaki jedoch den herrschenden Militärs des Amtes, für die es eine Niederlage gewesen wäre, wenn Hobby-Bergsteiger und Zivilisten früher als das Vermessungsamt die Bergspitze erreichten. Unter diesem psychischen Druck und mit nur beschränkten finanziellen Mitteln mussten sich Shibasaki und seine Assistenten und Gehilfen, insgesamt nur sechs Personen, auf den Weg machen. Letztlich war ihr Ziel aber nicht die bloße Bezwingung des Berges, sondern die Errichtung eines trigonometrischen Punktes auf dessen Gipfel. Also nahmen sie außer den notwendigen Lebensmitteln noch eine Reihe Messgeräte mit, darunter einen Theodoliten der deutschen

---

[41] Vgl. Fukue, Mitsuru: *Tsurugidake wo meguru Tateyama-Shinkou.* (福江 充:「劔岳をめぐる立山信仰」 *Der Tateyama-Bergglaube, besonders über den Berg Tsurugi*) In: Chizu-Chūshin. 『地図中心』 Monatsschrift von *The Map Center.* Nr. 417, Juni 2007, S.3-6.

[42] „Shugendô“ wird auch in Kimura, Naoji: *Die Namen japanischer Berge* in INST kurz erwähnt: http://www.inst.at/berge/perspektiven/kimura.htm

[43] Über seine Vermessungsarbeit siehe Yamaoka, Mitsuharu: *Tsurugidake-Touchou ha Shibasaki Yoshitarô ni nani wo ataetaka?* (山岡 光治：「劔岳登頂は柴崎芳太郎に何を与えたか？」 *Was brachte die Besteigung des Berges Tsurugi dem Vermessungsingenieur Shibasaki?*) In: Chizu-Chûshin. Monatsschrift von *The Map Center.* Nr. 417, Juni 2007, S.7-9; Der Bericht der Abteilung von Hokuriku-Prefecture des Geographical Survey Institute. *Shibasaki Yoshitarô no Sokuryô-Seika* (国土地理院北陸地方測量部：「柴崎芳太郎の測量成果」 *Shibasakis Vermessungsergebnisse*). In derselben Monatsschrift, S.10f. (jeweils auf Japanisch); K. Isojima: *Tsurugidake wo meguru Nazo ya Gimon wo ou.* (五十嵋 一晃:「劔岳をめぐる謎や疑問を追う *Some doubts about Mt. Tsurugi and Uji Chojiro as a guide*」) In: *Sangaku* 『山岳』. The Journal of The Japan Alpine Club. Vol.103, No.161. Tokio (Nihon-Sangakukai) 2008, S.101-131. usw.

Firma „Carl Bamberg" (jetzt „Askania Werke" in Berlin). Dieses wichtigste und kostbarste Gerät wog mit Gehäuse insgesamt ca. 60 Kilogramm, die ein Gehilfe auf dem Rücken tragen musste. Mit unglaublichen Mühen und oft unter Lebensgefahr erreichten sie am 13. Juli 1907 endlich den Gipfel. Aber dort fanden sie etwas Unerwartetes: uralte Reliquien aus dem Mittelalter, nämlich ein völlig verrostetes Schwert aus Eisen und ein mit Grünspan bedecktes Zepter aus Zinn. Das bedeutet, dass ein unbekannter Asket vor ca. 1 000 Jahren tatsächlich auf der Spitze des Tsurugi gestanden haben musste.

Der Vermessungstrupp hatte damit zwar den Berg Tsurugi entmythologisiert, aber das war natürlich nicht sein eigentliches Ziel. Mittels Triangulation berechnete Shibasaki präzise die Höhe des Berges und gab sie mit 2 998,02 m an, ein Ergebnis, das sich von heutiger modernster GPS-Vermessung mit 2 999,00 m kaum unterscheidet. Das Hauptziel, auf der Bergspitze einen richtigen trigonometrischen Punkt dritter Ordnung zu errichten, musste Shibasaki jedoch schweren Herzens aufgeben. Markierungen für einen trigonometrischen Punkt der dritten Ordnung wiegen ca. 100 kg (genauer gesagt 96 kg: Pfeiler 64 kg plus Grundstein 30 kg).[44] Im Hochgebirge über 2 000 m Höhe war eine solche Last ohne moderne technische Hilfsmittel nicht zu bewältigen. Shibasaki konnte somit nur ein Provisorium hinterlassen.

Das Vermessungsamt erlegte Shibasaki und seinen Kollegen strengstes Stillschweigen auf, an das sich Shibasaki zeitlebens gehalten hat. Mit seinem Tode 1938 schien all sein persönliches Wissen mit ins Grab genommen worden zu sein. Beamte des Vermessungsamtes und Mitglieder des japanischen Alpenclubs überlieferten aber die Geschichte der Triangulation von Shibasaki weiter. Der Autor Nitta äußert sich selbst im Nachwort[45] zur Entstehung des Romans: Sein Herausgeber, der selber Mitglied eines Alpenclubs ist, habe ihm spontan alle notwendigen Materialien zur Verfügung gestellt und ihn angeregt, einen Roman über Shibasaki und seine Vermessung auf dem Berg Tsurugi zu schreiben. Auch ehemalige Kollegen sowie Kinder der Assistenten standen Nitta zur Verfügung. So entstand im Jahre 1977 sein Vermessungsroman. 30 Jahre später, also im Sommer 2007, ist vom jetzigen Vermessungsamt, dem Geographical Survey Institute in Japan, das Jubiläum des hundertsten Jahrestages der trigonometrischen Messungen auf dem Berg Tsurugi begangen worden.[46] Bereits im August 2004 wurde der Vermessungspfeiler für den trigonometrischen Punkt der dritten Ordnung „Berg Tsurugi" per Hubschrauber auf den Gipfel transportiert und der Name Shibasaki als zuständiger Vermessungsingenieur offiziell festgehalten. Gleichzeitig wurde der Plan für eine Verfilmung dieses Nonfiction-Werkes gefasst. Der Film kam im Juni 2009 ins Kino (Regisseur: Daisaku Kimura 木村大作 geb. 1939), hatte eine gute Resonanz und bekam mehrere Auszeichnungen.

---

[44] Markierungen für einen trigonometrischen Punkt der ersten Ordnung wiegen sogar 135 kg (Pfeiler 90 kg, Grundstein 45 kg).

[45] Nitta, Jirô: *Tsurugidake wo nagamenagara.* (『劔岳を眺めながら』; *Nachwort. Den Berg Tsurugi überblickend.*) In: *Tsurugidake. Ten no Ki.* Bunshun-Taschenbuch 2006 (Neue Aufl.), S.363ff.

[46] Siehe: *100th Anniversary of Mt. Tsurugi Orometry 1: 30,000. Mt. TSURUGI & Mt. TATEYAMA.* Hrsg. v. Geographical Survey Institute. Auch: Yamada, Akira: *Tsurugidake ni Sankakuten wo! Meiji no Sokuryokan kara Shôwa-Heisei no Sokuryokan he.* (山田 明:『劔岳に三角点を！ 明治の測量官から昭和・平成の測量官へ』Toyama 2007.

Bisher ging es stets darum, anhand der Geschichte der Triangulation ein Beispiel wissenschaftsgeschichtlicher Verbindungen zu zeigen. Im 19. Jahrhundert begannen Naturwissenschaftler weltweit ein universales Dreiecksnetz aufzubauen, das noch heute als wichtiges Fundament für die moderne Naturwissenschaft und Vermessungslehre gilt. Und Anfang des 20. Jahrhunderts vollendeten japanische Vermessungsingenieure unter Anwendung der deutschen Methodik und Technik die erste Dreiecksvermessung in Japan.

Diese spannende Wissenschaftsgeschichte, die in der Goethezeit ihren Anfang nahm, wird gerade wieder entdeckt und in literarischer Form erneut erzählt. Zwar tauchten interessante naturwissenschaftliche Figuren bereits in der Literatur der Goethezeit auf (vgl. Kap. II), wobei die Landvermessung als Zeichen eines rationalen Umgangs mit der Natur und Ausdruck zielgerichteter und damit vernunftgeleiteter Einteilung der Welt dargestellt wird. Jetzt versucht man hingegen, anstelle fiktiver Figuren reale Porträts der bisher verkannten Naturwissenschaftler im historischen Kontext darzustellen.

Auf dem Rückenumschlag dieses Buches ist die Fotografie eines Theodoliten zu sehen, der sich als historisches Instrument im Besitz des Geographical Survey Insitute in Tsukuba/Japan befindet. Theodolite der deutschen Firma „Carl Bamberg", wie sie von japanischen Vermessungsingenieuren der Meiji-Zeit benutzt wurden, sind darüber hinaus auch im Optischen Museum in Jena als astronomische Lehrinstrumente ausgestellt. Der Firmengründer Carl Bamberg (1847-1892) war Lehrling von Carl Zeiß (1811-1888) und hörte nach seiner Ausbildung weiter bei Ernst Abbe (1840-1905) Vorlesungen über Physik und Astronomie an der Universität Jena. Er eröffnete in Berlin eine eigene Firma, die Aufträge sowohl von Universitätsinstituten und -sternwarten in Berlin, Jena usw. als auch der kaiserlichen Land-, See- und Luftstreitkräfte ausführte. Diese Theodolite von Bamberg aus Berlin sind ebenfalls ein Beweisstück für die wissenschaftliche und ingenieurtechnische Verbindung zwischen Deutschland und Japan.

NACHWORT

Diese Arbeit hatte am Anfang einen anderen Nebentitel. Er lautete: „Die Geschichte der angewandten Astronomie der Goethezeit aus literaturwissenschaftlicher Sicht". Zunächst war also gar nicht beabsichtigt, eine umfangreiche Kulturgeschichte vor dem damaligen sozialen Hintergrund zu entwickeln. Die Recherchen im GSA förderten zufällig im Nachlass Bertuchs eine interessante Handschrift des russischen Admirals Adam Johann von Krusenstern zutage: *Atlas de l'Ocean Pacifique, tome II, dressé par M. de Krusenstern Contre-amiral et directeur du corps des cadets de la marine* (1827). Eine eben diesem Krusenstern gewidmete Japan-Karte in der HAAB erwies sich als die historisch bedeutsame *Karte vom Japanischen Reiche nach Originalkarten und astronomischen Beobachtungen der Japaner* aus dem Jahre 1840 von Philipp Franz von Siebold. Dadurch rückte die Existenz und die historische Funktion der Weimarer Militärbibliothek in den Fokus der Untersuchungen, und es wurde deutlich, wie modern und einflussreich das Militär in der Goethezeit im Bereich der Geodäsie und Vermessungskunst war.

Der Leser dieses Buches wird hier informiert, mit welcher Ausdauer zunächst französische und dann deutsche Naturwissenschaftler im 18. Jahrhundert die exakte Erdfigur erfassen wollten. Diese leidenschaftlichen Bemühungen führten zu immer weiter entwickelten und verfeinerten Methoden der Vermessungskunst, vor allem der Triangulation. Die Lebenszeit des deutschen Dichters Goethe, insbesondere die Phase um 1800, war nichts anders als die sogenannte „Sattelzeit", hier insbesondere die Übergangszeit zur Mathematisierung der Wissenschaft. Besonders in der Geodäsie verbanden sich Theorie und Praxis eng miteinander. Zur Ortsbestimmung verwendete man zunächst militärische Pulversignale, die aber durch das von Gauß erfundene praktischere Heliotrop abgelöst wurden. Und es bestätigte sich die Vermutung, dass der „Hauptmann mit mathematischer Gabe" in Goethes *Wahlverwandtschaften* kein beliebiger Einfall des Dichters war: Unter der Leitung des Gothaer Astronomen Zach beschäftigte sich der kompetente Hauptmann Müffling mit dem Projekt der Thüringischen Triangulation. In der vorliegenden Arbeit wurde eine gründliche und präzise Rekonstruktion solcher historischen Personen vorgenommen.

Selbst Naturwissenschaften können von politischer Geschichte nicht isoliert bleiben. In diesem Buch wird daher dem Leser auch die diplomatische und politische Dimension der Naturwissenschaften aufgezeigt. Nicht zufällig wird dieses Buch im Jahr 2011, im Jubiläumsjahr zum 150-jährigen Bestehen diplomatischer Beziehungen zwischen Deutschland und Japan veröffentlicht. Um die Entwicklung diplomatischer Beziehungen zwischen Japan und europäischen Ländern hatten sich insbesondere Philipp Franz von Siebold und dessen ältester Sohn, Alexander von Siebold sowie der Enkel von Carl August, Großherzog Carl Alexander von Sachsen-Weimar-Eisenach, im sogenannten „Silbernen Zeitalter" Weimars verdient gemacht.

Dieses Buch behandelt hauptsächlich die Wissenschafts- und Kulturgeschichte der Triangulation in Deutschland und Japan. Als Fortsetzung dieser interdisziplinären Studie ist eine weitere Wissenschaftsgeschichte im gleichen Zeitraum geplant, nämlich die der Medizin. Genauso wie Lalandes *Astronomie* wurde z.B. das Werk des deutschen

Mediziners Christoph Martin Hufeland (1762-1836), der auch Goethes Leibarzt war, *Makrobiotik oder Die Kunst das menschliche Leben zu verlängern* in der Edo-Zeit ins Japanische übersetzt und übte einen großen Einfluss auf damalige japanische Mediziner aus. Ine Kusumuto (楠本 イネ 1827-1903), die Tochter Siebolds und seiner japanischen Partnerin Taki Kusumoto, ist als die erste japanische Frauenärztin und Geburtshelferin nach westlichem Vorbild bekannt. Auf Empfehlung Fukuzawas (福澤 諭吉 1835-1901), der einer der großen Intellektuellen der Meiji-Restauration und der Begründer der Keio-Universität war, wurde Kusumoto als Hofleibärztin der Nebenfrau des Kaisers berufen.

Eine kleine Bemerkung zur Vermutung Brosches über verschollene Bücher des Gothaer Astronomen der Goethezeit Zach[1] soll dieses Buch abschließen: In der Tat gibt es in der Thüringer Landes- und Universitätsbibliothek Jena mehrere Bücher mit dem Exlibris bzw. Stempel von Zach. Sie sind allerdings bis heute weder systematisch geordnet noch gesondert aufbewahrt, und man weiß nicht genau, um wie viele Bücher aus der ehemaligen Bibliothek von Zach und dessen Nachfolger Lindenau es sich dabei handelt. Andererseits sind einige wichtige historische Karten und Bildtafeln aus der Goethezeit, u.a. von A. v. Humboldt und von Ph. F. v. Siebold offenbar verschollen. Gründliche Nachforschungen hierüber wären für die Wissenschaft wünschenswert, weil solche historischen Bücher oft wichtige Zeugen des wissenschaftlichen Austauschs sind.

[1] Brosche, Peter: *Die Bücher der Astronomen.* Altenburg (Lindenau-Museum) 2004.

BIBLIOGRAPHIE

A. Quellen

In Europäischer Sprache

Acta observatorii No.X, Akten der Großherzoglichen Sternwarte zu Jena, Bestand S. Universitätsarchiv Jena.

Acta Sieboldiana IX. Korrespondenz Alexander von Siebolds in den Archiven des japanischen Außenministeriums und der Tôkyô-Universität 1859-1895. Veröffentlichungen des Ostasien-Instituts der Ruhr-Universität Bochum Bd.33. Hrsg. v. Vera Schmidt. Wiesbaden (Harrassowitz) 2000.

Alder, Ken: *The Measure of All Things. The Seven-Year Odyssey and Hidden Error that Transformed the World*, New York 2002. Ins Deutsche übersetzt von Ivonne Badal als *Das Maß der Welt. Die Suche nach dem Urmeter.* München (Bertelsmann) 2003. Auch ins Japanische übersetzt als 『万物の尺度を求めて　メートル法を定めた子午線大計測』吉田三知世訳, 東京（早川書房）2006.

Biermann, Kurt-R. (Hrsg.): *Briefwechsel zwischen Alexander von Humboldt und Carl Friedrich Gauß.* Berlin (Akademie-Verlag) 1977.

Block, Walter (Hrsg.): *Grundlagen des dezimalen metrischen Systems oder Messung des Meridianbogens zwischen den Breiten von Dünkirchen und Barcelona, ausgeführt im Jahre 1792 und in den folgenden von Méchain und Delambre.* Redigiert von Delambre, ständiger Sekretär des Instituts für die mathematischen Wissenschaften, Mitglied des Bureau des Longitudes, der Königlichen Gesellschaften in London, Uppsala und Kopenhagen, der Akademien zu Berlin und Schweden, der Italienischen und Göttinger Gesellschaft und Mitglied der Ehrenlegion. Aus den Abhandlungen des Instituts. Mit 2 Tafeln. Paris. Baudoin, Buchdrucker des Nationalinstituts. 1806ff. In Auswahl übersetzt und herausgegeben von W. Block. Leipzig (Wilhelm Engelmann) 1911.

Bouguer, Pierre: *La figure de la terre, déterminée par les observations de Messieurs Bouguer, & de La Condamine, de l'Académie Royale des Sçiences, envoyés par ordre du roy au Pérou, pour observer aux environs de l'Equateur. Avec une Relation abrégée de ce voyage, qui contient la description du pays dans lequel les opérations ont été faites.* Paris, Quay des Augustins, Chez Charles-Antoine Jombert, Libraire du Roy pour l'Artillerie & le Génie. 1749. [Ex-Libris von Zach, im Besitz der ThULB]

Bratranek, Franz Thomas (Hrsg.): *Goethe's Naturwissenschaftliche Correspondenz (1812-1832).* Im Auftrage der von Goethe'schen Familie herausgegeben von F. Th. Bratranek. Leipzig (Brockhaus) 1874-1876, 3 Teile.

Briefe an Goethe. Gesamtausgabe in Regestform. Nationale Forschungs- und Gedenkstätten der klassischen deutschen Literatur in Weimar. Hrsg. v. Karl Heinz Hahn. Später hrsg. von der Stiftung Weimarer Klassik, Goethe- und Schiller-Archiv. Ab Bd.7 hrsg. von der Stiftung Weimarer Klassik und den Kunstsammlungen zu Weimar. Weimar (Böhlau) 1980-1995, 15 Bde.

Briefwechsel des Großherzogs Carl August von Sachsen-Weimar-Eisenach mit Goethe in den Jahren von 1775-1828. Bd.1, Weimar (Landes-Industrie-Comptoir) 1863.

Briefwechsel zwischen Alexander von Humboldt und Carl Friedrich Gauß. Zum 200. Geburtstag von C. F. Gauß im Auftrage des Gauß-Komitees bei der Akademie der Wissenschaften der DDR. Neu hrsg. durch Kurt-R. Biermann. Berlin (Akademie-Verlag) 1977.

Buch, Leopold von: *Geognostische Beobachtungen auf Reisen durch Deutschland und Italien.* Berlin (Haude und Spener) 1802-1809, 2 Bde.

Buch, Leopold von: *Ueber das Fortschreiten der Bildungen in der Natur. Antrittsrede in der Königlichen Akademie der Wissenschaften, den 17ten April 1806.* Berlin 1806.

Buch, Leopold von: *Physicalische Beschreibung der Canarischen Inseln.* Berlin (Druckerei der Kgl. Akademie d. Wiss.) 1825.

Buch, Leopold von: *Physicalische Beschreibung der Canarischen Inseln. Atlas [Tafelband].* Berlin (Druckerei der Kgl. Akademie d. Wiss.) 1825.

Buch, Leopold von: *Gesammelte Schriften.* Hrsg. v. J. Ewald, J. Roth und H. Eck. Berlin (Georg Reimer) 1867-1885.

Chamisso, Adelbert von: *Bemerkungen und Ansichten auf einer Entdeckungs-Reise unternommen in den Jahren 1815-1818. Auf Kosten Sr. Erlaucht des Herrn Reichs-Kanzlers Grafen Rumanzoff, auf dem Schiffe Rurick, unter dem Befehle des Lieutenants der Russisch-Kaiserlichen Marine Otto von Kotzebue von dem Naturforscher der Expedition.* Weimar (Gebrüder Hoffmann) 1821.

Delambre, Jean-Baptiste-Joseph: *Base du système métrique décimal, ou mesure de l'arc du méridien compris entre les parallèles de Dunkerque et Barcelone.* Paris 1806-1810, 3 Bde.

Gauß, Carl Friedrich: *Werke in 12 Bdn.* Hrsg. v. der Gesellschaft der Wissenschaft zu Göttingen. In Kommission bei Julius Springer in Berlin. 1924-1929. Reprint. Hildesheim und New York (Georg Olms) 1973.

Gerstenbergk, Johann Laurentius Julius von: *Ueber die zuverlässigste Ausfertigung der Bergcharten und der Ausführbarkeit der gradmäsigen Bezeichnung der Aussenfläche eines Gebirges.* Eine Vorlesung, gehalten am 30. Januar 1804. In: Lenz, Johann Georg (Hrsg.): *Schriften der Herzoglichen Societät für die gesammte Mineralogie zu Jena.* Zweyter Band. Jena (Hofbuchdrucker Göpferdt) 1806, S.177-204.

Gerstenbergk, Johann Laurentius Julius von: *Anleitung zur mathematisch-topographischen Zeichnungslehre zum handleitenden und Selbstunterricht nach einem eigenen System* bearbeitet von J.L.J. von Gerstenbergk. Jena (Hofbuchdrucker Göpferdt) 1808.

Gerstenbergk, Johann Laurentius Julius von: *Ueber die topographischen Landesvermessungen überhaupt, und in militärischer Hinsicht insbesondere, nebst einer Anweisung zum isolirten Aufnehmen durch taktische Beispiele.* Jena (Cröker) 1809.

Goethe, Johann Wolfgang von: *Die Schriften zur Naturwissenschaft. Leopoldina Ausgabe* [LA]. Vollständige mit Erläuterungen versehene Ausgabe im Auftrage der deutschen Akademie der Naturforscher Leopoldina begr. von K. Lothar Wolf und Wilhelm Troll. Hrsg. von Dorothea Kuhn und Wolf von Engelhardt. 2 Abteilungen, 1. Abt.: 10 Bände, 2. Abt.: 10 Bände. Weimar (H. Böhlau) 1947ff.

Goethe, Johann Wolfgang von: *Sämtliche Werke, Briefe, Tagebücher und Gespräche. Frankfurter Ausgabe* [FA]. Hrsg. v. Dieter Borchmeyer u.a. 40 Bde. Frankfurt a.M. (Deutscher Klassiker Verlag) 1985-1999.

Goethe, Johann Wolfgang von: *Werke. Weimarer oder Sophienausgabe* [WA]. Hrsg. im Auftrage der Großherzogin Sophie von Sachsen. Abtlg. I-IV. 133 Bde. in 143 Teilen. Weimar (H. Böhlau) 1887-1919.

Goethes Gespräche. Eine Sammlung zeitgenössischer Berichte aus seinem Umgang. Auf Grund der Ausg. und des Nachlasses von Flodoard Freiherrn von Biedermann erg. und hrsg. von Wolfgang Herwig. 5 Bde. in 6 Teilbänden. Zürich und Stuttgart (Artemis) 1965-1987.

Goethe, Johann Wolfgang: *Sämtliche Werke nach Epochen seines Schaffens. Münchner Ausgabe* [MA]. Hrsg. v. Karl Richter in Zusammenarbeit mit H. G. Göpfert, N. Miller, G. Sauder und E. Zehm. 20 Bde. in 32 Teilbänden und 1 Registerband. München (Carl Hanser) 1982-1998.

Golovnin, Vasilij M.: *Begebenheiten des Capitains von der Russisch-Kaiserlichen Marine Golownin, in der Gefangenschaft bei den Japanern in den Jahren 1811, 1812 und 1813, nebst seinen Bemerkungen über das japanische Reich und Volk und einem Anhange des Captains Rikord.* Aus dem Russischen übersetzt von Dr. Carl Johann Schultz. Leipzig (Gerhard Fleischer der Jüngere) 1817-1818.

Golovnin, Vasilij M.: *Abenteuerliche Gefangenschaft im alten Japan 1811-1813.* Neu bearbeitet von Ernst Bartsch. Stuttgart/Wien (Edition Erdmann) 1995.

Gräf, Hans Gerhard (Hrsg.): *Goethe über seine Dichtungen. Versuch einer Sammlung aller Aeusserungen des Dichters über seine poetischen Werke.* Frankfurt a.M. (Rütten & Loening) 1901-1914.

Guedj, Denis: *La Méridienne: le mètre [1792-1799].* Paris,1987. Japanische Übersetzung: 『子午線　メートル異聞』鈴木まや訳, 東京（工作舎）1989; Auch aus dem Französischen ins Deutsche übersetzt von Klaus Jöken als *Die Geburt des Meters. Oder wie die beiden Astronomen Jean-Baptiste Delambre und Pierre Méchain aus dem Geist der Aufklärung in den Wirren der Französischen Revolution das Maß aller Dinge fanden.* Berlin (Ullstein) 1998.

Hoff, Karl Ernst Adolf von: *Gemälde der physischen Beschaffenheit, insbesondere der Gebirgsformationen von Thüringen.* Vorgelesen in der Akademie nützlicher Wissenschaften zu Erfurt, den 25. August 1811. Erfurt (Beyer und Maring) 1812.

Hoff, Karl Ernst Adolf von: *Geschichte der durch Überlieferung nachgewiesenen natürlichen Veränderungen der Erdoberfläche. II. Theil. Geschichte der Vulcane und der Erdbeben.* Gotha (Justus Perthes) 1824.

Hoff, Karl Ernst Adolf von: *Höhen-Messung einiger Orte und Berge zwischen Gotha und Coburg durch Barometerbeobachtung versucht und den in der siebenten Jahresversammlung zu Berlin vereinigten Naturforschern dargestellt.* Mit einer illuminierten Steindrucktafel. Gotha (?) 1828.

Humboldt, Alexander von / Bonpland, Aimé: *Ideen zu einer Geographie der Pflanzen nebst einem Naturgemälde der Tropenländer.* Auf Beobachtungen und Messungen gegründet, welche vom 10ten Grade nördlicher bis zum 10ten Grade südlicher Breite, in den Jahren 1799, 1800, 1801, 1802 und 1803 angestellt worden sind, von AL. VON HUMBOLDT UND A. BONPLAND: Bearbeitet und herausgegeben von dem erstern. Mit einer Kupfertafel. Tübingen, bei F. G. Cotta. Paris, bey F. Schoell (Rue des Maçons-Sorbonne, No.19) 1807.

Humboldt, Alexander von: *Über einen Versuch den Gipfel des Chimborazo zu ersteigen. Mit dem vollständigen Text des Tagebuches „Reise zum Chimborazo“.* Hrsg. und mit einem Essay versehen von Oliver Lubrich und Ottmar Ette. Frankfurt a.M. (Eichborn) 2006.

Humboldt, Alexander von: *Mein vielbewegtes Leben. Der Forscher über sich und seine Werke.* Ausgewählt und mit biographischen Zwischenstücken versehen von Frank Holl. Frankfurt a.M. (Eichborn) 2009.

Humboldt, Alexander von: *Kritische Untersuchung zur historischen Entwicklung der geographischen Kenntnisse von der neuen Welt und den Fortschritten der nautischen Astronomie im 15. und 16. Jahrhundert.* Mit dem Geographischen und Physischen Atlas der Äquinoktial-Gegenden des neuen Kontinentes sowie dem Unsichtbaren Atlas der von ihm untersuchten Kartenwerke. Mit einem vollständigen Namen- und Sachregister. Nach der Übersetzung aus dem Französischen von Julius Ludwig Ideler ediert und mit einem Nachwort versehen von Ottmar Ette. Frankfurt a.M./ Leipzig (Insel) 2009, 2 Bde.

Jean Paul: *Sämtliche Werke* in 12 Bdn. Hrsg. v. Norbert Miller. München (Carl Hanser) 1975.

Jordan, W. und Eggert, Otto: *Handbuch der Vermessungskunde. Bd. 3/1, Landesvermessung, Sphäroidische Berechnungen und Astronomische Ortbestimmung.* 9. unveränderte Aufl., bearbeitet von E. Otto. Stuttgart (Metzler) 1948.

Junghuhn, Friedrich [eigentlich Franz]: *Topographische und naturwissenschaftliche Reisen durch Java.* Für die Kaiserl. Leopold.-Carol. Akademie der Naturforscher zum Druck befördert und bevorwortet durch Dr. C. S. Nees von Esenbeck, Präsidenten der Akademie. Mit einem aus 38 Tafeln und 2 Höhenkarten bestehenden Atlasse. Magdeburg (Emil Baensch) 1845.

Junghuhn, Franz: *Die Insel der Vulkane. Reisen und Wanderungen durch Java.* Aus: Franz Wilhelm Junghuhn: *Topographische und naturwissenschaftliche Reisen durch Java.* Hrsg. v. Nees von Esenbeck, Magdeburg 1845. Einband nach Entwurf von Hein Bartels. Leipzig (F. A. Brockhaus) 1950.

Kehlmann, Daniel: *Die Vermessung der Welt.* Hamburg (Rowohlt) 2005. Ins Japanische übersetzt als 『世界の測量　ガウスとフンボルトの物語』 瀬川裕司訳, 東京（三修社）2008.

Klein-Langner, Wolfgang: *Philipp Franz von Siebold und sein Einfluss auf die Ostasienpolitik Russlands (Auszüge). Bearbeitet nach Angaben in „Die Würzburger Siebold“ von Hans Körner und „Philipp Franz von Siebold. Leben und Werk“ von Schûzô Kure.* (Als Manuskript erhalten)

Kotzebue, Otto von: *Entdeckungs-Reise in die Süd-See und nach der Berings-Straße zur Erforschung einer nordöstlichen Durchfahrt. Unternommen in den Jahren 1815, 1816, 1817 und 1818, auf Kosten Sr. Erlaucht des Herrn Reichs-Kanzlers Grafen Rumanzoff auf dem Schiffe Rurick unter dem Befehle des Lieutenants der Russisch-Kaiserlichen Marine Otto von Kotzebue.* 3 Bde. Weimar (Gebrüder Hoffmann) 1821.

Krusenstern, Adam Johann von: *Reise um die Welt in den Jahren 1803, 1804, 1805 und 1806 auf Befehl seiner kaiserlichen Majestät Alexander des Ersten auf den Schiffen Nadeshda und Newa unter dem Commando des Capitains von der Kaiserlichen Marine A. J. von Krusenstern.* 3 Bde. Erster Theil (1810), Zweiter Theil (1811) und Dritter Theil (1812). St. Petersburg, gedruckt in der Schnoorschen Buchdruckerey 1810. Auf Kosten des Verfassers.

Krusenstern, Adam Johann von: *Uebersicht der Polar-Reisen zur Entdeckung einer nördlichen Durchfahrt aus dem Atlantischen Ocean in das Süd-Meer.* Weimar (Gebrüder Hoffmann) 1821.

Krusenstern, Adam Johann von: *Atlas de l'Ocean Pacifique, tome II, dressé par M. de Krusenstern Contre-amiral et directeur du corps des cadets de la marine*; publié par ordre de sa majesté impériale St. Petersburg 1827. [Im Besitz des GSA]

Krusenstern, Adam Johann von: *Reise um die Welt in den Jahren 1803-1806.* 1 Bd. 1-3 Hefte. In: *Bibliothek der vorzüglichsten und neuesten Reisebeschreibungen über alle Theile und Länder der Welt, in systematischer Ordnung mit Charten.* In Verbindung mit mehreren Mitarbeitern besorgt und herausgegeben von J. Hörner. Hildburghausen (Kesselringsche Hofbuchhandlung) 1828.

Krusenstern, Adam Johann von: *Reise um die Welt. Erlebnisse und Bordbuchnotizen des Kommandanten der Expeditionsschiffe »Nadeshda« und »Newa« bei der ersten Weltumseglung unter russischer Flagge in den Jahren 1803-1806.* Ausgewählt, bearbeitet und herausgegeben von Christel und Helmuth Pelzer. Mit einem Nachwort von Helmuth Pelzer. Leipzig (Brockhaus) 1985.

La Condamine, Charles-Marie de: *Histoire des Pyramides de Quito, ou Relation de ce qui s'est passé au sujet des pyramides & des inscriptions posées aux deux extrémités de la base voisine de Quito.* Paris 1751.

La Condamine, Charles-Marie de: *Journal du voyage fait par ordre du Roi, à l'équateur, servant d'introduction historique à la mesure des trois premiers degrés du méridien.* Paris (Imprimerie royale) 1751.

La Condamine, Charles-Marie de: *Relation abrégée d'un voyage fait dans l'intérieur de l'Amérique méridionale, depuis la côte de la Mer du Sud, jusqu'aux côtes du Brésil & de la Guyane, en descendant La Rivière des Amazones*; Lue à l'Assemblée de l'Académie des sciences, le 28 avril 1745 par M. de La Condamine; de la même Académie, avec une carte du Maragnon, ou de la rivière des Amazones, levée par le même. A Paris, chez la veuve Pissot, quay de Conti, à la Croix d'Or. 1775. Avec approbation & privilège du Roi. (Exlibri von Pistor im Besitz der ThULB)

La Condamine, Charles-Marie de: *Relation abrégée d'un voyage fait dans l'intérieur de l'Amérique méridionale, depuis la côte de la Mer du Sud, jusqu'aux côtes du Brésil & de la Guyane, en descendant la rivière des Amazones, par M. de La Condamine*; de l'Académie des sciences, avec une carte du Maragnon, ou de la rivière des Amazones, levée par le même. Nouvelle édition augmentée de la relation de l'élément populaire de Cuença au Pérou, et d'une Lettre de M. Godin des Odonais; contenant la relation du voyage de Madame Godin, son épouse, etc. A Maestricht (Jean-Edmé Dufour & Philippe Roux, Imprimeurs-libraires associés) 1778.

La Condamine, Charles-Marie de: *Nachricht von dem Fieberrindenbaum.* In: *Sammlung verschiedener die Fieberrinde betreffender Abhandlungen und Nachrichten.* Aus dem Englischen und Französischen in das Deutsche übersetzt, von D. Georg Leonhart Huth. Nürnberg (J. Mich. Seeligmann) 1760. [Ex Bibliotheca C. W. Starkii im Besitz der ThULB]

La Condamine, Charles-Marie de: *Reise zur Mitte der Welt. Die Geschichte von der Suche nach der wahren Gestalt der Erde.* Herausgegeben, eingeleitet und kommentiert von Barbara Gretenkord. Ostfildern (Jan Thorbecke) 2003.

La Lande, Jérôme de: *Astronomie.* Troisième édition, Revue et augmentée. A Paris, chez la veuve Desaint, rue du Foin Saint-Jacques. 1792.

La Lande, Jérôme de: *Astronomie des dames.* Seconde Édition. Paris 1795.

La Lande, Jérôme de: *Bibliographie astronomique avec l'histoire de l'astronomie depuis 1781 jusqu'à 1802.* Paris (Imprimerie de la République) 1803. [Exlibris von Zach im Besitz der ThULB]

La Pérouse, Jean-François de Galaup, comte de: *Atlas du voyage de La Pérouse.* Paris(?) 179-(?). [Im Besitz der Keio-UB]

Laplace, Pierre-Simon de: *Mechanik des Himmels von P. S. Laplace, Mitglied des Französischen National-Instituts und der Commission für die Meeres-Länge. Aus dem Französischen übersetzt und mit erläuternden Anmerkungen versehen von J. C. Burckhardt.* Erster Theil. Berlin (F. T. LaGarde) 1800.

Lenz, Johann Georg (Hrsg.): *Schriften der Herzoglichen Societät für die gesammte Mineralogie zu Jena. Erster Band.* Jena (Hofbuchdrucker Göpferdt) 1804.

Lenz, Johann Georg (Hrsg.): *Schriften der Herzoglichen Societät für die gesammte Mineralogie zu Jena. Zweyter Band.* Jena (Hofbuchdrucker Göpferdt) 1806.

Maupertuis, Pierre-Louis-Moreau de: *Der Meridian-Grad zwischen Paris und Amiens: woraus man die Figur der Erde herleitet; durch Vergleichung dieses Grads mit dem, so beym Polar-Zirkel gemessen worden.* Zürich (Heidegger) 1742.

Meteorologische Beobachtungen. Aufgezeichnet in den Anstalten für Witterungskunde im Großherzogthum Sachsen-Weimar-Eisenach, mitgetheilt von Großherzoglicher Sternwarte zu Jena. Weimar (Landes-Industrie-Comptoir) 1823-1828.

Miltenberg, Wilhelm Adolph: *Die Höhen der Erde, oder systematisches Verzeichnis der gemessenen Berghöhen und Beschreibung der bekanntesten Berge der Erde, nebst einem Anhange, enthaltend die Höhen von vielen Städten, Thälern, Seen etc. Ein Beitrag zur physischen Erdkunde.* Frankfurt a.M. (Heinrich Ludwig Brönner) 1815.

Müffling, Friedrich Karl Ferdinand Freiherr von: *Aus meinem Leben.* Zwei Theile in einem Bande. Berlin (Druck und Verlag von E. S. Mittler und Sohn) 1851.

Müffling, Karl Freiherr von: *Offizier – Kartograph – Politiker (1775-1851). Lebenserinnerungen und kleinere Schriften.* Bearbeitet und ergänzt von Hans-Joachim Behr. Köln/Weimar/Wien (Böhlau) 2003.

Scheyers, Johann Georg: *Praktisch-ökonomische Wasserbaukunst, zum Unterricht für Beamte, Förster, Landwirthe, Müller und jeden Landmann, besonders für die welche an Flüssen und Strömen wohnen.* Mit einer Vorrede vom Herrn Kammerrath Suckow, Professor der Mathematik und Kameralwissenschaft in Jena. Neue verbesserte Ausgabe. Mit achtzehn Kupfertafeln. Leipzig (Johann Benjamin Georg Fleischer) 1795.

Scheyers, Johann Georg: *Praktischer Wehrbau.* Von Johann Georg Scheyer, Hochfürstl. Hohenlohischer Ingenieur-Hauptmann und Baudirektor, der Russisch-Kayserl. Freyen ökonomischen Gesellschaft zu St. Petersburg, der königl. Preussischen naturforschenden Gesellschaft in Halle, der Kurfürstl. Sächsischen ökonomischen Gesellschaft in Leipzig und der naturforschenden Gesellschaft in Zürich correspondirendem Mitglied. *Ein Nachtrag zu dessen Wasserbaukunst.* Mit 10 Kupfertafeln. Leipzig (Johann Benjamin Georg Fleischer) 1800.

Schriften der Herzoglichen Societät für die gesammte Mineralogie zu Jena. 3 Bde. Neustadt 1804-11.

Schrön, Friedrich: *Meteorologische Beobachtungen des Jahres 1822, aufgezeichnet in den Anstalten für Witterungskunde im Großherzogthum Sachsen-Weimar-Eisenach, mitgetheilt von Großherzoglicher Sternwarte zu Jena.* Erster Jahrgang. Weimar (Verlag des Dr. S. priv. Landes-Industrie-Comptoirs) 1823.

Schwabe, Johann Friedrich Heinrich: *Historische Nachricht von der Societät für die gesammte Mineralogie zu Jena.* Jena (J. G. Voigt) 1801.

Siebold, Philipp Franz von: *Karte vom Japanischen Reiche nach Originalkarten und astronomischen Beobachtungen der Japaner.* Leiden (Arnz & Comp.) 1840. [Im Besitz der HAAB]

Siebold, Philipp Franz von: *Nippon. Archief voor de beschrijving van Japan bewerkt door Ph. F. von Siebold / Nach japanischen und europäischen Schriften und eigenen Beobachtungen bearbeitet durch Ph. Fr. von Siebold.* ca. 1832. [Im Besitz der HAAB in Weimar, 7 Bde. in einer Mappe]

Siebold, Philipp Franz von: *Nippon. Archiv zur Beschreibung von Japan und dessen Neben- und Schutzländern: Jezo mit den südlichen Kurilen, Krafto, Kooraï und den Liukiu-Inseln nach japanischen und europäischen Schriften und eigenen Beobachtungen.* Leyden (C.C. van der Hoek) 1832-54(?), 4 Bde. [Im Besitz der Keio-UB, Sammlung des Prof. Kôda 幸田文庫]

Sobel, Dava: *Longitude; The True Story of a Lone Genius Who Solved the Greatest Scientific Problem of His Time.* New York 1995. Ins Japanische übersetzt als『経度への挑戦　一秒にかけた四百年』　藤井留美訳，東京（翔泳社）1997.

Sobel, Dava / William J. H. Andrewes: *The Illustrated Longitude.* New York (Walker) 1998. Ins Deutsche übersetzt von Matthias Fienbork und Dirk Muelder als *Längengrad. Die wahre Geschichte eines einsamen Genies, welches das größte wissenschaftliche Problem seiner Zeit löste.* Die illustrierte Ausgabe. Berlin (Berlin Verlag) 1999.

Soret, Frédéric: *Zehn Jahre bei Goethe. Erinnerungen an Weimars klassische Zeit 1822-1832. Aus Sorets handschriftlichem Nachlass, seinen Tagebüchern und seinem Briefwechsel.* Leipzig (Brockhaus) 1929.

Storm, Theodor: *Sämtliche Werke in vier Bänden.* Hrsg. v. Karl Ernst Laage und Dieter Lohmeier. Frankfurt a.M. (Deutscher Klassiker Verlag) 1998.

Titsingh, Isaäc: *Mémoires et anecdotes sur la dynastie régnante des Djogouns, souverains du Japon: avec la description des fêtes et cérémonies observées aux différentes époques de l'année à la cour de ces princes, et un appendice contenant des détails sur la poésie des Japonais, leur manière de diviser l'année, ... ; ouvrage orné de planches gravées et coloriées, tiré des originaux japonais, par M. Titsingh.* Publié avec des notes et éclaircissements par M. Abel Rémusat, Paris (Nepveu) 1820.

Titsingh, Isaäc: *Illustrations of Japan; Consisting of Private Memoirs and Anecdotes of the Reigning Dynasty of the Djogouns,* London (Ackermann) 1822.

Trystram, Florence: *Der Prozeß gegen die Sterne. Abenteuer einer Südamerika-Expedition 1735-1771.* Wiesbaden (F. A. Brockhaus) 1981. Ins Japanische übersetzt als『地球を測った男たち』喜多迅鷹訳, 東京（リブロポート）1983.

Wilbrand, Johann Bernhard / Ritgen, Ferdinand August Max Franz von: *Gemälde der organischen Natur in ihrer Verbreitung auf der Erde.* Giessen (C. B. Müller) 1821.

Zach, Franz Xaver von: *Über Pierre-François-André Méchain. Astronom der National-Sternwarte, Mitglied des National-Instituts und des Bureau des Longitudes in Paris.* Sonderdruck aus dem Julius-Stück der *Monatlichen Correspondenz zur Beförderung der Erd- und Himmelskunde* 1800.

Zach, Franz Xaver von (Hrsg.): *Monatliche Correspondenz zur Beförderung der Erd- und Himmelskunde.* Gotha (Becker) 1800-1813.

In Japanischer Sprache (Auswahl)

[Ichihara] 市原 麻里子 :『フレイヘイドの風が吹く』東京（右文書院）2010.

[Imamura] 今村 明生 :『歳月 シーボルトの生涯』東京（新人物往来社）2006.

[Inui] 乾 浩: 『北夷の海』(『東韃靼への海路』他含む）東京（新人物往来社）2002.

[Inui] 乾 浩: 『北冥の白虹 小説・最上徳内』東京（新人物往来社）2003.

[Mitsukuri] 箕作 寛 [省吾]著: 坤輿図識. 5 巻, 岡山（夢霞樓）弘化 2 (1845) [Im Besitz der Keio-UB].

[Mitsukuri] 箕作 寛 [省吾]著: 坤輿図識補. 4 巻, 岡山（夢霞樓）弘化 3 (1846) [Im Besitz der Keio-UB].

[Mori] 森 林太郎 :『鷗外全集』第三巻 東京（岩波書店）1972.

[Narumi] 鳴海 風 :『ラランデの星』東京（新人物往来社）2006.

[Narumi] 鳴海 風 :『算聖伝』東京（新人物往来社）2000.

[Nejime] ねじめ 正一 :『シーボルトの眼 出島絵師・川原慶賀』東京（集英社文庫）2008.

[Ninomiya] 二宮 陸雄 :『幕府天文方書物奉行 高橋景保』東京（愛育社）2005.

[Nitta] 新田 次郎 :『剱岳 点の記』東京（文春文庫）新装版 2006 [初版 1977].

[Yoshimura] 吉村 昭 :『間宮林蔵』東京（講談社文庫）1987.

B. Forschungsliteratur

I. HANDBÜCHER, LEXIKA usw. (Auswahl)

Allgemeine Deutsche Biographie. Hrsg. durch die historische Commision bei der königl. Akademie der Wissenschaften. Leipzig (Duncker & Humblot) 1885-1912.

Corpus der Goethezeichnungen. Johann Wolfgang von Goethe. Leipzig (Seemann) 1958-1979, 7 Bde. in 10 Bdn.

Dobel, Richard (Hrsg): *Lexikon der Goethe-Zitate.* Zürich 1968. Taschenbuch-Ausgabe München 1972.

Fischer, Paul: *Goethe-Wortschatz. Ein sprachgeschichtliches Wörterbuch zu Goethes sämtlichen Werken.* Leipzig (Emil Rohmkopf) 1929. Repr. Köln 1968.

Goethe und die Naturwissenschaften. Eine Bibliographie von Günter Schmid. Hrsg. im Namen der Kaiserlich Leopoldinisch-Carolinisch Deutschen Akademie der Naturforscher. Halle 1940.

Goethe-Handbuch. Goethe, seine Welt und Zeit in Werk und Wirkung. Unter Mitw. zahlr. Fachgelehrter hrsg. von Alfred Zastrau. Stuttgart (Metzler) 1955.

Goethe-Handbuch. Hrsg. v. Bernd Witte, Theo Buck, Hans-Dietrich Dahnke, Regine Otto und Peter Schmidt. 4 Bde. Stuttgart/Weimar (Metzler) 1996-1998.

Goethe-Handbuch. Hrsg. v. Julius Zeitler. Stuttgart (Metzler) 1916.

Goethe-Lexikon. Hrsg. v. Benedikt Jeßing, Bernd Lutz, Inge Wild. Stuttgart/Weimar (Metzler) 1999.

Goethe-Lexikon. Hrsg. v. Gero von Wilpert. Stuttgart (Kröner) 1998.

Goethes Leben von Tag zu Tag. Eine dokumentarische Chronik. 8 Bde. Bearbeitet von Robert Steiger (Bd. I-VI) und Angelika Reimann (Bd. VI-VIII). Zürich (Artemis) 1982-1996.

Gräf, Hans Gerhard (Hrsg.): *Goethe über seine Dichtungen. Versuch einer Sammlung aller Aeusserungen des Dichters über seine poetischen Werke.* Frankfurt a.M. (Rütten & Loening) 1901-1904.

Lexikon zur Geschichte der Kartographie von den Anfängen bis zum ersten Weltkrieg. Wien (Franz Deutsche) 1986.

Metzler Literatur Lexikon. Begriffe und Definitionen. Hrsg. v. Günter und Irmgard Schweikle. Zweite, überarbeitete Auflage. Stuttgart (Metzler) 1990.

Unterberger, Rose: *Die Goethe-Chronik.* Frankfurt a.M./ Leipzig (Insel) 2002.

Zimmermann, Susanne / Neuper, Horst: *Professoren und Dozenten der Medizinischen Fakultät Jena und ihre Lehrveranstaltungen zwischen 1770 und 1820.* Jena (Jenzig) 2008.

[Danbara] 檀原　毅：『地球を測った科学者の群像　測地・地図の発展小史』東京（日本測量協会）1998.

II. KATALOGE UND BEGLEITHEFTE VON AUSSTELLUNGEN

In Europäischer Sprache

A short List of Books and Pamphlets Relating to the European Intercourse with Japan: (Private Collection of Shigetomo Koda) : exhibited at the Mitsukoshi, Eastern Room, 7th story from 7th to 11th November 1930.

Alexander von Humboldt und Gothaer Gelehrte. Ausstellung des URANIA Kultur- und Bildungsvereines Gotha e. V. in Zusammenarbeit mit Gotha im Museum für Regionalgeschichte und Volkskunde, Schloss Friedenstein, Gotha, 15. April bis 27. Juni 1999.

Auf den Spuren Siebolds in Würzburg und Japan. Katalog zur Eröffnung des Siebold-Museums. Würzburg 3.7. – 2.10.1995. Hrsg. v. der Siebold-Gesellschaft in Würzburg.

Berge, eine unverständliche Leidenschaft. Buch zur Ausstellung des Alpenverein-Museums in der Hofburg Innsbruck. Hrsg. v. Philipp Felsch, Beat Gugger und Gabriele Rath. Wien/Bozen (Folio), 2. Auflage 2009.

Brückenbauer. Pioniere des japanisch-deutschen Kulturaustausches. 『日独交流の架け橋を築いた人々』 (zweisprachig: Deutsch und Japanisch) Hrsg. v. Japanisch-Deutschen Zentrum Berlin und der Japanisch-Deutschen Gesellschaft Tokio. München (iudicium) 2005.

Deutsches Museum von Meisterwerken der Naturwissenschaft und Technik. Ausstellungsführer. München (Deutsches Museum) 5. überarbeitete Auflage 2003.

Die Gothaer Residenz zur Zeit Herzog Ernsts II. von Sachsen-Gotha-Altenburg (1772-1804). Stiftung Schloss Friedenstein Gotha, Ausstellungskatalog im Schlossmuseum, 6. Juni - 17. Oktober 2004.

Die Mineralogische Sammlung der Friedrich-Schiller-Universität Jena. Informationsbroschüre. Hrsg. v. Institut für Geowissenschaften, Bereich Mineralogie. o. J.

»Eine unbeschreibliche, fast magische Anziehungskraft«. Goethes »Wahlverwandtschaften« . Eine Ausstellung der Klassik Stiftung Weimar in Zusammenarbeit mit dem Sonderforschungsbereich 482 »Ereignis Weimar-Jena. Kultur um 1800« der Friedrich-Schiller-Universität Jena. Goethe-Nationalmuseum 28.8. bis 2.11.2008.

Engelbert Kaempfer (1651-1716). Sein Leben und seine Reise. CD-ROM zur Ausstellung *Ginkgobaum und Riesenkrabbe. Die Forschungsreisen des Engelbert Kaempfer (1651-1716)* im Städtischen Museum Hexenbürgermeisterhaus in Lemgo. Hrsg. v. Landesverband Lippe und der Stadt Lemgo anlässlich des Engelbert-Kaempfer-Jubiläums 2001.

Ereignis Weimar. Anna Amalia, Carl August und das Entstehen der Klassik 1757-1807. Katalog zur Ausstellung im Schlossmuseum Weimar. Hrsg. v. der Klassik Stiftung Weimar und dem Sonderforschungsbereich 482 »Ereignis Weimar-Jena. Kultur um 1800« der Friedrich-Schiller-Universität Jena. 1.4. - 4.11.2007.

Erleuchtung der Welt. Sachsen und der Beginn der modernen Wissenschaften. Prospekte der Jubiläumsausstellung im Alten Rathaus zu Leipzig vom 9. Juli bis 6. Dezember 2009.

Feuerstein, Petra: *Von Euklid bis Gauß.* Begleitheft zur Ausstellung Maß, Zahl und Gewicht. Mathematik als Schlüssel zu Weltverständnis und Weltbeherrschung. Herzog August Bibliothek Wolfenbüttel 1989.

Goethes Autographensammlung. Katalog. Bearb. v. Hans-Joachim Schreckenbach. Weimar (Arion) 1961.

Goethes Bibliothek. Katalog. Bearb. von Hans Ruppert. Weimar (Arion) 1958.

Gothaer Geowissenschaftler in 220 Jahren. Hrsg. v. URANIA Kultur- und Bildungsverein Gotha e.V., Gotha (Klett) 2005.

Keudell, Elise: *Goethe als Benutzer der Weimarer Bibliothek. Goethe als Erneuerer und Benutzer der Jenaischen Bibliotheken* Leipzig, Zentralantiquariat der DDR, 1982. Reprint der Originalausgaben 1931 und 1932.

Kraus, Georg Melchior: *Aussichten und Parthien des Herzogl. Parks bey Weimar.* Hrsg. v. Ernst-Gerhard Güse und Margarete Oppel. Klassik Stiftung Weimar 2006.

Lexikon zur Geschichte der Kartographie. Von den Anfängen bis zum ersten Weltkrieg. Verfaßt von zahlreichen Experten, bearbeitet von Ingrid Kretschmer, Johannes Dörflinger und Franz Wawrik. Wien (Franz Deuticke) 1986.

Montagna. Arte, scienza, mito. da Duerer a Warhol. Ausstellungskatalog. Milano (Museo di Arte Moderna) 2003.

Philipp Franz von Siebold (1796-1866). Forscher und Lehrer in Japan. Ausstellungskatalog in der Universitätsbibliothek der Heinrich-Heine-Universität Düsseldorf in Zusammenarbeit mit der Sieboldiana-Sammlung der Ruhr-Universität Bochum und dem Heinrich-Heine-Institut der Stadt Düsseldorf. 4. Dezember 1991 - 11. Januar 1992.

Philipp Franz von Siebold. Ein Bayer als Mittler zwischen Japan und Europa (1796-1866). Katalog zur Ausstellung im Verstibül der Bayerischen Staatskanzlei, München, 17. September bis 17. Oktober 1993. Hrsg. v. Michael Henker, Susanne Bäumler, Evamaria Brockhoff, Ilona von Máriássy und Kazuko Ono. München (Haus der Bayerischen Geschichte) 1993.

Quellen zur Astronomie in der Forschungs- und Landesbibliothek Gotha unter besonderer Berücksichtigung der Gothaer Sternwarten. Zusammengestellt und kommentiert von Oliver Schwarz, Cornelia Hopf und Hans Stein. Gotha (Forschungs- und Landesbibliothek) 1998.

Schneckenburger, Stefan: *In tausend Formen magst du dich verstecken: Goethe und die Pflanzenwelt.* Sonderheft 29. Begleitheft zur Ausstellung anlässlich des Goethe-Jahres 1999 im Palmengarten der Stadt Frankfurt am Main 1998.

Sternstunden in Gotha. Ein Prospekt der *Sonderausstellung zum 200. Jahrestag des ersten internationalen Astronomentreffens 1798.* Gotha (Schlossmuseum Gotha) 1998.

Vermessen: Kartographie der Tropen. Begleitbuch zur Ausstellung des Ethnologischen Museums Berlin-Dahlem 2006.

»Wie zwey Enden einer großen Stadt...«. Die Doppelstadt Jena-Weimar im Spiegel regionaler Künstler 1770-1830. Katalog der Städtischen Museen Jena und des Stadtmuseums Weimar 1999.

Wiederholte Spiegelungen. Weimarer Klassik 1759-1832. Ständige Ausstellung des Goethe-Nationalmuseums. Hrsg. v. Gerhard Schuster und Caroline Gille. München/Wien (Carl Hanser) 1999.

Wissenswelten. Die Bayerische Akademie der Wissenschaften und die wissenschaftlichen Sammlungen Bayerns. Ausstellungen zum 250-jährigen Jubiläum der Bayerischen Akademie der Wissenschaften. Katalog hrsg. unter Mitarbeit von Tobias Schönauer von Dietmar Willoweit. München 2009.

In Japanischer Sprache (Auswahl)

『小島烏水　西洋版画コレクション　山と文学、そして美術』Ausstellungskatalog des Yokohama Museum of Art (22. Januar - 4. April 2007). 東京（大修館）2007.

『西洋古版日本地図精選 *Early European Maps of Japan*』序文：荒俣宏、解説：ルッツ・ワルター、東京（雄松堂書店）2001.

『西洋人の描いた日本地図　ジパングからシーボルトまで』Ausstellungskatalog von der Deutschen Gesellschaft für Natur- und Völkerkunde Ostasiens (OAG). *Japan mit den Augen des Westens gesehen.* Tokio 1993.

『資料が語る地震災害』Sonderausstellungskatalog: *Erdbeben-Dokumente im Iwase Bunko Library* (17. November 2006 – 21. Januar 2007). Nishio 2006.

関孝和三百年祭記念『数学・日本のパイオニアたち』日本の科学者技術者展シリーズ　第7回. Prospekte der Ausstellung im National Museum of Nature and Science in Tokio (20. November 2008 - 12. Januar 2009).

『シーボルト父子のみた日本　生誕 200 年記念』Deutsch-japanischer Ausstellungskatalog *200 Jahre Siebold. Die Japansammlungen Philipp Franz und Heinrich von Siebolds.* 東京（江戸東京博物館）1996.

日蘭通商 400 周年記念展『阿蘭陀と NIPPON』Ausstellungskatalog: *The Netherlands and Japan.* 岡崎美術博物館・長崎歴史文化博物館・たばこと塩の博物館 2009/2010.

日露修好 150 周年記念『「ロマノフ王朝と近代日本」展　版画と写真でたどる日露交流　ロシア国立図書館所蔵品より』Ausstellungskatalog: *Russia and Japan-Mutual Understanding. To the 150th Anniversary of the Establishment of Diplomatic Relations.* 長崎歴史文化博物館・江戸東京博物館ほか 2006/2007.

『旗本御家人　江戸を彩った異彩たち』Prospekte der Sonderausstellung von National Archives of Japan in Tokio vom 4. bis 23. April 2009.

III. MONOGRAPHIEN UND AUFSÄTZE

In europäischer Sprache

Adler, Jeremy: *Eine fast magische Anziehungskraft. Goethes Wahlverwandtschaften und die Chemie seiner Zeit.* München (C. H. Beck) 1987.

Apel, Michael / Natzer, Eva-Maria: *Schätze der Neuen Welt. Bayerische Naturforscher in Südamerika.* In: *Wissenswelten.* Die Bayerische Akademie der Wissenschaften und die wissenschaftlichen Sammlungen Bayerns. Katalog. München 2009, S.260-273.

Barnert, Arno: *Die Weimarer Militärbibliothek 1630 bis 1930. Klassische Ordnungsvorstellungen vom Krieg.* Vortrag im Forschungskolloquium des Lehrstuhls Militärgeschichte am Historischen Institut der Universität Potsdam, 29. April 2009.

Bartholomäus, Christine: *Philipp Franz von Siebold (1716-1866). Japanforscher aus Würzburg.* Mit japanischer Übersetzung von Ataru Sotomura. Würzburg (Ferdinand Schöningh) 1999, 2. verbesserte Aufl.

Baumann, Eberhard: *Geodätische Literatur an der Schwelle des 19. Jahrhunderts zu Beginn der Karriere von Müfflings*. In: *Müfflings Leben und Werk aus der Sicht der Gegenwart*. Hrsg. v. DVW, Landesverein Thüringen, Fachinformationsblatt Nr.4, Gotha 2002, S.59-64.

Baumgart, Wolfgang: *Bertuch und die Freie Zeichenschule in Weimar. Ein Aufklärer als Förderer der Künste*. In: *Friedrich Justin Bertuch (1747-1822). Verleger, Schriftsteller und Unternehmer im klassischen Weimar*. Hrsg. v. Gerhard R. Kaiser und Siegfried Seifert. Tübingen (Niemeyer) 2000, S.279-289.

Beck, Hanno / Hein, Wolfgang-Hagen: *Humboldts Naturgemälde der Tropenländer und Goethes ideale Landschaft. Zur ersten Darstellung zu einer Geographie der Pflanzen. Erläuterungen zu fünf Profil-Tafeln in natürlicher Größe*. Stuttgart (Brockhaus Antiquarium) 1989.

Beeson, David: *Maupertuis: An Intellectual Biography*. Oxford (Voltaire Foundation) 2006.

Biegel, Gerd und Reich, Karin: *Carl Friedrich Gauß. Genie aus Braunschweig – Professor in Göttingen*. Braunschweig (Meyer) 2005.

Biermann, Kurt-R.: *Die Gauß-Briefe in Goethes Besitz*. In: NTM-Schriftenreihe Gesch., Naturwiss., Technik, Med., Leipzig 11 (1974), 1, S.2-10.

Blechschmidt, Stefan / Heinz, Andrea (Hrsg.): *Dilettantismus um 1800*. Heidelberg (Winter) 2007.

Blechschmidt, Stefan: *Der Schauplatz von Goethes »Die Wahlverwandtschaften«. Kartographischer Zugang und modellhafte Vergegenwärtigung*. In: *»Eine unbeschreibliche, fast magische Anziehungskraft«. Goethes »Wahlverwandtschaften«*. Eine Ausstellung im Goethe-Nationalmuseum 2008, S.28-35.

Bolles, Edmund Blair: *The Ice Finders. How a Poet, a Professor, and a Politician discovered the Ice Age*. Washington 1999. Ins Deutsche übersetzt als *Eiszeit. Wie ein Professor, ein Politiker und ein Dichter das ewige Eis entdeckten*. Frankfurt a.M. (Fischer) 2003. Ins Japanische übersetzt als『氷河期の「発見」地球の歴史を解明した詩人・教師・政治家』中村正明訳, 東京（扶桑社）2006.

Botting, Douglas: *Humboldt and the Cosmos*. München/Berlin/London/New York (Prestel) 1994 (Reprint von 2004, ursprünglich London 1973). Ins Japanische übersetzt als『フンボルト　地球学の開祖』西川治・前田伸人訳, 東京（東洋書林）2008.

Brachner, Alto: *Von Ellen und Füßen zur Atomuhr. Geschichte der Messtechnik*. München (Deutsches Museum) 2. überarbeitete Aufl., 2005.

Brosche, Peter: *Astronomie der Goethezeit. Textsammlung aus Zeitschriften und Briefen Franz Xaver von Zachs*. Thun/Frankfurt a.M. (Harri Deutsch) 1995.

Brosche, Peter: *Die Wiederauffindung der Ceres im Jahre 1801*. In: *Astronomie von Olbers bis Schwarzschild*. Hrsg. v. Wolfgang R. Dick und Jürgen Hamel. Thun und Frankfurt a.M. (Harri Deutsch) 2002, S.80-88.

Brosche, Peter: *Die Bücher der Astronomen*: [„Bernhard von Lindenau als Gelehrter, Staatsmann, Menschenfreund und Förderer der schönen Künste". Ausstellung im Lindenau-Museum Altenburg vom 12. Juni bis 12. September 2004] Altenburg (Lindenau-Museum) 2004.

Brosche, Peter: *Jean Paul unter dem Himmel der Astronomen.* In: Jahrbuch der Jean-Paul-Gesellschaft. Im Auftrag der Jean-Paul-Gesellschaft, Sitz Bayreuth. Hrsg. v. Helmut Pfotenhauer. 39. Jahrgang, Weimar (Böhlau) 2004, S.215-225.

Brosche, Peter: *Die Wechselwirkung der Astronomen von Gotha und Paris.* In: *Deutsch-Französische Wissenschaftskontakte in Thüringen.* Hrsg. von Werner Köhler und Jürgen Kiefer. Acta Academiae Scientiarum 12, Erfurt (Verlag der Akademie gemeinnütziger Wissenschaften zu Erfurt) 2008, S.41-56.

Brosche, Peter: *Der Astronom der Herzogin. Leben und Werk von Franz Xaver von Zach (1754-1832).* Frankfurt a.M. (Harri Deutsch) 2009. Zweite, überarbeitete und erweiterte Aufl.

Buschmann, Ernst: *Geodätisch-astronomische Aspekte.* In: *300 Jahre Astronomie in Berlin und Potsdam.* Hrsg. v. Wolfgang R. Dick und Klaus Fritze. Thun und Frankfurt a.M. (Harri Deutsch) 2000, S.142-150.

Camporesi, Piero: *Le belle contrade: nascita del paesaggio italiano.* Mirano (Garzanti) 1992. Ins Japanische übersetzt als『風景の誕生』中山悦子訳, 東京（筑摩書房）1997.

Casper, S. Jost: *Alexander von Humboldts Ideen zu einer Geographie der Pflanzen aus dem Jahre 1807 in der Bibliothek des Herbarium Haussknecht der Friedrich-Schiller-Universität Jena. Ein Exemplar eines Standardwerkes der Botanik mit einer bemerkenswerten Geschichte.* In: Hausknechtia. Mitteilungen der Thüringischen Botanischen Gesellschaft. Heft 9 (2003), S.223-249.

Casper, S. Jost: *Die „geheimnißvolle Ziehkraft hoher Berge" oder „Als Humboldt den Chimborasso bestieg, war die Luft so dünn, dass er nicht mehr ohne Brille lesen konnte." Zum 200. Jahrestag der Besteigung des Andenvulkans durch Alexander von Humboldt, Aimé Bonpland und Carlos Montúfar am 23. Juni 1802.* In: Hausknechtia. Mitteilungen der Thüringischen Botanischen Gesellschaft. Heft 9 (2003), S.207-222.

Comment, Bernard: *Das Panorama. Die Geschichte einer vergessenen Kunst.* Übersetzt aus dem Englischen von Martin Richter. Berlin (Nicolai) 2000.

Die Luftpumpe am Himmel. Wissenschaft in Sachsen zur Zeit Augusts des Starken und Augusts III. Hrsg. v. Peter Plaßmeyer. Für Schloss Moritzburg und die Staatlichen Kunstsammlungen Dresden. Dresden (Sandstein) 2007.

Dorschner, Johann: *Astronomie in Thüringen. Skizzen aus acht Jahrhunderten.* Jena 1998.

Freund, Winfried: *Theodor Storm. Der Schimmelreiter. Glanz und Elend des Bürgers.* Paderborn/München/Wien/Zürich (Schöningh) 1984.

Fritz, Horst: *Instrumentelle Vernunft als Gegenstand von Literatur. Studien zu Jean Pauls „Dr. Katzenberger", E.T.A. Hoffmanns „Klein Zaches", Goethes „Novelle" und Thomas Manns „Zauberberg".* München (Wilhelm Fink) 1982.

Fröba, Staphanie / Wassermann, Alfred: *Die bedeutendsten Mathematiker.* Wiesbaden (Marix) 2007.

Fröber, Rosemarie: *Museum anatomicum Jenense. Die anatomische Sammlung in Jena und die Rolle Goethes bei ihrer Entstehung.* Golmsdorf (Jenzig) 2003, 3. verbesserte Aufl.

Galle, Andreas: *Über die geodätischen Arbeiten von Gauß.* In: Werke. Carl Friedrich Gauß; Hrsg. v. der Königlichen Gesellschaft der Wissenschaften zu Göttingen 1927-29, Bd.11, S.1-165.

Gersdorff, Dagmar von: *Goethes Enkel. Walter, Wolfgang und Alma.* Frankfurt a.M./ Leipzig (Insel) 2008.

Goss, John: *KartenKunst. Die Geschichte der Kartographie.* Mit einer Einführung von Valerie Scott. Braunschweig (Westermann) 1994.

Graczyk, Annette: *Das literarische Tableau zwischen Kunst und Wissenschaft.* München (Wilhelm Fink) 2004.

Grobe, Karsten : *Müffling, ein Ingenieur seiner Zeit: Zeugnisse seiner ingenieurtechnischen Tätigkeit in Thüringen.* In: *Müfflings Leben und Werk aus der Sicht der Gegenwart.* Hrsg. v. DVW, Landesverein Thüringen, Fachinformationsblatt Nr.4, Gotha 2002, S.45-50.

Habel, Thilo: *Von der Landschaftsstimmung zur Karte. Franz Junghuhns Studien auf Java.* In: *Vermessen: Kartographie der Tropen.* Begleitbuch zur Ausstellung des Ethnologischen Museums, Berlin-Dahlem. 2006, S.38-45.

Hagengruber, Ruth: *Emilie du Châtelet an Maupertuis: Eine Metaphysik in Briefen.* In: Hecht, Hartmut (Hrsg.) *Pierre Luis Moreau de Maupertuis. Eine Bilanz nach 300 Jahren.* Berlin (Berlin Verlag) 1999, S.187-206.

Hamblyn, Richard: *Die Erfindung der Wolken.* Wie ein unbekannter Meteorologe die Sprache des Himmels erforschte. Aus dem Englischen von Ilse Strasmann. (Originaltitel: *The Invention of Clouds*, London 2001) Frankfurt a.M./ Leipzig (Suhrkamp) 2003. Ins Japanische übersetzt als『雲の「発明」気象学を創ったアマチュア化学者』小田川佳子訳, 東京（扶桑社）2007.

Hamel, Jürgen: *Ephemeriden und Informationen: Inhaltliche Untersuchungen Berliner Kalender bis zu Bodes Astronomischem Jahrbuch.* In: *300 Jahre Astronomie in Berlin und Potsdam.* Hrsg. v. Wolfgang R. Dick und Klaus Fritze. Thun und Frankfurt a.M. (Harri Deutsch) 2000, S.49-70.

Hartmann, Rudolf: *Japanische Offiziere im Deutschen Kaiserreich, 1870-1914.* In: Japonica Humboldtiana. Yearbook of the Mori Ôgai Memorial Hall. Berlin Humboldt University Vol. 11, Wiesbaden (Harrassowitz) 2007, S.93-158.

Heinemann, Anna-Sophie: *Angewandte Mathematik oder Géométrie descriptive unter Carl Friedrich Christian Steiner.* In: K. Klinger (Hrsg.): *Kunst und Handwerk in Weimar. Von der Fürstlichen Freyen Zeichenschule zum Bauhaus.* Köln/Weimar/Wien (Böhlau) 2009, S.67-81.

Heinstein, Patrik / Wegner, Reinhardt: *Mimesis qua Institution. Die akademischen Zeichenlehrer der Universität Jena 1765-1851.* In: ‚Gelehrte' Wissenschaft. Das Vorlesungsprogramm der Universität Jena um 1800. Hrsg. v. Thomas Bach, Jonas Maatsch und Ulrich Rasche. Stuttgart (Steiner) 2008, S.283-301.

Heinstein, Patrik: *Komplementäre Entwürfe im Widerstreit. Der Plan zur Errichtung einer Jenaer Kunstakademie in den Jahren 1812-19.* In: K. Klinger (Hrsg.): *Kunst und Handwerk in Weimar.* Köln/Weimar/Wien (Böhlau) 2009, S.95-106.

Horn, Susanne: *Bergrat Johann Carl Wilhelm Voigt (1752-1821). Beiträge zur Geognosie und Mineralogie.* In: Heinz, Andrea (Hrsg.): *„Der Teutsche Merkur" – die erste deutsche Kulturzeitschrift?* Heidelberg (Winter) 2003, S.199-214.

Howald-Haller, Mario: *Maupertuis' Messungen in Lappland.* In: *Pierre-Louis-Moreau de Maupertuis. Eine Bilanz nach 300 Jahren.* Hrsg. v. Hecht, Hartmut. Berlin (Berlin Verlag) 1999, S.71-87.

Hubmann, Bernhard: *Die großen Geologen.* Wiesbaden (Marix) 2009.

Ishihara, Aeka: *Makarie und das Weltall. Astronomie in Goethes „Wanderjahren".* Köln/Weimar/Wien 1998.

Ishihara, Aeka: *Goethe und die Astronomie seiner Zeit. Eine astronomisch-literarische Landschaft um Goethe.* In: Goethe-Jahrbuch 117 (2000), im Auftrag des Vorstandes der Goethe-Gesellschaft, Weimar/Köln, S.103-117.

Ishihara, Aeka: *Goethes Buch der Natur. Ein Beispiel der Rezeption naturwissenschaftlicher Erkenntnisse und Methoden in der Literatur seiner Zeit.* Würzburg 2005.

Ishihara, Aeka: *Der Kadaver und der Moulage. Ein kleiner Beitrag zur plastischen Anatomie der Goethezeit.* In: Goethe-Jahrbuch XLVII (2005), Hrsg. v. der Goethe-Gesellschaft in Japan, München (iudicium), S.25-39.

Ishihara, Aeka: *Die Hauptleute mit mathematischer Gabe. Oder: Die Landvermessung in Goethes Wahlverwandtschaften und Jean Pauls Dr. Katzenbergers Badereise.* In: Gête-Nenkan (Goethe-Jahrbuch der Goethe-Gesellschaft in Japan), Tokio 2008, S.25-39.

Ishihara, Aeka: *Das Dreiecksnetz: Gauß und die japanische Landvermessung in der Meiji-Zeit.* In: TRANS: Internet-Zeitschrift für Kulturwissenschaften Nr.17, „KCTOS: Wissen, Kreativität und Transformationen von Gesellschaften": http://www.inst.at/trans/17Nr/1-8/1-8_ishihara17.htm, März 2010.

Jordan, Wilhelm und Steppes, Karl (Hrsg.): *Das deutsche Vermessungswesen. Historisch-kritische Darstellung auf Veranlassung des deutschen Geometervereins unter Mitwirkung von Fachgenossen.* Stuttgart (Verlag von K. Wittwer) 1880.

Kaiser, Gerhard R.: *Friedrich Justin Bertuch. Versuch eines Porträts.* Tübingen (Niemeyer) 2000.

Kaiser, Klaus-Dieter: *Erfurt und Freiherr von Müffling 1775-1851. Ein Leben in preußischen und weimarischen Diensten.* Erfurt (Verein für die Geschichte und Altertumskunde von Erfurt e. V.) 2005.

Kaiser, Klaus-Dieter: *Müfflings militärwissenschaftliches Wirken in Thüringen.* In: *Müfflings Leben und Werk aus der Sicht der Gegenwart.* Hrsg. v. DVW, Landesverein Thüringen, Fachinformationsblatt Nr.4, Gotha 2002, S.32-44.

Kawamura, Shigeichi: *Vicomte Aoki Shuzo (1844-1914). Geheimer Staatsrat, Präsident der Japanisch-Deutschen Gesellschaft.* In: Brückenbauer. München (iudicium) 2005, S.33-35.

Kertscher, Dieter: *Carl Friedrich Gauß und die Geodäsie.* In: *„Wie der Blitz einschlägt, hat sich das Rätsel gelöst". Carl Friedlich Gauß in Göttingen.* Hrsg. v. Elmar Mittler. Katalog zur Ausstellung im Alten Rathaus am Markt, Göttingen 2005, S.150-167

Klein-Langner, Wolfgang: *„Philipp Franz von Siebold und sein Einfluss auf die Ostasienpolitik Russlands (Auszüge). Bearbeitet nach Angaben in „Die Würzburger Siebold" von Hans Körner und „Philipp Franz von Siebold. Leben und Werk" von Schûzô Kure.* [Als Manuskript vom Autor erhalten]

Klinger, Kerrin / Müller, Matthias: *Goethe und die Camera obscura.* In: Goethe-Jb. 2008, S.219-238.

Klinger, Kerrin: *Zwischen Gesellschaft und Industrieförderung. Die Zeichenschule als Modellinstitution.* In: derselbe (Hrsg.): *Kunst und Handwerk in Weimar. Von der Fürstlichen Freyen Zeichenschule zum Bauhaus.* Köln/Weimar/Wien (Böhlau) 2009, S.107-120.

Kohlstock, Peter: *Kartographie. Eine Einführung.* Paderborn (Schöningh) 2004.

Kokott, Wilhelm: *Bodes „Astronomisches Jahrbuch" als internationales Archivjournal.* In: *Astronomie von Olbers bis Schwarzschild.* Hrsg. v. Wolfgang R. Dick und Jürgen Hamel. Thun und Frankfurt a.M. (Harri Deutsch) 2002, S.142-157.

Körner, Hans: *Die Würzburger Siebold. Eine Gelehrtenfamilie des 18. und 19. Jahrhunderts.* Mit 87 Bildnissen und 55 Abbildungen. Hrsg. v. der Deutschen Akademie der Naturforscher Leopoldina, Leipzig (Johann Ambrosius Barth) 1967. Zweite Hälfte ins Japanische übersetzt als 竹内精一訳：『シーボルト父子伝』東京 (創造社) 1974.

Korey, Michael: *Die Geometrie der Macht. Mathematische Instrumente und fürstliche Mechanik um 1600.* Hrsg. v. den Staatlichen Kunstsammlungen Dresden. München/Berlin (Deutscher Kunstverlag) 2007.

Košenina, Alexander: *Der gelehrte Narr. Gelehrtensatire seit der Aufklärung.* Göttingen (Wallstein) 2003.

Krähahn, Michael: *Müffling - genealogische Anmerkungen zu einer interessanten preußischen Familie.* In: *Müfflings Leben und Werk aus der Sicht der Gegenwart.* Hrsg. v. DVW, Landesverein Thüringen, Fachinformationsblatt Nr.4, Gotha 2002, S.51-52.

Krebs, Gerhard: *Japan und die preußische Armee.* In: derselbe (Hrsg.): *Japan und Preußen.* Monographien aus dem Deutschen Institut für Japanstudien. Bd. 32, München (iudicium) 2002, S.125-144.

Maisak, Petra: *Johann Wolfgang Goethe. Zeichnungen.* Stuttgart (Insel) 1996.

Manger, Klaus: *Deutsch-französische Wissenschafts- und Literaturkontakte in Thüringen.* In: *Deutsch-Französische Wissenschaftskontakte in Thüringen.* Hrsg. von Werner Köhler und Jürgen Kiefer. Acta Academiae Scientiarum 12, Erfurt (Verlag der Akademie gemeinnütziger Wissenschaften zu Erfurt) 2008, S.11-21.

Martens, Thomas / Oesterheld, Heinz: *Die geologische Sammlung des Gothaer Naturwissenschaftlers und Staatsbeamten Karl Ernst Adolf von Hoff (1771-1837) und ihre wissenschaftshistorische Analyse: erste Ergebnisse.* In: Gothaer Museumsheft. Abhandlungen und Berichte des Museums der Natur Gotha 1987, S.19-29.

Martens, Thomas: *Karl Ernst Adolf von Hoff (1771-1837). Begründer des Aktualismus in der Geologie.* In: Gothaer Museumsheft. Abhandlungen und Berichte des Museums der Natur Gotha 1987, S.3-18.

Marx, Friedhelm: *„Die Vermessung der Welt" als historischer Roman.* In: Nickel, Gunther (Hrsg): *Daniel Kehlmanns „Die Vermessung der Welt".* Hamburg (Rowohlt) 2008, 2.Aufl., S.169-185.

Maul, Heinz-Eberhard: *Militärische Beziehungen.* In: *Berlin-Tôkyô im 19. und 20. Jahrhundert.* Springer und JDZB (Berlin) 1995, S.83-90.

Meyer, Hans-Heinrich: *Historische topographische Karten in Thüringen. Dokumente der Kulturlandschaftsentwicklung.* Erfurt (Thüringer Landesamt für Vermessung und Geoinformation) 2007.

Michling, Horst: *Carl Friedrich Gauß. Episoden aus dem Leben des Princeps Mathematicorum.* Vierte verbesserte Auflage, Göttingen 2005.

Mitteilungen des Reichsamts für Landesaufnahme, Berlin (Reichsamt) 1937, 13. Jahrgang, Nr.4.

Müfflings Leben und Werk aus der Sicht der Gegenwart: Wissenschaftliches Gedenk-Kolloquium zum 150. Todestag des Philipp Friedrich Karl Ferdinand Freiherr von Müffling am 09. November 2001 im Rathaus Erfurt. Hrsg. v. Deutschen Verein für Vermessungswesen (DVW), Landesverein Thüringen e.V., als Fachinformationsblatt Nr.4, Gotha 2002.

Müller-Miny, Heinrich: *Die Kartenaufnahme der Rheinlande durch Tranchot und von Müffling 1801-1828: Bd.2. Das Gelände. Eine quellenkritische Untersuchung des Kartenwerks.* Köln-Bonn (Peter Henstein) 1975.

Nickel, Gisela: *„Höhen der alten und neuen Welt bildlich verglichen". Eine Publikation Goethes in Bertuchs Verlag.* In: *Friedrich Justin Bertuch (1747-1822). Verleger, Schriftsteller und Unternehmer im klassischen Weimar.* Hrsg. v. Gerhard R. Kaiser und Siegfried Seifert. Tübingen (Niemeyer) 2000, S.673- 689.

Nickel, Gisela: *Neues von „Camarupa": zu Goethes frühen meteorologischen Arbeiten.* In: Goethe-Jahrbuch, Bd. 117 (2000), S.118-125.

Nickel, Gisela: *Goethe und Humboldt als Wetterkundler – wechselseitige Anregung oder Nichtbeachtung?* In: Acta Historica Leopoldina 38 (2003), S.97-113.

Nickel, Gisela: *Das meteorologische Messnetz des Großherzogtums Sachsen-Weimar-Eisenach.* In: Acta Historica Leopoldina 29 (2004), S.161-168.

Nickel, Gunther (Hrsg): *Daniel Kehlmanns „Die Vermessung der Welt". Materialien, Dokumente, Interpretationen.* Hamburg (Rowohlt) 2008, 2.Aufl.

Nicolson, Hope Marjorie: *Mountain Gloom and Mountain Glory. The Development of the Aesthetics of the Infinite.* Seattle and London (University of Washington Press) 1997. (Reprint von Cornell University Press 1959). Ins Japanische übersetzt als 『暗い山と栄光の山』小黒和子訳, 東京（国書刊行会）1989.

Oestmann, Günther: *Astronomischer Dilettant oder verkanntes Genie? Zum Bild Johann Hieronymus Schroeters in der Wissenschaftsgeschichte.* In: *Astronomie von Olbers bis Schwarzschild.* Hrsg. v. Wolfgang R. Dick und Jürgen Hamel. Frankfurt a.M. (Harri Deutsch) 2002, S.9-24.

Oettermann, Stefan: *Das Panorama: die Geschichte eines Massenmediums.* Frankfurt a.M. (Syndikat) 1980.

Opitz, Siegfried / Schütze, Stefan: *Mit Messtisch und Messkette. Das sächsische Kataster von den Anfängen bis heute.* Dresden (Schütze-Engler-Weber Verlags GbR) 2007.

Plaßmeyer, Peter (Hrsg.): *Die Luftpumpe am Himmel. Wissenschaft in Sachsen zur Zeit Augusts des Starken und Augusts III.* Dresden (Sandstein) 2007.

Radbruch, Knut: *Mathematische Spuren in der Literatur.* Darmstadt (Wissenschaftliche Buchgesellschaft) 1997.

Rauck, Michael: *Japanese in the German Language and Cultural Area 1865-1914. A General Survey.* With a Foreword by Osamu Yanagisawa. Tokyo Metropolitan University (T.M.U. Economic Society Research Series No.2) 1994.

Reich, Karin: *Im Umfeld der »Theoria motus«. Gauß' Briefwechsel mit Perthus, Laplace, Delambre und Legendre.* Göttingen (Vandenhoeck & Ruprecht) 2001.

Reich, Karin: *Genaue Beobachtungen, exakte Bahnbestimmungen: Gauß' Beiträge zur Kometenforschung.* In: *Der Meister und die Fernrohre.* Hrsg. v. Jürgen Hamel und Inge Keil. Thun und Frankfurt a.M. (Harri Deutsch) 2007, S.332-348.

Reitz, Gerd: *Ärzte zur Goethezeit.* Weimar (VDG) 2000.

Richter, Dieter: *Der Vesuv. Die Geschichte eines Berges.* Berlin (Wagenbach) 2007.

Riedl-Dorn, Christa: *Johann Natterer und die Österreichische Brasilienexpedition.* Petrópolis (Editora Index) 2000.

Scharfe, Martin: *Berg-Sucht. Eine Kulturgeschichte des früheren Alpinismus 1750-1850.* Wien/Köln/Weimar (Böhlau) 2007.

Schiebinger, Londa: *Natures Body. Gender in the Making of Modern Science.* Boston (Beacon Press) 1993. Ins Deutsche übersetzt von Margit Bergner und Monika Noll als *Am Busen der Natur. Erkenntnis und Geschlecht in den Anfängen der Wissenschaft.* Stuttgart (Klett-Cotta) 1995. Ins Japanische übersetzt als『女性を弄ぶ博物学 リンネはなぜ乳房にこだわったのか？』小川眞里子・財部香枝訳，東京（工作舎）1996.

Schiebinger, Londa: *Plants and Empire. Colonial Bioprospecting in the Atlantic World.* Harvard University Press, Cambridge (Mass.) 2004; Ins Japanische übersetzt als『植物と帝国』小川眞里子・弓削直子訳，東京（工作舎）2007.

Schielicke, Reinhard: *Astronomie in Jena. Historische Streifzüge von den mittelalterlichen Sonnenuhren zum Universarium.* Jena-Information 1988.

Schielicke, Reinhard: *Zeugnisse über die Einrichtung des Observatoriums und das Wirken der Astronomen an der Sternwarte zu Jena am Beginn des 19. Jahrhunderts.* In: Reichtümer und Raritäten. Jenaer Reden und Schriften. Jena 1990, S.132-144.

Schielicke, Reinhard E.: *Von Sonnenuhren, Sternwarten und Exoplaneten. Astronomie in Jena.* Jena/Quedlinburg (Dr. Bussert & Stadeler) 2008.

Schmid, Irmtraut: *Die naturwissenschaftlichen Institute bei der Universität Jena unter Goethes Oberaufsicht. Ein Beitrag zur Geschichte der Oberaufsicht über die unmittelbaren Anstalten für Wissenschaft und Kunst in Sachsen-Weimar-Eisenach.* Berlin, Univ. Dissertation 1979.

Schmid, Irmtraut: *Die Oberaufsicht über die naturwissenschaftlichen Institute an der Universität Jena unter Goethes Leitung.* In: Impulse 4. Berlin/Weimar 1982, S.148-187.

Schmid, Irmtraut: *Goethes Verantwortung für die Alma Mater Jenensis. Amtliche Pflichten – Oberaufsicht – Wissenschaft.* In: *Evolution des Geistes: Jena um 1800. Natur und Kunst, Philosophie und Wissenschaft im Spannungsfeld der Geschichte.* Hrsg. v. Friedrich Strack. Stuttgart 1994, S.80-93.

Schmidt, C. P. Max: *Franz Junghuhn. Biographische Beiträge zur 100. Wiederkehr seines Geburtstages.* Leipzig (Dürr) 1909.

Schmidt, Rudolf: *Die Kartenaufnahme der Rheinlande durch Tranchot und von Müffling 1801-1828. Bd.1. Geschichte des Kartenwerkes und vermessungstechnische Arbeiten.* Publikationen der Gesellschaft für Rheinische Gesellschaftskunde XII. Köln-Bonn (Peter Hanstein) 1973.

Schneider, Sylk: *Goethes Reise nach Brasilien. Gedankenreise eines Genies.* Weimar (wtv) 2008.

Schulze, Elke: *Nulla dies sine linea. Universitärer Zeichenunterricht. Eine problemgeschichtliche Studie.* Stuttgart (Franz Steiner Verlag) 2004.

Schwarz, Oliver: *Wo einst das Fernrohr stand. Der geodätische Nabel Thüringens und ein bedeutender Bezugspunkt zur Bestimmung der Erdgestalt.* In: Gothaisches Museums-Jahrbuch 2000. Hrsg. v. Museum für Regionalgeschichte und Volkskunde. Rudolstadt & Jena (Hain) 1999, S.63-80.

Schwarz, Oliver: *Gothas Entwicklung zu einem europäischen Zentrum der Astronomie und Geodäsie.* In: Die Gothaer Residenz zur Zeit Herzog Ernsts II. von Sachsen-Gotha-Altenburg (1772-1804). Stiftung Schloss Friedenstein Gotha, der Ausstellungskatalog im Schlossmuseum, 6. Juni - 17. Oktober 2004, S.155-168.

Seyfferth, Gerhard: *Bernhard August von Lindenau (1779-1854) und Carl Gustav Carus (1789-1869). Zwei gelehrte, kunstsinnige Persönlichkeiten.* In: Altenburger Geschichts- und Hauskalender 2008. 17. Jahrgang in neuer Folge für den Kreis Altenburger Land. Altenburg (E. Reinhold Verlag) 2007.

Siegert, Jutta: *Vor 200 Jahren: Beginn der thüringisch-preußischen Gradmessung von der Gothaer Seeberg-Sternwarte.* In: Gothaisches Museums-Jahrbuch 2003. Hrsg. v. Museum für Regionalgeschichte und Volkskunde. Rudolstadt & Jena (Hain) 2002, S.119-122.

Skelton, Raleigh Ashlin: *Explorer's Maps: Chapters in the Cartographic Record of Geographical Discovery.* London 1986. Ins Japanische übersetzt als『図説　探検地図の歴史　大航海時代から極地探検まで』増田義郎・信岡奈生訳, 東京（原書房）1991.

Spata, Manfred: *Müfflings Kartenaufnahme der Rheinlande 1814-1828.* In: *Müfflings Leben und Werk aus der Sicht der Gegenwart.* Hrsg. v. DVW, Landesverein Thüringen, Fachinformationsblatt Nr.4, Gotha 2002, S.19-31.

Steinbrück, Hans-Jürgen: *Müffling in der thüringischen Kartographie.* In: *Müfflings Leben und Werk aus der Sicht der Gegenwart.* Hrsg. v. DVW, Landesverein Thüringen, Fachinformationsblatt Nr.4, Gotha 2002, S.53-38.

Steiner, Walter: *Die erste geologische Karte Mitteleuropas wurde im Jahre 1821 im Bertuch'schen Verlag des Geographischen Instituts in Weimar gedruckt.* Sonderdruck vom Stadtmuseum Weimar im Bertuchhaus 1997.

Steiner, Walter: *Goethe und der Travertin von Weimar. Geschichte und erdgeschichtliche Notizen.* In: Beiträge zur Geschichte von Bergbau, Geologie und Denkmalschutz. Festschrift zum 70. Geburtstag von Otfried Wagenbreth. Freiberg (TU Bergakademie) 1997, S.143-149.

Stenzel, Burkhard: *Goethe bei Kehlmann. Faktisches und Fiktives im Roman „Die Vermessung der Welt".* In: *Goethe, Grabbe und die Pflege der Literatur: Festschrift zum 65. Geburtstag von Lothar Ehrlich.* Hrsg. v. Holger Dainat. Bielefeld (Aisthesis) 2008, S.87-108.

Stichling, Gottfried Theodor: *Goethe und die freie Zeichenschule zu Weimar.* In: Weimarische Beiträge zur Literatur und Kunst. Weimar (Böhlau) 1865, S.33-49.

Stommel, Henry und Elisabeth: *Volcano Weather. The Story of 1816, the Year without a Summer.* Newport 1983. Ins Japanische übersetzt als 『火山と冷夏の物語』山越幸江訳, 東京（地人書館）1985.

Strumpf, Manfred: *Gothas astronomische Epoche.* Horb am Neckar (Geiger) 1998.

Theml, Christine: *Schiller und Goethe in Jena.* Wettin OT Dößel (Verlag Janos Stekovics) 2009.

Torge, Wolfgang: *Müffling und die europäischen Gradmessungen und Landesvermessungen im 18. und 19. Jahrhundert.* In: *Müfflings Leben und Werk aus der Sicht der Gegenwart.* Hrsg. v. DVW, Landesverein Thüringen, Fachinformationsblatt Nr.4, Gotha 2002, S.5-18.

Torge, Wolfgang: *Geschichte der Geodäsie in Deutschland*, Berlin (de Gruyter) 2007.

Ullrich, Maik: *Der Beitrag zur Vermessung in Thüringen durch Franz Xaver von Zach.* Ursprünglich Diplomarbeit FH Dresden 2001, redaktionell überarbeitet und teilweise gekürzt herausgegeben vom Deutschen Verein für Vermessungswesen (DVW). Gesellschaft für Geodäsie, Geoinformation und Landmanagement. Landesverein Thüringen e. V., Gotha 2004.

Wattenberg, Ulrich: *Die Iwakura-Mission in Preußen.* In: Krebs, Gerhard (Hrsg.): *Japan und Preußen.* Monographien aus dem Deutschen Institut für Japanstudien. Bd. 32, München (iudicium) 2002, S.103-124.

Wattenberg, Diedrich: *Goethe und die Sternenwelt.* In: Goethe-Jahrbuch 31 (1969), S.66-111.

Wattenberg, Diedrich / Brosche, Peter: *Archivarische Quellen zum Leben und Werk von Franz Xaver von Zach.* Abhandlungen der Akademie der Wissenschaften in Göttingen. Mathematisch-Physikalische Klasse. Dritte Folge Nr.45, Göttingen 1993.

Wattenberg, Diedrich: *Wilhelm Olbers im Briefwechsel mit Astronomen seiner Zeit.* Stuttgart (GNT) 1994.

Weber, Walter: *Zum Hauptmann in Goethes „Wahlverwandtschaften".* In: Jahrbuch der Goethe-Gesellschaft. Bd. 21 (1959), S.290-292.

Wenzel, Manfred: *Goethe und die Medizin. Selbstzeugnisse und Dokumente. Mit zahlreichen Abbildungen.* Frankfurt a.M./Leipzig (Insel) 1992.

Wilford, John Noble: *The Mapmakers: The Story of the Great Pioneers in Cartography from Antiquity to the Space Age.* revised. New York 2000. Ins Japanische übersetzt als『地図を作った人びと　古代から観測衛星最前線にいたる地図製作の歴史』鈴木主税訳, 東京（河出書房）Tokio 2001.

Winchester, Simon: *The Map That Changed the World. William Smith and the Birth of Modern Geography.* New York (Perennial) 2002. Ins Deutsche übersetzt von Reiner Pfleiderer als *Eine Karte verändert die Welt. William Smith und die Geburt der modernen Geologie.* München (dtb) 2003. Auch ins Japanische übersetzt als『世界を変えた地図　ウイリアム・スミスと地質学の誕生』野中邦子訳, 東京（早川書房）2004.

Winchester, Simon: *Krakatoa. The Day the World Exploded: August 27, 1883.* New York 2003. Ins Japanische übersetzt als『クラカトア火山の大噴火　世界の歴史を動かした火山』柴田裕之訳, 東京（早川書房）2004.

Zaglmann, Klaus / Meyer-Stoll, Cornelia: *Geniales Zusammenspiel großer Persönlichkeiten. Das Fundament der bayerischen Landesvermessung.* In: Wissenswelten. Die Bayerische Akademie der Wissenschaften und die wissenschaftlichen Sammlungen Bayerns. Katalog. München 2009, S.246-259.

Zaun, Jörg: *Wie groß ist ein Grad? Eine Andenexpedition auf der Suche nach der wahren Gestalt der Erde.* In: Vermessen. Kartographie der Tropen. Begleitbuch zur Ausstellung des Ethnologischen Museums, Berlin-Dahlem 2006, S.82-87.

Zeyringer, Klaus: *Vermessen. Zur deutschsprachigen Rezeption der „Vermessung der Welt“.* In: Nickel, Gunther (Hrsg): *Daniel Kehlmanns „Die Vermessung der Welt“.* Hamburg (Rowohlt) 2008, 2.Aufl., S.78-94.

Zimmányi, Falk: Von Flurzügen, Feldgeschworenen und vergrabenen Kanonenrohren. Ein Beitrag zur Vermessungsgeschichte des Weimarer Landes. Erfurt (Volkskundliche Beratungs- und Dokumentationsstelle für Thüringen) 2003.

In Japanischer Sprache (Auswahl)

[Boscaro / Walter] アドリアーナ・ボスカーロ / ルッツ・ワルター：「ヨーロッパ製日本地図における蝦夷とその周辺」In: *Japan mit den Augen des Westens gesehen.* Ausstellungskatalog von OAG. Tokio 1993, S.78-83.

[Fujii] 藤井 陽一郎:「陸地測量部測地事業の《実用成果》と《学術成果》」In:『測地資料』 Bd.5. Geographical Survey Institute (Vermessungsabteilung), 1979, S.13-49.

[Fukue] 福江 充:「剣岳をめぐる立山信仰」In:『地図中心』 Monatsschrift von *The Map Center.* Nr. 417, Juni 2007, S.3-6.

[GSI] 国土地理院北陸地方測量部：「柴崎芳太郎の測量成果」In: 『地図中心』 Monatsschrift von *The Map Center.* Nr. 417, Juni 2007, S.10f.

[Hata] 秦 新二:『文政十一年のスパイ合戦　検証・謎のシーボルト事件』東京（双葉文庫・日本推理作家協会賞受賞作全集 73) 2007. [Zuerst 1992 bei 文芸春秋 erschienen]

[Hirayama] 平山 諦:『和算の歴史　その本質と発展』東京（ちくま学芸文庫）2007.

[Hoshino] 星埜 由尚:『伊能忠敬　日本をはじめて測った愚直の人』東京（山川）2010.

[Ishihara] 石原 あえか：「《三角測量》試論　西欧および日本の近代測量史への文学的アプローチ」In: 慶應義塾大学出版会『商学部 50 周年日吉記念論文集』 [*Das Dreiecksnetz. Ein literarischer Beitrag zur Geschichte der Erdvermessung in Japan und Europa im 19. und 20. Jahrhundert.* In: Festschrift zum 50. Jahrestag der Gründung der handelswissenschaftlichen Fakultät der Keio-Universität. Tokio.] S.29-40, 2007.

[Ishihara] 石原 あえか：「フランスの《レディ・ニュートン》　エミリ・デュ・シャトレ侯爵夫人」In: 物理科学雑誌『パリティ』東京（丸善）[*Lady Newton in Frankreich. Gabrielle Emilie Marquise du Châtelet.* In: Parity. Monatsschrift der Physik.], Vol.20, Nr.6, S.49-52, 25. Mai 2005.

[Ishihara] 石原 あえか：「緯度一度の長さ　近代測量文学概観の試み　あるいはケールマンの小説『世界の測量』の文化科学史的背景」[*Die Länge eines Breitengrads. Ein Überblick über die moderne Vermessungsliteratur. Oder: Über den kulturwissenschaftlichen Hintergrund von Kehlmanns Roman „Die Vermessung der Welt“*] In:『モルフォロギア　ゲーテと自然科学』第 30 号, 京都（ナカニシヤ）2008, S.36-51.

[Ishihara] 石原 あえか:「氷の海　19 世紀の小氷期と北極探検についての文学的試論」[*Das Eismeer. Eine literarische Studie über die kleine Eiszeit und die Nordpolexpeditionen im 19. Jahrhundert*] In:『日吉紀要　ドイツ語・ドイツ文学 Hiyoshi-Studien zur Germanistik.』, 横浜, Heft 45, März 2009, S.1-18.
[Ishihara] 石原 あえか:『科学する詩人ゲーテ』[*Goethe als Dichter und Naturforscher*] 東京（慶應義塾大学出版会）2010.
[Isojima] 五十嶋 一晃:「劔岳をめぐる謎や疑問を追う」In:『山岳』. The Journal of The Japan Alpine Club. Vol.103, No.161. 東京（日本山岳会）2008, S.101-131.
[Kamimura] 上村 直己:「イェーナ大学の最初の日本人留学生・唐崎五郎」 In:『熊本大学教養部紀要』26 (1991), S.73-86.
[Kaneko] 金子 厚男:『シーボルトの絵師 埋れていた三人の画業』熊本（青潮社）1982.
[Kume] 久米 康生:『シーボルトと鳴滝塾　悲劇の展開』 東京（木耳社）1989.
[Kure] 呉 秀三:『シーボルト先生其生涯及功業』東京（吐鳳堂）第二版 1926.
[Miyashita] 宮下 敬三:『日本アルプス　見立ての文化史』東京（みすず）1997.
[Nakamura] 中村 士:『江戸の天文学者　星空を翔ける』東京（技術評論社）2008.
[Ninomiya] 二宮 陸雄:『高橋景保と新訂万国全図　新発見のアロウスミス方図』札幌（北海道出版企画センター）2007.
[Nishida] 西田 文雄:「わが国の三角測量を創業した田坂虎之助（上）」国土地理院広報 478 号 2008.
[Nishida] 西田 文雄:「わが国の三角測量を創業した田坂虎之助（下）」国土地理院広報 479 号 2008.
[Nishida] 西田 文雄:「我が国の近代測量・地図作成の基礎を作った広島の人田坂虎之助の事蹟」In: 日本測量協会中国支部発行『中国支部報』Bd.31, 2004. S.12-25.
[Nishida] 西田 文雄:「近代の日本測地系を構築した人　陸地測量師　杉山正治（上）」国土地理院広報 480 号 2008.
[Nishida] 西田 文雄:「近代の日本測地系を構築した人　陸地測量師　杉山正治（下）」国土地理院広報 481 号 2008.
[Numata] 沼田英子:『小島烏水　西洋版画コレクション』横浜（有隣堂）2003.
[Ôba] 大場 秀章:『花の男　シーボルト』東京（文芸春秋）2001.
[Oda] 織田 武雄:『地図の歴史　世界篇』東京（講談社現代新書）1974.
[Oda] 織田 武雄:『地図の歴史　日本編』東京（講談社現代新書）1974.
[Ôkubo] 大久保 修平（編著）／日本測地学会（監修）:『地球が丸いってほんとうですか？　測地学者に 50 の質問』 東京（朝日新聞社）2004.
[Uehara]上原 久:『高橋景保の研究』東京（講談社）1977.
[Unno] 海野 一隆:『地図の文化史　世界と日本』東京（八坂書房）新装版 2004.
[Watanabe, I.] 渡辺 一郎（編著）:『伊能忠敬測量隊』東京（小学館）2003.
[Watanabe, K.] 渡辺 京二:『黒船前夜　ロシア・アイヌ・日本の三国志』東京（洋泉社）2010.
[Yamada] 山田 明:『劔岳に三角点を！　明治の測量官から昭和・平成の測量官へ』富山（桂書房）2007.

[Yamamura] 山村基毅：『はじめの日本アルプス　嘉門次とウェストンと館潔彦と』東京（バジリコ）2008.
[Yamaoka] 山岡 光治：「剱岳登頂は柴崎芳太郎に何を与えたか？」In: 『地図中心』Nr. 417, Juni 2007, S.7-9.
[Yoshimura] 吉村 昭：『漂流記の魅力』東京（新潮新書）2003.

Personenregister (Auswahl)

* Es sind prinzipiell nur die im Haupttext mehrmals aufgeführten historischen Personen registriert. Die in den Fußnoten genannten Personen sind im Allgemeinen nicht berücksichtigt. In den wenigen Ausnahmefällen sind die Seitenzahlen in Klammern gesetzt.